777
FRAGEN AN DIE WISSENSCHAFT

777
FRAGEN AN DIE WISSENSCHAFT

VON ASTRONOMIE BIS ZOOLOGIE – HIER FINDEN SIE ALLE ANTWORTEN

Reader's Digest

ÜBER DIESES BUCH

Kaum kann ein Kind vernünftig sprechen, beginnt auch schon die „Warum-Phase“: Warum leuchten Sterne, warum schneit es, warum muss ich schlafen? Oder: Wie geht es hinter dem Bauchnabel weiter, wer hat die Schrift erfunden, wie weit fliegen Schmetterlinge? Nicht nur Eltern fehlt oft die Antwort auf diese scheinbar so harmlosen Fragen-Klassiker aus Umwelt, Natur und Menschsein.

Und gleichzeitig entdecken Forscher immer neue Phänomene, entwickeln Techniker neue Geräte, wächst die Informationsflut weiter an: Was ist grüner Wasserstoff? Warum platzt das Ei in der Mikrowelle? Was leisten Activity Tracker? Die Zeiten, in denen jeder alles wissen konnte, sind lange vorbei: Gottfried Wilhelm Leibniz vor fast 300 Jahren galt als letzter Universalgelehrter, der über alles Wissen seiner Zeit auf dem Laufenden war.

Doch Mutlosigkeit ist fehl am Platz, auch das Erkennen und Verstehen einzelner Phänomene bringt Spaß und Faszination. Dieses Buch umfasst den neusten Kenntnisstand und begleitet Sie zu Antworten auf „777 Fragen an die Wissenschaft“.

Die Redaktion

Rätselhaftes Universum

Faszination Mensch

Geheimnisvolle Natur

INHALT

Unser Blauer Planet

Abenteuer Alltag

Wunder aus Forschung und Technik

Rätselhaftes Universum

Das Weltall – unendliche Weiten voller Geheimnisse. Raumsonden suchen auf Planeten und Monden nach Lebensspuren. Mit immer größeren Fernrohren entdecken die Astronomen immer neue Galaxien und werfen dabei zugleich einen Blick in die Entstehungszeit des Kosmos. Mit gewaltigen Radioantennen lauschen sie nach Signalen außerirdischer Zivilisationen. Die Erde ist nur ein Staubkorn in der Unendlichkeit des Alls – unvorstellbar, dass es nirgendwo sonst Leben geben könnte.

Ist das Universum unendlich?

Bis heute können Astronomen nicht mit Sicherheit sagen, ob das Universum unendlich ist. Die meisten Beobachtungen sprechen zwar dafür, aber der Weltraum könnte auch endlich sein. Doch selbst in diesem Fall hätte er keinen Rand: Er wäre so gekrümmt, dass er – für unser Vorstellungsvermögen stark vereinfacht – einer Kugel ähnelte, die zwar keine Grenzen, aber ein endliches Volumen hätte.

WIE WEIT REICHT DER BLICK INS ALL?

Das entfernteste Objekt, das mit dem bloßen Auge noch erkennbar ist, ist der ungefähr 2,9 Mio. Lichtjahre entfernte Andromedanebel. Er ist eine Spiralgalaxie, die der Milchstraße ähnelt – der Galaxie, in der wir leben. Mit den größten Teleskopen können die Astronomen heute sogar Sternsysteme erkennen, die bis zu 13 Mrd. Lichtjahre entfernt sind. Hier jedoch stoßen die Forscher an eine unüberwindliche Barriere. Denn jeder Blick ins All ist gleichzeitig auch ein Blick zurück in die Vergangenheit des Kosmos. Betrachtet man also eine 13 Mrd. Lichtjahre entfernte Galaxie, sieht man sie so, wie sie vor 13 Mrd. Jahren ausgesehen hat. In dieser Zeit sind die ersten Galaxien aber gerade erst entstanden. Davor gab es noch gar keine Objekte, die wir sehen könnten. Ein tieferer Blick ins All ist also unmöglich.

Wie lang dauert ein Lichtjahr?
Auch wenn man immer wieder Formulierungen wie „es dauerte Lichtjahre" liest oder hört: Die Maßeinheit „Lichtjahr" gibt keine Zeiträume, sondern sehr große Entfernungen an – die Strecke, die Licht in einem Jahr zurücklegt. Da es sich mit einer Geschwindigkeit von etwa 300 000 km/s ausbreitet, entspricht ein Lichtjahr rund 9460 Mrd. km. Damit eignet es sich gut, um die Entfernungen zwischen den Sternen und Galaxien anzugeben.

Was bedeutet „Größe" bei einem Teleskop?
Mit der Größe von Teleskopen ist der Durchmesser ihres Spiegels gemeint. Diese gekrümmte Fläche bündelt das auf sie fallende Licht und verstärkt es damit. Die größten optischen Teleskope der Welt sind derzeit die beiden Keck-Teleskope auf Hawaii mit je 10 m

großen Spiegeln und das Gran Telescopio Canarias auf der kanarischen Insel La Palma mit einem 10,4 m großen Spiegel. Da sich solche riesige Spiegelflächen unter ihrem eigenen Gewicht durchbiegen und daher nicht mehr scharf stellen würden, werden sie aus kleineren Segmenten zusammengesetzt. Mit 798 sechseckigen 1,4-m-Spiegeln, die insgesamt einen Durchmesser von 39 m haben, wird die Europäische Südsternwarte ESO voraussichtlich 2027 in der chilenischen Atacama-Wüste mit dem Extremely Large Telescope den neuen Weltrekordhalter in Betrieb nehmen.

Wesentlich größer als optische Teleskope sind Radioteleskope. Das größte steht seit der Inbetriebnahme des FAST-Teleskops am 11. Januar 2020 im Südwesten Chinas. Es hat einen Durchmesser von rund 520 m.

Was sind gekoppelte Teleskope?

Seit 2011 ist das zur Hälfte von den USA und je zu einem Viertel von Deutschland und Italien finanzierte Large Binocular Telescope (LBT) auf dem 3221 m hohem Mount Graham im US-Bundesstaat Arizona in Betrieb. Es besteht aus zwei Spiegelteleskopen, die jeweils einen Durchmesser von 8,4 m haben. Eine Computersteuerung kombiniert diese beiden Einheiten zu einem Gerät, das so viel Licht wie ein 11,8 m großer Spiegel sammelt und gleichzeitig die Auflösung eines Einzelteleskops mit 22,8 m Durchmesser bietet.

Die Spiegel des Very Large Telescope (VLT) der ESO in der chilenischen Atacama-Wüste sind mit 8,2 m Durchmesser zwar etwas kleiner als die LBT-Geräte. Nur gibt es davon gleich vier Spiegel, die im Februar 2012 erstmals erfolgreich zu einem Mammut-Teleskop mit einem Durchmesser von 130 m zusammengeschaltet wurden.

WIE GROSS IST DAS UNIVERSUM?

Nach heutigen Erkenntnissen ist das Universum vor etwa 13,8 Mrd. Jahren entstanden. Wir können deshalb prinzipiell keine Strahlung empfangen, die älter ist – denn das Licht aus den Tiefen des Alls kann nicht mehr als 13,8 Mrd. Lichtjahre zurückgelegt haben. Das Universum selbst aber könnte sehr viel größer sein als der Bereich, den wir mit unseren Teleskopen überblicken können. Vielleicht ist es sogar unendlich groß.

Hat das Universum einen Mittelpunkt?

Als man feststellte, dass sich fast alle Galaxien von uns entfernen, lag der Gedanke nahe, dass die Milchstraße im Mittelpunkt des Alls liegt. Doch so einleuchtend diese Vorstellung zunächst scheint, so falsch ist sie. Denn in Wirklichkeit bewegen sich die Galaxien kaum, sondern der Raum zwischen ihnen dehnt sich aus – ähnlich wie die Oberfläche eines Ballons, den man aufbläst. Auch hier entfernt sich jeder Punkt der Oberfläche von jedem anderen, und dennoch ist keiner der Punkte der Mittelpunkt der Ballonoberfläche. Dies gilt sogar dann, wenn das Universum nicht gekrümmt, sondern unendlich groß sein sollte. Auch ein solches Universum hat keinen Mittelpunkt, selbst wenn wir uns das kaum vorstellen können.

2027 soll das Extremely Large Telescope (hier eine künstlerische Darstellung) in Chile den Betrieb aufnehmen.

Woher wissen wir, dass sich das Universum ausdehnt?

Vesto Slipher vom Lowell Observatory in Arizona entdeckte 1923, dass sich von 41 nahen Spiralgalaxien 36 von uns entfernen. Die Astronomen wollten aber nicht glauben, dass unsere Milchstraße sich an einem besonderen Ort – gleichsam dem Mittelpunkt des Universums – befindet. Der deutsche Astronom Carl Wirtz vermutete daher, dass sich nicht die Galaxien bewegten, sondern sich der Raum selbst ausdehne. Kurz darauf gelang es dem Kosmologen Howard Robertson, basierend auf Sliphers Messungen und weiteren Entfernungsbestimmungen von Edwin P. Hubble, zu zeigen, dass sich weit entfernte Galaxien schneller von uns wegbewegen als nahe – so wie es bei einer Expansion des Raumes zu erwarten war.

Hubble untermauerte dies ein Jahr später mit weiteren Messergebnissen – und heimste den wissenschaftlichen Ruhm ein. Robertson hatte seine Ergebnisse in einer von Astronomen nur wenig gelesenen physikalischen Fachzeitschrift publiziert und nicht, wie es Hubble tat, in einer astronomischen.

Wird sich das Universum ewig ausdehnen?
Prinzipiell gibt es drei Möglichkeiten für die Zukunft des Universums: Seine Ausdehnung könnte von der eigenen Schwerkraft abgebremst werden, zum Stillstand kommen und sich dann umkehren. Das Weltall würde wieder zusammenfallen. Das wäre eine Umkehrung des Urknalls, die Big Crunch oder das „Große Zusammenkrachen“ genannt wird. Im zweiten Fall könnte die Abbremsung sehr langsam sein, und die Ausdehnung würde erst in unendlich langer Zeit zum Stillstand kommen. Bei der dritten Möglichkeit beschleunigt sich die Expansion im Lauf der Zeit. 1998 zeigten Sternexplosionen in weit entfernten Galaxien, dass die Ausdehnung tatsächlich zunimmt. Dabei könnte eine geheimnisvolle „Dunkle Energie“ die andauernde Expansion des Kosmos antreiben.

WIE LAUT WAR DER URKNALL?

Der Urknall war keinesfalls eine „normale“ Explosion – er fand noch nicht einmal im bereits existierenden Raum statt. Vielmehr entstanden beim Urknall nicht nur Materie und Energie, sondern auch Raum und Zeit. Es gab also noch gar keinen Ort, von dem aus man sich den Urknall von außen ansehen oder anhören hätte können. Jeder Beobachter hätte sich mitten im Urknall befunden und wäre bei den dort herrschenden hohen Temperaturen sofort verdampft.

Was war vor dem Urknall?
Beim Urknall entstanden nicht nur Materie und Energie, sondern zugleich auch Raum und Zeit. Ist es da überhaupt sinnvoll, nach der Zeit vor dem Urknall zu fragen? Früher wurde diese Frage tatsächlich eher theologisch betrachtet, inzwischen setzen sich jedoch mehr und mehr Kosmologen und Physiker ernsthaft mit ihr auseinander. Nach einer Theorie ist unser Universum aus dem Kollaps eines früheren Universums entstanden. Eine andere Überlegung geht davon aus, dass beim Zusammenstürzen des Kosmos im letzten Augenblick ein unvorstellbar großes Schwarzes Loch entstand, das sofort in einem Urknall ein neues Universum gebar.

In Sekundenbruchteilen entstanden beim Urknall Energie und Materie sowie Zeit und Raum.

WAS VERSTEHT MAN UNTER HINTERGRUNDSTRAHLUNG?

Die kosmische Hintergrundstrahlung ist eine Art Echo des Urknalls. Sie entstand, als der Kosmos gerade einmal 380 000 Jahre alt war und die Temperatur im All unter 2700 °C fiel. Damals vereinigten sich die vorher frei umherschwirrenden Protonen und Elektronen zu Wasserstoff und aus dem undurchsichtigen Gemisch wurde ein durchsichtiges Gas. In diesem konnte sich die Strahlung frei ausbreiten. Diese Hintergrundstrahlung hat sich durch die Ausdehnung des Weltraums inzwischen auf 2,73 Grad über dem absoluten Nullpunkt abgekühlt, der bei –273,15 °C liegt. Die Hintergrundstrahlung trifft ständig aus allen Richtungen auf die Erde. Anhand minimaler Temperaturschwankungen in der Hintergrundstrahlung kann man herausfinden, wie alt unser Kosmos ist, woraus er besteht und wie der Urknall abgelaufen ist.

Beherrschen dunkle Kräfte das Universum?
Die Materie, aus der Sterne, Planeten und auch wir bestehen, scheint nur einen winzigen Teil des Universums auszumachen. Die Untersuchung der Hintergrundstrahlung zeigt, dass unser Kosmos zu 72 % aus Dunkler Energie, zu 23 % aus Dunkler Materie und nur zu 4,6 % aus Atomen besteht. Die Dunkle Materie hält die Galaxien zusammen: Ohne ihre Schwerkraft würden sie durch ihre Rotation auseinanderfliegen. Die Zusammensetzung der Dunklen Materie ist allerdings unbekannt.

Noch rätselhafter ist die Dunkle Energie. Sie führt dazu, dass sich die Ausdehnung des Weltalls durch die Schwerkraft nicht verlangsamt, sondern sogar noch beschleunigt. Möglicherweise handelt es sich bei der Dunklen Energie um eine Art innere Spannung des Raums. Durch die Dunkle Energie könnte die Expansion des Weltalls irgendwann so schnell werden, dass sie jede Materie zerreißt. Diese Katastrophe läge aber etliche Milliarden Jahre in der Zukunft. Die Forscher haben also noch reichlich Zeit, die Dunkle Energie zu untersuchen.

WAS SIND GALAXIEN?

Sterne sind im Universum nicht gleichmäßig verteilt, sondern bilden große Systeme, sogenannte Galaxien, die bis zu mehrere Hundert Milliarden Sterne enthalten können. Es gibt Galaxien unterschiedlichster Formen und Größen – von gigantischen elliptischen Galaxien über Spiralgalaxien wie unserer Milchstraße bis hin zu kleinen irregulären Galaxien wie der Großen und der Kleinen Magellansche Wolke.

Was sind Galaxienhaufen?

Doch auch die Galaxien sind im Kosmos nicht zufällig oder gleichmäßig verteilt. Sie sammeln sich in Gruppen und Haufen. So gehört unsere Milchstraße zur sogenannten Lokalen Gruppe, einer Ansammlung von rund 30 Sternsystemen. Andere Galaxien liegen in Galaxienhaufen, die mehrere Tausend Mitglieder haben können. Ein Beispiel ist der Virgo-Haufen im Sternbild Jungfrau, der aus über 2000 Galaxien besteht.

Wie viele Galaxien können wir sehen?

Von September 2003 bis Januar 2004 machte das Hubble-Weltraumteleskop die mit einer Belichtungszeit von über 270 Stunden bisher längste Aufnahme des Himmels in der Geschichte der Astronomie. Anhand der auf diesem spektakulären Bild mit dem Namen Hubble Ultra Deep Field zu sehenden Galaxien schätzen die Forscher, dass man mit der heute zur Verfügung stehenden Technik etwa 50 Milliarden Galaxien beobachten kann. Seit 2016 gehen Astrophysiker davon aus, dass sich tausend Milliarden Galaxien im beobachtbaren Universum befinden.

Auf dieser Aufnahme des Hubble-Weltraumteleskops sind die Auswirkungen einer Gravitationslinse zu erkennen.

Wie weit ist es bis zur nächsten Galaxie?

Nach heutigen Erkenntnissen steht uns die Zwerggalaxie Canis Major im Sternbild Großer Hund am nächsten. Sie ist nur 25 000 Lichtjahre von unserer Sonne und 42 000 Lichtjahre vom Zentrum der Milchstraße entfernt. Das kleine System löst sich allmählich auf: Die viel größere Milchstraße zerrt es mit ihrer Schwerkraft auseinander und verleibt sich seine Sterne ein.

SIND LICHTSTRAHLEN IMMER GERADE?

Auch Lichtstrahlen unterliegen dem Einfluss der Schwerkraft. Führt ein Lichtstrahl nah an einem Stern oder einer Galaxie vorbei, so verläuft er nicht länger geradlinig, sondern wird durch diese „Gravitationslinse“ förmlich gebogen. Dadurch kann es zu interessanten Effekten kommen. Wissenschaftler können deshalb z. B. Quasare beobachten, die sich von der Erde aus gesehen hinter einer Galaxie befinden.

Durch die Ablenkung des Lichts an einem Galaxienhaufen können dahinterliegende Galaxien zu langen Bogen auseinandergezogen werden. Die Lichtablenkung führt zudem zu Helligkeitsänderungen: Zieht ein Stern von uns aus gesehen vor einem anderen vorbei, steigt die Helligkeit des hinteren Sterns durch die Lichtablenkung kurzzeitig stark an. Hat der vordere Stern auch noch einen Planeten, so kann dies zu einem zweiten Helligkeitsanstieg führen. Tatsächlich haben Astronomen dank dieses Phänomens schon mehrere Planeten entdeckt.

WAS SIND QUASARE?

Quasare gehören zu den leuchtstärksten Objekten im Universum und können mehr Energie als ganze Galaxien abstrahlen. Dabei handelt es sich um supermassive Schwarze Löcher in den Zentren von Galaxien, deren Masse eine Million bis tausend Milliarden Mal größer als die unserer Sonne sein kann. Diese Gravitationsmonster verschlucken riesige Mengen Materie aus ihrer Umgebung, die unmittelbar vor dem Sturz ins Nichts gigantische Energiemengen abstrahlen.

Wie viele Sterne stehen am Himmel?

WER GAB DEN STERNBILDERN IHRE NAMEN?

Schon früh ordneten Menschen auffällige Sterne des Nachthimmels zu Mustern, in denen sie Lebewesen, Götter oder Gegenstände zu erkennen glaubten. So gehen beispielsweise die bekannten zwölf Sternbilder des sogenannten Tierkreises auf die Babylonier zurück. Die meisten anderen Sternbilder des nördlichen Himmels haben ihren Ursprung im antiken Griechenland: Eratosthenes und Ptolemäus beschrieben in ihren Schriften vor knapp 2000 Jahren 48 Sternbilder, die sie vor allem nach Gestalten aus der griechischen Mythologie benannten. In der Neuzeit wurden weitere Sternbilder eingeführt – besonders für Regionen des Südhimmels, die den Europäern zuvor unbekannt gewesen waren. Seither stehen dort Tiere wie „Paradiesvogel" und „Chamäleon", aber auch allerlei technisches Gerät wie „Luftpumpe" und „Chemischer Ofen" am Firmament. 1928 legte dann schließlich die Internationale Astronomische Union die bis heute gültige Liste der 88 Sternbilder mit ihren Grenzen fest.

Wie weit sind die Sternbilder entfernt?
Sternbilder dienen nur der Orientierung am Himmel, sind aber keine wirkliche Einheit. Mehr oder weniger willkürlich haben unsere Vorfahren verschiedene Gruppen heller Sterne zu einem

Mit bloßem Auge kann man in einer mondlosen Nacht ohne künstliches Licht in der Nähe rund 3000 Sterne am Himmel erkennen. Aber schon der Blick durch ein Fernglas zeigt, dass es noch viel mehr Sterne gibt, vor allem im schimmernden Band der Milchstraße. Tatsächlich leuchten allein in unserer Galaxis zwischen 100 und 400 Mrd. Sonnen.

Wussten Sie, dass sich die Sternbilder verändern?

Könnten wir ins antike Griechenland reisen und dort die Sternbilder betrachten, würde uns kein Unterschied auffallen – und doch verändern sie sich. Denn die Sterne stehen nicht still im All, sondern bewegen sich. Und da Geschwindigkeiten und Bewegungsrichtungen ebenso unterschiedlich sind wie die Entfernungen der Sterne, verschieben sie sich von der Erde aus gesehen gegeneinander. Allerdings laufen diese Veränderungen wegen der riesigen Entfernungen nur unmerklich ab – erst im Verlauf von Zehntausenden von Jahren wird deutlich, dass sich die Sternbilder verändern.

Die Sonne zieht im Verlauf des Jahres durch die Sternbilder des Tierkreises.

„Bild" zusammengefasst. Deshalb sind die Sonnen eines Sternbilds normalerweise unterschiedlich weit entfernt. Bis zu den sieben hellsten Sternen des Großen Bären sind es daher zwischen 55 und 93 Lichtjahre. Und der Stern Kappa in der „Vorderpfote" des Bären ist sogar 200 Lichtjahre weit weg.

WARUM SIEHT MAN IM SOMMER ANDERE STERNBILDER ALS IM WINTER?

Natürlich gibt es rund um die Erde Sterne. Da aber die Atmosphäre das Licht unserer Sonne streut, erscheint der Himmel am Tag hell und in der Nacht dunkel. So können wir nur nachts Sterne sehen und somit stets nur die Hälfte aller Sternbilder. Aber die Richtung, in der sich die Sonne befindet – und in der wir deshalb keine Sterne sehen können –, ändert sich im Verlauf des Jahres: Im Winter steht die Erde auf ihrer Bahn um die Sonne genau auf der anderen Seite als im Sommer. Und damit steht auch die Sonne von der Erde aus gesehen auf der anderen Seite des Himmels. Entsprechend sehen wir nun die ein halbes Jahr zuvor „unsichtbaren" Sternbilder auf der anderen Seite. Sieht man in der warmen Jahreszeit das Sommerdreieck mit Sternen aus den Sternbildern Leier, Adler und Schwan, funkelt stattdessen im Winter der prächtige Orion mit seinen auffälligen Gürtelsternen.

WO VERLÄUFT DER TIERKREIS?

Als Tierkreis oder Zodiak bezeichnet man einen etwa 20° breiten Bereich, der ober- und unterhalb der scheinbaren Jahresbahn der Sonne vor dem Hintergrund des Sternenhimmels verläuft. Auch wenn wir am Tag die Sterne nicht sehen können, sind sie natürlich weiterhin vorhanden – verborgen hinter dem hellen Schein der Sonne. Die Sternbilder, durch die

im Verlauf des Jahres die Sonne zieht, tragen überwiegend die Namen von Tieren und werden deshalb Tierkreis genannt. Ursprünglich gab es zwölf Tierkreissternbilder. Durch die von der Internationalen Astronomischen Union 1930 vorgenommene Festlegung der Sternbildgrenzen durchquert die Sonne nun aber mit dem „Schlangenträger" zwischen Schütze und Skorpion noch ein dreizehntes Sternbild, das allerdings nicht zu den sogenannten Tierkreiszeichen gehört.

Beeinflussen die Gestirne unser Schicksal?

Astrologen behaupten, dass die Stellung von Sonne, Mond und Planeten relativ zu den Sternen unser Schicksal beeinflusst. Doch nach zahlreichen Forschungsarbeiten, von denen einige nach gemeinsam von Astrologen und Astronomen aufgestellten Regeln durchgeführt wurden, existieren derartige Zusammenhänge nicht. Scheint also ein Tageshoroskop in der Zeitung zuzutreffen, ist es meist nur so geschickt abgefasst, dass sich viele Menschen darin wiedererkennen können. Die Astrologie ist daher eine unwissenschaftliche Irrlehre.

WAS SIND STERNE?

Sterne sind nichts anderes als Sonnen. Genau wie bei unserer eigenen Sonne handelt es sich also auch bei ihnen um riesige Kugeln aus heißem, glühendem Gas, in deren Innerem durch einen Kernfusion genannten Prozess Wasserstoffatome zu Heliumatomen verschmelzen. Dabei werden gewaltige Energiemengen frei, die viele Sterne hell leuchten lassen. Am Nachthimmel sind die Sterne nur deshalb winzige Lichtpunkte, weil sie sehr weit von uns entfernt sind. Tatsächlich sind etliche von ihnen sogar erheblich größer als unsere Sonne!

WARUM IST DIE SONNE GELB, DIE STERNE SIND ABER WEISS?

Die für die Farbwahrnehmung zuständigen Zellen im Auge, die Zäpfchen, sind wesentlich weniger lichtempfindlich als die Stäbchen, die für das Hell-Dunkel-Sehen zuständig sind. Bei schwacher Beleuchtung nehmen wir also kaum Farben wahr: Genau deshalb sagt der Volksmund „Nachts sind alle Katzen grau". Weil die meisten Sterne zu schwach auf unsere Zäpfchen strahlen, erkennen wir nur bei sehr hellen Sternen ein wenig Farbe, wie etwa beim Stern Antares. Dieser Stern im Sternbild Skorpion schimmert rötlich. Die Farbe eines Sterns gibt Astronomen Anhaltspunkte für seine Temperatur: Rote Sterne sind kühler als unsere Sonne, blaue Sterne sind dagegen sehr heiß.

Das Sternbild Skorpion mit dem rötlichen Antares über den österreichischen Alpen.

Leben und Tod der Sterne

Der 1600 Lichtjahre von der Erde entfernte Große Orionnebel – hier eine Falschfarbenaufnahme des Hubble-Weltraumteleskops – ist eines der aktivsten und bekanntesten Sternentstehungsgebiete unserer Galaxis.

So unveränderlich die Sterne auch scheinen: Im All gibt es ein ständiges Werden und Vergehen. Astronomen finden daher Regionen, in denen Sterne geboren werden, und andere, in denen Sonnen explodieren. Der Lebenslauf eines Sterns hängt vor allem von der Masse ab, die er bei seiner Entstehung hat.

Wie entstehen Sterne und Planeten?

Am Anfang des Sternenlebens steht eine gigantische Wolke aus Wasserstoffgas. Deren Temperatur liegt zunächst nur wenige Grad über dem absoluten Nullpunkt von –273,15 °C. Durch die Kraft ihrer eigenen Schwerkraft zieht sich die Wolke langsam zusammen, wobei sich Verdichtungen bilden und der Prozess immer schneller abläuft. Dabei heizt sich das Gas auf und die Wolke beginnt Wärme abzustrahlen. Im Zentrum der Verdichtungen steigen Druck und Temperatur schließlich so stark an, dass dort eine Kernfusion zündet, bei der Wasserstoffatome zu Heliumatomen verschmelzen. Ein neuer Stern ist entstanden.

Da es in einer großen Gaswolke etliche Verdichtungen gibt, die sich je nach Größe unterschiedlich schnell zusammenballen, werden dabei häufig viele Sterne verschiedener Größen geboren. Unter Umständen bilden sich in kurzer Zeit Sternhaufen aus Tausenden oder sogar Millionen von Sonnen. Da nicht die gesamte Gaswolke im Inneren eines neugeborenen Sterns landet, bildet sich aus den Resten eine Gas- und Staubwolke, die rasch um die junge Sonne kreist. In dieser Scheibe ballt sich ebenfalls an verschiedenen Stellen die Materie zusammen – dort entstehen kleinere Himmelskörper und wahrscheinlich sehr häufig auch Planeten.

Wenn sich in einigen Milliarden Jahren unsere Sonne in einen Roten Riesen verwandelt, wird sie wahrscheinlich die Erde zerstören (links). Viel Aufsehen erregte 2019 die aus Aufnahmen des Event-Horizon-Teleskops berechnete Darstellung des Schwarzen Lochs im Zentrum von M87 (rechts).

Wie alt sind die ältesten Sterne?

Die ersten Sterne entstanden möglicherweise bereits 250 Mio. Jahre nach dem Urknall. Da kleine Sterne sparsam mit ihrem Vorrat an Wasserstoff umgehen, gibt es noch heute Sterne der ersten Generation. So sind die Sonnen in den Kugelsternhaufen der Milchstraße über 13 Mrd. Jahre alt. Aber auch heute werden noch neue Sterne geboren, z. B. im Großen Orionnebel.

Wie verlaufen Leben und Tod der Sterne?

Sterne mit großer Masse verbrennen ihren Wasserstoffvorrat viel schneller als kleine Sonnen. Die Giganten strahlen daher zwar sehr hell, aber nur wenige Millionen Jahre lang. Kleine Sterne können dagegen viele Milliarden Jahre alt werden.

Was sind Rote Riesen und Weiße Zwerge?

Hat ein Stern den größten Teil seines Wasserstoffs zu Helium fusioniert, beginnt die letzte Phase seines Lebens. Dann bläht er sich zu einem Roten Riesen auf, wie irgendwann auch unsere Sonne. Im Inneren dieses Roten Riesen zünden dann weitere Kernfusionen, bei denen aus Helium u. a. Kohlenstoff und Sauerstoff entstehen. Hat der Stern seinen gesamten Vorrat an fusionierbaren Atomkernen verbraucht, fällt er zu einem Weißen Zwerg zusammen. Dieser ist etwa so groß wie die Erde und kühlt jahrmilliardenlang ab.

Was ist eine Supernova?

Weitaus dramatischer ist das Ende eines Sterns, wenn er mehr als die achtfache Masse unserer Sonne hat: In einer gewaltigen Explosion schleudert der sterbende Stern seine äußeren Schichten ins All hinaus. Bei einer solchen Supernova fällt das Innere des Sterns zu einem extrem dichten Körper zusammen – ein Neutronenstern oder sogar ein Schwarzes Loch entsteht.

Was ist ein Neutronenstern?

Während auf der Erde ein Atom normalerweise von einer relativ weit entfernten Hülle aus Elektronen umgeben ist, presst der Druck in einem Neutronenstern die Elektronen in die Atomkerne hinein. Dabei entstehen Neutronen. Weil die Elektronenhülle fehlt, ist die Materie extrem dicht gepackt: Ein stecknadelkopfgroßes Stück Neutronenstern hat daher eine Masse von 1 Mio. t. Meist haben diese Neutronensterne einen Durchmesser von 1–12 km, in dem die Masse von 1,2 bis zwei Sternen von der Größe der Sonne unseres Planetensystems zusammengepresst ist.

Kann man Schwarze Löcher sehen?

Ist die nach einer Supernova in sich zusammenfallende Masse eines Sterns größer als rund das Doppelte der Masse der Sonne unseres Planetensystems, wächst die Schwerkraft so stark, dass selbst die Neutronen ineinandergequetscht werden. Schließlich wird die Schwerkraft so groß, dass nicht einmal mehr Licht entkommt. Trotzdem kann man solche Schwarzen Löcher sehen: Ihre gewaltige Schwerkraft saugt Gas, Staub und manchmal sogar ganze Sterne an. Diese Materie kreist in immer enger werdenden Spiralen um das Schwarze Loch und heizt sich dabei auf. Kurz bevor sie endgültig hinter der Schwarzen Grenze verschwindet, strahlt die Scheibe daher relativ stark und verrät so diese Gebilde.

So prächtig wie in dieser Illustration könnte unsere Milchstraße von „außen“ aussehen.

UNSERE MILCHSTRASSE – EIN RAD AUS FEUER?

Unser Sonnensystem ist ein Teil der Milchstraße, zu der viele Milliarden Sterne gehören. Wie viele Sonnen zu unserer Galaxis gehören, ist noch unbekannt. Die besten Schätzungen liegen zwischen 100 und 400 Mrd. Sternen. Viele von ihnen liegen in einer balkenförmigen Struktur im Zentrum, die 27 000 Lichtjahre lang ist und einen hellen Kern bildet. Von den Enden dieses „Balkens“ ziehen sich vermutlich vier Streifen mit vielen Sternen in sehr lang gezogenen Spiralen um das Zentrum herum. Astrophysiker nennen die Milchstraße daher eine Spiralgalaxie oder genauer eine Balkenspiralgalaxie. Von „außen“ ähnelt die Milchstraße also einem gigantischen Feuerrad aus vielen Milliarden Sternen. Von der Seite sieht sie dagegen wie eine flache Scheibe aus.

Da unser Sonnensystem in der Scheibe liegt, sehen wir die meisten Sterne der Milchstraße als schwaches helles Band schimmern, das sich wie ein milchiger Pinselstrich über den Himmel zieht. Da das menschliche Auge das Licht der vielen Milliarden Sterne in diesem Band nicht auflösen kann, wurde es seit Urzeiten als „Milchstraße“ bezeichnet. Erst Galileo Galilei sah 1609 beim Blick durch ein Fernrohr, dass der milchige Pinselstrich aus Sternen besteht.

Wie alt ist die Milchstraße?
Astrophysiker schätzen, dass der Weltraum vor etwa 13,8 Mrd. Jahren im Urknall entstand. Bereits 380 Mio. Jahre später hatte sich dann mit UDFj-39546284 die älteste bisher bekannte Galaxie gebildet. Solche Schätzungen sind aber umstritten, andere Astrophysiker meinen, dass diese Galaxie 100 Mio. Jahre jünger ist. 2018 entdeckten Forscher dann J1808–5104, einen Stern, der fast nur aus Material besteht, das beim Urknall entstand. Mit einem Alter von 13,53 Mrd. Jahren ist er anscheinend älter als die älteste bisher entdeckte Galaxis. Da diese Uralt-Sonne nur 1950 Lichtjahre von unserer Sonne entfernt ist, könnte auch unsere Galaxie sehr bald nach dem Urknall entstanden sein.

WAS LEUCHTETE ÜBER BETHLEHEM?

Nach dem Matthäusevangelium hat der Stern von Bethlehem die Heiligen Drei Könige kurz nach der Geburt von Jesus nach Bethlehem geführt. Möglicherweise ist damit der Halleysche Komet gemeint, der 12 v. Chr. am Himmel stand. Vielleicht handelte es sich aber auch um einen anderen Kometen, den chinesische und koreanische Astronomen 5 v. Chr. beobachteten und der 70 Tage bewegungslos am Himmel stand. Vielleicht war dieser „Komet“ aber auch

ERSTER PLANETENFUND

Wer hat den ersten Planeten bei einem anderen Stern entdeckt?

Den ersten Planeten bei einem sonnenähnlichen Stern entdeckten 1995 die Schweizer Astronomen Michel Mayor und Didier Queloz. Der Planet ist etwa halb so groß wie der Jupiter und umkreist den Stern Nummer 51 im Sternbild Pegasus mit einer Umlaufzeit von nur 4,2 Tagen. Allerdings hatte der polnische Astronom Alexander Wolszczan bereits vier Jahre zuvor drei Planeten außerhalb unseres Sonnensystems aufgespürt. Diese Planeten kreisen aber nicht um einen normalen Stern wie unsere Sonne, sondern um einen exotischen Neutronenstern.

eine Supernova – nämlich jene, die am 23. Februar im Jahr 4 v. Chr. erschien und deren Überreste heute den Pulsar PSR 1913+16 bilden.

Beim Stern von Bethlehem könnte es sich aber auch um eine Begegnung der hellen Planeten Jupiter und Saturn 7 v. Chr. gehandelt haben. Infrage kommt zudem eine komplexe Begegnung zwischen der Sonne, dem Mond und den sehr hellen Planeten Jupiter und Venus 6 v. Chr. Oder eine weitere Begegnung von Venus und Jupiter in den Jahren 3 und 2 v. Chr. Selbst nach mehr als 2000 Jahre bleibt der Stern von Bethlehem also weiterhin rätselhaft.

KANN MAN DIE PLANETEN ANDERER STERNE SEHEN?

Astronomen entdecken fast täglich Planeten, die außerhalb unseres Sonnensystems um andere Sterne kreisen, am 1. Juli 2021 waren 4777 solcher Exoplaneten bekannt. Die Suche nach ihnen ist jedoch nicht einfach: So kommt von Sonnen normalerweise millionenfach mehr Licht als von den Planeten, die um sie kreisen. Zudem stehen diese Himmelskörper von der Erde aus gesehen extrem nah bei ihren Sternen. Meist lassen sich Exoplaneten daher nur indirekt nachweisen. Astrophysiker beobachten z. B. ein leichtes Taumeln bei manchen Sternen, weil die Schwerkraft ihrer Planeten an ihnen rüttelt. Ziehen diese Himmelskörper aus Sicht der Erde vor ihrem Stern vorbei, verdunkeln sie sein Licht geringfügig, aber durchaus messbar.

WO IM WELTALL IST LEBEN MÖGLICH?

Bisher kennen wir nur ein Beispiel einer belebten Welt, unsere Erde. Da dieses Leben ohne flüssiges Wasser nicht funktioniert, sind die heißesten Kandidaten für außerirdisches Leben Exoplaneten, auf denen es vorkommen könnte. Dazu sollte der Planet in einer relativ engen Zone um einen Stern kreisen. Dort muss die Strahlung der jeweiligen Sonne genug Energie liefern, um Eis zu schmelzen, sollte aber dieses Wasser auch nicht gleich wieder verdampfen. Bei schwach strahlenden Sternen liegt diese habitable Zone daher viel näher an der jeweiligen Sonne als bei einem starken Strahler. In unserem Sonnensystem bewegen sich nur die Erde und eventuell der Mars in diesem Bereich.

Gibt es Leben unter dem Eis von Monden?

Unter den dicken Eisschichten an der Oberfläche der Jupitermonde Kallisto und Europa sowie des Saturnmondes Enceladus scheinen sich Ozeane aus flüssigem Wasser zu verbergen, die mit einer Tiefe von 10 bzw. 100 km die Dimensionen der Meere auf der Erde deutlich übertreffen. Auch dort könnte Leben existieren. Beim Saturnmond Enceladus scheinen am Grund eines 10 km tiefen flüssigen Ozeans, der unter einem 30–40 km dicken Eispanzer liegt, warme Quellen gute Voraussetzungen für Leben zu schaffen. Mit organischen Chemikalien gibt es dort noch eine unabdingbare Grundlage von Leben. Und nahe des Südpols dampfen Schwaden aus Wasserstoff, Methan und anderen Gasen aus dem Enceladus-Eis. Nach Berechnungen von 2021 spricht einiges dafür, dass ein Teil dieses Methans von Mikroorganismen produziert wird. Leben in den Meeren unter dem Eispanzer der Monde scheint daher durchaus möglich, bewiesen ist es aber noch lange nicht.

Lauschen wir erfolgreich ins All?

Der US-amerikanische Radioastronom Frank Drake von der University of California begann 1960 in seinem Projekt Ozma, mit Radioantennen nach Signalen von außerirdischen Intelligenzen zu suchen. Forscher weltweit und namhafte Organisationen wie die US-amerikanische Weltraumorganisation NASA beteiligten sich an dieser Suche und gründeten 1984 das SETI-Institut (Search for Extraterrestrial Intelligence). Durch eine großzügige Spende des Microsoft-Mitgründers Paul Allen konnte sich SETI an der Allen-Radioteleskop-Anlage in Kalifornien beteiligen, die 2007 mit 42 miteinander gekoppelten Teleskopen in Betrieb ging. Während die Forscher vorher nur Gäste an wissenschaftlichen Teleskopen waren, können sie diese Anlage seither dauerhaft nutzen. Zumindest, solange durch Spenden die für den Betrieb nötigen Summen zur Verfügung stehen.

Bisher blieb die Suche erfolglos. Zwar gab es einige Signale, die mit herkömmlichen Quellen nicht erklärt werden konnten und die daher von außerirdischen Intelligenzen stammen könnten – nur fand SETI keine einzige Wiederholung, mit der die Existenz einer fremden Intelligenz hätte bewiesen werden können.

Der Jupitermond Europa ist von zerfurchtem Wassereis bedeckt. Darunter liegt wahrscheinlich ein riesiger Ozean, in dem es Leben geben könnte.

Wie groß sind die Chancen für außerirdische Zivilisationen?

1961 stellte der Astrophysiker Frank Drake eine einfache Gleichung vor, in der sieben Faktoren die Häufigkeit von intelligentem Leben in unserer Galaxie beschreiben. Die ersten drei Faktoren der Drake-Gleichung zählen die Grundlagen auf, die für ähnliches Leben wie auf der Erde vorhanden sein sollten. Wie viele Sterne entstehen jedes Jahr in unserer Galaxie und wie viele dieser jungen Sonnen haben dann auch ein Planetensystem? Und kreisen manche dieser Planeten in einer Entfernung um ihre Sonne, die flüssiges Wasser zulässt? Nachdem Astrophysiker inzwischen fast täglich solche Exoplaneten entdecken, vermuten sie wenige Hundert Milliarden Planeten allein in unserer Milchstraße. Die Wahrscheinlichkeit für die Existenz von fremden Zivilisationen steht also nicht schlecht. Der Pferdefuß der Drake-Formel sind aber die anderen Faktoren. Sie beschreiben die Chancen, dass Leben überhaupt entsteht und wie lange es dauern könnte, bis sich daraus eine technische Zivilisation entwickelt, die zwischen Planetensystemen Signale austauschen kann. Da wir dafür aber mit unserer Erde nur ein Beispiel kennen, lassen sich diese Faktoren kaum abschätzen. Und so schwanken die Vermutungen dann auch zwischen nur einer und mehreren Millionen technischen Zivilisationen, die derzeit in der Milchstraße existieren.

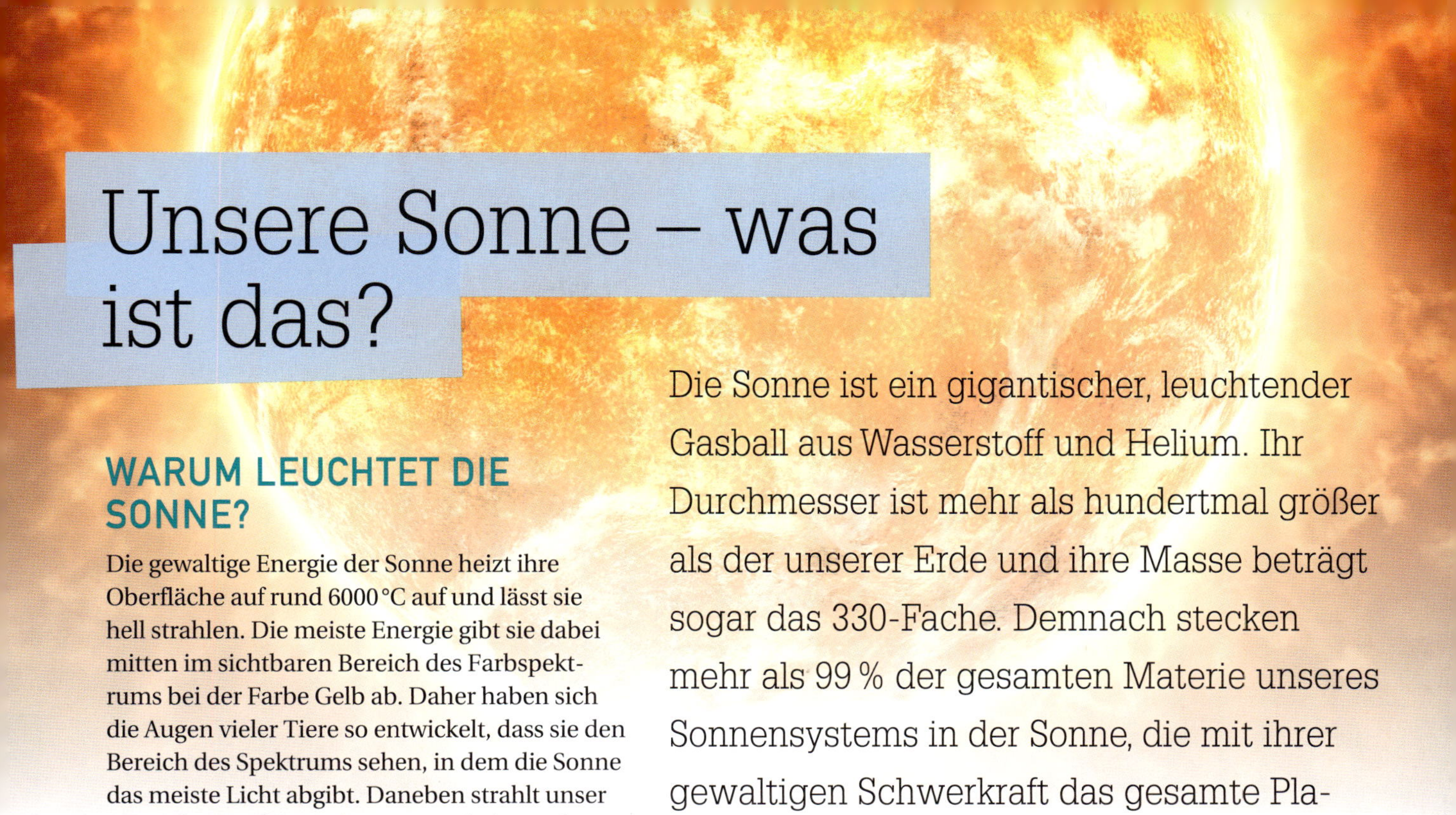

Unsere Sonne – was ist das?

Die Sonne ist ein gigantischer, leuchtender Gasball aus Wasserstoff und Helium. Ihr Durchmesser ist mehr als hundertmal größer als der unserer Erde und ihre Masse beträgt sogar das 330-Fache. Demnach stecken mehr als 99 % der gesamten Materie unseres Sonnensystems in der Sonne, die mit ihrer gewaltigen Schwerkraft das gesamte Planetensystem beherrscht.

WARUM LEUCHTET DIE SONNE?

Die gewaltige Energie der Sonne heizt ihre Oberfläche auf rund 6000 °C auf und lässt sie hell strahlen. Die meiste Energie gibt sie dabei mitten im sichtbaren Bereich des Farbspektrums bei der Farbe Gelb ab. Daher haben sich die Augen vieler Tiere so entwickelt, dass sie den Bereich des Spektrums sehen, in dem die Sonne das meiste Licht abgibt. Daneben strahlt unser Stern aber auch im infraroten und ultravioletten sowie im Radio- und Röntgenbereich. Die Planeten und Monde leuchten dagegen nicht selbst, sondern reflektieren nur das Licht der Sonne.

Wie erzeugt unsere Sonne Energie?
Im Zentrum der Sonne herrschen ungefähr 15 Mio. °C und der Druck erreicht das 340-Milliardenfache des normalen Luftdrucks auf der Erde. Bei diesen extremen Bedingungen prallen die Atomkerne des Wasserstoffs mit so hoher Geschwindigkeit aufeinander, dass sie zu Heliumkernen verschmelzen. Die bei dieser Kernfusion frei werdende Energie wandert sehr langsam nach außen und erreicht erst nach einigen Tausend Jahren die Oberfläche.

WARUM JAGEN WISSENSCHAFTLER NEUTRINOS?

Neben Energie und Strahlung entstehen bei der Kernfusion riesige Mengen von Neutrinos. Deren Masse ist geringer als ein Millionstel der Masse eines Elektrons und lässt sich nur sehr schwer messen. Zudem durchdringt ein Neutrinostrahl auch sehr große Massen wie z. B. die Erde fast ungebremst. Obwohl in jeder Sekunde rund 65 Mrd. Neutrinos aus der Sonne auf 1 cm^2 der Erdoberfläche treffen, lassen sich diese Elementarteilchen nur mit sehr aufwendigen und riesigen Experimenten nachweisen. Trotzdem versuchen internationale Forschungsteams mit riesigen Apparaturen, z. B. in der Antarktis, diesen unscheinbaren Winzlingen auf die Spur

RICHTIG ODER FALSCH?

Die Sonne wird leichter, weil sie Materie verbrennt.

Pro Sekunde wandelt die Sonne 700 Mio. t Wasserstoff in Helium um und wird dabei immer leichter. Denn hier verschmelzen vier Wasserstoffatome zu einem Heliumatom, dessen Masse etwas geringer als die der Wasserstoffatome ist. Die verschwundene Masse wird dabei nach Albert Einsteins Formel $E = mc^2$ (Energie gleich Masse mal dem Quadrat der Lichtgeschwindigkeit) in Energie umgewandelt. D. h., die Sonne magert pro Sekunde um 5 Mio. t ab. Auch wenn das gewaltig klingt, verliert sie in den vielen Milliarden Jahren ihres Lebens nicht einmal 0,01 % ihrer Masse.

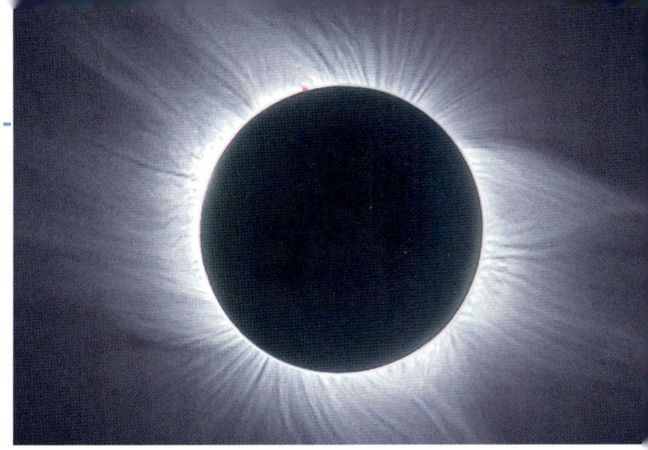

Einen solchen Blick auf die Korona ermöglichen (außer bei Sonnenfinsternis) nur Sonnenteleskope.

zu kommen. So erreichen die im Inneren der Sonne entstehenden Neutrinos fast unbeeinflusst die Oberfläche des Sterns, während normale Strahlung erst nach ungezählten Wechselwirkungen mit normaler Materie und nach einigen Jahrtausenden dort ankommt. Daher erlauben Neutrinos ein fast ungefiltertes Beobachten der sonst praktisch unzugänglichen Vorgänge im Inneren der Sonne, auch wenn die riesigen Geräte nur extrem selten einzelne Neutrinos aufspüren. Außerdem lassen sich mit diesen vereinzelten Neutrinos auch dramatische Ereignisse im Kosmos wie zerreißende Sterne, aktive Schwarze Löcher im Zentrum ferner Galaxien oder Sternenexplosionen beobachten.

WAS IST DIE KORONA?

Unsere Sonne hat eine dünne Atmosphäre, die durch unbekannte Prozesse auf Temperaturen deutlich über 1 Mio. °C aufgeheizt wird und dabei Röntgenstrahlung abgibt. Im sichtbaren Licht leuchtet die Atmosphäre dagegen sehr schwach und ist deshalb nur dann mit bloßem Auge zu sehen, wenn die helle Scheibe der Sonne beispielsweise bei einer totalen Sonnenfinsternis abgedeckt wird. Auch die Teleskope an Bord des Sonnensatelliten SOHO decken mit einer Blende die gleißende Helligkeit der Sonne ab, um so die Korona beobachten zu können. Diese strahlenförmige Struktur reicht mehrere Millionen Kilometer in den Weltraum hinaus und hat damit den doppelten bis dreifachen Durchmesser der Sonne selbst.

Was ist der Sonnenwind?

In jeder Sekunde strömen 1 Mio. t Wasserstoff- und Heliumatomkerne sowie Elektronen aus der heißen Korona in den Weltraum. Dieser Sonnenwind rast mit einer Geschwindigkeit von rund 300 km/s in den Weltraum und ist daher tausendmal langsamer als das Licht.

Das Magnetfeld der Erde schützt sie vor den Teilchen des Sonnenwinds.

IST DIE OBERFLÄCHE DER SONNE RUHIG?

An ihrer Oberfläche ist die Sonne ständig in Bewegung. Manchmal aber winden sich Feldlinien ihres komplexen Magnetfelds auch aus der Oberfläche heraus und reißen dabei größere Mengen an Wasserstoff- und Heliumkernen sowie Elektronen mit sich. Solche Protuberanzen bilden oft viele Tausend Kilometer lange, relativ schwach leuchtende Bogen, bevor sie wieder in die Sonne eintauchen. Die längste beobachtete Protuberanz war 800 000 km lang und über 40 000 km hoch. In solchen Bogen hätte die Erde mit ihrem Durchmesser von 12 700 km mehrfach Platz. Bei explosionsartigen Ausbrüchen schleudern Protuberanzen Materie mit bis zu 1000 km/s ins All.

WIE ALT IST DIE SONNE?

Die ältesten bisher auf der Erde und dem Mond gefundenen Gesteine deuten auf ein Alter von rund 4,6 Mrd. Jahren für die zwei Himmelskörper hin. Da beide kurz nach der Geburt der Sonne entstanden sind, sollte diese ähnlich alt sein. Damit hat unsere Sonne aber noch nicht einmal die Hälfte ihres Lebens hinter sich. Der Wasserstoffvorrat der Sonne wird nämlich noch für weitere 7 Mrd. Jahre reichen.

Verschlingt die Sonne irgendwann die Erde?

Sind ihre Wasserstoffvorräte zu Helium verbrannt, wird sich die Sonne rasch zu einen Roten Riesenstern aufblähen, der weit mehr als den hundertfachen Durchmesser der heutigen Sonne haben dürfte. Die kühler werdende und daher nicht mehr gelb, sondern rot leuchtende Oberfläche wird dann etwa die Umlaufbahn der Venus erreichen und so nicht nur diese, sondern auch den Merkur verschlingen. Der Rote Riese leuchtet mit der 2300-fachen Energie der heutigen Sonne und würde für einen Beobachter auf der Erde einen großen Teil des Himmels bedecken. Nur wird dann niemand mehr auf der Erdoberfläche leben können, da die extreme Strahlung die Ozeane längst verdampft und die Gesteine zu einem Lavameer geschmolzen hat, das die gesamte Oberfläche bedeckt.

WARUM HAT DIE SONNE FLECKEN?

Die Sonne hat im Gegensatz zur Erde ein sehr kompliziertes Magnetfeld. Ein großer Teil davon bildet in der Sonne „magnetische Schläuche“, die aber manchmal die Oberfläche durchbrechen können. An diesen Stellen steigt keine heiße Materie aus dem Inneren der Sonne auf und die Oberfläche kühlt so auf rund 4500 °C ab. Diese Regionen werden deshalb dunkler als die andernorts 1500 °C heißere Oberfläche. Diese Sonnenflecken sind zwischen 16 und 160 000 km groß. Einige Tage oder wenige Monate nach ihrem Entstehen verschwinden sie wieder.

Gibt es immer gleich viele Sonnenflecken?

Die Zahl der Flecken auf unserer Sonne schwankt in ungefähr elfjährigen Zyklen, deren jüngster im Dezember 2019 begann. Den Startschuss für einen neuen Kreislauf gibt das Magnetfeld der Sonne, wenn es seine Richtung wechselt. Da diese Vorgänge nicht regelmäßig stattfinden, kann auch die Länge der Sonnenflecken-Zyklen um einige Monate oder sehr wenige Jahre schwanken.

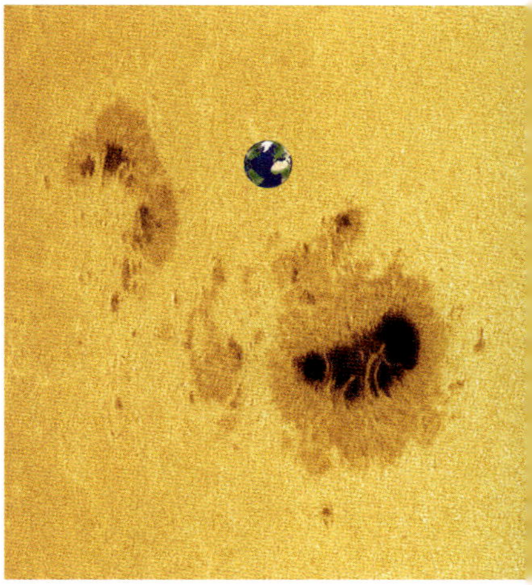

Der Größenvergleich zeigt, dass die Erde in manche Sonnenflecken mehrfach hineinpassen würde.

Haben andere Sterne ebenfalls Flecken?

Offensichtlich haben auch andere Sterne ein ähnlich kompliziertes Magnetfeld, das dort ebenfalls Sonnenflecken entstehen lässt. Diese „Sternflecken“ scheinen ebenfalls in Zyklen zu schwanken. Beim Stern V410 Tau dürften solche kühleren Gebiete sogar 40 % seiner Oberfläche bedecken. Bei unserem Zentralgestirn erreichen die Flächen der Sonnenflecken dagegen höchstens 1 %.

FOCUS

Wenn der Mond sich vor die Sonne schiebt

Eine Sonnenfinsternis darf nur mit dafür geeigneten Spezialbrillen beobachtet werden (oben). Die Illustration zeigt den Augenblick kurz vor der vollständigen Bedeckung der Sonne durch den Mond (unten).

Seit Urzeiten richten die Menschen ihren Blick staunend und früher wohl auch voller Furcht zum Himmel, wenn es am helllichten Tag plötzlich düster wird und die hellsten Sterne am Himmel zu sehen sind. Eine totale Sonnenfinsternis ist mit Sicherheit eines der eindrucksvollsten Schauspiele am Himmel der Erde.

In der Vergangenheit dürfte die Vorhersage solcher Sonnenfinsternisse daher zu den wichtigsten Aufgaben der Astronomen gehört haben. Vor ungefähr 4000 Jahren ließ der chinesische König Zhong Kang der Legende nach sogar seine Hofastronomen Hi und Ho hinrichten, weil sie angeblich betrunken ein solches Ereignis nicht vorhergesagt hatten und es daraufhin zu Panik und Unruhen beim einfachen Volk kam.

Dabei lassen sich Sonnenfinsternisse mit verhältnismäßig einfachen Kenntnissen der Himmelsmechanik ziemlich gut berechnen. Von der Erde aus gesehen schiebt sich der Mond auf seiner Bahn vor die Sonne. Da die Sonne rund 400-mal größer als der Mond ist, gleichzeitig aber auch 400-mal weiter von der Erde entfernt steht, kann der Mond die Sonne (zufällig) recht genau abdecken.

Was ist eine ringförmige Sonnenfinsternis?

Allerdings ändern sich diese Größenverhältnisse regelmäßig, da der Mond nicht auf einer Kreisbahn um die Erde saust, sondern auf einer elliptischen Bahn unterwegs ist. Dadurch schwankt die Entfernung zwischen Erde und Mond und kann Werte von 384 000 bis 410 000 km annehmen. Damit verändert sich natürlich auch die scheinbare Größe des Mondes am Himmel.

Wenn der Mond vor der Sonne steht, entsteht ein Schatten auf der Erde, der zwei Bereiche bildet: Den Kernschatten, in dem man eine totale Sonnenfinsternis sieht, und den umgebenden Halbschatten, mit einer teilweisen (partiellen) Sonnenfinsternis.

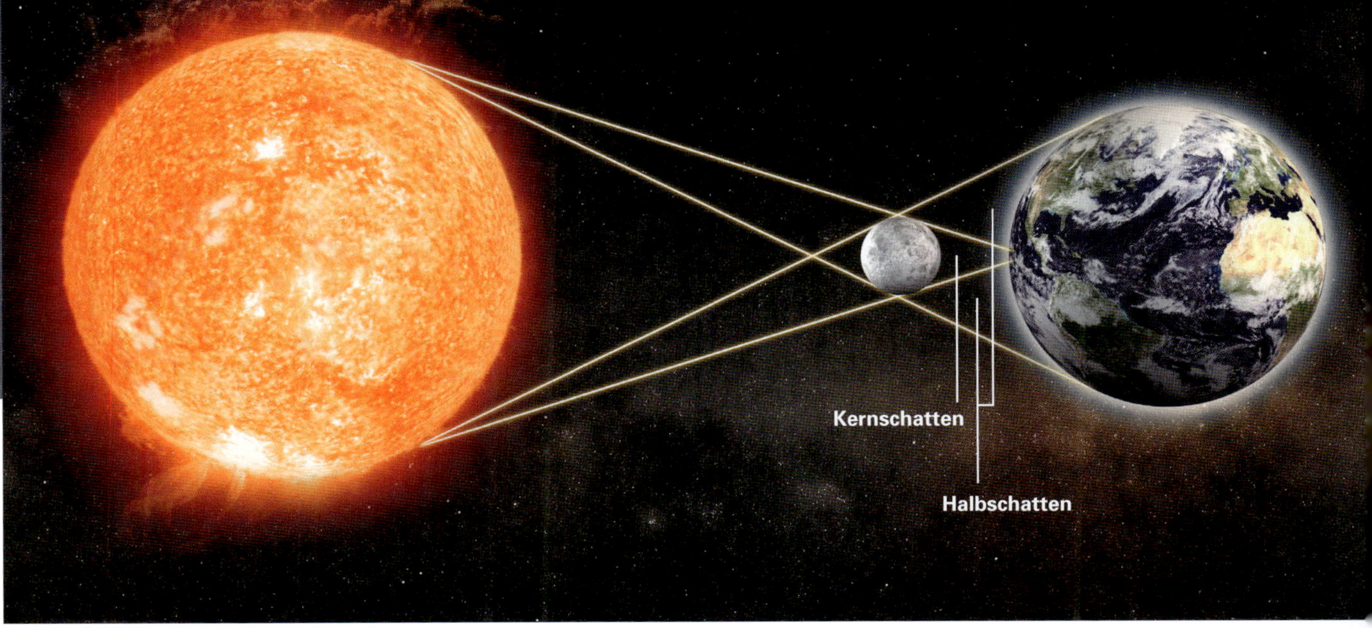

Während der größten Distanz ist der Erdtrabant bei einer Finsternis daher etwas zu klein, um die Scheibe der Sonne vollständig abzudecken. Dann staunen die Menschen auf der Erde nicht über eine totale, sondern über eine „ringförmige" Finsternis.

Wie häufig sind Sonnenfinsternisse?

Sonnenfinsternisse gibt es nur, wenn der Mond von der Erde aus gesehen in der gleichen Richtung wie die Sonne am Himmel steht. Dann ist es Neumond. Außerdem liegt die Bahn des Mondes relativ zu der Bahn der Erde um die Sonne schief im All. Meist zieht der Neumond deshalb ober- oder unterhalb der Sonne vorbei. Nur zweimal im Jahr kann es daher zu Sonnenfinsternissen kommen. Totale Sonnenfinsternisse sind allerdings viel seltener: Die vorerst letzte war in Deutschland am 11. August 1999 zu sehen, die nächste wird in Süddeutschland, der Schweiz und Österreich am 3. September 2081 für zwei bis vier Minuten die Sonne völlig überdecken.

In irgendeiner bestimmten Region der Erde sind solche völligen Bedeckungen deshalb so selten, weil der Kernschatten des Mondes auf der Erde einen Durchmesser von höchstens 200 km hat. Nur dort aber lässt sich eine totale Sonnenfinsternis für wenige Minuten beobachten. Wer ein solches Ereignis sehen möchte, muss daher weite Reisen auf sich nehmen, um zumindest alle paar Jahre auf seine Kosten zu kommen. Außerhalb des Kernschattens wird die Sonne dagegen nur zum Teil verdeckt – und das Himmelsspektakel beeindruckt deutlich weniger.

Wie kann man gefahrlos die Sonne beobachten?

Wer die Sonne oder auch eine Sonnenfinsternis beobachtet, sollte sehr vorsichtig sein. Schließlich kann ein direkter, längerer Blick die Netzhaut der Augen dauerhaft schädigen. Am besten nutzen Sonnenfans daher spezielle Sonnenfinsternis-Brillen, die nur rund ein Hunderttausendstel der Strahlung passieren lassen und so ein gefahrloses Beobachten erlauben. Mit Ruß geschwärzte Gläser und ähnliche Eigenfabrikate sollten dagegen keinesfalls verwendet werden, weil sie einen gefährlichen Teil der Strahlung durchlassen können.

Noch wichtiger ist der Schutz der Augen beim Blick durch Ferngläser, Fernrohre oder Teleobjektive. Im Fachhandel gibt es für solche Zwecke sogenannte Sonnenfolien, die ebenfalls nur einen winzigen Bruchteil der Strahlung durchlassen und daher als schützender Filter verwendet werden können.

Was schwirrt alles durchs Sonnensystem?

In unserem Sonnensystem ist einiges los. Außer den großen Planeten zieht dort eine unübersehbare Schar von kleineren Himmelskörpern ihre Bahn: Zwergplaneten, Monde, Asteroiden und Kometen. Hinzukommen noch ungezählte Trümmer von Asteroiden und Kometen. Diese Meteoroide können winzig klein wie Staubkörnchen sein, aber auch mehrere Meter groß.

WAS IST DER UNTERSCHIED ZWISCHEN STERNEN, PLANETEN UND MONDEN?

Sterne sind heiße Himmelskörper, in deren Zentrum Atomkerne verschmelzen. Einen großen Teil der dabei frei werdenden Energie strahlen diese Sonnen ab und leuchten daher aus sich selbst heraus. Um sehr viele von ihnen ziehen Planeten, die das Licht ihres Sterns zum Teil reflektieren, aber nicht selbst strahlen. Daher hängt die Helligkeit eines Planeten am Himmel von seiner Größe, von seiner Entfernung zur Sonne und von seiner Oberfläche ab, die Licht unterschiedlich stark zurückstrahlt. Monde sind Himmelskörper, die um einen Planeten kreisen. Einige von ihnen sind sogar größer als Planeten. Der größte Mond des Jupiters Ganymed hat z. B. einen Durchmesser von 5262 km, der Planet Merkur dagegen nur 4880 km.

Wie viele Planeten kreisen um unsere Sonne?

In unserem Sonnensystem gibt es die acht Planeten Merkur, Venus, Erde, Mars, Jupiter, Saturn, Uranus und Neptun. Bis 2006 galt zudem der meist weiter außen ziehende Pluto noch als Planet. Da dort aber auch etliche weitere, zum Teil größere Himmelskörper unterwegs sind, entschieden die Forscher, Pluto den Planetenstatus abzuerkennen.

Was ist ein Zwergplanet?
2006 einigten sich die Astronomen der Internationalen Astronomischen Union (IAU) darauf, dass ein Planet mit seiner Anziehungskraft seine Umgebung von anderen – kleineren – Himmelskörpern bereinigt haben muss. Bei Pluto ist dies nicht der Fall, deshalb wird er jetzt nur noch als Zwergplanet bezeichnet. Gleiches gilt auch für Ceres, das größte Objekt im Asteroidengürtel zwischen Mars und Jupiter.

GIBT ES AUF ANDEREN PLANETEN JAHRESZEITEN?

Da die Erde um eine Achse rotiert, die nicht senkrecht auf ihrer Bahn um die Sonne steht, scheint die Sonne in einer Jahreszeit länger auf die Nordhalbkugel, während in der anderen Jahreszeit die Tage in der Südhemisphäre länger sind. Ähnlich können auch die Rotationsachsen anderer Planeten geneigt sein. Beim Mars ist dieser Winkel mit 25° ähnlich groß wie die 23,5°-Neigung der Erde. Zwar sind auf dem Roten Planeten die Unterschiede zwischen den Jahreszeiten wegen seiner sehr dünnen Atmosphäre geringer. Doch an den Polen des Mars lagert sich in den Jahreszeiten unterschiedlich viel Eis ab.

Die Achse des Uranus ist sogar um 98° geneigt. Daher scheint dieser Planet auf seiner Bahn förmlich um die Sonne zu rollen. Dabei liegt die Nordhemisphäre des Uranus während der einen, 42 Erdenjahre langen Hälfte seiner Umlaufbahn um die Sonne praktisch andauernd im Licht. Danach folgt eine 42 Jahre währende Polarnacht.

NACH WELCHEN GESETZEN BEWEGEN SICH PLANETEN?

Der deutsche Astronom Johannes Kepler entdeckte am Anfang des 17. Jh. drei Gesetze, die gut die Bewegungen der Planeten um die Sonne beschreiben. Bei diesen Bahnen handelt es sich, so das erste Gesetz, um Ellipsen, in denen die Sonne in einem der beiden Brennpunkte steht. Nach dem zweiten Gesetz sind die Planeten in der Nähe der Sonne schneller unterwegs, während sie in großer Entfernung langsamer werden. Und schließlich ergibt das Quadrat der Umlaufzeit um die Sonne dividiert durch die dritte Potenz der langen Halbachse seiner elliptischen Bahn bei allen Planeten das gleiche Ergebnis. Sobald also Astronomen diese Zahl z. B. für die Bahn der Erde bestimmt haben, können sie aus ihr und der Zeit, die andere Planeten für ihre Ellipse um die Sonne benötigen, auch die Größe deren Bahnen berechnen.

Sind die Bahnen der Planeten stabil?
Nicht ganz: Zwar zwingt die Sonne die Planeten in bestimmte Bahnen. Nur ziehen sich die Planeten natürlich auch untereinander mit sehr viel kleineren Kräften an. Dadurch schwanken die Umlaufbahnen ein klein wenig. Diese Bahnstörungen sind beispielsweise auf der Erde für Klimaepochen wie die Kaltzeiten verantwortlich. Im Großen und Ganzen scheinen die Bahnen allerdings seit der Entstehung des Sonnensystems relativ stabil geblieben zu sein.

Die Venus als Morgenstern und ein Teil der Milchstraße leuchten über einer Bucht in der Nähe von Halifax.

WO STEHEN DIE PLANETEN AM HIMMEL?

Im Gegensatz zu den scheinbaren Entfernungen zwischen den Sternen am Himmel, die sich nur unmerklich ändern, bewegen sich die Planeten aus Sicht der Erde laufend. Die Ursache findet sich in den verschiedenen Geschwindigkeiten und Umlaufbahnen der Planeten um die Sonne. Diese liegen alle nahezu in derselben Ebene, der Ekliptik. Deshalb stehen alle Planeten am Himmel in der Nähe der Ekliptik.

WARUM IST DER MERKUR NUR SO SELTEN ZU SEHEN?

Der Merkur ist der sonnennächste Planet unseres Sonnensystems und ist im Durchschnitt nur 58 Mio. km von der Sonne entfernt. Daher steht er immer in der Nähe der Sonne und kann sich von der Erde aus gesehen maximal 28° von ihr entfernen. Meist steht der Merkur aber deutlich näher bei der Sonne und befindet sich häufig auch vor oder hinter ihr. Sein ohnehin schwaches Leuchten wird daher oft vom Licht der Sonne überstrahlt. Nur wenn Sonne und Merkur nicht gleichzeitig am Himmel stehen, ist der Planet daher tief am Horizont in der hellen Abend- oder Morgendämmerung zu sehen.

WAS IST DER ABEND- UND DER MORGENSTERN?

Wie beim Merkur liegt die Bahn der Venus innerhalb der Erdbahn. Auch die Venus kann daher nur abends oder morgens am Himmel stehen, strahlt dann aber meist sehr auffällig. Deswegen wird die Venus auch als Abend- oder Morgenstern bezeichnet. Der Planet kann jedoch immer nur eine der beiden Rollen einnehmen und ist daher entweder am Abend oder am Morgen zu sehen.

Warum ist es auf der Venus so heiß?

Die Oberflächentemperatur der Venus liegt im Durchschnitt bei 464 °C. Dies wird aber nicht nur durch die Nähe zur Sonne verursacht. Da die Atmosphäre des Planeten zu 96,5 % aus dem Treibhausgas Kohlendioxid besteht, heizt der Treibhauseffekt die Venus extrem stark auf.

Rätselhaft ist der Vulkanismus auf dem Planeten. Auf der Oberfläche gibt es viele, teils recht junge Lavaflächen. 2008 beobachtete die Raumsonde Venus Express dann in einem etwa 1 km² großen Hotspot einen raschen Temperaturanstieg in wenigen Tagen auf 830 °C. Das scheint ein Vulkanausbruch gewesen zu sein.

WARUM IST DER MARS ROT?

Schon mit bloßem Auge fällt der Mars am Himmel durch seine kräftige rote Farbe auf. Diese wird von Eisenoxidstaub verursacht, der wie eine feine Rostschicht fast auf der gesamten Oberfläche liegt. Möglicherweise haben Meteoriteneinschläge einen großen Teil dieses Staubs auf den Mars gebracht. Der sehr geringe Wassergehalt der dünnen Atmosphäre des Planeten reicht dann zusammen mit der starken ultravioletten Strahlung aus, um das Eisen rosten zu lassen. Allerdings könnte es einst auf dem Mars auch offenes Wasser gegeben haben.

Gibt es auf dem Mars flüssiges Wasser?

Auf der Oberfläche des Roten Planeten deuten sehr viele Strukturen auf Flüsse, Seen und Meere hin: Da winden sich Täler, die verblüffend

Flüssen auf der Erde ähneln. Mancherorts finden die Planetenforscher sogar die Küstenlinien großer Seen. An der Oberfläche ist es aber viel zu kalt für flüssiges Wasser – und Eis verdunstet in der dünnen Atmosphäre sehr schnell.

2008 konnte die auf dem Mars gelandete Sonde Phoenix Wassereis im Untergrund nachweisen. Forscher vermuten daher, dass durch vulkanische Aktivitäten manchmal größere Eisvorkommen an die Oberfläche gehoben und geschmolzen werden. Danach fließen für wenige Stunden gewaltige Wassermengen, die Täler und Seen entstehen lassen. Bald versickert das Wasser im Boden oder erstarrt zu Eis und verdunstet. Für diese Theorie spricht auch, dass solche Flusstäler abrupt beginnen und keine sichtbaren Zuflüsse haben.

Gab es einst offenes Wasser auf der Oberfläche?

Vor vermutlich 3,6 Mrd. Jahren scheint der Mars völlig anders ausgesehen zu haben. Unter einer relativ dichten Atmosphäre könnte auf seiner Oberfläche Wasser geflossen sein, das sich in Seen und vielleicht sogar Meeren sammelte. Spuren dieses Wassers konnte die Marssonde Curiosity im 154 km großen Gale-Krater nachweisen. Ob dort aber wirklich ein tiefer See oder nur ein flaches Gewässer war, ist unklar. Ebenso unbekannt ist, wie lange diese Epochen mit offenem Wasser dauerten und ob es genug Zeit für die Entwicklung von Leben gab. Vor 1,5 Mrd. Jahren scheint die Epoche des Oberflächenwassers dann zu Ende gegangen zu sein.

Gibt es Leben unter der Marsoberfläche?

In der Tiefe aber gibt es eventuell noch heute größere Wassermengen. Mit Radarmessungen haben Roberto Orosei vom Nationalen Institut für Astrophysik in Bologna und seine Kollegen unter einer 1500 m dicken Eisschicht am Südpol des Mars einen 20 km großen See entdeckt. Darin sind vermutlich riesige Mengen Perchloratsalze gelöst, die Wasser unter dem starken Druck der Eisdecke sogar bis –74 °C flüssig halten. Perchlorate aber wurden an der Oberfläche des Mars bereits häufiger nachgewiesen.

Da in ähnlichen Seen unter dem Eis der Antarktis durchaus Leben existiert, könnten auch in der Salzlake unter dem Südpol des Mars und vielleicht auch in anderen Gebieten Mikroorganismen existieren. Bis zum Sommer 2021 konnten unbemannte Sonden aber noch kein Leben auf dem Roten Planeten nachweisen. Allerdings kratzten diese Geräte nur an der Oberfläche, Tiefbohrungen gab es bisher nicht.

Was sind die Marskanäle?

Der italienische Astronom Giovanni Schiaparelli glaubte 1877, dünne, gerade Linien auf dem Mars zu erkennen. Diese „Canali", was mit „Kanäle" übersetzt wurde, dürften natürlich entstanden sein, vermutete der Forscher.

Der reiche Geschäftsmann Percival Lowell aus Boston war dagegen der festen Überzeugung, dass die Kanäle ein künstliches Bewässerungssystem von intelligenten Bewohnern einer sterbenden Welt seien. Um diese Theorie zu beweisen, ließ er bei Flagstaff in Arizona sogar eine eigene Sternwarte bauen. Von dort kartierte er zwischen 1894 und 1916 insgesamt 437 Kanäle. Als die ersten amerikanischen Marssonden in den 1960er-Jahren Nahaufnahmen davon machten, entpuppten sich die Kanäle dann aber als optische Täuschungen.

Möglicherweise gab es auf dem Mars vor Jahrmilliarden große Mengen an offenem Wasser.

Komet Neowise zieht 2020 über den kanadischen Nachthimmel.

WIE UNTERSCHEIDEN SICH ASTEROIDEN UND KOMETEN?

Asteroiden sind kleinere Himmelskörper, die überwiegend aus Gestein und Metallen bestehen. Die meisten Asteroiden ziehen ihre Bahnen in einem breiten Band zwischen Mars und Jupiter, dem Asteroidengürtel. Kometen sind dagegen eine lockere Mischung aus Felsbrocken, Eis und gefrorenen Gasen. Diese „schmutzigen Schneebälle" sind allerdings von einer schwarzen Kruste aus Staub und kleineren Steinbröckchen umgeben. Daher ist ihre Oberfläche dunkler als Asphalt.

Weit außerhalb der Bahn des äußersten Planeten Neptun kreisen in der sogenannten Oortschen Wolke vielleicht Milliarden dieser nur wenige Kilometer großen Kometen. Asteroiden können dagegen einige Hundert Kilometer groß sein. Nähern sich Kometen der Sonne, beginnt ihr Wasser- und Trockeneis zu verdampfen. Die austretenden Gase und der mitgerissene Staub können einen über 100 Mio. km langen Schweif bilden, der manchmal von der Erde aus mit bloßem Auge zu sehen ist.

Wie entstanden die Asteroiden?

Galten die zwischen der Umlaufbahn des Mars und Jupiters kreisenden Asteroiden früher als Überreste eines durch eine Katastrophe zerstörten Planeten, halten Forscher sie heute für Überbleibsel aus der Entstehungszeit des Sonnensystems. Damals hatten sich in den äußeren Bereichen bereits die riesigen Gasplaneten wie Jupiter oder Saturn gebildet.

In den inneren Bereichen des Sonnensystems ballten sich dagegen feste Bestandteile zu kleinen Körpern zusammen, die einige Kilometer Durchmesser hatten. Aus diesen Planetesimalen entstanden schließlich die Planeten Merkur, Venus, Erde und Mars. In den Bereichen außerhalb der Umlaufbahn des Roten Planeten verhinderte allerdings die extrem starke Schwerkraft des Jupiters die Bildung eines weiteren Planeten. Dort stießen viele Planetesimale zusammen und zerbrachen dabei zu immer kleineren Bruchstücken. Diese Kollisionen lenkten viele der Trümmer auf Bahnen, die sie oft erst nach vielen Millionen Jahren auf einen Planeten oder einen Mond stürzen ließen. Die wenigen „Überlebenden" aber sind heute wertvolle Relikte – Bruchstücke aus der Anfangszeit unseres Sonnensystems, die Jahrmilliarden überstanden haben. Sie werden Wissenschaftlern sicher noch viele Erkenntnisse über die damaligen Vorgänge liefern.

Woher kam der Asteroid Oumuamua?

Der Asteroid Oumuamua hatte einen sehr weiten Weg zurückgelegt, als ihn ein Teleskop auf Hawaii am 19. Oktober 2017 entdeckte. Seither rätseln die Forscher über diesen Asteroiden, der offenbar in Millionen von Jahren aus einem anderen Sonnensystem zu uns kam und der ganz anders aussah als alle anderen Himmelskörper, die die Wissenschaftler bisher beobachtet hatten. Von einem gigantischen, vielleicht 500 m langen „Bleistift" natürlichen Ursprungs bis hin zu einem riesigen Segel einer fremden Zivilisation, das vom Sonnenlicht angetrieben durch den Weltraum fliegt, reichen die Überlegungen der Forscher. Genaueres wissen sie leider nicht, weil der Besucher aus den Tiefen des Weltraums schnell wieder verschwand und sich nicht mehr beobachten ließ.

Wo ziehen Kometen ihre Bahn?

Im Altertum hielt man Kometen für Ausdünstungen aus dem Inneren der Erde, die zum Himmel emporstreben. Erst im 16. Jh. zeigte der dänische Astronom Tycho Brahe, dass Kometen eigenständige Himmelskörper sind, die weit entfernt von der Erde ihre Bahn ziehen.

Weshalb zeigt der Schweif eines Kometen immer von der Sonne weg?

Genau betrachtet hat ein Komet sogar zwei Schweife. Der meist dünne Gasschweif besteht aus elektrisch geladenen Teilchen, den Ionen. Der zweite Schweif setzt sich aus Staubpartikeln zusammen. Die Strahlung der Sonne drückt diese Staubteilchen von der Sonne weg. Dieser Strahlungsdruck reicht aber nicht aus, um den Gasschweif zu erklären. Vielmehr scheinen die geladenen Teilchen des Sonnenwinds einen winzigen Teil des Magnetfelds der Sonne mitzuführen, das beim Auftreffen auf den Kometen die Ionen von der Sonne wegtreibt.

Kleinere Asteroiden verglühen beim Eindringen in die Erdatmosphäre.

Was ist ein „toter Komet"?

Bei jeder Annäherung an die Sonne verdampfen die gefrorenen Gase sowie das Wassereis und strömen ins All. Innerhalb der Bahn des Jupiters sind Kometen daher nur rund 10 000 Jahre aktiv. Danach bilden sie keinen Schweif mehr; solche „toten Kometen" können daher leicht mit Asteroiden verwechselt werden. Allerdings sind die Grenzen zwischen Asteroiden und Kometen ohnehin fließend. So stoßen einige Himmelskörper im Asteroidengürtel laufend Staub aus, der vermutlich beim Verdampfen von Wassereis mitgerissen wird.

Verraten Kometen etwas über die Geburt des Sonnensystems?

Kometen entstanden weit außerhalb der Bahn des Neptuns in einer extrem kalten Umgebung. Sie sind also Überreste aus der Entstehungszeit des Sonnensystems, die in der Oortschen Wolke wie in einer kosmischen Kühltruhe seit Jahrmilliarden unverändert erhalten blieben. Gelangen Kometen von dort auf Bahnen, die sie ins innere Sonnensystem bringen, sind sie Boten aus der Zeit, in der das System noch jung war. Sie bieten den Forschern einen unverfälschten Blick in die Zusammensetzung des Urnebels, aus dem unser Sonnensystem entstand.

Die Planeten – eine Reise durch das Sonnensystem

Die Unterschiede zwischen den acht Planeten unseres Sonnensystems sind groß: Merkur und Venus ziehen ganz innen in intensivster Sonnenstrahlung ihre Bahn. Die Gasriesen Jupiter, Saturn, Uranus und Neptun befinden sich so weit außen, dass die scheinbare Größe der Sonne am Jupiterhimmel nicht einmal ein Fünftel von der auf der Erde einnimmt. Dort erreicht die Sonnenstrahlung daher kaum 4 % der irdischen Werte und wärmt somit kaum noch. Gemäßigter sind nur der Mars und natürlich die Erde.

Viele Raumsonden erkunden unser Sonnensystem. So auch die Doppelsonde Cassini-Huygens, die den Saturn und seine Monde erforschte.

Haben alle Planeten Monde?

In unserem Sonnensystem gibt es mit Merkur und Venus nur zwei Planeten, die nach bisheriger Kenntnis keine Monde besitzen. Um die anderen sechs Planeten kreisen unterschiedlich viele natürliche Trabanten. Bei der Erde ist es nur einer, der schlicht Mond heißt. Rekordhalter ist der Saturn mit 82 bis 2019 entdeckten Monden.

Welche Planeten haben eine Atmosphäre?

Merkur ist der einzige Planet im Sonnensystem, der keine Atmosphäre hat. Die Lufthüllen der anderen Planeten sind sehr verschieden und unterscheiden sich auch stark von der der Erde. So ist die Atmosphäre des Mars beispielsweise extrem dünn und besteht überwiegend aus Kohlendioxid. Auf der Venus ist der Luftdruck dagegen rund 91-mal höher als auf der Erde.

Gibt es auf anderen Planeten Wasser?

Flüssiges Wasser gibt es nach derzeitigen Erkenntnissen nur auf der Oberfläche der Erde. Auf dem Merkur vermuten einige Forscher gefrorenes Wassereis in dauernd im Schatten liegenden Regionen an den Polen. Der Mars hat Polkappen aus Trockeneis, in dem auch Wassereis enthalten ist. Unter seiner Oberfläche gibt es dagegen sowohl Wassereis wie auch flüssiges Wasser, das allerdings extrem salzhaltig ist.

Wie hoch ist der höchste Berg im Sonnensystem?

26 km ragt der erloschene Vulkan Olympus Mons auf dem Mars über die Tiefebene in seiner Umgebung auf. Mit einem Durchmesser von rund 600 km ähnelt dieser Koloss aber eher einem Gebirgsmassiv als einem einzelnen Berg. Der Gipfelkrater des Olympus Mons hat 90 km Durchmesser und ist mehr als 3 km tief. Da der Mars keine Plattentektonik hat, erreicht Magma nur in bestimmten Gebieten die Oberfläche – entsprechend hoch werden dort die Vulkane. Der bisher letzte Ausbruch des Olympus Mons ließ vor 2 Mio. Jahren Lava an seinen Hängen in die Tiefe strömen.

Gibt es auf anderen Planeten oder Monden Vulkanismus?

Alte Vulkane haben die Astronomen nicht nur auf dem Mars, sondern auch auf der Venus entdeckt. Auf dem Jupitermond Io ist ein Schwefelvulkan aktiv, während auf dem

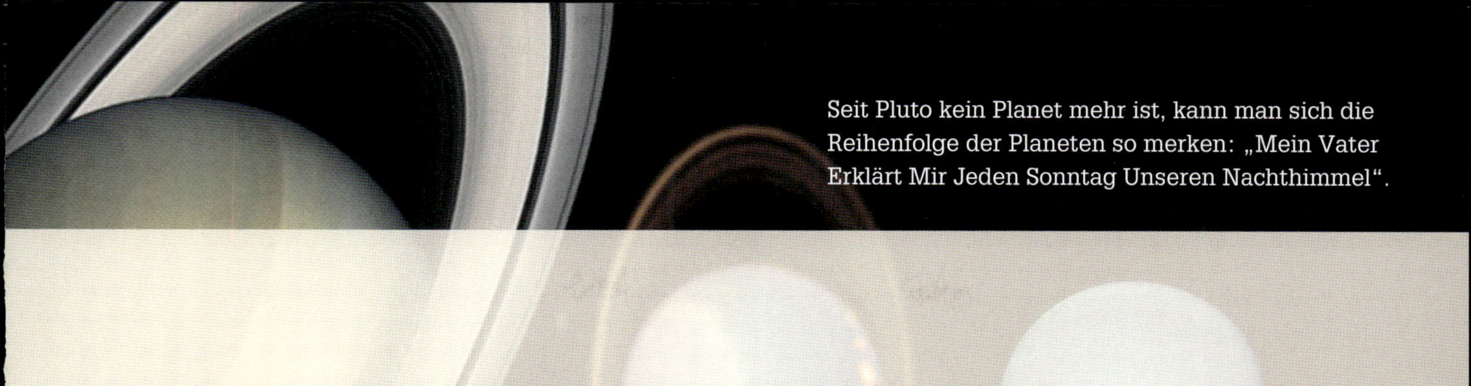

Seit Pluto kein Planet mehr ist, kann man sich die Reihenfolge der Planeten so merken: „Mein Vater Erklärt Mir Jeden Sonntag Unseren Nachthimmel“.

Neptunmond Triton ein Kryovulkan entdeckt wurde, der flüssigen Stickstoff gemischt mit Gesteinsstaub 8 km hoch schleudert. Aktiven Kryovulkanismus gibt es auch auf dem Saturnmond Enceladus, auf dem Plutomond Charon und auf dem Zwergplaneten Ceres.

Wie unterscheiden sich die Planeten?

Da es in der Nähe der Sonne viel wärmer ist als weiter außen, verdampften dort die leichter flüchtigen Substanzen aus den jungen Planeten, übrig blieben die schweren Steinplaneten Merkur, Venus, Erde und Mars. Weiter außen verdampften nur noch die besonders leicht flüchtigen Substanzen und es entstanden Gasplaneten wie Jupiter und Saturn. In der bitteren Kälte noch weiter draußen konnten die Eisriesen Uranus und Neptun dagegen auch solche leichtflüchtigen Substanzen wie Wasser, Ammoniak und Methan festhalten.

Warum sind Jupiter und Saturn so groß?

Die Scheibe, aus der erst die Sonne und später die Planeten entstanden, enthielt weit über 99 % Wasserstoff sowie Helium und nur einen geringen Anteil Staubteilchen. Die Strahlung der jungen Sonne drückte das leichte Gas viel stärker und weiter nach außen als den schwereren Staub. Dort sammelten sich daher riesige Gasmengen, aus denen dann auch gigantische Gas- und Eisplaneten entstehen konnten.

Was ist der Große Rote Fleck auf Jupiter?

In der von Wolkenbändern durchzogenen Atmosphäre Jupiters ist mindestens seit 1664 ein ovaler, rötlicher Fleck zu sehen. Dieser Große Rote Fleck ist nichts anderes als ein gigantisches Hochdruckgebiet mit etwa dem 1,5-fachen Durchmesser der Erde.

Woraus bestehen die Saturnringe?

Die Ringe des Saturns bestehen vor allem aus Wassereispartikeln, die kleine Mengen Staub und Steinkörnchen enthalten. Die Größe der Teilchen in den Ringen reicht von einigen tausendstel Millimetern bis zu wenigen Metern. Vermutlich entstanden die Saturnringe durch den Zusammenstoß eines Mondes mit einem Asteroiden oder aus einem Mond, der dem Saturn zu nahe kam und von dessen Gezeitenkräften auseinandergerissen wurde.

Haben auch andere Planeten Ringe?

Bei den Planeten Jupiter, Uranus und Neptun wurden ebenfalls Ringe entdeckt. Diese Ringe sind aber im Gegensatz zu den Saturnringen wesentlich schwächer ausgeprägt.

Der Große Rote Fleck des Jupiters

Sie bestehen überwiegend aus Staub und Eispartikeln von den Monden dieser Planeten.

Wie wurde Neptun entdeckt?

Die Umlaufbahn des Planeten Uranus verlief nicht ganz so, wie es Berechnungen vorhersagten – offensichtlich wurde seine Bahn durch einen weiter außen kreisenden Planeten gestört. Aus diesen Störungen ließ sich die Position dieses achten Planeten berechnen. 1846 wurde er dort tatsächlich entdeckt und Neptun getauft.

Verstecken sich weitere Planeten in unserem Sonnensystem?

Jenseits der Neptunbahn gibt es neben Pluto noch viele weitere Zwergplaneten, von denen immer wieder neue entdeckt werden. Auf einen weiteren großen Planeten finden sich aber keine Hinweise, zu denen z. B. nicht erklärbare Störungen der Bahnen von Planeten und Zwergplaneten gehören würden.

Wo endet das Sonnensystem?

In der etwa 150-fachen Entfernung der Erde von der Sonne stößt der Sonnenwind auf das Gas zwischen den Sternen. Diese Region wird oft als Grenze unseres Sonnensystems bezeichnet. Der Schwerkrafteinfluss der Sonne erstreckt sich aber noch viel tiefer ins All hinaus. Vermutlich ist unser Sonnensystem von einer Wolke aus Kometen umgeben, die möglicherweise bis zu einem Lichtjahr ins All hinausreicht.

Warum sind Erde und Mond etwas Besonderes?

In unserem Sonnensystem gibt es acht Planeten, von denen sechs Monde haben. Aus dieser Reihe sticht der Erdmond deutlich heraus, weil er im Verhältnis zu seinem Planeten der mit Abstand größte Mond ist. Viele Forscher sprechen daher von einem „Doppelplaneten".

WIE IST DER MOND ENTSTANDEN?

Die großen Monde von Jupiter und Saturn sind vermutlich schon gemeinsam mit ihrem Planeten aus der Urwolke entstanden. Die kleineren Monde sind eher eingefangene Asteroiden. Der irdische Mond entstand dagegen völlig anders. Wissenschaftler vermuten, dass vor rund 4,5 Mrd. Jahren und damit nur einige Jahrmillionen nach Entstehen der ersten Planeten einer dieser Urplaneten, „Theia", mit der Urerde zusammengestoßen ist. Bei dieser unvorstellbaren gewaltigen Kollision vermischten sich die Bestandteile von Theia und Urerde. Ein Teil dieser Mischung wurde ausgeschleudert und ballte sich zum Mond zusammen, während der Rest die Erde bildete. Die Vermischung erklärt, weshalb sich die Gesteine von Erde und Mond häufig verblüffend ähneln.

Vermutlich zog der junge Mond seine Bahn zunächst nur 20 000 bis 30 000 km von der Erde entfernt, die daher von gewaltigen Gezeitenkräften durchgeknetet wurde. Diese Kräfte bremsten einerseits die Erde ab und trieben andererseits den Mond von der Erde weg. Heute ist er durchschnittlich 384 400 km entfernt und jedes Jahr kommen weitere 3,7 cm hinzu.

WARUM ZEIGT UNS DER MOND IMMER DIE GLEICHE SEITE?

Während der Mond einmal um die Erde läuft, dreht er sich einmal um sich selbst. Deshalb sehen wir vom Mond immer nur ein und dieselbe Seite. Wie die Rückseite des Mondes aussieht, erfuhren die Menschen erst, als Raumsonden sie fotografiert hatten. Diese „gebundene Rotation" entstand durch die Gezeitenwirkung der Erde auf den Mond. Auch wenn der Mond mangels wassergefüllter Ozeane weder Ebbe noch Flut aufweist, so hebt und senkt die Schwerkraft der Erde doch die feste Mondoberfläche. Dadurch wurde die

Die Phasen des Mondes wiederholen sich in steter Regelmäßigkeit – von Neumond zu Neumond vergehen im Durchschnitt etwa 29,53 Tage.

Rotation des Mondes so lange gebremst, bis der entstandene „Gezeitenberg“ an einer Stelle verharrte. Seither zeigt der Mond der Erde immer die gleiche Seite. Da die Mondbahn elliptisch ist, verschiebt sich der Blickwinkel auf den Mond allerdings im Verlauf eines Monats ein wenig. Dadurch können wir von der Erde aus mit knapp 59 % etwas mehr als die Hälfte der Mondoberfläche sehen.

Warum hat der Mond so viele Krater?

Die meisten Krater auf dem Mond entstanden bereits in der Frühzeit des Sonnensystems. Damals flogen noch unzählige Überreste aus der Frühzeit des Planetensystems umher und viele dieser kleineren Himmelskörper schlugen auf Mond und Erde ein. Dieses gewaltige Bombardement endete vor etwa 3,9 Mrd. Jahren. Da der Mond keine Atmosphäre hat, blieben dort die Krater erhalten. Auf der Erde haben dagegen Wind und Wetter sowie die Bewegungen der Erdkruste die Einschlagkrater eingeebnet. Die auf der Erde noch sichtbaren Einschlagkrater sind alle wesentlich jünger.

WIE ENTSTEHEN DIE MONDPHASEN?

Da der Mond um die Erde kreist, ändert sich von der Erde aus gesehen ständig der Winkel zwischen Mond und Sonne. Steht der Mond von der Erde aus gesehen der Sonne genau gegenüber, so blicken wir auf die von der Sonne beschienene Hälfte des Erdtrabanten: Wir haben Vollmond. Steht der Mond dagegen im rechten Winkel zur Sonne, wird der Mond von der Erde aus gesehen nur halb beleuchtet: Es ist Halbmond. Steht der Mond auf seiner Bahn in Blickrichtung zur Sonne, zeigt er uns die unbeleuchtete Seite und es ist Neumond.

Der Neumond ist in unserem heutigen Sprachgebrauch also nicht identisch mit dem Erscheinen des „neuen Mondes“, das etwa im islamischen Kalender sehr wichtig ist. Diese auch „Neulicht“ genannte erste Sichtbarkeit der dünnen Mondsichel tritt je nach Jahreszeit und Ort ein bis vier Tage nach dem eigentlichen Neumond ein.

Woher wissen wir, dass es auf dem Mond Wasser gibt?

Der Mond ist knochentrocken. Im Vakuum und unter der starken Sonneneinstrahlung verdampft Wasser sofort. Und doch gibt es auf dem Mond an einigen Stellen zumindest Wassereis. So hatte bereits 1998 die Lunar-Prospector-Sonde in den Kratern an den mit –230 °C bitterkalten Polen des Mondes Hinweise auf Wassereis entdeckt. Hinweise, die die indische Sonde Chandrayaan-1 2009 bestätigte. Mithilfe von drei Raumsonden und dem Stratosphären-Observatorium für Infrarot-Astronomie SOFIA entdeckten Astronomen 2020 dann auch außerhalb des Südpols auf der von der Sonne beschienenen Seite des Mondes größere Mengen Wassereis.

RICHTIG ODER FALSCH?

Abends sieht man nur den zunehmenden Mond.

Die Bahnen der Planeten und Monde im Sonnensystem haben fast alle die gleiche Richtung. Von einem Punkt am Nordpol aus betrachtet verlaufen sie gegen den Uhrzeigersinn. Deshalb nähert sich der Mond aus Sicht der Erde der Sonne von Westen her an und entfernt sich nach dem Neumond wieder in Richtung Osten. Der zunehmende Mond steht also immer östlich und damit links der Sonne und scheint daher vom Abendhimmel. Entsprechend finden wir den abnehmenden Mond westlich oder rechts der Sonne und damit am Morgenhimmel.

WAS IST EINE MONDFINSTERNIS?

Bei Vollmond steht der Mond aus Sicht der Erde auf der Seite, die der Sonne gegenüberliegt. Da der Schatten der Erde in die gleiche Richtung fällt, kann es bei einer bestimmten Stellung der Himmelskörper zueinander passieren, dass der Trabant bei Vollmond den Schatten der Erde durchquert. Dann verdunkelt sich der Mond in einer Mondfinsternis. Steht der Mond im Kernschatten der Erde, wird vom Mond aus betrachtet die Sonne ganz von der Erde verdeckt. Im Gegensatz zu dieser totalen Mondfinsternis taucht der Trabant bei einer partiellen Finsternis nur teilweise in den Erdschatten ein.

Warum gibt es nicht jeden Monat eine Mondfinsternis?

Die Mondbahn ist um 5,1° gegen die Erdbahn geneigt. Das ist nicht viel, reicht aber aus, um den Mond bis zu 37 000 km ober- oder unterhalb des Erdschattens vorbeiziehen zu lassen. Nur wenn der Erdtrabant bei Vollmond die Erdbahn durchquert, kann es zu einer Mondfinsternis kommen. Das ist etwa zweimal im Jahr der Fall. Im Gegensatz zu einer Sonnenfinsternis kann eine Mondfinsternis von der ganzen, dem Mond zugewandten Seite der Erde gesehen werden.

Warum leuchtet der Mond bei einer totalen Finsternis rot?

Auch bei einer totalen Mondfinsternis ist der Mond nicht völlig dunkel. Denn die Atmosphäre der Erde bricht einen Teil des Sonnenlichts und lenkt es in die Schattenregion. Da blaues Licht in der Erdatmosphäre stärker gestreut wird, erreicht ähnlich wie bei einem Sonnenuntergang vor allem rotes Licht den Mond. Aus Sicht des Erdtrabanten beginnt daher der Rand der Erde rötlich zu glühen. Aus Sicht der Erde leuchtet der Vollmond bei einer totalen Finsternis also meist in einem düsteren Kupferrot.

WIE BEWEGEN SICH ERDE UND MOND DURCHS ALL?

Für einen Astrophysiker kreist der Mond nicht etwa um die Erde, sondern beide Himmelskörper bewegen sich um ihren gemeinsamen Schwerpunkt. Weil die Erde sehr viel schwerer als der Mond ist, liegt dieser Schwerpunkt aber nicht im Weltraum, sondern unter der Oberfläche der Erde. Gleichzeitig begleitet der Mond die Erde auf ihrer Bahn um die Sonne und steht dabei manchmal außen, dann wieder innen oder auch vor und hinter der Erde.

Woher wissen wir, dass sich die Erde dreht?

1851 führte der französische Physiker Jean Foucault einen Versuch durch, bei dem er ein 2 m langes Pendel dicht über den Boden schwingen ließ. Im Verlauf von mehreren Stunden drehte sich die Schwingungsebene dieses Pendels allmählich. Das wiederum konnte eigentlich nicht sein, da von außen keine Kraft auf das Pendel einwirken konnte. Daher blieb nur eine Lösung für das Problem: Die Erde musste sich unter dem Pendel gedreht haben.

Welche Gefahren drohen aus dem Weltall?

Das Leben auf der Erde wird von einer ganzen Reihe von Gefahren bedroht: Strahlung und Teilchen rasen genauso mit hoher Energie durch den Weltraum wie feste Partikel, deren Größe von Staubkörnchen über Felsbrocken bis zu kilometergroßen Asteroiden und Kometen reicht. Würden nicht ein Magnetfeld und eine Atmosphäre die Erde vor sehr vielen dieser Gefahren schützen, wäre Leben, wie wir es heute kennen, vermutlich nie entstanden.

WOVOR SCHÜTZEN UNS MAGNETFELD UND ATMOSPHÄRE?

Wie ein unsichtbarer Schild umgibt ein starkes Magnetfeld die Erde. Es schirmt ihre Oberfläche vor einem großen Teil der hochenergetischen Partikel ab, die von der Sonne und aus den Tiefen des Alls den Planeten erreichen. Viele dieser Teilchen sind elektrisch geladen und werden deshalb vom Magnetfeld abgelenkt.

Die Atmosphäre wiederum schützt uns vor energiereicher Strahlung. So absorbiert die Ozonschicht in der unteren Stratosphäre einen erheblichen Teil der ultravioletten Strahlung, die das Erbgut verändert und so langfristig Hautkrebs verursachen kann. Noch energiereicher und damit auch gefährlicher für einen großen Teil des Lebens sind Röntgen- und Gammastrahlen, die ebenfalls von der Lufthülle abgefangen werden. Dringen kleinere Fragmente aus Stein, Eis oder Eisen mit extrem hohem Tempo in die Atmosphäre ein, verglühen viele von ihnen und erreichen nie den Erdboden.

GEFÄHRDEN EXPLODIERENDE STERNE DIE ERDE?

Sollte in der kosmischen Nachbarschaft der Erde ein Stern explodieren und zu einer Supernova werden, würde ein gigantischer Schauer von tödlichen Gammastrahlen auf die Lufthülle der Erde prasseln. Ein sehr großer Teil dieser Strahlung würde zwar in der Atmosphäre absorbiert werden, dabei aber aus Stickstoff und Sauerstoff sogenannte Stickoxide erzeugen. Diese Verbindungen zerstören die Ozonschicht in der Stratosphäre, die normalerweise die starke kurzwellige ultraviolette Strahlung von der Sonne bereits in großen Höhen unschädlich macht. Ohne Ozonschicht würden die UV-Strahlen nun ungehindert zum Erdboden durchdringen. Das hätte zur Folge, dass dort ein großer Teil der Vegetation und so auch die Nahrungsgrundlage von Tieren und Menschen vernichtet und zudem deren Erbgut stark geschädigt würde. Um solche Ereignisse auszulösen, müsste die Supernova aber in weniger als 150 Lichtjahren Entfernung explodieren. Der nächste bekannte Kandidat für eine solche Sternenexplosion ist jedoch die mit rund 550 Lichtjahren viel zu weit entfernte Sonne Beteigeuze im Sternbild Orion.

Wenn ein Stern explodiert, werden gewaltige Energiemengen frei. Nur weit entfernte Planeten in anderen Systemen sind dann sicher.

Wie gefährlich sind Gammablitze?

Ein weiteres Weltuntergangsszenario basiert auf Gammablitzen, die am Lebensende eines extrem großen Sterns entstehen. Viel schneller als unsere Sonne verbrauchen solche Roten Riesen innerhalb nur einiger Millionen Jahre ihren Vorrat an Wasserstoff. Danach stürzt der Kern des Sterns rasend schnell in sich zusammen und verdichtet sich sehr stark. Die Schwerkraft ist nun so hoch, dass nicht einmal mehr Licht austreten kann, ein Schwarzes Loch ist entstanden. Um dieses Loch aber wirbelt der Rest des einstigen Riesensterns, der immer noch mehrfach schwerer als unsere Sonne ist. Schlagartig saugt die unvorstellbare Anziehungskraft des Schwarzen Loches diese gigantische Masse in wenigen Sekunden auf. Dabei schleudert der sterbende Stern so viel Energie als Gammastrahlung in den Weltraum, wie unsere Sonne in Milliarden Jahren erzeugt.

Zwar entsteht in unserer Milchstraße ungefähr alle hunderttausend Jahre ein solcher Gammablitz. Die meisten von ihnen sind aber viel zu weit von uns entfernt, um die Ozonschicht in der Atmosphäre zu zerstören. Zudem rotiert ein solches Schwarzes Loch mit rasender Geschwindigkeit um seine Achse und schleudert die gesamte Gammastrahlung daher als schmales Bündel an seinen beiden Polen ins All. Nur wenn die Erde genau in diesem Strahlungskegel liegen sollte und der sterbende Stern allenfalls einige Tausend Lichtjahre entfernt wäre, würde das Leben auf der Erde schwer geschädigt. Und so etwas ereignet sich statistisch gesehen nur alle 200 Mio. Jahre.

Die Perseiden gehören zu den bekanntesten Sternschnuppenströmen.

WAS SIND STERNSCHNUPPEN?

Wenn Staubteilchen oder kleinere Gesteinsbrocken in die Erdatmosphäre eindringen, erhitzen sie sich infolge der dabei auftretenden Reibung an den Luftteilchen und verglühen. Am nächtlichen Himmel werden sie dann als Sternschnuppen oder Meteore sichtbar, die nur eine Sekunde lang über den Himmel ziehen. Die meisten dieser kurzen Lichtspektakel werden von millimetergroßen Objekten verursacht. Hat der eindringende Brocken dagegen eine Masse von mehreren Kilogramm, zerplatzen diese Boliden. Oft fallen dann Bruchstücke als Meteoriten auf die Erde.

Wie entstehen Sternschnuppenströme?

Zu Sternschnuppenströmen oder Meteorschauern kommt es immer dann, wenn die Erde die Bahn eines Kometen kreuzt. Denn Kometen verlieren auf ihrer Bahn neben Gas auch ständig Staub und andere Teilchen unterschiedlicher Größe. Diese verglühen dann als Sternschnuppen in der Atmosphäre.

Die Lichtspuren eines Meteorschauers haben scheinbar einen gemeinsamen Ausgangspunkt und werden daher nach dem Sternbild benannt, in dem dieser liegt. Bekannte Beispiele sind die Perseiden, die zwischen dem 17. Juli und dem 24. August aus dem Sternbild Perseus zu kommen scheinen. Entsprechend stammen die vom 14. bis 21. November auf die Erde prasselnden Leoniden aus dem Sternbild Löwe, das im Lateinischen *leo* heißt. Bei extremen „Meteorstürmen" lassen sich mehrere Hundert Sternschnuppen pro Stunde beobachten.

Vor ca. 66 Mio. Jahren stürzte ein gewaltiger Asteroid auf die Erde.

Wussten Sie, dass die Erde jeden Tag schwerer wird?

Wie viel Materie insgesamt aus dem Weltall auf die Erde fällt, ist schwer zu messen. Man schätzt jedoch, dass es mehrere Hundert Tonnen pro Tag sind. Das klingt nach sehr viel, fällt aber im Verhältnis zur Masse der Erde nicht ins Gewicht. Selbst über einen Zeitraum von 10 Mrd. Jahren würde diese Zunahme weniger als ein Millionstel der Erdmasse ausmachen.

WAS GESCHIEHT, WENN EIN FELSBROCKEN DIE ERDE TRIFFT?

Bereits metergroße Felsbrocken aus dem All können Explosionen von der Stärke der Atombombe auslösen, die 1945 über Hiroshima detonierte. Erderkundungssatelliten registrieren solche Ereignisse durchschnittlich einmal im Jahr. Da sie in den oberen Atmosphärenschichten stattfinden, erreichen die Schockwellen dieser Explosionen zum Glück nicht den Boden. Zwar schlagen immer wieder kleinere Überreste als Meteoriten auf der Erde ein, aber erst ab einer Größe von etwa 50 m hat ein Asteroid die Chance, als Ganzes die untere Atmosphäre oder gar den Boden zu erreichen.

Was passiert, wenn ein riesiger „Berg" auf die Erde stürzt?

Der wohl bekannteste kosmische Volltreffer löste vor rund 66 Mio. Jahren beinahe einen Weltuntergang aus. Damals donnerte ein Asteroid mit der zehnfachen Geschwindigkeit eines Kampfpanzergeschosses in den Golf von Mexiko. Allerdings kam damals keine Granate vom Himmel, sondern ein kosmischer Brocken. Er war mit einem Durchmesser von rund 10 km größer als der höchste Berg der Erde, der Mount Everest, war. Als dieser „Berg" mit seinem Gewicht von 3000 Mrd. t auf die Erde traf, setzte er schlagartig so viel Energie wie eine Milliarde Atombomben frei, von denen eine 1945 die japanische Großstadt Hiroshima zerstörte.

Diese Wucht sprengte einen Krater in die Region, der am Ende mit einem Durchmesser von knapp 200 km fast die Fläche der Schweiz einnahm. Der Einschlag löste vermutlich Erdbeben mit einer Stärke von 12 oder 13 aus. Sie übertrafen das stärkste bisher gemessene Erdbeben 1960 in Chile mit einer Stärke von 9,5 um mehrere Größenordnungen. Unvorstellbare Tsunamis rasten durch die Meere und verwüsteten die Küsten. Ein paar Minuten lang herrschten im Karibikraum wohl Backofentemperaturen von wenigen Hundert Grad Celsius, die viele Pflanzen vertrocknen ließen. Zudem entstanden Waldbrände, die im weiten Umkreis die Vegetation zerstörten. Gleichzeitig fingen die in die Luft geschleuderten Materialien das Sonnenlicht so effektiv auf, dass die Temperaturen von einem Tag auf den anderen weltweit um rund 10 °C fielen. Als sich das Klima nach ein paar Jahren wieder erwärmte, waren vermutlich alle Wälder auf der Erde zerstört und die meisten Tiere verhungert. Forscher gehen heute davon aus, dass dieser Einschlag das Ende der Dinosaurier zumindest mit verursachte. Ein ähnlich verheerendes Ereignis droht der Erde alle hundert Millionen Jahre einmal.

Der 1186 m große und 170 m tiefe Meteor Crater in Arizona entstand vor 30 000 Jahren durch den Einschlag eines 30 m großen Meteors.

Was geschieht, wenn ein kleinerer „Berg" auf die Erde trifft?

Auch kleinere Einschläge sind zwar verheerend, betreffen aber nur bestimmte Regionen und nicht gleich den ganzen Globus. So donnerte vor 14,6 Mio. Jahren ein vielleicht 1 km großer Brocken in das heutige Süddeutschland. Ein Krater mit 22 km Durchmesser entstand, der Impakt verdampfte große Mengen Gestein und eine Glut- und Druckwelle mit Windgeschwindigkeiten von 600 km in der Stunde tötete im Umkreis von 100 km vermutlich alle Säugetiere und die meisten Pflanzen. Solche regionalen Volltreffer wie damals im Nördlinger Ries sind verhältnismäßig häufig – rund einmal in einer Million Jahren trifft ein Brocken dieser Größe die Erde. Das ist dann zwar kein Weltuntergang, aber eine regionale Katastrophe unvorstellbaren Ausmaßes.

GIBT ES SCHUTZ VOR HIMMLISCHEN BOLIDEN?

Zwar wird über die Abwehr von Kometen und Asteroiden, die auf der Erde einschlagen könnten, schon seit vielen Jahren diskutiert, eine internationale Strategie oder gar ein funktionierendes Abwehrsystem gab es aber 2021 nicht einmal in Ansätzen. Allerdings schätzen Experten die von solchen Objekten ausgehenden Gefahren auch als sehr gering ein. Schließlich werden die Bahnen der großen Asteroiden von Beobachtungssystemen gut erfasst und sind fast alle bekannt. Auf Erdkurs dürfte in absehbarer Zukunft keiner sein.

Gefährlicher sind dagegen die kilometergroßen Brocken, die regionale Katastrophen wie jene im Nördlinger Ries auslösen können. Immerhin dürften aber auch diese Boliden rechtzeitig im Voraus entdeckt werden. Es bliebe also möglicherweise genug Zeit, ihre Bahn ein klein wenig abzulenken, um einen Treffer zu verhindern. Geschehen könnte das beispielsweise mit kleineren Explosionen auf dem Asteroiden oder durch mittelgroße Massen, die man auf solchen Himmelskörper aufschlagen lässt. Erprobt aber sind diese Methoden derzeit noch nicht.

Brauchen wir einen Schutz vor Kometen?

Wesentlich schlechter und vor allem nur erheblich kurzfristiger lassen sich die Gefahren durch Kometen vorhersagen. Außerdem gibt es derzeit keine einsetzbaren Verfahren, Kometenbahnen rasch und zuverlässig zu verändern. Bei diesen Himmelskörpern ist nicht nur die Vorwarnzeit extrem kurz, sondern es besteht auch die Gefahr, beim Ablenkungsversuch den nur lose zusammengehaltenen Kometen in Einzelteile zu zersplittern, von denen etliche die Erde treffen könnten. Diese würden dort zwar nur lokale, aber erhebliche Schäden anrichten. Immerhin scheint die Wahrscheinlichkeit für einen Kometen auf Erdkurs relativ gering zu sein.

Wofür brauchen wir Satelliten?

Das 21. Jh. ist ohne Satelliten schlicht unvorstellbar: Im Alltag nutzen wir diese um die Erde kreisenden künstlichen Himmelskörper, wenn wir telefonieren, fernsehen oder andere Kommunikationsmittel nutzen. Navis führen weltweit Menschen mithilfe von Satelliten ans Ziel. Aus dem Weltraum spähen unzählige Sensoren auf die Erde, liefern Wetter- und andere Daten, erkunden den Kosmos und dienen militärischen Zwecken.

WER BAUTE DIE ERSTEN RAKETEN?

Im Krieg gegen die Mongolen kamen chinesische Erfinder im Jahr 1232 auf die Idee, mit Schwarzpulver angetriebene Flugkörper auf die Angreifer abzufeuern, um damit die Pferde zu erschrecken und so die anstürmenden Truppen zu stoppen. Bis heute treiben vor allem Militärs die Entwicklung von Raketen voran. Erst am Ende des 20. Jh. stiegen in diese Technologie auch private Unternehmer wie Elon Musk ein, der SpaceX allerdings erst im Jahr 2002 gründete.

Nachdem die Mongolen diese Idee nach Europa gebracht hatten, war es mit Conrad Haas erneut ein Militärtechniker, der 1555 in Hermannstadt im heutigen Rumänien erfolgreich die erste europäische Rakete startete, die bereits drei Stufen hatte. Später gehörten diese modernen Waffen zum militärischen Alltag. Als die britische Armee 1807 Kopenhagen angriff, schoss sie mehr als 25 000 Raketen ab.

WER WAREN DIE PIONIERE DER MODERNEN RAKETEN?

Im 20. Jh. waren es dann vor allem drei Menschen, die entscheidende Impulse zur Weiterentwicklung der Raketentechnik lieferten: Konstantin Ziolkowski in Russland, Robert Goddard in den USA und Hermann Oberth in Deutschland suchten einen stärkeren Antrieb, der die Flugkörper bis in den Weltraum bringen sollte. Das herkömmliche Schwarzpulver reichte dafür nicht. Stattdessen verwendete Robert Goddard flüssige Treibstoffe, mit denen ihm 1926 der erste Flug gelang. Allerdings war die Rakete nur 2,5 Sekunden in der Luft und flog gerade einmal 14 m hoch und 50 m weit.

Wussten Sie, dass man am Himmel Satelliten sehen kann?

Wenn es am Erdboden bereits Nacht ist, können Satelliten im Weltraum noch von der Sonne beschienen werden. Sie sind dann am Himmel als langsam dahinziehendes Lichtpünktchen erkennbar, das erlischt, wenn es in den Erdschatten eintritt. Nur einige der künstlichen Erdtrabanten reflektieren aber genug Sonnenlicht, um am Nachthimmel aufzufallen. Besonders hell ist die Internationale Raumstation ISS, die ähnlich wie der Planet Jupiter auffällt. Spektakulär sind die nur wenige Sekunden dauernden, aber extrem hellen Reflexionen an den Iridium-Kommunikationssatelliten. Wenn man weiß, wo diese stehen, kann man diese Iridiumblitze auch tagsüber sehen.

Nach dem gleichen Prinzip entwickelte dann der Deutsche Wernher von Braun mit der Vergeltungswaffe 2 (V2) die erste ballistische Rakete, mit der die Wehrmacht im Zweiten Weltkrieg ab September 1944 von Den Haag aus über den Ärmelkanal hinweg London angriff. Diese Rakete war der erste Flugkörper aus Menschenhand, der später den Weltraum erreichte. Ab Mitte 1945 entwickelten die USA und die Sowjetunion auf Basis der V2 dann die ersten Raketen für ihre Raumfahrtprogramme.

WANN SCHOSS MAN DEN ERSTEN SATELLITEN INS ALL?

Am 4. Oktober 1957 gelang es der Sowjetunion, mit einer Trägerrakete den ersten künstlichen Satelliten Sputnik in eine Erdumlaufbahn zu bringen. Vor allem in den USA war man entsetzt, hatte man doch bis dahin fest an den eigenen technologischen Vorsprung in der Weltraumtechnik geglaubt. Sputnik 1 sendete 57 Tage lang einen Signalton zur Erde, bevor er in der Atmosphäre verglühte. Erst im Januar 1958 konnte die USA mit dem Satelliten Explorer 1 gleichziehen. Explorer 1 war zugleich der erste echte Forschungssatellit – er entdeckte den Van-Allen-Strahlungsgürtel. Dieser Ring enthält sehr viele energiereiche, elektrisch geladene Teilchen, die vom Magnetfeld der Erde eingefangen werden.

Was ist ein geostationärer Satellit?

Satelliten bewegen sich antriebslos um die Erde, sie müssen deren Anziehungskraft also durch die Fliehkraft ausgleichen. Je näher an der Erde sich ein Satellit befindet, desto schneller muss er sein, um nicht abzustürzen. Gäbe es einen Satelliten, der direkt an der Erdoberfläche kreisen würde, müsste er 22 000 km/h schnell sein und würde am Äquator die Erde in nicht einmal 2 Stunden umrunden. In einer Höhe von etwas weniger als 36 000 km braucht ein künstlicher Trabant für eine Runde dagegen exakt 24 Stunden. Fliegt der Satellit entlang des Äquators, steht er daher immer über dem gleichen Punkt auf der Erdoberfläche. Eine solche Bahn heißt daher geostationär. Das aber bietet auf der Erde enorme Vorteile. Dort kann z. B. die Antenne für das Satellitenfernsehen immer gleich ausgerichtet bleiben.

Kleine Kugel – große Wirkung: Sputnik 1 war der erste künstliche Satellit im Weltraum und in der westlichen Welt der Auslöser des Sputnikschocks.

Seit 1990 liefert das inzwischen mehrmals aufgerüstete Hubble-Weltraumteleskop sensationelle Bilder.

WOFÜR BRAUCHT MAN WELTRAUMTELESKOPE?

Beobachten Astronomen den Himmel vom Erdboden aus, kämpfen sie mit einigen Nachteilen. So lassen Turbulenzen in der Atmosphäre das Bild verschwimmen und große Teleskope können ihre in der Theorie vorhandenen Möglichkeiten in der Praxis nur zum Teil ausschöpfen. Außerdem absorbieren der Wasserdampf und andere Substanzen in der Luft einen großen Teil der Strahlung aus dem Weltraum. Daher haben Astronomen nur im Bereich des sichtbaren Lichts und im Radiobereich bei Wellenlängen von einigen Millimetern bis zu einigen Metern vom Erdboden aus einen klaren Blick in den Weltraum. Für alle anderen Bereiche, wie infrarotes und ultraviolettes Licht oder Gamma- und Röntgenstrahlung, weichen sie daher lieber in den Weltraum oder in große Höhen aus. Aber auch im optischen Bereich liefert beispielsweise das Weltraumteleskop Hubble unübertroffen scharfe Bilder, da der störende Einfluss der Atmosphäre fehlt.

WIE FUNKTIONIERT DAS GLOBALE POSITIONSSYSTEM?

Das „GPS" besteht aus mehr als 30 Satelliten, deren Atomuhren ständig sehr genaue Zeitsignale zur Erde funken. Da die Satelliten unterschiedlich weit vom Empfänger entfernt sind, lässt sich aus den Bahnen der Satelliten und den zeitlichen Verzögerungen beim Empfang der Signale die Position des Empfängers berechnen – vorausgesetzt, er empfängt Signale von mindestens vier Satelliten.

Da die GPS-Satelliten mit 14 000 km/h um den Globus sausen, gehen die Uhren an Bord nach der Relativitätstheorie von Albert Einstein etwas langsamer als Uhren auf der Erde. Hinzu kommt, dass die Schwerkraft in der Umlaufbahn der Satelliten etwas schwächer ist als auf der Erdoberfläche. Daher laufen die Uhren an Bord etwas schneller als auf der Erde. Da sich die beiden Effekte aber nicht gegeneinander aufheben, muss ein Navigationssystem beide berücksichtigen. Andernfalls würde das Navi jeden Tag mehrere Kilometer von der Realität abweichen.

Der Start von BepiColombo 2018 wurde in Darmstadt überwacht.

WIE VIELE RAUMSONDEN HABEN BISHER DEN MERKUR ERREICHT?

Der sonnennächste Planet Merkur hat bisher erst zweimal Besuch von der Erde bekommen. 1974 und 1975 flog die US-amerikanische Sonde Mariner 10 dreimal in Entfernungen von 705, 50 000 und 327 km am innersten Planeten des Sonnensystems vorbei. 2008 und 2009 zog dann die ebenfalls US-amerikanische Sonde Messenger dreimal am Merkur vorbei, bevor sie im März 2011 in eine Umlaufbahn um den innersten Planeten einschwenkte, auf der sie vor ihrem Absturz am 30. April 2015 teilweise nur 5,3 km hoch über dessen Oberfläche flog. Die 2018 gestartete BepiColombo-Sonde der europäischen und japanischen Weltraumorganisationen ESA und JAXA soll 2025 zwei Orbiter in Umlaufbahnen um den Merkur bringen, wo Temperaturen von über 250 °C herrschen.

Wie oft erreichten Sonden bisher den Mars?

Der Mars wurde bis 2021 schon von 38 Sonden unter die Lupe genommen, von denen einige auf der Oberfläche landeten. Mithilfe von ferngesteuerten und autonomen Bohrern sowie Fahrzeugen suchen die Forscher dort nach Spuren von Wasser und Leben. Am 19. April 2021 flog zum ersten Mal in der Geschichte der Menschheit eine Helikopterdrohne in der dünnen Luft des Roten Planeten. Und einen Tag danach stellte erstmals ein Instrument auf dem Mars genug Sauerstoff her, um einen Besucher damit zehn Minuten lang versorgen zu können.

Wie weit ist die Erkundung von Jupiter und Saturn fortgeschritten?

Im Juli 2016 erreichte bereits die neunte Sonde den Gasplaneten Jupiter, während der Saturn bisher nur vier Besucher hatte. Die derzeit letzte Saturn-Sonde war die US-amerikanische Mission Cassini-Huygens. Die Cassini-Sonde umkreiste den Planeten 13 Jahre lang, bevor sie am 15. September 2017 in seiner Atmosphäre verglühte. Die Huygens-Sonde landete am 14. Januar 2005 auf dem Saturn-Mond Titan und übertrug 72 Minuten lang Daten zur Erde.

RICHTIG ODER FALSCH?

Alle Planeten wurden schon von Raumsonden besucht.

Bis auf die äußersten Planeten Uranus und Neptun, die bisher jeweils nur einmal von der US-amerikanischen Raumsonde Voyager 2 erreicht wurden, bekamen alle anderen Planeten des Sonnensystems sogar bereits mehrmals von der Erde Besuch. So untersuchten z. B. bis zum Jahr 2021 insgesamt 35 Sonden die Venus. Einige davon kamen mehrmals vorbei und zudem flog die europäische Sonde Venus Express acht Jahre lang um den Schwesterplaneten der Erde.

HAT SCHON EINE SONDE DAS SONNENSYSTEM VERLASSEN?

Das ist mit den US-amerikanischen Schwestersonden Voyager 1 und Voyager 2 sogar bereits zwei Missionen gelungen. Am 25. August 2012 verließ Voyager 1 die Heliosphäre und drang in den interstellaren Raum vor. Die Heliosphäre ist eine riesige Blase, in die der Sonnenwind elektrisch geladene Teilchen bläst. Diese Blase endet an der Heliopause. Dort prallt der Sonnenwind auf das Gas, das fein verteilt überall in unserer Galaxis schwebt. Am 5. November 2018 überquerte auch Voyager 2 die Heliopause. Zu diesem Zeitpunkt war die Sonde 119-mal weiter von der Sonne entfernt als die Erde. In jeder

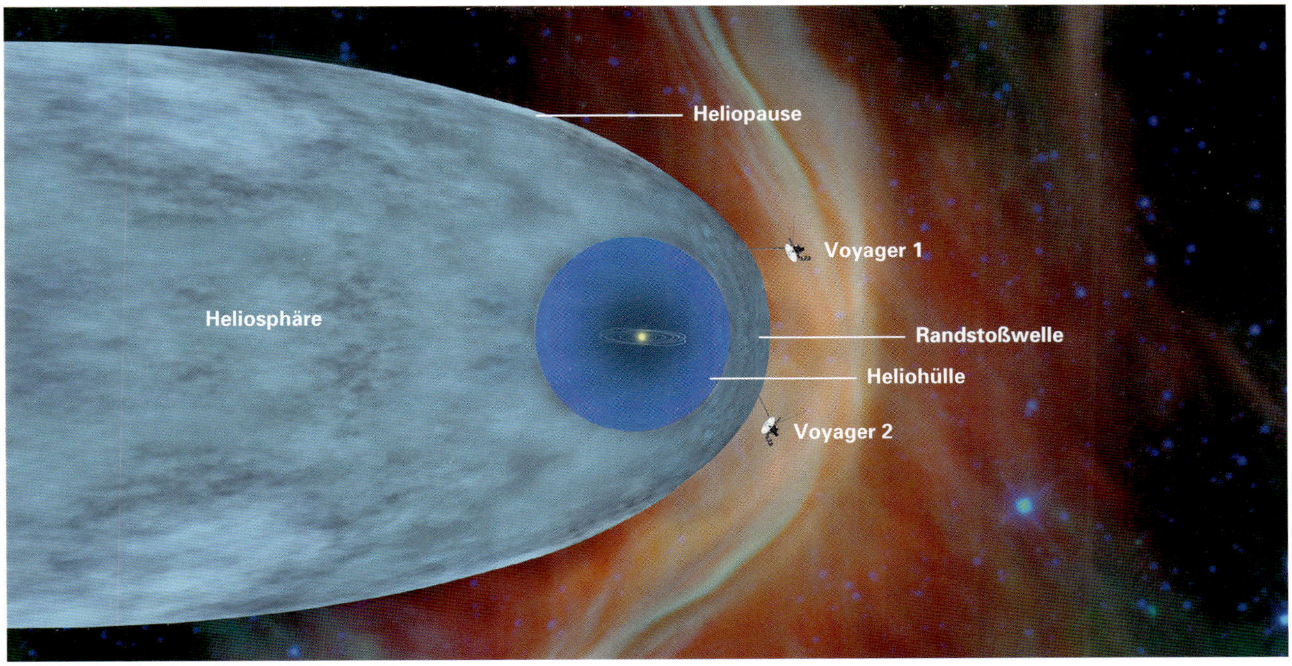

Sekunde entfernte sich Voyager 2 im Jahr 2021 um weitere 15,4 km von der Sonne und hatte im August 2021 insgesamt bereits über 19 Mrd. km Abstand von ihr erreicht. Voyager 1 dringt pro Sekunde sogar 17 km weiter ins All vor und hatte sich Ende August 2021 23 Mrd. km weit von unserem Zentralgestirn entfernt.

Wie lange funktionieren die Voyager-Sonden noch?

Mehr als vier Jahrzehnte nach ihrem Start im Sommer 1977 funken die beiden Voyager-Sonden weiterhin Messdaten zur Erde. Beide Sonden haben noch ausreichend Treibstoff, um sie vermutlich bis weit in die 2030er-Jahre hinein so auszurichten, dass ihre Signale die Erde erreichen. Erheblich kritischer ist die Energieversorgung, weil die Leistung der Atombatterien jedes Jahr um 1,4 % abnimmt. Vermutlich müssen deshalb 2025 die letzten wissenschaftlichen Instrumente abgeschaltet werden. Irgendwann in den 2030er-Jahren wird dann die Batterieleistung so schwach sein, dass auch der letzte Kontakt zu einer der erfolgreichsten Missionen der Raumfahrt abreißt.

WIE UNTERSUCHEN SONDEN EINEN KOMETEN?

Am 2. März 2004 startete mit der Sonde Rosetta eine der erfolgreichsten Missionen der ESA. Im August 2014 erreichte Rosetta ihr Ziel: Den Kometen Tschurjumow-Gerassimenko, den sie mehr als zwei Jahre lang umkreiste. In dieser Zeit erreichte der Komet den sonnennächsten Punkt seiner Umlaufbahn und Rosetta konnte die Ausgasungen beobachten, die durch die Sonnenstrahlung ausgelöst wurden. Besonders überrascht waren die Forscher von der unregelmäßigen Form des Kometen, die an eine Badeente erinnert. Auf dem Kopf dieser Ente setzte am 12. November 2014 der Lander Philae auf und untersuchte die Oberfläche. Diese besteht aus festem Wassereis, das von einer 10–20 cm dicken Staubschicht bedeckt ist. Bevor die Rosetta-Hauptsonde am 30. September 2016 gezielt auf dem Kometen aufschlug, konnten ihre Instrumente Aminosäuren und damit Grundbausteine des Lebens nachweisen. Dies stützt die Theorie, nach der einst Kometen das Leben auf die Erde gebracht haben könnten.

2012 bzw. 2018 verließen die beiden Voyager-Sonden unser Sonnensystem und drangen in den interstellaren Raum vor.

Weltraumschrott ist inzwischen zu einer großen Gefahr für die Raumfahrt geworden.

Gibt es Bodenproben von Asteroiden?
Die Raumsonde Hayabusa der japanischen Raumfahrtagentur JAXA erreichte im September 2005 den Asteroiden Itokawa und setzte am 12. November des Jahres einen Lander auf ihm ab. Dieser startete im April 2007 zum Rückflug und landete am 13. Juni 2010 in Australien. Die mitgebrachten Staubkörnchen verrieten, dass der Asteroid aus einem Material besteht, das einigen der auf der Erde niedergegangen Meteoriten ähnelt. Die Nachfolgesonde Hayabusa 2 entnahm 2019 Bodenproben vom Asteroiden Ryugu, die am 5. Dezember 2020 an einem Fallschirm hängend in Australien landeten.

WAS IST WELTRAUMSCHROTT?

Bis 2018 wurden insgesamt mehr als 8000 Satelliten gestartet, von denen damals noch rund 5000 um die Erde kreisten. In Betrieb waren davon aber nur noch 1900, der Rest war Weltraumschrott. Auf niedrigen Umlaufbahnen in weniger als 400 km Höhe bremst die sehr dünne äußerste Atmosphäre solche toten Satelliten meist nach einigen Jahren so weit ab, dass sie schließlich abstürzen. Inzwischen bemühen sich die Raumfahrtbehörden, Satelliten am Ende ihrer aktiven Zeit gezielt über dem offenen Ozean abstürzen zu lassen, wo der Aufschlag ihrer Trümmer niemanden gefährden sollte. Gerade am Anfang des Weltraumzeitalters hat aber noch niemand an solche Maßnahmen gedacht.

Ist Weltraumschrott gefährlich?
Neben ungenutzten Satelliten gibt es noch eine Reihe weiterer Arten von Weltraumschrott. Dazu gehören nicht nur Raketenstufen und Trümmer davon, sondern auch Sprengbolzen, mit denen Satelliten von ihrer Startrakete getrennt werden, Werkzeuge, die Astronauten verloren haben, abblätternde Farbpartikel und etliche weitere kleinere Teile. Und dann gibt es noch Killersatelliten, die Spionagesatelliten der „anderen Seite“ durch Kollisionen zerstören und dabei jede Menge streng geheimen Weltraumschrott produzieren. Bereits 2010 ging man davon aus, dass insgesamt über 600 000 Teile Weltraumschrott mit einer Größe von mindestens 1 cm um die Erde kreisen.

Größere Trümmerstücke werden inzwischen von US-amerikanischen und europäischen Radaranlagen im erdnahen Weltraum beobachtet, damit bemannte Raumschiffe oder die Internationale Raumstation ISS drohenden Kollisionen rechtzeitig ausweichen können. Schließlich kann ein wenige Zentimeter großes Metallstück mit einer Geschwindigkeit von 50 000 km in der Stunde leicht die Druckkabine eines Raumschiffs durchschlagen.

Ist bemannte Raumfahrt sinnvoll?

Darauf gibt es sehr unterschiedliche, aber jeweils gut begründete Antworten. Raumsonden sind z. B. viel billiger als bemannte Raumschiffe, da sie keine Sicherheits- und Lebenserhaltungssysteme benötigen. Andererseits scheitert eine unbemannte Mission leicht an unerwarteten Situationen. Hier finden Astronauten oft noch einen Ausweg, der einem ferngesteuerten System versperrt sein kann.

WER WAR DER ERSTE MENSCH IM ALL?

Nur vier Jahre nachdem die Sowjetunion mit dem ersten künstlichen Satelliten Sputnik 1957 einen ersten riesigen Erfolg beim Rennen um die Eroberung des Weltraums feiern konnte, erlitten die Amerikaner eine weitere Niederlage: Mit der Rakete Wostok-1 flog am 12. April 1961 der erste Mensch ins All. Der Kosmonaut Juri Gagarin umrundete in seiner Raumkapsel einmal die Erde und landete nach einem Flug von einer Stunde und 48 Minuten Dauer wieder sicher 26 km entfernt von der Stadt Engels im Südwesten des europäischen Teils von Russland. Der Flug wurde vollständig ferngesteuert. Nur im Notfall hätte Juri Gagarin mithilfe eines sechsstelligen Codes die Handsteuerung aktivieren können. Erst zehn Monate später erreichte am 20. Februar 1962 dann mit John Glenn der erste US-Amerikaner den Weltraum.

Warum sind Astronauten im All schwerelos?

Schwerelosigkeit bedeutet nur, dass ein Körper die Schwerkraft nicht spürt, wirken kann sie aber trotzdem. Springt ein Mensch z. B. von einem Sprungturm ins Schwimmbecken, zieht ihn die Schwerkraft nach unten. Nur spürt er abgesehen vom Luftwiderstand vor dem Auftreffen aufs Wasser kaum etwas davon, weil er schlicht keinen Boden unter den Füßen hat, auf dem die Schwerkraft ihn „festhalten" kann.

Auch in einer Umlaufbahn rund 500 km über der Erdoberfläche wirken noch immer 90 % der Schwerkraft, die uns auf der Erdoberfläche auf dem Boden hält. Andererseits aber fliegen Raumschiffe oder die Internationale Raumstation ISS auf ihrer Reise um die Erde mit einer hohen Geschwindigkeit geradeaus.

2005 führten Astronauten des Space Shuttle *Discovery* Arbeiten außen an der ISS durch.

Shannon Walker und Thomas Pesquet arbeiten im April 2021 schwerelos an Bord der ISS.

RICHTIG ODER FALSCH?

Schwerelosigkeit macht krank.

Astronauten können durch die Schwerelosigkeit tatsächlich „raumkrank" werden. Ähnlich wie bei der Seekrankheit führen wohl fehlende Informationen des Gleichgewichtssinns oder Informationen, die den mit den Augen wahrgenommenen Verhältnissen scheinbar widersprechen, zum Unwohlsein der Raumfahrer. Etwa 70 % aller Astronauten im US-amerikanischen Space Shuttle litten bei ihrem ersten Flug ins All an einer solchen Raumkrankheit. Dagegen gibt es zwar ähnlich wie gegen Seekrankheit Medikamente. Diese werden aber meist nicht verwendet, weil sie während der gesamten Mission eingenommen werden müssten und daher das Risiko von Nebenwirkungen sehr hoch werden kann. Zudem verschwinden die Symptome auch ohne Behandlung meist nach ein paar Tagen von selbst wieder.

Schwerwiegender sind die Folgen langer Schwerelosigkeit. So schrumpft nach einiger Zeit die Muskulatur, in den Knochen wird Kalzium abgebaut, die Leistung des Herzens nimmt ab und das Blutbild verändert sich. Mit intensivem Training können Astronauten an Bord von Raumschiffen und Raumstationen immerhin einen Teil dieser Auswirkungen vermeiden.

Dadurch ziehen diese 90 % Schwerkraft derartige künstlichen Himmelskörper in jeder Sekunde gerade so weit nach unten, wie sie sich in der gleichen Zeit von der Erde entfernt hätten. D. h., die Entfernung zur Erdoberfläche ändert sich nicht und die ISS oder das Raumschiff fliegen weder geradeaus ins All weiter, noch stürzen sie ab. Sie fliegen vielmehr mit hoher Geschwindigkeit in einer Kreisbahn um den Globus, fallen also sozusagen ständig um die Erde herum. Daher sind die Raumstation und alle Gegenstände einschließlich der Astronauten in ihrem Inneren permanent im freien Fall, in dem sie keine Schwerkraft spüren – sie fühlen sich also schwerelos.

WIE VIELE MENSCHEN WAREN SCHON AUF DEM MOND?

Insgesamt schickte die US-amerikanische Raumfahrtorganisation NASA neun bemannte Flüge der Apollo-Mission zum Mond, von denen drei aber gar nicht landeten. Apollo 8 umkreiste zu Testzwecken als erstes bemanntes Raumschiff den Mond. Eine Landung war nicht geplant. Apollo 10 erprobte dann zusätzlich die Landefähre im Mondorbit, auch hier war keine Landung vorgesehen. Apollo 13 wurde durch eine Explosion auf dem Hinflug zum Mond schwer beschädigt und musste ohne zu landen im Rahmen einer schwierigen, aber erfolgreichen Rettungsaktion zur Erde zurückkehren.

In den Jahren 1969 bis 1972 gab es also innerhalb des amerikanischen Apollo-Programms insgesamt sechs erfolgreiche Landungen, bei denen jeweils zwei Menschen die Oberfläche des Mondes betraten. Die ersten waren am 20. Juli 1969 die Astronauten Neil Armstrong und Buzz Aldrin von Apollo 11. Der Kommandant von Apollo 17, Eugene Cernan, verließ dann am 14. Dezember 1972 als zwölfter und bisher letzter Mensch die Oberfläche des Erdtrabanten. Nach Apollo 17 wurde das Mondprogramm aus finanziellen Gründen vorzeitig abgebrochen, ursprünglich waren noch drei weitere bemannte Landungen geplant.

WARUM SIND AUF DEN APOLLO-MONDFOTOS KEINE STERNE ZU SEHEN?

Um Sterne am Nachthimmel zu fotografieren, benötigt man mit einem normalen Film auch auf dem Mond lange Belichtungszeiten von mindestens mehreren Minuten. Die Mondbilder der Apollo-Astronauten sind aber nicht bei Nacht entstanden, sondern bei Sonnenschein am Tag. Nur weil der Mond keine Atmosphäre hat, ist der Himmel dort auch bei hellem Sonnenschein dunkel. Für ihre Bilder verwendeten die Astronauten – wie es bei Aufnahmen am Tag üblich ist – nur kurze Belichtungszeiten von Bruchteilen einer Sekunde. In dieser kurzen Zeit aber konnte das schwache Licht von den Sternen keinen sichtbaren Eindruck auf den Filmen hinterlassen und der Himmel blieb schwarz.

Waren die bemannten Mondflüge nur eine geschickte Fälschung?

Sollten all die Tausende von Menschen, die bei der NASA, bei Raumfahrtunternehmen sowie bei der US-Regierung an den Mondmissionen arbeiteten, an einer gigantischen Verschwörung beteiligt gewesen sein – und bis heute schweigen? Das ist sehr unwahrscheinlich. Tatsächlich lassen sich alle „Beweise“ entkräften, mit denen die Mondlandungen der Apollo-Astronauten als Fälschungen entlarvt werden sollen. So soll angeblich die US-Fahne im Wind flattern, obwohl der Mond gar keine Atmosphäre hat, in der ein Wind wehen könnte. Tatsächlich hatten die Astronauten sie beim Aufhängen in Bewegung versetzt. Auch die Schatten auf dem Mond waren nicht tiefschwarz, wie man es ohne Atmosphäre erwarten sollte. Schließlich streute die Mondoberfläche das auftreffende Sonnenlicht in die Schatten hinein. Der wichtigste Beweis für die Mondlandungen der Apollo-Astronauten sind jedoch die 382 kg Gestein, die sie von ihren Besuchen mit zurück auf die Erde brachten. Diese Brocken aber unterscheiden sich deutlich von jedem irdischen Gestein und auch von Meteoriten, die aus dem Weltraum auf der Erde gelandet sind.

Auch dieses Foto von Buzz Aldrin auf dem Mond zeigt keine Sterne.

WANN FLIEGEN WIEDER MENSCHEN ZUM MOND?

Folgemissionen für bemannte Landungen auf dem Mond wurden zwar nach den Apollo-Missionen immer wieder vorbereitet – bis in die 2020er-Jahre hinein scheiterten aber alle derartigen Projekte bereits in den Planungsphasen. Aktuell möchte die USA bis zum Ende des Jahrzehnts wieder Astronauten auf dem Erdtrabanten bringen. Auch das private US-Unternehmen SpaceX plant mit dem Raumschiff Starship bemannte Mondbesuche. Weitere Programme gibt es in Russland, China und Japan, auch Kooperationen zwischen diesen Ländern werden diskutiert.

WOFÜR BRAUCHT MAN EINE RAUMSTATION?

Auf der seit dem Jahr 2000 ständig besetzten Internationalen Raumstation ISS werden viele einzigartige Experimente durchgeführt. Es werden dort z. B. die Prozesse beim Erstarren von geschmolzenen Metallen untersucht. Auf der Erde beeinflusst die Schwerkraft diese Vorgänge stark und erschwert so die Auswertung der Experimente. In der Schwerelosigkeit der ISS können daher neue Erkenntnisse gewonnen werden, die für die Entwicklung neuer Materialeigenschaften wichtig sind. Dort lassen sich auch gut die Evolution, die Entwicklung und das Wachsen von Mikroorganismen, Pflanzen und Tieren in der Schwerelosigkeit beobachten. Das Material für solche Experimente wird mit den regelmäßigen Versorgungsflügen auf die ISS gebracht, während automatische und ferngesteuerte Experimente auf Satelliten normalerweise ohne einen solchen Nachschub auskommen müssen.

Auf der ISS werden außerdem die Auswirkungen längerer Schwerelosigkeit auf den menschlichen Organismus untersucht. Solche Informationen sind nicht nur für die Vorbereitung längerer Aufenthalte im Weltraum – vom Forschungsflug zum Mars bis hin zu möglichen Kolonien außerhalb der Erde – wichtig, sondern liefern oft auch wertvolle Hinweise zu Krankheiten auf der Erde.

Wer plant neue Raumstationen?

Die Raumfahrtorganisationen der USA, Kanada, Europa und Japan bereiten gemeinsam eine Raumstation in einer Umlaufbahn um den Mond vor. Von dort lassen sich nicht nur Besuche auf der Mondoberfläche, sondern auch Expeditionen zum Mars erheblich einfacher als von der Erde durchführen. Anders als die ISS soll diese Station aber nicht ständig besetzt sein. Seit dem Frühjahr 2021 baut außerdem die chinesische Raumfahrtorganisation an einer eigenen Raumstation. Auch Russland und Indien planen für die zweite Hälfte der 2020er-Jahre und für die 2030er-Jahre eigene Raumstationen.

Wie gefährlich ist die Weltraumstrahlung für Astronauten in der Raumstation?

Auf der Erde spielt die Strahlung, die ziemlich gleichmäßig aus den Tiefen des Weltraums oder in einzelnen Ausbrüchen von der Sonne kommt, kaum eine Rolle: Das Magnetfeld unseres Planeten lenkt die für das Leben gefährlichen Strahlen so ab, dass sie in höheren Breiten vielleicht Nordlichter am Himmel aufflammen lassen, sonst aber normalerweise kaum Auswirkungen haben. Auch die Raumstation ISS fliegt so niedrig über der Erdoberfläche, dass die Astronauten dort nur einen Teil der Weltraumstrahlung abbekommen. Ein Mensch erhält in einem Jahr auf der ISS mit ungefähr 200 Millisievert rund das Hundertfache der Strahlendosis, die ein Mitteleuropäer im Durchschnitt aus natürlichen Quellen aufnimmt. Wer in Deutschland beruflich mit Strahlung umgeht, darf im Jahr mit 20 Millisievert zwar nur ein Zehntel der Strahlung aufnehmen, die ein Jahr ISS bringen. Trotzdem steigt das Krebsrisiko für einen ISS-Astronauten dadurch nur um etwa 1 % an und bleibt so überschaubar. Die Raumstation braucht also keinen besonderen Strahlenschutz.

Die Internationale Raumstation ISS verfügt über keinen besonderen Strahlenschutz.

WIE SCHÜTZEN SICH MENSCHEN VOR DER WELTRAUMSTRAHLUNG?

Zur Vorbereitung längerer bemannter Weltraummissionen weit außerhalb des schützenden Magnetfelds der Erde – wie z. B. einem Flug zum Mars – hat der Mars-Rover Curiosity bis zu seiner Landung am 6. August 2012 unterwegs die Strahlenbelastung gemessen. Demnach müsste ein Astronaut für einen auf sechs Monate kalkulierten Hinflug und den ebenso langen Rückflug mit etwa 660 Millisievert Strahlung rechnen. Hinzu kommt noch ein gutes halbes Jahr Forschungsaufenthalt auf dem Mars selbst. Insgesamt dürfte eine 18 Monate lange Expedition zum Mars das Krebsrisiko also um rund 6 % erhöhen. Im Vergleich mit einem erwachsenen Raucher, der sein Lungenkrebsrisiko ungefähr verzwanzigfacht, erscheint diese Belastung durchaus akzeptabel, würde aber mit den deutschen Strahlenschutzvorschriften kollidieren.

WIE KÖNNTE EINE MARS-EXPEDITION SICH VOR SONNENSTÜRMEN SCHÜTZEN?

Ein weiteres Problem bei einer Reise zum Mars ist die hohe Strahlung der seltenen Sonnenstürme, die sich kaum vorhersagen lassen. Auf der achtmonatigen Curiosity-Reise brachten sie nur rund 25 Millisievert Strahlung – allerdings sind deutlich höhere Dosen möglich, die sogar um Größenordnungen stärker sein können. Um das gesamte Raumschiff dagegen abzuschirmen, bräuchte man eine etliche Tonnen schwere Schutzhülle, die den Antrieb schlicht überfordern würde. Stattdessen könnte aber auch ein kleiner Schutzraum eingebaut werden, den eine 10 oder 20 cm dicke, wassergefüllte Hülle zuverlässig gegen die seltenen Sonnensturmstrahlungen abschirmt. Da Wasser ohnehin als Vorrat an Bord ist, bringt dieser Schutz kein zusätzliches Gewicht. In diesem Schutzraum warten die Astronauten dann einfach ab, bis der Sturm vorüber ist.

Wussten Sie, dass Sie auf dem Mars nur ein Drittel wiegen?

Der Äquatordurchmesser des Planeten Mars ist mit 6792 km nur ungefähr halb so groß wie die 12 756 km der Erde. Daher hat der Rote Planet nur rund ein Zehntel der Masse der Erde und damit auch eine erheblich geringere Anziehungskraft. Ein 70 kg schwerer Mensch würde auf dem Mars also mit knapp 27 kg nur noch 38 % seines Gewichts auf der Erde haben.

Dieses Selfie des Mars-Rovers Curiosity von 2015 wurde aus Dutzenden von Einzelbildern zusammengesetzt.

Sind bemannte Marsmissionen geplant?
Am weitesten waren im Jahr 2021 die Pläne der beiden privaten US-Unternehmen SpaceX von Elon Musk und Blue Origin des Amazon-Gründers Jeff Bezos vorangeschritten. Die beiden Unternehmen testeten bereits die für die Reise notwendigen Triebwerke und Raketen. Die staatlichen Raumfahrtorganisationen sind dagegen noch mit Computersimulationen in der Planungsphase. Die USA wollen frühestens in den 2030er-Jahren Astronauten zum Mars schicken, möglicherweise will sich Indien daran beteiligen. Russland geht sehr allgemein von bemannten Marsflügen in der ersten Hälfte des 21. Jh. aus, während China eine bemannte Mission für das Jahr 2033 ins Auge fasst.

Terraforming-Anhänger glauben fest daran, dass der Mars in ferner Zukunft wieder Seen und Meere haben wird.

WAS BEDEUTET TERRAFORMING?

Terraforming bedeutet, einen anderen Planeten nach dem Vorbild der Erde in eine bewohnbare Welt umzuformen. Am ehesten käme in unserem Sonnensystem dafür der Mars infrage. Schließlich hatte der heute knochentrockene Rote Planet vor einigen Milliarden Jahren offenbar eine relativ dichte Atmosphäre, damals gab es auf seiner Oberfläche auch offenes Wasser.

Um diesen Zustand wieder zu erreichen, könnte man mithilfe von gigantischen Spiegeln mit 100 oder 200 km Durchmesser aus einer Umlaufbahn Sonnenstrahlung auf die aus festem Kohlendioxid- oder Trockeneis bestehenden Polkappen des Mars konzentrieren und diese schmelzen. So würde eine erheblich dichtere Atmosphäre entstehen, die vorwiegend aus Kohlendioxid besteht. Der dadurch einsetzende Treibhauseffekt würde den derzeit sehr kalten Mars erwärmen und flüssiges Wasser ermöglichen. Das dafür benötigte Kohlendioxid lässt sich unter Umständen aber auch aus Marsgesteinen freisetzen. Spezielle Algen sollen dann in dieser Atmosphäre Sauerstoff produzieren und im Lauf einiger Jahrtausende eine lebensfreundliche Umwelt schaffen. Allerdings ist völlig unklar, wie lange der Mars eine auf diese Weise entstandene Atmosphäre bewahren könnte. Schließlich hat der Rote Planet kein nennenswertes Magnetfeld, das die Strahlung der Sonne ablenkt. Diese würde daher die Gase der Atmosphäre relativ rasch wieder zersetzen und in den Weltraum befördern. Das gigantische und sündhaft teuere Experiment könnte so nach Jahrtausenden krachend scheitern.

GIBT ES TOURISTENFLÜGE IN DEN WELTRAUM?

Schon 2001 startete Dennis Tito als erster Weltraumtourist mit der russischen Raumfahrtbehörde zu einem einwöchigen Aufenthalt auf der ISS. Bis 2020 gab es dann sechs weitere private Besucher auf der ISS, die jeweils zwischen 15 und 35 Mio. US-Dollar für die ein- bis zweiwöchigen Flüge bezahlten und ein halbes Jahr für ihren Flug trainieren mussten.

Erheblich einfacher, preiswerter und weniger belastend sind die Schnuppertouren ins All, die nur für ein paar Minuten in rund 100 km Höhe führen. Den Startschuss für solche kommerziellen ballistischen Flüge gaben die beiden miteinander konkurrierenden Milliardäre Jeff Bezos aus den USA und Richard Branson aus Großbritannien, die im Juli 2021 jeweils selbst bis in Höhen von 106 bzw. 86 km flogen. Solche Minitrips bieten die Unternehmen der beiden Milliardäre für rund 240 000 US-Dollar an. Wer tiefer in die Tasche greift, kann bei SpaceX von Elon Musk und anderen Unternehmen mehrtägige Flüge zum Teil mit Aufenthalten in der ISS für etwa 50 Mio. US-Dollar buchen.

Wird es Passagierflüge zum Mars geben?

Natürlich stehen auch touristische Flüge zum Mars auf dem Programm ehrgeiziger Unternehmen wie SpaceX. Da bemannte Expeditionen zum Roten Planeten allerdings kaum vor den 2030er-Jahren starten dürften, werden Passagierflüge noch deutlich später abheben.

WARUM KANN MAN NICHT SCHNELLER ALS DAS LICHT FLIEGEN?

Die Lichtgeschwindigkeit ist mit 299 792 km/s die Obergrenze für Bewegungen im Universum. Nähert sich ein Raumschiff diesem Tempo an, werden Zeit und Raum an Bord zunehmend verzerrt. Zudem zeigt die gut belegte Relativitätstheorie von Albert Einstein, dass die Masse eines Objekts mit höheren Geschwindigkeiten wächst und beim Erreichen der Lichtgeschwindigkeit unendlich groß wird. Da die Masse eines Raumschiffs natürlich nicht größer als unendlich werden kann, ist die Lichtgeschwindigkeit unüberwindlich.

Im September 2021 fand an Bord einer Crew-Dragon-Raumkapsel von SpaceX die viertägige Mission Inspiration4 statt. An der privat finanzierten Weltraumreise nahmen keine Berufsastronauten teil.

Wie lange würden Reisen zu den Sternen dauern?

Mit unseren heutigen Antriebstechniken ließen sich vielleicht Geschwindigkeiten von bis zu einem Hundertstel der Lichtgeschwindigkeit erreichen. Damit würden selbst Reisen zu den nächsten Sternen einige Hundert Jahre dauern. Wenn es aber irgendwann einmal möglich sein sollte, fast mit Lichtgeschwindigkeit zu fliegen, dann ließen sich die Reisezeiten beliebig verringern. Denn durch die Effekte der Relativitätstheorie verkürzt sich bei einer Bewegung mit so hohem Tempo die Strecke. Bei einer Geschwindigkeit von 99,9 % der Lichtgeschwindigkeit dauert für Raumfahrer der Flug zu einem 100 Lichtjahre entfernten Stern nur rund 4,5 Jahre. Allerdings vergehen im Rest des Universums während der Reise trotzdem etwa 100 Jahre. Bei ihrer Rückkehr würden die Raumfahrer daher Freunde und Verwandten nur noch auf dem Friedhof besuchen können. Zudem gibt es bisher nicht den Hauch einer Idee, wie Raumschiffe derartig schnell werden könnten.

Faszination Mensch

Der Mensch ist das komplexeste Lebewesen auf dieser Welt – und gleichzeitig ein Produkt der Evolution. Seine auffallendsten äußerlichen Merkmale sind der aufrechte Gang und die fehlende Körperbehaarung. Aber vor allem die Leistungen seines Gehirns machen ihn einzigartig. Kein Tier kann wie er Theorien entwickeln, Gedanken in Sprache umsetzen und für seine Nachkommen aufschreiben. Der Mensch ist vielleicht nicht die Krone der Schöpfung, ein Wunderwerk ist er aber allemal.

Bestimmen nur die Gene unser Aussehen?

Unser Körper hat sich nach einem Programm entwickelt, das in den Genen verschlüsselt ist. Daher beruht unser Aussehen in erster Linie auf den Erbinformationen, die Vater und Mutter an uns weitergegeben haben. Zusätzlich reagiert der Organismus allerdings zunächst im Mutterleib und dann in der Kindheit auch auf Einflüsse aus der Umwelt. Der Lebensstil kann demnach ebenfalls mit über unser Aussehen entscheiden.

WIE ÄHNLICH SIND SICH MENSCH UND AFFE?

Die Schimpansen und Bonobos sind unsere nächsten Verwandten, dann folgen die anderen Menschenaffen, die Gorillas und Orang-Utans. Die 3,2 Mrd. DNA-Bausteine des Erbguts von Mensch und Schimpanse unterscheiden sich nur in weniger als 1,5 %. Dieser Unterschied ist zehnmal kleiner als der zwischen Maus und Ratte und zehnmal größer als der zwischen zwei beliebigen, nicht verwandten Menschen. Trotzdem gibt es äußerlich und im Verhalten deutliche Unterschiede zwischen Mensch und Schimpanse. Nachdem die Genome beider Arten entziffert waren, suchte man deshalb nach Genen, die hinter den besonderen Eigenschaften des Menschen stecken könnten. Diese Fahndung hatte allerdings wenig Erfolg. Offenbar hat es im Lauf der Evolution mehrere winzige Änderungen im Erbgut gegeben, die sich gravierend auf die Funktion ganzer Gen-Gruppen ausgewirkt haben. Der Unterschied liegt also wohl nicht so sehr im genetischen Code an sich. Entscheidend ist vielmehr, wie die einzelnen Gene reguliert werden und wie sie sich gegenseitig beeinflussen.

Auch wenn sich ihre Gene kaum unterscheiden, die dadurch entstehenden Unterschiede zwischen Menschen und Affen sind groß.

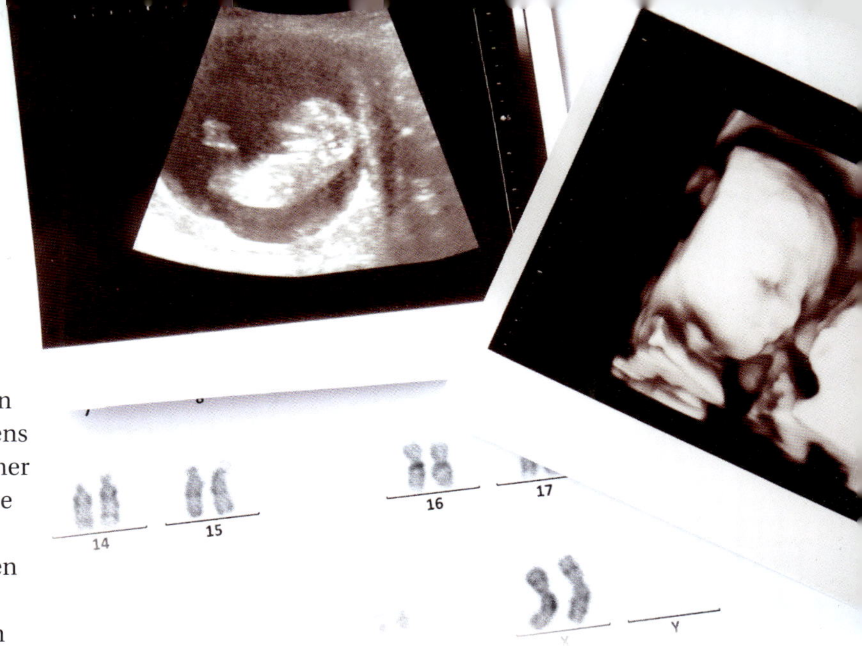

Selbst wenn die Ultraschallbilder noch Zweifel lassen, die Chromosomenanalyse bringt es an den Tag: Es ist ein Mädchen!

Gibt es ein Sprach-Gen?

Eine der auffälligsten Errungenschaften des Menschen ist seine ausgefeilte Sprache. Die Frage, warum er diese entwickeln konnte, beschäftigt Genetiker schon lange. 1998 haben Forscher herausgefunden, dass ein Gen namens FOXP2 dabei eine wichtige Rolle spielt: Bei einer britischen Familie fand sich eine Mutation, die zu massiven Sprachstörungen führt. Inzwischen weiß man, dass FOXP2 auch bei anderen Wirbeltieren wie etwa Singvögeln wichtig für komplexe Lautäußerungen ist. Beim Vergleich des FOXP2-Gens von Mensch und Schimpanse fand man nur kleine Unterschiede in der DNA-Sequenz. Sie bewirken, dass ein leicht verändertes FOXP2-Protein gebildet wird. Dieses funktioniert wie ein Gen-Schalter und beeinflusst Schätzungen zufolge bis zu 1000 andere Erbinformationen. Welche davon zum Sprechen notwendig sind, hat man bisher allerdings noch nicht herausgefunden. Auf nur ein Sprach-Gen lässt sich das menschliche Sprachtalent also nicht zurückführen.

WIE VIELE GENE BESTIMMEN DAS GESCHLECHT?

Ob es ein Mädchen oder ein Junge wird, hängt davon ab, ob ein Spermium mit einem X- oder einem Y-Chromosom die Eizelle befruchtet hat. Im ersten Fall entwickelt sich ein Mädchen mit zwei X-Chromosomen, im zweiten Fall ein Junge mit einem X- und einem Y-Chromosom in jeder Körperzelle.

Sowohl an der Entwicklung der inneren Geschlechtsorgane als auch der äußeren Geschlechtsmerkmale sind viele Gene beteiligt. Von ganz besonderer Bedeutung ist aber das Gen SRY auf dem Y-Chromosom. Dieses Gen gibt in der siebten Schwangerschaftswoche gewissermaßen den Startschuss für die Entwicklung des männlichen Fötus. Dazu schaltet es mehrere andere Gene ein, die zusammenwirken, damit sich nach und nach alle männlichen Merkmale ausbilden können. Ist zwar ein Y-Chromosom vorhanden, aber das SRY-Gen defekt, entstehen weibliche Organe, und es entwickelt sich eine sterile XY-Frau.

Sohn oder Tochter – wie sind die Chancen?

Im Hoden entstehen ungefähr so viele Spermien mit einem X- wie solche mit einem Y-Chromosom. Nach Verschmelzung mit der Eizelle, die immer ein X-Chromosom besitzt, müssten also theoretisch mit gleicher Wahrscheinlichkeit männliche (XY) oder weibliche (XX) Nachkommen entstehen. In der Praxis aber werden weltweit etwas mehr Jungen als Mädchen geboren. Woran das liegt, war lange unklar. Inzwischen haben Untersuchungen aber gezeigt, dass tatsächlich zunächst ähnlich viele Jungen wie Mädchen gezeugt werden. Im Lauf der Schwangerschaft werden dann allerdings mehr weibliche Embryonen aufgrund von genetischen Problemen abgestoßen. Die Wahrscheinlichkeit, dass ein Junge bis zur Geburt überlebt, ist daher etwas größer.

Das Geschlechterverhältnis kann sich aber je nach den äußeren Umständen verschieben. So gibt es Hinweise darauf, dass bei Hungersnöten statistisch gesehen mehr Mädchen geboren werden, während und kurz nach Kriegen dagegen besonders viele Jungen. Wie solche Effekte zustande kommen, weiß aber bisher noch niemand genau.

Das Erbgut von eineiigen Zwillingen ist zwar meist identisch – doch gleich sind sie deshalb nicht.

Wusstem Sie, dass es Menschen ohne Fingerabdruck gibt?

Fingerabdrücke werden schon seit der Wende vom 19. zum 20. Jh. genutzt, um Verdächtige in Kriminalfällen zu überführen. Das Praktische daran: Bisher sind keine zwei Menschen bekannt, deren Fingerkuppen exakt die gleichen Spuren hinterlassen. Selbst bei eineiigen Zwillingen unterscheidet sich das typische Rillenprofil. Denn das Muster der sogenannten Haut- oder Papillarleisten entsteht schon beim Embryo und wird von vielen verschiedenen Faktoren beeinflusst. In sehr seltenen Fällen werden allerdings Menschen geboren, die keine Papillarleisten haben und deshalb auch keine Fingerabdrücke hinterlassen.
Die Ursache für diese Besonderheit haben Forscher im Jahr 2011 bei einer Schweizer Familie entdeckt, die viele Betroffene in ihren Reihen hat. Demnach genügt die Mutation nur eines Gens, damit die Fingerkuppen völlig glatt bleiben.

SIND EINEIIGE ZWILLINGE VÖLLIG GLEICH?

Eineiige Zwillinge sind aus derselben befruchteten Eizelle hervorgegangen. Meist haben sie deshalb auch ein identisches Erbgut und viele gemeinsame Merkmale. Es gibt allerdings Ausnahmen. Denn schon lang vor der Geburt kann es bei einem Embryo zu Mutationen kommen und beim anderen nicht. So ergab eine im Jahr 2021 veröffentlichte Studie, dass von 387 eineiigen Zwillingspaaren immerhin 15 % derartige genetische Unterschiede aufwiesen.

Doch selbst bei Geschwistern, deren DNA völlig identisch ist, gibt es Unterschiede im Aussehen, im Verhalten oder in der Anfälligkeit für Krankheiten. Denn weder die geistigen noch die körperlichen Eigenschaften eines Menschen werden allein durch die Gene bestimmt. Noch im Mutterleib führen Umwelteinflüsse wie die unterschiedliche Lage in der Gebärmutter und die Versorgung mit Nährstoffen dazu, dass auch Zwillinge individuelle Merkmale ausbilden. Das Immunsystem entwickelt sich ebenfalls individuell, weil z. B. der eine Zwilling mit anderen Erregern konfrontiert wird als der andere. Zudem werden die Aktivitäten bestimmter Gene im Lauf des Lebens wie durch „Schalter“ im Erbgut gedrosselt oder verstärkt. Mit zunehmendem Alter unterscheiden sich Zwillinge daher immer mehr.

WIE ENTSTAND DIE HELLE HAUTFARBE BEIM MENSCHEN?

Die Hautfarbe beruht auf verschiedenen Genen, die einen Einfluss auf die Produktion des Farbstoffs Melanin in den Hautzellen haben. Je nach Größe, Dichte und Verteilung der Farbkörperchen nimmt die Haut hellere oder dunklere Farbtöne an. Nach dem Verlust des Körperfells war es für die ersten Menschen vorteilhaft, durch eine starke Pigmentierung die Haut vor der intensiven UV-Strahlung der afrikanischen Sonne zu schützen. Mit der Besiedlung sonnenärmerer Regionen der Erde verlor dieser Schutz an Bedeutung. So waren durch Mutationen entstandene hellhäutige Menschen dort nicht mehr benachteiligt.

Möglicherweise war sogar das Gegenteil der Fall. Es könnte nämlich durchaus sein, dass diese Menschen von der genetischen Veränderung profitiert und sich deshalb in Europa durchgesetzt haben. Einer gängigen Theorie zufolge hatte in diesen Gebieten eine schwache Hautpigmentierung den Vorteil, dass mehr UV-Strahlung zur Produktion von Vitamin D genutzt werden konnte.

Heute weiß man, dass die Hautfarbe keinesfalls ein Merkmal für bestimmte Volksgruppen ist. Bereits eine einzige Mutation kann die Melaninbildung so verändern, dass sich die Hautfarbe von Schwarz nach Weiß verändert.

WAS SIND DIE WEISSEN HALBMONDE AUF DEN FINGERNÄGELN?

Finger- und Zehennägel bestehen aus mehreren Lagen verhornter Zellen. Die weniger als 1 mm dicke Nagelplatte ist durchsichtig, sodass das rosafarbene, gut durchblutete Nagelbett durchscheint. Nur der hintere, halbmondförmige Teil, die Lunula, erscheint undurchsichtig weiß. Hier befindet sich die Nagelmatrix, die Wachstumszone des Nagels. Sie bildet ständig neue Zellen, die sich nach vorn schieben, dabei absterben, durch Einlagerung von Keratin verhornen und schließlich durchsichtig werden. Fingernägel wachsen etwa 1 mm pro Woche, Zehennägel langsamer.

WAS VERURSACHT DIE AUGENFARBE?

Für die Augenfarbe sind Pigmente in der Regenbogenhaut verantwortlich. Abhängig davon, wie viel Melanin dort eingelagert ist, entsteht ein Farbton, der zwischen Hellblau und Dunkelbraun liegt. Blonde Menschen bilden oft nur sehr wenige Melaninpigmente. Deshalb erscheint ihre kaum gefärbte Regenbogenhaut durch Lichtreflexion blau. Mit zunehmendem Melaningehalt entstehen grünliche oder hell- bis dunkelbraune Augen.

Ursprünglich hatten wohl alle Menschen braune Augen, und bis heute ist das weltweit die häufigste Augenfarbe. Doch vor etwa 6000–10 000 Jahren dürfte der erste blauäugige Mensch gelebt habt. Die ungewöhnliche Farbe verdankte er einer Mutation in einem Gen namens OCA2. Genetiker nehmen an, dass von diesem Urahnen alle heutigen Menschen mit blauen Augen abstammen. Die meisten von ihnen leben in Nordeuropa. Allerdings hängt die Augenfarbe auch noch von zahlreichen anderen Genen ab. Deshalb ist es schwer vorherzusagen, wie sie bei einem Kind genau ausfallen wird.

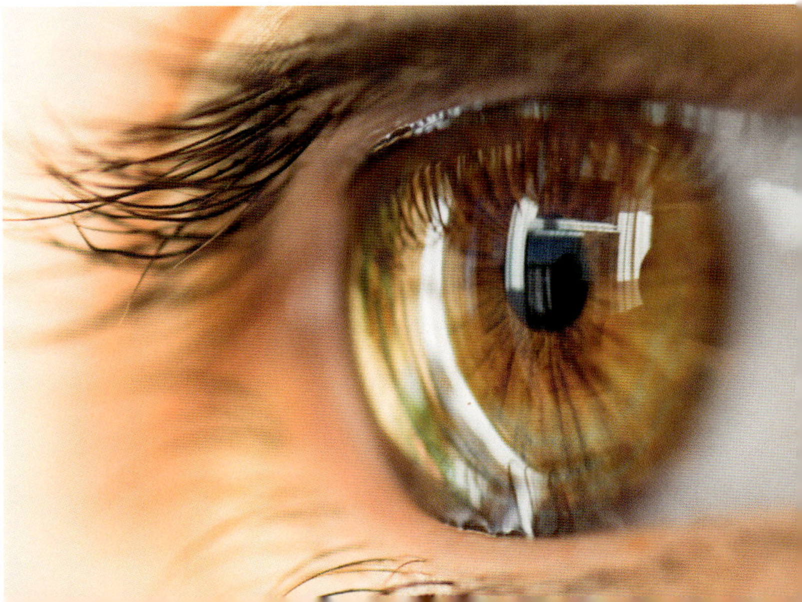

Braun ist die weltweit häufigste Augenfarbe.

RICHTIG ODER FALSCH?

Alle Säuglinge haben blaue Augen

Nur hellhäutige Babys haben meist blaue Augen. In ihrer Regenbogenhaut sind zunächst noch keine oder nur wenige Farbstoffe eingelagert, da die Entwicklung der Augen bei der Geburt noch nicht abgeschlossen ist. Dunkelhäutige Menschen bilden generell mehr Melanin. Ihre Babys haben daher schon bei der Geburt so viel Farbstoff in der Regenbogenhaut deponiert, dass ihre Augen bereits braun sind und später noch nachdunkeln.

Im Lauf seiner jahrmilionenlangen Evolution hat der Mensch den größten Teil der Körperbehaarung verloren.

Spiegeln sich Krankheiten im Auge wider?
Ein Arzt kann durch eine Untersuchung des Auges tatsächlich auch Hinweise auf andere Erkrankungen des Körpers bekommen. So liefert die Betrachtung des Augenhintergrunds beispielsweise Informationen über Gefäßerkrankungen und Diabetes. Die Vermessung von Arterien und Venen im Auge ermöglicht es sogar, das Risiko eines Herzinfarkts oder eines Schlaganfalls abzuschätzen. Form und Größe der Pupillen erlauben eine Aussage über den Blutdruck sowie die Gefahr eines Schlaganfalls. Und die Gelbfärbung des im Normalfall weißen Augapfels lässt auf eine Gelbsucht schließen.

WARUM HAT DER MENSCH SEIN FELL VERLOREN?

Zu dieser Frage gibt es unterschiedliche Theorien. Eine besagt, dass es dem Menschen schlicht zu warm geworden ist, als er seinen Lebensraum vom Wald in die offene Savanne verlagerte. Wer unter der heißen Tropensonne dann auch noch große Strecken zurücklegen oder flinke Jagdbeute wie Antilopen zur Strecke bringen wollte, drohte schnell zu überhitzen. Nackte Haut dagegen lieferte beim Schwitzen einen deutlich besseren Kühleffekt als behaarte. Dieser Vorteil hatte jedoch seinen Preis: Ohne Fell drohten den Savannenbewohnern leichter Sonnenbrand und Hautkrebs. Um zumindest den besonders exponierten Kopf zu schützen, ist die Haarpracht dort erhalten geblieben.

Andere Forscher vermuten dagegen hygienische Gründe hinter dem Verlust des dichten Haarkleides. Denn im Fell können sich leichter Parasiten wie Läuse und Flöhe, Zecken, Milben und Wanzen einnisten, die gefährliche Krankheiten übertragen. In Verbindung damit könnte sich die nackte Haut bei der Partnerwahl zu einem wichtigen Vorteil entwickelt haben: Wer weniger Haare hatte, kam beim anderen Geschlecht besser an und konnte das Merkmal daher auch besser an die nächste Generation weitergeben.

Als Menschen ihre Wiege in Afrika verließen und in kältere Gefilde auswanderten, zeigte sich allerdings wieder ein Nachteil der nackten Haut: Ohne Fell wurde es empfindlich kühl. Der Gebrauch des Feuers, die Herstellung von Kleidung und der Bau von Unterkünften aber konnten da Abhilfe schaffen.

WIE ENTSTEHT DIE HAARFARBE?

Alle natürlichen Haarfarben des Menschen entstehen durch Farbstoffe, die von Pigment bildenden Zellen, den Melanozyten, in die Haarwurzel abgegeben werden. Von diesen Melaninpigmenten gibt es zwei Varianten, von deren Mischungsverhältnis der Farbton abhängt: Überwiegt das hellere Phäomelanin, sind die Haare blond oder rötlich. Wird vor allem das dunkle Eumelanin in die Haarzellen eingelagert, entstehen braune und schwarze Töne. Welcher Melanintyp mehr und welcher weniger gebildet wird, ist im Erbgut festgelegt. Lange hatten Fachleute angenommen, dass etwa ein Dutzend Gene über dieses Merkmal bestimmen. Doch es sind offenbar viel mehr. Als ein Forschungsteam Daten von ungefähr 300 000 Menschen europäischer Abstammung analysierte, fanden sich 124 Gene, die mit der Entwicklung von Haarfarben zu tun haben.

Sterben blonde Menschen allmählich aus?

Die Weltbevölkerung besteht heute zu über 90 % aus dunkelhaarigen Menschen. Nur in Nord- und Mitteleuropa sowie in Ländern mit vielen europäischen Einwanderern gibt es viele Blonde. Dieses Merkmal aber wird rezessiv vererbt. Ein Kind wird also nur dann blonde Haare haben, wenn es von beiden Elternteilen die entsprechenden Erbinformationen bekommt. Ansonsten setzt sich die dunkle Haarfarbe durch. Da sich die Weltbevölkerung zunehmend vermischt, dürfte sich die Zahl blonder Menschen deshalb immer weiter verringern. Aussterben werden diese aber trotzdem nicht. Denn auch einige Dunkelhaarige tragen die entsprechenden Erbinformationen versteckt in sich. Auch in Zukunft werden sich also ab und zu zwei dunkelhaarige Eltern wundern, dass ihr Kind blond ist.

Was macht Haare lockig oder glatt?

Wie die Farbe ist auch die Haarform genetisch festgelegt. So haben glatte Haare einen runden Querschnitt, bei welligen bis krausen Haaren ist er oval bis nierenförmig. Zudem unterscheidet

Die Möglichkeiten, Haaren eine individuelle Note zu geben, scheinen unendlich zu sein.

Ihre ursprüngliche Funktion des Schutzes vor Kälte hat die stark zurückgegangene Behaarung heutiger Menschen schon lange nicht mehr.

sich der Kopfschmuck im chemischen Aufbau. Jedes Haar besteht vor allem aus langen, fädigen Molekülen des Proteins Keratin. Bei glatten Haaren sind die meisten dieser Moleküle durch Schwefelbrücken verbunden, was zu starren Fasern führt. Sind zusätzlich dehnbare Fasern aus weniger vernetztem Keratin vorhanden, biegt sich das Haar, und es entstehen Wellen oder Locken. Das macht man sich bei der Dauerwelle zunutze. Dabei werden die Schwefelbrücken durch chemische Mittel zunächst aufgebrochen. Danach lassen sich glatte Haare wellen, was durch eine zweite chemische Behandlung fixiert werden muss.

GIBT ES VÖLLIG NUTZLOSE KÖRPERTEILE?

Tatsächlich tragen Menschen noch einige Erbstücke ihrer frühen Vorfahren mit sich herum, mit denen sie heute nicht mehr viel anfangen können. Beispiele dafür sind das Steißbein, das einst als Schwanz diente, die Ohrmuskeln, mit deren Hilfe heute noch manche Menschen mit den Ohren wackeln können, die Körperbehaarung, die keinen Kälteschutz mehr bietet, oder der Fußsohlenmuskel, der Affen auch mit den Füßen greifen lässt.

Einige nutzlose Körperteile verdanken wir aber auch dem Entwicklungsprozess des menschlichen Embryos. Dabei bilden sich zunächst sowohl weibliche als auch männliche Merkmale, bevor endgültig über das Geschlecht entschieden wird. Deshalb haben Männer ebenfalls Brustwarzen und Frauen Reste eines Samenleiters.

Warum bekommt nicht jeder Weisheitszähne?

Als Weisheitszähne bezeichnet man die jeweils hintersten Backenzähne im Ober- und Unterkiefer. Sie brechen meist erst zwischen dem 16. und 35. Lebensjahr durch, manchmal sogar noch später und bei einigen Menschen nie. Bei etwa jedem Vierten sind solche Zähne überhaupt nicht mehr angelegt. Diese Menschen haben dank ihrer Gen-Ausstattung das „modernere" Gebiss, während die anderen noch ein Relikt der Evolution mit sich herumtragen.

Für unsere Vorfahren war ein vollständiges Gebiss mit allen 32 Zähnen wichtig, um die harte oder zähe Nahrung mit den kräftigen Kiefern zerkleinern zu können. Im Verlauf der Entwicklung zum heutigen Menschen aber haben sich die Kiefer stark zurückgebildet, ohne dass sich gleichzeitig auch die Zahl der Zähne verringert hat. Daher haben die Weisheitszähne nur wenig Platz. Häufige Folge sind Entzündungen und Fehlstellungen, die dann das Ziehen der Weisheitszähne notwendig machen.

GEHT DER NABEL INNEN IM BAUCH WEITER?

Der Bauchnabel ist die Stelle, an der vor der Geburt eines Menschen die 50–60 cm lange Nabelschnur ansetzt. In dieser natürlichen „Versorgungspipeline" verlaufen zwei Arterien und eine Vene, die den Blutkreislauf des ungeborenen Kindes mit dem seiner Mutter verbinden. Bei der Geburt wird die Nabelschnur durchtrennt und das verbleibende Stück am Bauch des Babys abgeklemmt. Die drei Blutgefäße sind zu diesem Zeitpunkt noch intakt. Doch ähnlich wie der äußere Teil der Nabelschnur verkümmert auch ihre Fortsetzung im Inneren des Säuglings. Zurück bleibt schließlich ein funktionsloser Strang aus Bindegewebe, der an der vorderen Bauchwand in Richtung Leber verläuft.

Sind unsere Sinne für alles offen?

Mit seinen fünf Sinnen empfängt der Mensch lebenswichtige Reize aus der Umwelt. Was wir wahrnehmen, ist aber nur ein winziger Ausschnitt aus den zahllosen Informationen um uns herum. So sehen wir weder UV- noch Infrarotlicht, das Ohr ist für Ultra- und Infraschall taub, auch können manche Tiere viel besser riechen, schmecken und fühlen als wir. Und ein Sinnesorgan für magnetische Felder fehlt dem Menschen im Gegensatz zu einigen Tieren sogar ganz.

WIE FUNKTIONIERT DAS FARBENSEHEN?

Menschen können die unterschiedlichsten Farbtöne zwischen Dunkelrot und Violett wahrnehmen. Dafür besitzen sie rund 6 Mio. spezielle Sinneszellen in der Netzhaut des Auges. Diese sogenannten Zapfen werden durch Licht bestimmter Wellenlängen angeregt und senden dann Nervenimpulse über den Sehnerv ans Gehirn. Für jede der drei Grundfarben Rot, Blau und Grün gibt es dabei eine eigene Art von Zapfen mit einem jeweils etwas anders aufgebauten Sehfarbstoff. Der eine Typ reagiert besonders stark auf rotes, der zweite auf grünes und der dritte auf blaues Licht.

Wenn auf den jeweiligen Lichtreiz nur eine der drei Zapfentypen anspricht, sieht man die entsprechende Grundfarbe. Sind es dagegen mehrere, nimmt man Mischfarben wahr. Der Farbeindruck „Gelb“ entsteht z. B., wenn sowohl die Rot- als auch die Grünrezeptoren angeregt werden. Sprechen alle drei Typen von Zapfen ungefähr gleich stark an, sieht man „Weiß“.

Das Ganze funktioniert allerdings nur, wenn es hell genug ist. Denn wegen ihrer geringen Lichtempfindlichkeit sprechen die Zapfen in der Dämmerung oder im Mondlicht nicht mehr an, sodass man dann keine Farben mehr erkennt. In solchen Situationen sind nur noch die 125 Mio. Stäbchen in der Netzhaut aktiv, die schon durch schwaches Licht gereizt werden. Diese Sinneszellen sind für das Unterscheiden von hell und dunkel zuständig.

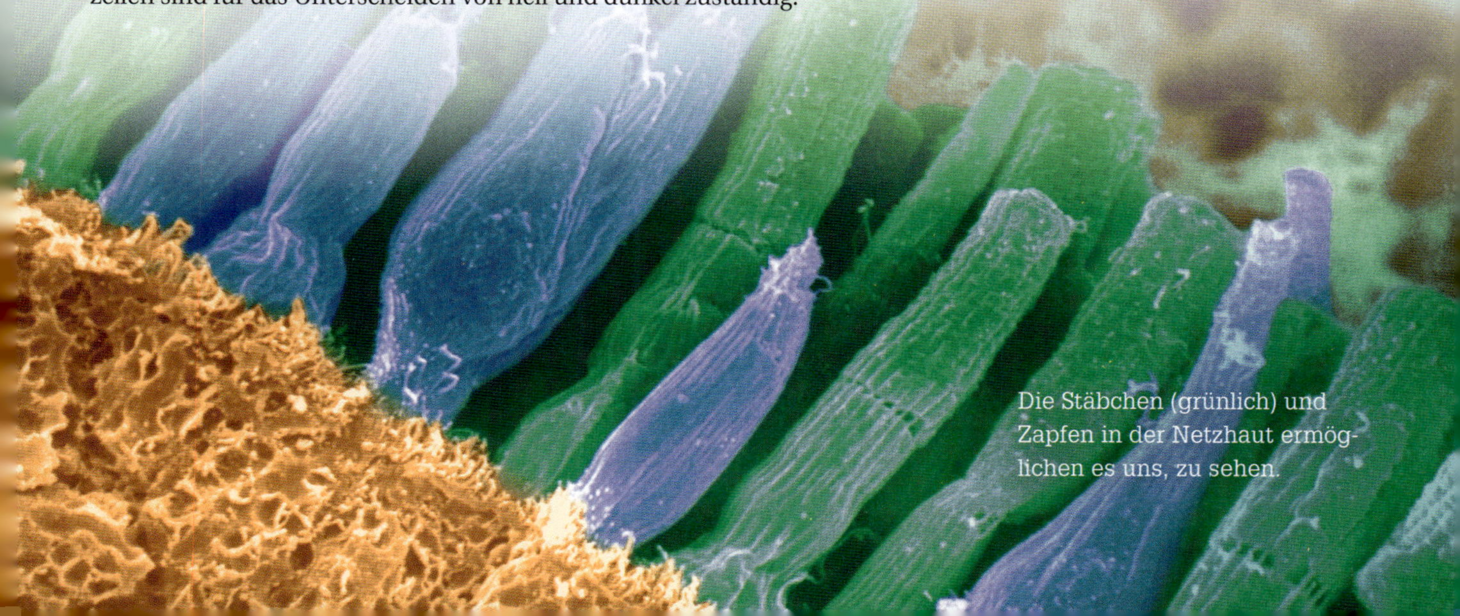

Die Stäbchen (grünlich) und Zapfen in der Netzhaut ermöglichen es uns, zu sehen.

WESHALB KÖNNEN MANCHE MENSCHEN TÖNE SEHEN?

Es gibt Menschen, bei denen ein Sinneseindruck mit einem gleichzeitig erlebten anderen Sinneseindruck gekoppelt ist. Die Betroffenen hören also beispielsweise Musik, Töne oder Worte und sehen zugleich Farben. An einer solchen Sinnesverschmelzung, der sogenannten Synästhesie, können aber auch andere Sinne beteiligt sein.

Diese Form der Wahrnehmung wird individuell sehr unterschiedlich erlebt und oft als angenehm empfunden. Schätzungen zufolge tritt sie bei jedem tausendsten Menschen auf, bei Frauen wesentlich häufiger als bei Männern. Dabei handelt es sich keineswegs um ein Phänomen, das sich die Betroffenen nur einbilden: Auf Kernspinaufnahmen ihres Gehirns kann man erkennen, dass das Hören von Musik bei diesen Menschen nicht nur das Hörzentrum, sondern gleichzeitig auch noch das Sehzentrum aktiviert. Deshalb vermuten Fachleute, dass die Synästhesie ihre Ursache in einer ungewöhnlichen Verschaltung von Nerven im Gehirn hat. Es handelt sich dabei aber nicht um eine Krankheit.

Abgesehen von der angeborenen Form der Synästhesie lässt sich durch LSD oder andere Drogen eine ähnliche Sinnesverschmelzung vorübergehend auch bei anderen Menschen erzeugen.

WÜRDEN WIR AUCH OHNE OHRMUSCHELN HÖREN?

Die Ohrmuscheln dienen als Trichter für die Schallwellen und leiten sie in den Gehörgang. Das Hören selbst erfolgt aber mithilfe der Hörsinneszellen im Innenohr. Wir würden also auch ohne Ohrmuscheln hören, allerdings längst nicht so gut. Denn zum einen verstärken die Ohrmuscheln die Töne und Geräusche. Zum anderen kann man mit ihrer Hilfe besser unterscheiden, aus welcher Richtung sie kommen. Die Knorpelfalten der Ohrmuscheln reflektieren nämlich die eintreffenden Schallwellen und erzeugen viele kleine Echos. Diese unterscheiden sich, je nachdem, ob die Schallquelle oben oder unten, vorn oder hinten ist.

Bei manchen Menschen sind mehrere Sinneseindrücke miteinander gekoppelt. Sie sehen z. B. beim Musikhören gleichzeitig Farben.

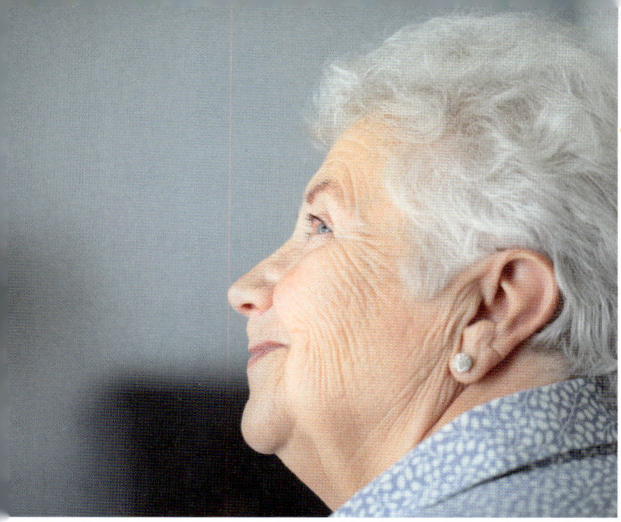

Im Alter nimmt das Hörvermögen immer mehr ab – eine Entwicklung, die vor allem hohe Töne betrifft.

Warum können alte Menschen hohe Töne nicht mehr hören?

Unser Gehör reagiert am empfindlichsten auf Töne der menschlichen Sprache, die Schallwellen im Frequenzbereich von 1500–5000 Hz erzeugt. Der maximale Hörbereich liegt zwischen 16 und etwa 18 000 Hz. Mit dem Alter nimmt das Hörvermögen allerdings ab, da Teile des Mittel- und Innenohrs degenerieren. Die Wahrnehmung hoher Töne lässt besonders stark nach, weil die für das Hören hoher Frequenzen zuständigen Sinneszellen am schnellsten abgenutzt werden. Diese Haarzellen liegen in einer kleinen Zone am Beginn der Hörschnecke. Tiefere Töne werden über eine größere Strecke im hinteren Abschnitt empfangen. Neben dem altersbedingten Funktionsverlust können Lärm, Durchblutungsstörungen und Chemikalien das Absterben von Hörzellen beschleunigen. Eine Regeneration dieser Sinneszellen ist nicht möglich.

WIE HÄNGEN RIECHEN UND SCHMECKEN ZUSAMMEN?

Am Geschmacksempfinden beim Essen und Trinken ist die Nase mehr beteiligt als die Zunge. Das Gesamtaroma einer Speise oder eines Getränks kann nur mithilfe von Riechzellen der Nasenschleimhaut erlebt werden. Das lässt sich leicht überprüfen, indem man sich beim Essen die Nase zuhält. Beim Essen und Trinken gelangen immer auch Moleküle zu den Riechzellen in der Schleimhaut der oberen Nasenhöhle. Die Riechzellen sind zu weitaus genaueren Wahrnehmungen fähig und können Hunderte bis Tausende Gerüche unterscheiden. Das Gehirn kombiniert die getrennt empfangenen Geruchs- und Geschmackssignale zu einer einzigen Geschmacksempfindung.

Warum brennen scharfe Gewürze im Mund?

Der scharfe Geschmack von Speisen ist eigentlich keine Geschmacksempfindung, sondern ein Schmerzgefühl. So koppelt sich das für die Schärfe von Chilischoten verantwortliche Capsaicin an Schmerzrezeptoren von Nervenzellen in der Nasen- und Mundschleimhaut. Über den Trigeminusnerv gelangen die so erzeugten Nervenimpulse ins Gehirn und verursachen ein Gefühl von brennendem Schmerz. Die gleichen Rezeptoren reagieren auch auf Hitze. Werden scharf gewürzte Speisen heiß gegessen, verstärkt sich daher die Wirkung. Gleichzeitig setzt die Schmerzreaktion Glückshormone frei, was die Beliebtheit

Wussten Sie, dass es mehr als vier Geschmacksqualitäten gibt?

Süß und sauer, salzig und bitter – das sind die vier Geschmacksempfindungen, die jeder kennt. Sie werden mithilfe von Sinneszellen auf der Zunge und in der Schleimhaut von Mund und Rachen wahrgenommen. Inzwischen sind aber auch noch zwei weitere Typen von Geschmacksrezeptoren bekannt: Der Umamirezeptor zeigt eiweißreiche Speisen an, indem er auf Glutamat und andere Aminosäuren reagiert. Der zweite ist für den Fettgeschmack verantwortlich. Man vermutet, dass es noch weitere Rezeptoren geben könnte, beispielsweise einen für metallischen Geschmack.

scharfer Speisen erklären könnte. Ein weiterer positiver Effekt besteht darin, dass scharfe Gewürze Krankheitserreger abtöten und das Schwitzen fördern – was vor allem in heißen Ländern vorteilhaft ist.

REAGIERT DER MENSCH AUF SEXUALLOCKSTOFFE?

Viele Säugetiere und Insekten werben mit einem sehr wirkungsvollen „Duftgeflüster" um die Gunst des anderen Geschlechts. Welche Rolle diese auch als Pheromone bekannten Sexuallockstoffe beim Menschen spielen, ist allerdings noch unklar. Dabei haben Menschen durchaus Rezeptoren für solche Substanzen – wenn auch deutlich weniger als viele Tiere. Zusammen mit den für normale Gerüche zuständigen Riechrezeptoren sitzen diese Pheromondetektoren in der Schleimhaut unserer Nase. Einen davon konnten Wissenschaftler mit einem blumigen Duftstoff namens Hedion aktivieren und so das Verhalten der Versuchsteilnehmer beeinflussen. Vertrauen und Freundlichkeit, die ihnen entgegengebracht wurden, gaben Menschen unter dem Einfluss dieses Duftstoffs besonders stark zurück. Umgekehrt neigten sie aber auch stärker dazu, ein unkooperatives Gegenüber zu bestrafen. Dieser Effekt war bei Frauen deutlich stärker als bei Männern. Möglicherweise besitzen Menschen also ein Pheromon, das Hedion chemisch ähnelt.

Experimente deuten darauf hin, dass die Intesität von Schmerz zunehmen kann, wenn man sich darauf konzentriert.

KANN MAN SICH SCHMERZEN EINBILDEN?

Wenn man sich die falschen Gedanken macht, kann das tatsächlich sehr unangenehme Folgen haben. In einem Experiment haben Forscher ihre Probanden einem leichten Hitzeschmerz ausgesetzt. Der sollte eigentlich mit der Zeit abnehmen, weil man sich daran gewöhnt. Einigen Teilnehmern hatten die Mediziner allerdings gesagt, dass die Hitze mit der Zeit unangenehmer werden würde. Prompt blieb bei diesen Menschen der Gewöhnungseffekt aus und sie empfanden mehr Schmerzen als die anderen Teilnehmer.

Warum kann man über glühende Kohlen gehen, ohne sich die Füße zu verbrennen?

Der Feuerlauf ist nicht nur in der Esoterikszene beliebt, sondern auch bei Mentaltrainern, die Mut und Selbstbewusstsein stärken wollen. Dieses Experiment ist nicht ungefährlich, immerhin sind die Kohlen zwischen 650 und 900 °C heiß. Doch es gibt einen Trick. Da Kohle zwar glüht, aber Wärme schlecht leitet, braucht die Hitze mindestens eine Viertelsekunde Kontakt, um auf die Haut überzugehen. Also gilt es, schnell zu gehen – und zwar mit trockenen Füßen, damit kein Kohlestückchen kleben bleibt. Der Erfolg ist dabei Kopfsache. Eine konzentrierte Vorbereitung nimmt die Angst und verhindert zögerndes Langsamgehen. Anschließend werden die Füße im Gras oder in einem Wassereimer gekühlt.

WER IST SCHMERZEMPFINDLICHER: MANN ODER FRAU?

Frauen leiden nicht nur häufiger unter Schmerzen, sie sind tatsächlich schmerzempfindlicher als Männer. Noch ist nicht ganz geklärt, warum das so ist. Die höhere Druckempfindlichkeit könnte auf Unterschieden im Aufbau der Haut beruhen. Bei Frauen haben Forscher in der Gesichtshaut doppelt so viele Schmerzfühler gefunden wie bei Männern.

Von sehr großer Bedeutung sind aber auch die Geschlechtshormone. So schwankt das weibliche Schmerzempfinden mit dem Menstruationszyklus. Gegen Ende der Schwangerschaft bewirken Hormone, dass der Körper als Vorbereitung auf die Geburt vermehrt schmerzstillende Botenstoffe ausschüttet. Sinkt der Östrogenspiegel nach den Wechseljahren, nimmt damit auch die Schmerzempfindlichkeit zu. Bei Männern wirkt die hohe Konzentration des Sexualhormons Testosteron schmerzdämpfend.

WIE FUNKTIONIERT NARKOSE?

Durch eine Vollnarkose lassen sich drei Wirkungen erzielen: Bewusstlosigkeit, Schmerzfreiheit und Muskelentspannung. Dazu dienen Wirkstoffe, die der Arzt je nach Alter und Verfassung des Patienten dosiert und ihm über Infusionen oder die Atemwege zuführt. So wird beispielsweise ein Narkosegas über einen Schlauch in die Luftröhre eingeführt. Es inaktiviert vorübergehend die Nervenzellen in der Hirnregion des Thalamus und schaltet das Bewusstsein aus. An anderen Stellen des Nervensystems wirken die verabreichten Schmerzmittel und muskelerschlaffenden Medikamente.

Bei einer Lokal- oder Regionalanästhesie unterbricht man lediglich die Schmerzleitung aus dem Wundbereich oder einer bestimmten Körperregion zum Gehirn. Dadurch sind schmerzfreie Operationen bei vollem Bewusstsein möglich.

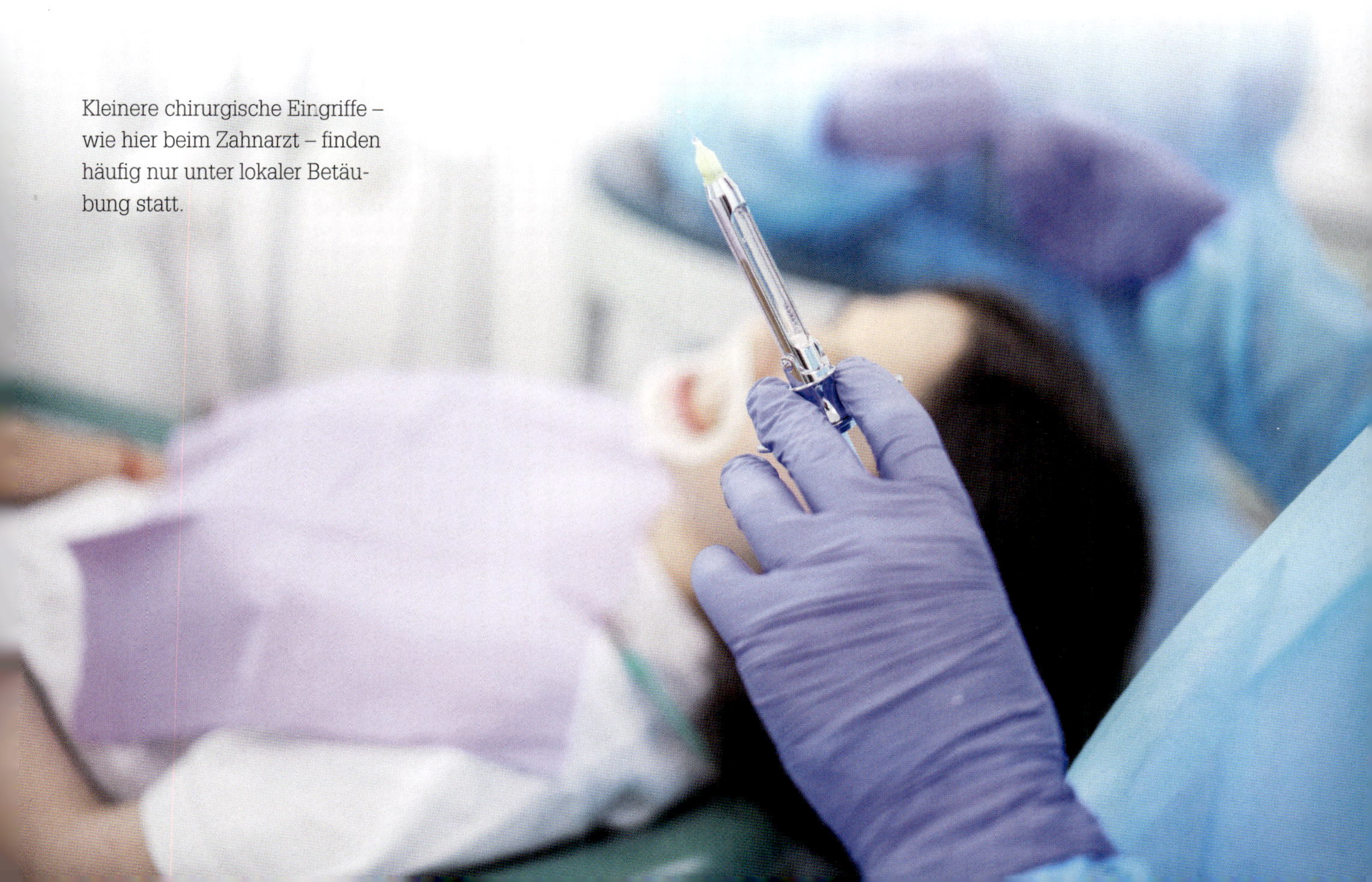

Kleinere chirurgische Eingriffe – wie hier beim Zahnarzt – finden häufig nur unter lokaler Betäubung statt.

Warum laufen viele Körperreaktionen unbewusst ab?

Lebenswichtige Körperfunktionen wie Atmung und Herzschlag, Verdauung und Temperaturregulation müssen ständig funktionieren. Sie werden daher vom sogenannten vegetativen Nervensystem kontrolliert und laufen ab, ohne dass man sie bewusst in Gang halten muss. Auch wichtige Reflexe können nur deshalb schnell und zuverlässig erfolgen, weil sie vollautomatisch ausgelöst werden.

WIE FUNKTIONIERT DAS SCHWITZEN?

Eine Überhitzung des Körpers kann lebensgefährlich werden. Deshalb besitzen Menschen 2–3 Mio. Schweißdrüsen, die über die gesamte Haut verteilt sind und bei zu hohen Temperaturen Flüssigkeit abgeben. Dieser Schweiß besteht aus Wasser, in dem Salze, Eiweiße und Harnstoff gelöst sind. Verdunstet er auf der Haut, entsteht ein kühlender Effekt. Bei starker Hitze oder großer körperlicher Anstrengung wird mehr als 1 l Schweiß pro Stunde produziert. Aber auch scharf gewürzte Speisen erzeugen das Gefühl von Hitze und lassen uns schwitzen. Und wenn wir in Angst- und Stresssituationen geraten, regt das über Bahnen

RICHTIG ODER FALSCH?

Im Körper herrscht überall die gleiche Temperatur

Der menschliche Körper besitzt zwar eine eigene Temperaturregelung, deren Sollwert auf 37 °C eingestellt ist. Diese Temperatur ist aber nur im Gehirn und im Innern des Rumpfes einigermaßen konstant. Abhängig von der Außentemperatur und der jeweiligen Muskelaktivität können Arme und Beine vorübergehend einige Grade wärmer oder kälter als der Sollwert sein. Auch der tägliche Schlaf-wach-Rhythmus ist mit leichten Schwankungen der Körpertemperatur verbunden. Die Temperatur sinkt mit dem Müdewerden und steigt beim Aufwachen dann wieder an.

des vegetativen Nervensystems ebenfalls die Schweißbildung an. Denn zur Alarmbereitschaft gehören auch feuchte Hände, die besser greifen können als trockene.

Wie stark jemand schwitzt, ist genetisch festgelegt. Bei krankhaftem Schwitzen kann die Schweißbildung bis zu fünffach erhöht sein.

WARUM SCHLAFEN WIR?

Fest steht, dass Menschen schlafen müssen, um körperlich und geistig gesund zu bleiben. Aber warum das so ist, weiß man nicht genau. Denn im Schlaf laufen viele komplexe Prozesse ab, die noch nicht im Detail untersucht sind. Vermutlich dient die nächtliche Auszeit einerseits der Erholung des Körpers, denn Herzschlag, Atmung und viele Organe arbeiten dann langsamer als im Wachzustand. Das Gehirn dagegen ist im Schlaf zum Teil überaus aktiv. Es nutzt die Zeit, um Erlebnisse zu verarbeiten und Gelerntes zu festigen – und möglicherweise auch, um unnütze Informationen zu löschen. Für ein gut funktionierendes Immunsystem ist ebenfalls genügend Schlaf wichtig.

Auch wenn noch lange nicht alle Aspekte des Schlafs erforscht sind, weiß man doch, dass ein guter Schlaf wichtig für die körperliche und geistige Gesundheit ist.

Kann man Menschen in Winterschlaf versetzen?

In manchen Situationen könnte ein Winterschlaf für Menschen durchaus Vorteile haben. Deshalb interessiert sich die Europäische Weltraumorganisation ESA dafür, wie Bären und andere Winterschläfer ihren Stoffwechsel massiv drosseln, ohne dabei Schaden zu nehmen. Für einen Flug zum Mars oder ähnliche Projekte der bemannten Raumfahrt wäre es nämlich praktisch, wenn man die Astronauten vorübergehend in eine Art „Energiesparmodus" versetzen könnte.

Doch auch medizinische Anwendungen sind denkbar. Manchmal versuchen Ärzte bereits, den Stoffwechsel eines Patienten mithilfe von Kälte zu drosseln. Dadurch sinkt der Sauerstoffbedarf der Zellen und man kann mehr Zeit für eine Operation gewinnen. Bewerkstelligen lässt sich das z. B., indem man das Blut der Patienten durch eine kalte Kochsalzlösung ersetzt. Viel eleganter wäre es aber, wenn man den Körper dazu bringen könnte, seinen Stoffwechsel aktiv herunterzufahren. Dazu müsste man allerdings genau wissen, wie dies Tieren gelingt. Aber obwohl Wissenschaftler weltweit daran arbeiten, dieses Geheimnis zu enträtseln, ist es noch immer ungelöst.

Wo sitzt die innere Uhr?

Streng genommen ticken in unserem Körper viele Uhren. Jedes Organ, sogar jede einzelne Zelle arbeitet nach einem selbst erzeugten Takt. Es gibt aber zudem noch einen zentralen „Schrittmacher", der alle tagesrhythmischen Aktivitäten synchronisiert und mit dem Tag-Nacht-Wechsel in Einklang bringt. Dabei handelt es sich um zwei reiskorngroße Anhäufungen von Nervenzellen in der Gehirnregion des Hypothalamus. Diese sogenannten suprachiasmatischen Kerne sind mit Sinneszellen in der Netzhaut der Augen verbunden, die die Intensität des Tageslichts messen. Die Zellen der inneren Uhr verarbeiten diese Information mit dem ganz selbstständig ablaufenden Rhythmus bestimmter Gen-Aktivitäten. Uhren-Gene, die sich rhythmisch ein- und abschalten und dabei Eiweiße produzieren, treiben das körpereigene Uhrwerk an. Abhängig von der Tageszeit werden dadurch unterschiedliche Mengen von Botenstoffen freigesetzt und mit dem Blut im Körper verteilt. Darauf reagieren wiederum Hormondrüsen und innere Organe, sodass sich deren Aktivität in einem aufeinander abgestimmten Tagesrhythmus verändert.

WELCHE AUFGABEN HAT DAS BLUT?

Blut besteht aus Blutzellen sowie Blutplasma und hat mehrere lebenswichtige Aufgaben: Einerseits dient es als Transportmittel und versorgt alle Teile des Körpers mit Sauerstoff und Nährstoffen. Anderseits nimmt es Kohlendioxid und Abfallstoffe mit. Zudem ermöglicht es die Kommunikation zwischen verschiedenen Organen, indem es Hormone und andere Botenstoffe transportiert. Das ständig zirkulierende Blut trägt auch dazu bei, unsere Körpertemperatur konstant zu halten. Bei einer Verletzung schützt es uns durch einen Wundverschluss, wobei die Blutplättchen eine wichtige Rolle spielen. Die roten Blutkörperchen enthalten das Sauerstoff transportierende Hämoglobin, und die verschiedenen Typen von weißen Blutkörperchen sind wichtige Bestandteile der Immunabwehr. Sie patrouillieren ständig im gesamten Körper, können durch die Wände der Blutgefäße in jedes Gewebe eindringen und beseitigen Fremdstoffe, Krankheitserreger und kranke Körperzellen.

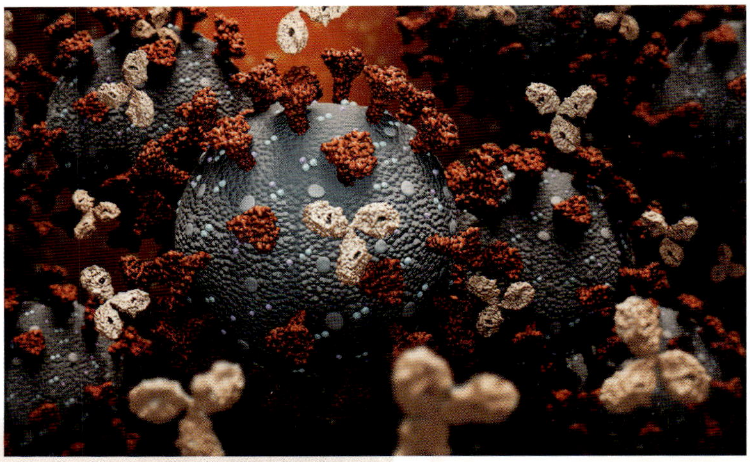

Was sind Antikörper?
Antikörper sind wichtige Waffen des Immunsystems, die sich insbesondere gegen Bakterien, Viren oder Parasiten richten. Sie werden von spezialisierten weißen Blutzellen, den B-Lymphozyten, nach Kontakt mit dem Fremdkörper „maßgeschneidert" hergestellt und ins Blut abgegeben. Taucht der Erreger später wieder auf, erkennen die Antikörper ihn an bestimmten Strukturen auf seiner Oberfläche und docken dort an. Dadurch wird der Eindringling entweder lahmgelegt oder seine Zerstörung durch Immunzellen eingeleitet.

Eine Impfung regt das Immunsystem dazu an, Abwehrzellen und Antikörper im Blut bereitzustellen, die bei einer Infektion mit dem entsprechenden Erreger dessen Vermehrung verhindern.

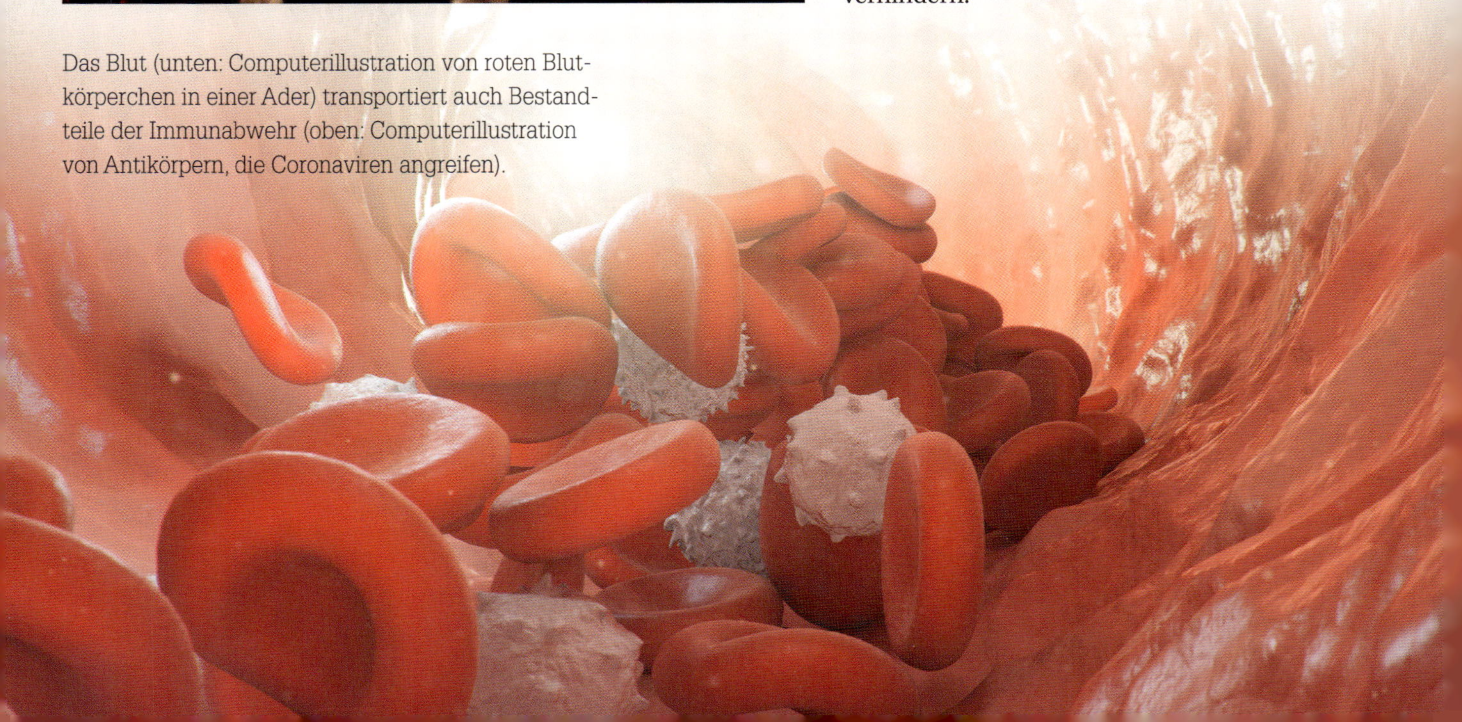

Das Blut (unten: Computerillustration von roten Blutkörperchen in einer Ader) transportiert auch Bestandteile der Immunabwehr (oben: Computerillustration von Antikörpern, die Coronaviren angreifen).

Was heißt eigentlich „gesund"?

1946 definierte die Weltgesundheitsorganisation (WHO) in ihrer Satzung Gesundheit als „Zustand vollkommenen körperlichen, seelischen und sozialen Wohlbefindens". Gemessen daran wären die meisten Menschen den größten Teil ihres Lebens krank. Gesundheit gilt heute eher als subjektives Lebensgefühl. Voraussetzungen dafür können eine ausreichende und ausgewogene Ernährung, körperliche Aktivität und genügend Schlaf sowie eine intakte Umwelt und funktionierende soziale Beziehungen sein.

WELCHES ALTER KANN DER MENSCH ERREICHEN?

Die durchschnittliche Lebenserwartung in Deutschland lag im Jahr 2021 für neugeborene Mädchen bei 83,4 und für Jungen bei 78,6 Jahren. Hierzulande und auch in anderen Industrieländern liegt dieser Wert damit heute deutlich höher als zum Ende des 19. Jh.

Es gibt aber Männer und Frauen, die noch deutlich älter werden. Der älteste bisher bekannte Mensch war die Französin Jeanne Calment, die 1997 im Alter von 122 Jahren starb. Einige Experten glauben aber, dass es in Zukunft noch weitere Rekorde geben könnte. So hat ein internationales Forscherteam 2021 Daten aus den USA, Großbritannien und Russland analysiert. Demnach nimmt die Fähigkeit, sich von Krankheiten und Stress zu erholen, mit dem Alter immer weiter ab. Als die Wissenschaftler ausrechneten, wann diese Widerstandsfähigkeit laut Statistik vollständig verschwindet, kamen sie auf ein Alter von 120–150 Jahren. Danach dürfte wohl definitiv Schluss sein.

Warum leben Frauen im Schnitt länger als Männer?

Für dieses weltweit beobachtete Phänomen gibt es mehrere Erklärungen. So sind Frauen wahrscheinlich bereits von Natur aus im Vorteil, weil sie zwei X-Chromosomen besitzen, Männer aber nur eines. Sind Erbinformationen auf dem einen Exemplar defekt, können Frauen das also eher kompensieren, da sie noch über

In Ogimi, dem „Dorf der Hundertjährigen", auf der Hauptinsel der japanischen Okinawa-Inselgruppe leben überdurchschnittlich viele sehr alte Menschen.

eine zweite Kopie verfügen. Allerdings hat eine Studie in Klöstern ergeben, dass Mönche fast ebenso alt werden wie Nonnen. Außer der Genetik spielt also offensichtlich auch der Lebensstil eine wichtige Rolle. Eine größere Risikobereitschaft, mehr Stress und weniger Gesundheitsbewusstsein könnten beispielsweise dazu führen, dass Männer außerhalb von Klostermauern früher sterben als Frauen.

Gibt es ein Gen für langes Leben?

Bei Fliegen, Würmern und Mäusen wurden verschiedene Gene entdeckt, die einen großen Einfluss auf die Lebensdauer haben. Als Forscher die Aktivität solcher „Methusalem-Gene“ veränderten, verlängerte sich die Lebensspanne dieser Tiere deutlich. Das weckte natürlich die Hoffnung, auch beim Menschen das Alter besiegen zu können. Tatsächlich finden sich im Erbgut besonders alter Menschen bestimmte genetische Gemeinsamkeiten. Allerdings beruht das Erfolgsrezept der Methusalems offenbar nicht nur auf einigen wenigen Genen, sondern auf sehr vielen Besonderheiten, die sich über das ganze Erbgut verteilen. 150 dieser Besonderheiten haben US-Wissenschaftler in ein Modell eingearbeitet, mit dem sie vorhersagen können, ob ein Mensch uralt wird oder nicht. Die Trefferquote liegt immerhin bei 77 %.

STIMULIERT DRECK DAS IMMUNSYSTEM?

In den ersten Lebensjahren muss das menschliche Immunsystem durch den Kontakt mit Umweltkeimen trainiert werden. Dabei lernt es, harmlose Mikroben zu tolerieren und eine Immunität gegen Krankheitserreger aufzubauen. Wird es nur selten mit Dreck und den darin enthaltenen Bakterien und Pilzen konfrontiert, fehlt dieses Training jedoch. Dann richten sich die Abwehrmaßnahmen womöglich gegen eigentlich völlig harmlose Eindringlinge wie Pollen. Die stark verbesserte Hygiene könnte daher eine Ursache dafür sein, dass in den Industrieländern heute viel mehr Menschen an Allergien leiden als noch in den 1950er-Jahren.

WAS SIND PANDEMIEN?

Das Wort *pandemia* stammt aus dem Griechischen und bedeutet so viel wie „das ganze Volk“. Es handelt sich also um Infektionskrankheiten, die sich über ganze Landstriche, Länder und Kontinente ausbreiten und einen großen Teil der Bevölkerung treffen. Bleibt das Geschehen dagegen nur auf begrenzte Gebiete beschränkt, sprechen Fachleute von einer Epidemie. Pandemien entstehen durch Krankheitserreger, mit denen die Bevölkerung noch nie oder schon sehr lange nicht mehr konfrontiert war. Das Immunsystem der Menschen ist daher nicht, bzw. nicht mehr, auf solche Gegner vorbereitet, sodass sich die Krankheit sehr schnell ausbreiten kann.

Ist die Gefahr von Pandemien heute größer als früher?

Pandemien hat es auch früher schon gegeben – die Pest im Mittelalter oder die Spanische Grippe zu Beginn des 20. Jh. forderten Millionen von Opfern. Allerdings befürchten Fachleute, dass es in Zukunft häufiger zu Pandemien kommen wird. Denn der globale Handel und der Reiseverkehr zwischen den Kontinenten begünstigen die weltweite Verbreitung von Krankheitserregern. Zudem entstehen viele Pandemien durch Bakterien oder Viren, die von Tieren auf den Menschen übergesprungen sind. Und das passiert umso leichter, je häufiger und tiefer Menschen in Urwälder und andere einst unberührte Lebensräume vordringen und je enger sie mit Tieren zusammenleben.

Wie springen Erreger von Tieren auf den Menschen über?

Voraussetzung hierfür ist ein enger Kontakt zwischen Mensch und Tier. Das muss aber nicht bedeuten, dass beide unter einem Dach leben. Auch durch die Zubereitung und den Verzehr von Wildtierfleisch wurden bereits einige gefährliche Erreger wie Ebola oder die beiden HIV-Varianten auf den Menschen übertragen. Das Virus HIV-1 stammt ursprünglich von Schimpansen, HIV-2 von einer westafrikanischen Affenart, der Rauchmangabe. Gerade der Verzehr von Primaten ist für Menschen sehr riskant, weil Erreger zwischen eng verwandten Arten besonders leicht überspringen können.

Wie leicht man sich anstecken kann, hängt aber auch von der Stabilität des jeweiligen Erregers ab. So sterben Ebolaviren leicht ab, wenn ihr Wirt getötet wird. Gefährlich werden sie daher vor allem für die Jäger selbst oder für Menschen, die das rohe Fleisch zerlegen oder zubereiten. Etwas weniger riskant ist das Hantieren mit getrocknetem oder geräuchertem Fleisch, weil solche Konservierungsmethoden viele Erreger abtöten – und das Kochen zerstört dann meist den Rest. Dann haben nur noch absolute Überlebenskünstler wie die Sporen des Milzbrandbakteriums eine Chance.

Covid-19 zeigte, wie schnell sich heute ein Erreger weltweit ausbreiten und eine Pandemie verursachen kann.

WANN UND WIE ENTSTEHT FIEBER?

Der Körper reagiert mit Fieber, um Krankheitserreger oder andere Eindringlinge besser abwehren zu können. Denn der Temperaturanstieg hemmt die Vermehrung von Viren, Bakterien oder Parasiten und aktiviert gleichzeitig das Immunsystem. Nach dem Kontakt mit einem Fremdkörper setzen Immunzellen Botenstoffe frei, die in einem speziellen Regulationszentrum im Zwischenhirn den Sollwert für die Temperatur erhöhen. Durch verstärkte Wärmeproduktion und verminderte Wärmeabgabe steigt die Temperatur dann auf mehr als 37 °C, bei hohem Fieber sogar über 39 °C. 41 °C werden meist nicht überschritten, da viele menschliche Eiweiße bei diesen Temperaturen zerstört werden. Fieber über 42 °C ist nach kurzer Zeit tödlich. Auch psychische Faktoren können den biologischen Thermostat im Gehirn höher stellen – etwa beim berühmten Lampenfieber.

WIE WIRKEN ANTIBIOTIKA?

Die meisten Antibiotika stammen von Bakterien, die im Boden leben und mit diesen Stoffen ihre Konkurrenten abwehren. Der Einsatz dieser Wirkstoffe in der Medizin beruht darauf, dass sie Krankheitserreger hemmen, ohne Körperzellen zu schädigen. So blockieren etwa die Penizilline den Zellwandbau von Bakterien und töten sie damit ab. Menschliche Zellen werden nicht angegriffen, da sie keine solche Zellwand haben. Andere Antibiotika hemmen weitere lebenswichtige Prozesse des Bakterienstoffwechsels wie die Proteinproduktion oder die DNA-Verdopplung. Antibiotika, die sich mit dem Blut im ganzen Körper verteilen, schädigen allerdings auch die nützlichen Bakterien im Darm und können deshalb Darmerkrankungen verursachen.

Wie entstehen Antibiotikaresistenzen?

Als Alexander Fleming 1928 das Penizillin entdeckte, tötete das Mittel noch die meisten der als Krankheitserreger berüchtigten Staphylokokken ab. Heute ist das nicht mehr so. Denn jeder Einsatz von Antibiotika fördert die Entstehung von Resistenzen: Empfindliche Bakterien sterben, widerstandsfähigere überleben und vermehren sich. Resistente Erreger treten deshalb besonders dort auf, wo häufig Antibiotika eingesetzt werden – etwa in Krankenhäusern oder in der Nutztierhaltung. Dadurch entstehen weltweit immer häufiger Probleme mit Keimen, die nur schwer zu bekämpfen sind. Einige Erreger widerstehen sogar gleich mehreren Antibiotika. Laut einer Studie des Europäischen Zentrums für die Prävention und Kontrolle von Krankheiten aus dem Jahr 2018 erkranken in Europa jedes Jahr rund 670 000 Menschen an Infektionen mit solchen multiresistenten Keimen.

WIRKEN MEDIKAMENTE AUF MÄNNER UND FRAUEN UNTERSCHIEDLICH?

Wie wirksam ein Medikament ist, hängt u. a. davon ab, wie schnell es im Körper wieder abgebaut wird. Der Abbau erfolgt in vielen Fällen durch Enzyme in der Leber. Die Gene, die die Produktion dieser Enzyme steuern, sind bei Männern und Frauen oft unterschiedlich aktiv. Daher kann die gleiche Dosis eines Medikaments bei Männern und Frauen verschieden wirken – und unterschiedlich starke Nebenwirkungen haben. Einen solchen Effekt hat man beispielsweise bei Aspirin festgestellt: Es schützt Männer wirksamer vor Herzinfarkt als Frauen. Dagegen wirken bestimmte Schmerzmittel bei Frauen effektiver, weil sie besser an den Opiatrezeptor andocken können. Auch der bei beiden Geschlechtern verschiedene Hormonhaushalt und die unterschiedliche Verteilung von Fett- und Muskelgewebe können die Wirksamkeit einiger Medikamente beeinflussen.

Viele Antibiotika – hier Penizillinpilze auf Nährbodenplatten – drohen durch Resistenzen ihre Wirksamkeit zu verlieren.

WIE ENTSTEHT KREBS?

Es gibt viele Gene, die das Wachstum der Zellen im Körper steuern. Werden diese geschädigt, kann das zu unkontrolliertem Wachstum und damit zu Krebs führen. Solche Schäden können z. B. durch zu viel UV-Strahlung beim Sonnenbaden oder durch Schadstoffe im Tabakrauch entstehen. Andere Krebsarten werden durch Infektionen mit Warzen- oder Hepatitisviren begünstigt. Aber auch ohne äußere Einflüsse können Fehler bei der DNA-Verdopplung sowie Zufallsmutationen die genetische Anfälligkeit für Krebserkrankungen erhöhen – schon vor der Geburt oder im Lauf des Lebens. Nachträglich lässt sich meist nicht mehr feststellen, was die Krankheit ausgelöst hat.

Kann eine Impfung vor Krebs schützen?
Eine allgemeine Impfung wie gegen Grippe oder andere Infektionskrankheiten gibt es gegen Krebs nicht. Allein schon wegen der großen Zahl unterschiedlicher Krebsformen kann es dagegen keinen generellen Immunschutz geben. Man kann sich aber gegen Hepatitis- oder bestimmte Warzenviren impfen lassen. Dadurch sinkt das Risiko, an Leber- bzw. Gebärmutterhalskrebs zu erkranken.

Als „Krebsimpfung" bezeichnet man auch eine Form der Immuntherapie, bei der nach Ausbruch der Krankheit das Immunsystem des Patienten aktiviert wird. Dabei versucht man, Immunzellen zu vermehren, die Krebszellen an äußeren Merkmalen erkennen und zerstören. Die neue mRNA-Technologie, deren Durchbruch in der Covid-19-Pandemie gelang, stammt ebenfalls aus der Krebsforschung. Experten hoffen, dass auch sie helfen wird, die gefährlichen Zellen zu erkennen und zu zerstören.

WELCHE GESUNDHEITSGEFAHREN LAUERN IN DER UMWELT?

Schadstoffe in Luft, Wasser und Lebensmitteln sowie Strahlung und Lärm können krank machen. Die WHO schätzt, dass weltweit etwa ein Viertel aller Krankheiten auf Umwelteinflüsse zurückgehen. Allein in Europa führt die Umweltverschmutzung dazu, dass jedes Jahr mindestens 1,4 Mio. Menschen vorzeitig sterben. Das entspricht 15 % aller Todesfälle. So können Schadstoffe aus Industrie, Verkehr und anderen Quellen zur Entwicklung von Krebs, Allergien, Atemwegs- und Herz-Kreislauf-Erkrankungen beitragen. Zu viel Lärm führt nicht nur zu vorzeitiger Schwerhörigkeit. Lärmgeplagte schütten auch vermehrt Stresshormone aus, die mit dem Blutdruck das Herzinfarktrisiko ansteigen lassen. Nach einer Kartierung des Umweltbundesamtes waren 2017 in Deutschland nachts 13,2 % und tagsüber 19,1 % der Bevölkerung gesundheitsschädlichem Lärm ausgesetzt. Hauptursache war der Straßenverkehr.

Wann macht die Luft krank?
Schlechte Luft gehört zu den weltweit häufigsten Todesursachen. Zu den Luftschadstoffen zählen Staub, Schwefel- und Stickoxide, Ozon und organische Verbindungen. Natürliche Ursachen einer gesundheitsschädlichen Luftverschmutzung sind Waldbrände und Vulkanausbrüche. Von größerer Bedeutung sind aber die von Menschen erzeugten Schadstoffe, die aus Kraftfahrzeugen, Fabriken, Feuerstellen und Heizungen in die Atmosphäre gelangen. Für

Der Straßenverkehr setzt nicht nur gefährliche Schadstoffe frei, auch der von ihm verursachte Lärm schadet der Gesundheit.

Staubpartikel gilt: je kleiner, desto gefährlicher; denn umso tiefer dringen sie in die Lungen ein. Ultrafeine Staubpartikel können bis in die Lungenbläschen und von dort in den Blutstrom gelangen. Feinstaubhaltige Luft verstärkt Asthma- und andere Atemwegsbeschwerden sowie Herz-Kreislauf-Erkrankungen und trägt zur Entwicklung von Lungenkrebs bei.

Verringern Umweltgifte die männliche Fruchtbarkeit?

Seit mehr als 50 Jahren sinkt in den Industrieländern die Spermiendichte in der Samenflüssigkeit junger Männer, wodurch sich die Fruchtbarkeit verringert. Dieser Effekt hängt wohl zumindest teilweise mit Chemikalien zusammen, die eine hormonelle Wirkung entfalten. Dazu gehören z. B. bestimmte Weichmacher aus Kunststoffen, aber auch Flammschutzmittel, Pestizide, Schwermetalle oder Arzneimittelrückstände. Diese in die Umwelt freigesetzten Substanzen können über Wasser, Nahrungsmittel oder Hautkontakt in den Körper gelangen. Schwangere können sie zudem an ihren Nachwuchs weitergeben. Die Folgen zeigt z. B. eine Studie der Universität Genf. Demnach leiden die Söhne von Frauen, die in der Schwangerschaft solchen Schadstoffen ausgesetzt waren, später öfter unter Fruchtbarkeitsproblemen. Besonders betroffen sind beispielsweise die Söhne von Friseurinnen und Bäuerinnen.

WIE GEFÄHRLICH SIND HITZEWELLEN?

Hitze kann nicht nur den Schlaf und das psychische Wohlbefinden beeinträchtigen, sie belastet auch den Organismus, vor allem Herz und Kreislauf. So sind in den zwischen 2000 und 2010 aufgetretenen Hitzewellen in Deutschland im Schnitt 10–15 % mehr Menschen an Herzinfarkten und Schlaganfällen gestorben als sonst.

Allein der extrem heiße Sommer des Jahres 2003 hat bundesweit etwa 7500 Menschen das Leben gekostet, zahlreiche weitere litten unter Dehydrierung, Hitzschlag und Herz-Kreislauf-Problemen. Da der Klimawandel auch für Deutschland noch häufigere, heftigere und längere Hitzewellen mit sich bringen wird, dürften sich solche Probleme künftig noch verschärfen. So befürchtet das Bundesumweltministerium, dass die hitzebedingte Sterblichkeit durch Herzkrankheiten und andere Beschwerden in Deutschland bis Ende des 21. Jh. um den Faktor drei bis fünf zunehmen könnte.

Welche weiteren Gesundheitsgefahren bringt der Klimawandel mit sich?

Neben Hitzewellen häufen sich auch andere Wetterextreme, die manchmal zu überraschenden Effekten führen. Als die gewaltigen Monsunniederschläge des Jahres 2007 große Teile von Bangladesch unter Wasser setzten,

Überschwemmungen wie jene 2007 in Bangladesch werden infolge des Klimawandels deutlich zunehmen.

Eine Biologin des Leibniz-Zentrums für Agrarlandforschung fängt Stechmücken in einem alten Eiskeller, um u. a. die Verbreitung des gefährlichen West-Nil-Virus zu untersuchen.

hatten z. B. alle Experten mit dem Ausbruch von Cholera und anderen Seuchen gerechnet. Tatsächlich aber waren giftige Schlangenbisse die Todesursache Nummer zwei nach dem Ertrinken. Denn die Reptilien fliehen bei Hochwasser genau an jene hoch gelegenen Orte, an denen die Menschen ebenfalls Schutz suchen. Deshalb kommt es in dieser Situation viel häufiger zu gefährlichen Konfrontationen als normalerweise. In Zukunft werden giftige Reptilien wohl auch Regionen erobern, die ihnen heute noch zu kühl sind. Dasselbe gilt auch für die Erreger und Überträger gefährlicher Infektionskrankheiten.

KOMMEN TROPENKRANKHEITEN AUCH NACH DEUTSCHLAND?

In Mitteleuropa werden bisher nur relativ wenige Viruserkrankungen von Insekten oder Zecken übertragen. Denn viele dieser Erreger brauchen nicht nur den richtigen Transporteur, sondern auch mindestens ein paar Tage und Nächte mit relativ hohen Außentemperaturen. Nur dann können sie erfolgreich Menschen infizieren. Im Zuge des Klimawandels aber dringen immer mehr Viren und ihre Überträger in neue Gebiete vor. Das West-Nil-Virus beispielsweise kann grippeähnliche Symptome, in einigen Fällen aber auch lebensgefährliche Gehirn- und Hirnhautentzündungen auslösen. Längst ist es aus den Tropen in den Mittelmeerraum und nach Europa gelangt. In Deutschland wurde der durch Mücken übertragene Erreger 2018 erstmals bei Pferden und Vögeln entdeckt. Ein Jahr später traten die ersten bekannten Krankheitsfälle bei Menschen auf.

SIND MAGENGESCHWÜRE EINE ZIVILISATIONSKRANKHEIT?

Lang galten Magengeschwüre als typische psychosomatische Krankheit, die vor allem durch Stress ausgelöst wird. Inzwischen weiß man aber, dass häufig eine Infektion mit dem Bakterium *Helicobacter pylori* dahintersteckt. Heutzutage trägt rund jeder zweite Mensch auf der Erde diesen berüchtigten „Magenteufel" in sich – ein Zehntel der Betroffenen entwickelt gesundheitliche Probleme wie Magenschleimhautentzündungen, Magengeschwüre und Krebs. Das aber ist wohl kein modernes Problem. Denn Erbgutanalysen zeigen, dass die gemeinsame Geschichte von Mensch und Magenkeim schon vor mindestens 100 000 Jahren begann. Seither nisten die Erreger im menschlichen Verdauungstrakt und verbreiten sich vermutlich über Kot und Erbrochenes. Auch der berühmte Gletschermann Ötzi, der vor rund 5300 Jahre in den Ötztaler Alpen in Südtirol starb, trug den Erreger mit sich herum.

FOCUS

Ersatzteile für den Menschen

Mithilfe eines 3-D-Biodruckers gelang es israelischen Wissenschaftlern 2019 erstmals, ein anatomisch korrekt aufgebautes Herz aus den Zellen eines Patienten und anderen Biomaterialien zu drucken. Allerdings konnten sich die Zellen des kirschgroßen Herzens noch nicht synchron zusammenziehen – bis tatsächlich ein funktionierendes Ersatzherz für einen Menschen gedruckt werden kann, werden noch viele Jahre vergehen.

Der menschliche Körper kann sich nur begrenzt selbst regenerieren. Nur kleinere Hautwunden und geringe Schäden an inneren Organen heilen „von selbst“. Doch wenn Verletzungen, Krankheiten oder altersbedingter Verschleiß die Funktion eines Körperteils sehr stark beeinträchtigen, bleibt oft nur die Transplantation von Gewebe oder eines Organs. Dazu muss vorab durch eine Gewebetypisierung überprüft werden, ob die Zellmerkmale von Spender und Empfänger ausreichend ähnlich sind. Nur dann lässt sich verhindern, dass der Körper das Transplantat abstößt. Aber auch bei guter Gewebeverträglichkeit muss der Organempfänger lebenslang Medikamente einnehmen, um die Immunabwehr zu unterdrücken. Dadurch bleibt der Patient dauerhaft anfällig für Infektionen.

Eignen sich Schweine als Organspender?

Der Bedarf an menschlichen Spenderorganen übersteigt das Angebot bei Weitem. Viele Patienten sterben während jahrelanger Wartezeiten. Organe von Tieren könnten den Mangel beseitigen. Schweine wären als Organspender besonders geeignet, da ihre Organe in Größe und Funktion den menschlichen sehr ähneln. Außerdem könnten die Tiere in großer Zahl gezüchtet und gehalten werden. Aber das Immunsystem des Menschen würde eine Schweineniere als fremd erkennen und sofort abstoßen. Deshalb hat man begonnen, Schweine genetisch so zu verändern, dass ihre Zellen „menschlicher“ werden. 2021 ist es einem Chirurgenteam am Langone Transplant Institute der New York University gelungen, eine derart veränderte Schweineniere an den Blutkreislauf einer hirntoten Patientin anzuschließen.

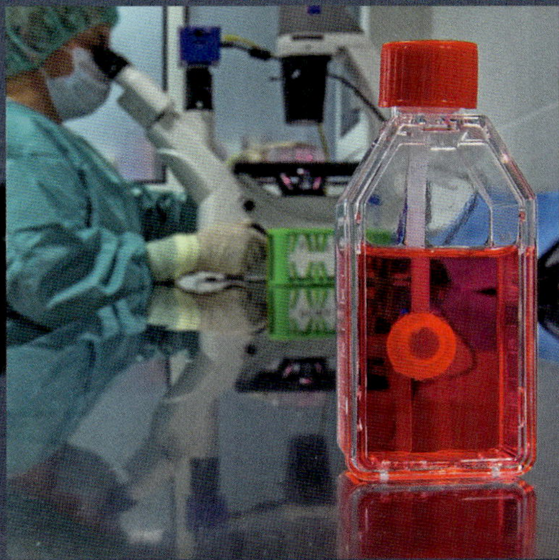

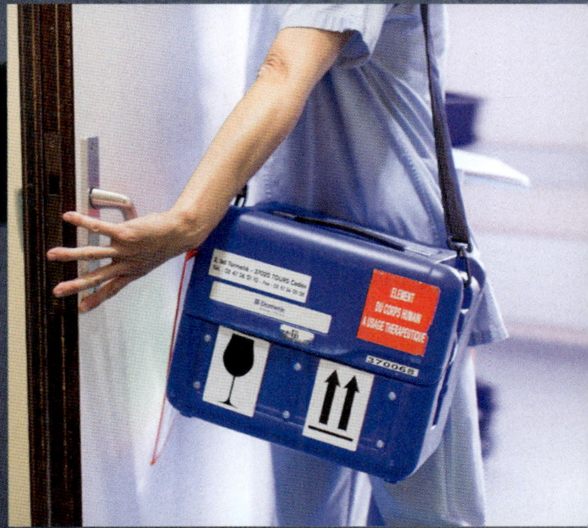

Gespendete Gewebe wie Augenhornhaut (links), Herzklappen oder Sehnen können im Gegensatz zu Organen gegebenenfalls monatelang in Gewebebanken aufbewahrt werden, bevor sie für eine Operation vorbereitet und zum Einsatzort geschickt werden (rechts).

Nach Angaben der Mediziner nahm das Organ sofort seine Arbeit auf, filterte das Blut und produzierte Urin. Und es wurde nicht vom Organismus abgestoßen. Allerdings funktionierte das Ganze nur 54 Stunden lang.

Welche Ersatzgewebe lassen sich im Labor züchten?

Statt Gewebe oder Organe eines Spenders zu übertragen, gibt es auch die Möglichkeit des „Tissue engineering". Dabei verwendet man meist die eigenen Zellen des Patienten, um daraus ein künstliches Ersatzgewebe zu züchten. Auf diese Weise lassen sich beispielsweise Knorpelschäden in einem Knie reparieren. Außerdem ist es gelungen, künstliche Herzklappen für Kinder mit angeborenen Herzfehlern herzustellen. Erfolgreich sind solche Versuche bisher vor allem bei Geweben, die nur aus einem einzigen Zelltyp bestehen und sich mithilfe einer Trägerstruktur leicht in die gewünschte Form bringen lassen. Doch langfristig hoffen Mediziner, auf diesem Weg auch komplette Organe wie Lebern oder Nieren züchten zu können. Diese bestehen allerdings aus verschiedenen Geweben und unterschiedlichen Zelltypen und sind zudem auch noch von Blutgefäßen durchzogen. Moderne 3-D-Druckverfahren könnten es jedoch möglich machen, auch solche komplexen Ersatzteile herzustellen.

Wie können Stammzellen beim Gewebeersatz helfen?

Stammzellen gibt es in jedem Gewebe des Körpers. Sie haben die Aufgabe, Ersatzzellen zu produzieren. Wenn Stammzellen sich teilen, entstehen zwei unterschiedliche Zellen: Eine neue Stammzelle und eine weitere Zelle, die sich auf bestimmte Aufgaben spezialisiert. Diese zweite Zelle kann dann zu weiteren Zelltypen reifen. So entwickeln sich komplexe Organe wie Herz und Niere. Zahlreiche Fachleute auf der ganzen Welt forschen derzeit an Möglichkeiten, geschädigtes Gewebe mithilfe von Stammzellen zu reparieren oder zu ersetzen.

Dieses Verfahren ist besonders interessant bei Geweben, die ein geringes oder gar kein Regenerationsvermögen haben. Dazu gehört beispielsweise Nervengewebe. Wissenschaftler hoffen, mithilfe von Nervenstammzellen neuartige Therapien für Alzheimer, Parkinson oder Querschnittslähmungen entwickeln zu können. Doch auch für die Behandlung von Diabetes oder Herzinfarkten eröffnen Stammzellen eine Vielzahl neuer Möglichkeiten. Die meisten dieser Ansätze befinden sich allerdings noch im Forschungsstadium. Bereits zugelassen ist die Transplantation von Stammzellen des Knochenmarks, der Haut und der Hornhaut im Auge.

Während Gewebestammzellen (adulte Stammzellen) aus dem Patienten selbst entnommenen werden, stammen embryonale Stammzellen aus wenige Tage alten Embryonen. Sie haben zwar den Vorteil, dass sie sich besser vermehren und sich anders als adulte Stammzellen in fast alle Zellarten umwandeln lassen. Da sie aber vom Immunsystem als fremd erkannt werden, tritt dabei ähnlich wie bei Organtransplantationen das Abstoßungsproblem auf. Abgesehen von ethischen Bedenken besteht beim Einsatz dieser Zellen zudem das Risiko, dass dabei Krebstumore entstehen.

Wie prägt das Gehirn unsere Persönlichkeit?

In unserem Gehirn wird alles verarbeitet und gespeichert, was für unser Leben wichtig ist: von den noch aus der Urzeit übernommenen Instinkten und Reflexen bis hin zu unseren persönlichen Erinnerungen, den ererbten und erworbenen Fähigkeiten. Dieser Mikrokosmos bildet das Ich jedes einzelnen Menschen.

WANN IST EIN MENSCH INTELLIGENT?

Wer intelligent ist, kann durch logisches Denken besonders rasch und effektiv neue Aufgaben lösen – und die dabei gemachten Erfahrungen dann auf weitere Probleme übertragen. Untersucht wird diese Fähigkeit oft mit Intelligenztests, von denen die ersten bereits zu Beginn des 20. Jh. entwickelt wurden. Räumliches und logisches Denken werden dabei ebenso geprüft wie schnelle Wahrnehmungsfähigkeit und Sprachverständnis. Aus den Ergebnissen der Tests wird dann der sogenannte Intelligenzquotient berechnet. Bei etwa zwei Dritteln der Getesteten liegt dieser zwischen 85 und 115. Bei einem Wert von unter 70 spricht man von Intelligenzminderung, Menschen mit einem IQ ab 130 gelten dagegen als hochbegabt. Es gibt allerdings auch Kritik an diesen Tests, weil sie nie alle Aspekte des relativ schwammigen Begriffs Intelligenz erfassen können.

Warum sind manche Menschen intelligenter als andere?

Es gibt in unserem Gehirn keine spezielle Struktur oder Region, die für besondere Intelligenz sorgen würde. Wichtig scheinen vielmehr Unterschiede in der Vernetzung verschiedener Hirn-

Beim Schachspiel sind u. a. logisches Durchdenken komplexer Abläufe und hohe Konzentration gefordert. Erfolgreiche Schachspieler gelten daher als überdurchschnittlich intelligent.

regionen zu sein. Möglicherweise können diese Netzwerke intelligenten Menschen helfen, sich besser zu konzentrieren, störende Reize auszublenden und so bessere Ergebnisse zu erzielen. Wie diese Unterschiede genau zustande kommen, ist allerdings unklar. Wahrscheinlich spielen dabei sowohl die Gene des jeweiligen Menschen als auch die Umwelt eine Rolle. Der Einfluss der Gene liegt Schätzungen zufolge zwischen 50 und 80 % und nimmt mit steigendem Alter zu. So hängt die Intelligenz von Kindern stark davon ab, wie gut sie gefördert werden. Mit steigendem Alter sucht man sich dann womöglich selbst die nötige Bildung und Anregung, um sein genetisches Potenzial so weit wie möglich ausschöpfen zu können.

WIRD DIE MENSCHHEIT IMMER KLÜGER?

Tatsächlich kann man in den verschiedensten Ländern einen erstaunlichen Effekt beobachten: Lässt man Menschen einen jahrzehntealten Intelligenztest lösen, schneiden sie dabei deutlich besser ab als frühere Generationen. Damit bei den Ergebnissen der Durchschnittswert von 100 herauskommt, müssen die Aufgaben also immer schwieriger werden. Woran das genau liegt, weiß man noch nicht. Möglicherweise spielen eine bessere Schulbildung und Ernährung dabei eine Rolle. Das Ergebnis bedeutet aber nur, dass heutige Menschen bei den in Intelligenztests abgefragten Fähigkeiten besser abschneiden. Ob sie deshalb wirklich klüger sind als ihre Vorfahren, bezweifeln Experten stark.

MACHT ESSEN SCHLAU?

Vor allem für die frühe Entwicklung des Gehirns spielt die Ernährung eine wichtige Rolle. Entscheidend ist dabei vor allem, wie gut ein Kind im Mutterleib und kurz nach der Geburt mit bestimmten Nährstoffen versorgt wird. Denn das beeinflusst wichtige Entwicklungsprozesse wie die Bildung der sogenannten Synapsen, über die sich Nervenzellen mit anderen Zellen oder untereinander verbinden. Besonders wichtig für die Hirnentwicklung ist eine ausreichende Versorgung mit Zink und Eisen.

SPRECHEN BESONDERS INTELLIGENTE KINDER FRÜHER ALS ANDERE?

Viele hochbegabte Kinder beginnen tatsächlich früher zu sprechen. Es gibt jedoch auch den umgekehrten Fall: Manche reden erst spät, überraschen dann aber gleich mit ganzen Sätzen – als ob diese Kinder erst einmal alles innerlich geprüft hätten, bevor sie mit der Sprache „herausrücken". Auch bei Menschen ohne Hochbegabung sind Spätsprecher nicht unbedingt weniger intelligent als die Frühstarter. Manche Kinder brauchen einfach länger, um die entsprechenden Fähigkeiten zu entwickeln. Bei Jungen kommt das übrigens häufiger vor als bei Mädchen. Erst wenn ein Kind bis zum zweiten Lebensjahr so gut wie gar nicht spricht, sollte es ärztlich untersucht werden.

WARUM KANN MAN SICH NICHT AN SEINE GEBURT ERINNERN?

Wie weit sich ein Mensch an sein Leben zurückerinnern kann, ist zwar individuell verschieden, aber an Ereignisse vor dem zweiten Lebensjahr ist kaum eine echte und bewusste Erinnerung möglich. Und an die eigene Geburt kann man sich erst recht nicht erinnern. Wissenschaftler begründen dies damit, dass zum Zeitpunkt der Geburt noch zu wenige Gehirnstrukturen ausgebildet sind. Außerdem scheinen Erinnerungen stark an den Spracherwerb gekoppelt zu sein. In Experimenten konnte gezeigt werden, dass man sich später im Leben vor allem an das erinnern kann, wofür man zum Zeitpunkt des Erlebnisses bereits Worte hatte.

WARUM WECKT MUSIK OFT ERINNERUNGEN?

Musik wird in verschiedenen Bereichen des Gehirns verarbeitet. Für den Rhythmus sind

Die Erinnerungen an Erlebnisse in der Kindheit reichen bei Menschen unterschiedlich weit zurück.

beispielsweise andere Regionen zuständig als für Tonhöhe oder Melodie. Dadurch verankert sich ein Lied in verschiedenen Teilen unseres Denkorgans und bleibt so besonders fest im Gedächtnis gespeichert. Noch Jahre später kann es dann starke, oft auch sehr emotionale Erinnerungen wecken. Musik aus Kinder- und Jugendtagen ist dabei meist sehr viel beständiger als solche, die man erst im Erwachsenenalter hört. So zeigt auch die Arbeit mit dementen Menschen, dass sie über Lieder aus ihrer Kindheit und Jugend noch erreichbar sind. Das könnte daran liegen, dass der mittlere präfrontale Kortex beim Verknüpfen von Musik und Erinnerungen besonders aktiv ist. Genau dieser Hirnbereich bleibt z. B. bei Alzheimerpatienten am längsten intakt.

An die Musik, die man in den Jugendjahren gehört oder gespielt hat, erinnert man sich auch im Alter noch sehr genau.

WO SITZT DAS GEDÄCHTNIS?

Es gibt nicht einfach „das Gedächtnis". Das zeigen Beobachtungen, die man an Alzheimerpatienten und Menschen mit Gedächtnisverlusten machen kann. Patienten mit Demenzerkrankungen wissen zwar nicht, was sie vor fünf Minuten getan haben, sie erinnern sich aber z. B. an ihr Heimatdorf oder an die Lieder aus ihrer Kindheit. Menschen mit Gedächtnisverlust erkennen auf Bildern oft Prominente und historische Berühmtheiten – dafür sind ihnen die Mitglieder ihrer eigenen Familie fremd. Deshalb geht man heute von mehreren Gedächtnissen aus. Im prozeduralen Gedächtnis (Verhaltensgedächtnis) wird etwa das Wissen verwahrt, wie man sich die Schuhe zubindet oder wie man Fahrrad fährt. Das episodische Gedächtnis zeichnet eigene Erlebnisse auf und das deklarative oder semantische Gedächtnis ist für Wissen zuständig. Diese Inhalte werden jeweils in unterschiedlichen Bereichen des Gehirns gespeichert.

Hilft es, am Abend vor der Prüfung noch zu lernen?

Das kann man durchaus machen. Entscheidend ist allerdings, dass man anschließend noch ausreichend Schlaf bekommt. Wie wichtig diese Auszeit für das erfolgreiche Lernen ist, wissen viele Menschen aus eigener Erfahrung: Wer den ganzen Tag Vokabeln, Geschichtszahlen oder chemische Formeln paukt, hat abends häufig das frustrierende Gefühl, nun gar nichts mehr zu wissen. Am nächsten Morgen aber sieht oft alles wesentlich besser aus. Kein Wunder: Auch die Netzwerke aus Nervenzellen, die für die Gedächtnisbildung zuständig sind, ermüden irgendwann. Im Schlaf aber werden sie reaktiviert, sodass sich das Gelernte verfestigt. Ein Hippocampus genannter Bereich im Gehirn sorgt während der Tiefschlafphasen dafür, dass die neuen Wörter oder Fakten vom Kurz- ins Langzeitgedächtnis überführt und in der Hirnrinde gespeichert werden. Für das Erlernen motorischer Fähigkeiten wie Tanzen oder Skifahren sind diese im Schlaf ablaufenden Prozesse ebenfalls wichtig.

KANN MAN IM SCHLAF EINE ZÜNDENDE IDEE HABEN?

Der Chemiker August Kekulé von Stradonitz erzählte gern, dass ihm die Idee von der Struktur des Benzolrings 1865 im Schlaf gekommen sei. Und auch andere Menschen berichten immer wieder von Einsichten, die sie im Schlaf gewonnen hätten.

RICHTIG ODER FALSCH?

Wenn das Gehirn nicht gefordert wird, lässt seine Leistung nach

Tatsächlich passiert mit einem zu wenig geforderten Gehirn dasselbe wie mit untrainierten Muskeln: Es verliert an Leistungsfähigkeit und wird träge. Wird das Gehirn dagegen immer wieder mit neuen Herausforderungen konfrontiert, bleibt es länger leistungsfähig. Es besteht allerdings keine Einigkeit darüber, wie das Denkorgan am besten gefordert werden kann. Manche Forscher halten z. B. das Lösen von Kreuzworträtseln für geeignet. Andere sagen, dies nütze nichts, weil auch hier schnell Routine eintrete: „Gedichtform mit drei Buchstaben? – ODE." Das ist nach ein paar Kreuzworträtseln kein Problem mehr. Um die richtige Lösung einzutragen, muss man nicht einmal wissen, was eine Ode eigentlich ist. Etliche Lernspielanbieter haben inzwischen auch spezielle Übungen für ein sogenanntes Gehirnjogging entwickelt, das das Lernen und die Gedächtnisleistung fördern soll. Viele Wissenschaftler bezweifeln aber, dass ein solches Training das Denkorgan generell leistungsfähiger macht. Man werde nur in genau den Aufgaben besser, die man eigens geübt habe.

Die Forschung gibt ihnen Recht. So haben Experimente gezeigt, dass ausgeschlafenen Menschen das Lösen von Aufgaben am nächsten Morgen leichter fällt als der unausgeschlafenen Konkurrenz. Das Gehirn vertieft also während des Schlafs nicht nur die Inhalte, mit denen man sich beschäftigt hat. Es kann sie durchaus auch neu strukturieren und so helfen, schnell die Lösung für ein Problem zu finden.

WERDEN WIR MIT ZUNEHMENDEM ALTER DÜMMER?

Tatsächlich fällt es Menschen in höherem Alter meist schwerer, etwas Neues zu lernen. Das liegt u. a. daran, dass jüngere Gehirne leichter zwischen wichtigen und unwichtigen Informationen unterscheiden und Letztere ignorieren können. Klappt das nicht mehr so gut, tummeln sich im Arbeitsgedächtnis viel zu viele Informationen, die sich dann gegenseitig behindern. Das Entscheidende, das man sich eigentlich merken wollte, geht daher leichter verloren.

Das heißt aber nicht, dass man ab einem bestimmten Zeitpunkt nichts mehr dazulernen könnte. Experimente haben z. B. gezeigt, dass man auch im Rentenalter durchaus noch Jonglieren lernen kann. Es dauert nur etwas länger als bei jungen Menschen. Und auch das Gedächtnis der Senioren muss nicht unbedingt schlechter sein als das von Jüngeren. In einem Versuch sollten sich Menschen zwischen 66 und 81 Jahren möglichst viele Begriffe merken, die jeweils zwei Sekunden lang auf einem Monitor gezeigt wurden. Ob sie sich dabei viele oder wenige Worte merken konnten, hing dabei nicht von ihrem Alter ab. Entscheidend für ein gutes Abschneiden waren vielmehr ein großer Wortschatz und ein gutes Arbeitsgedächtnis.

In manchen Gebieten der geistigen Leistungsfähigkeit sind Senioren den jüngeren Generationen sogar überlegen. Im Kopfrechnen schneiden sie beispielsweise regelmäßig deutlich besser ab, weil viele jüngere Menschen das nicht mehr so häufig trainieren.

Verbessert Bewegung das Gedächtnis?

Damit das Gedächtnis auch im Alter fit bleibt, ist nicht nur geistiges Training nötig. Mehrere Studien haben es belegt: Menschen, die sich sportlich nicht betätigen und kaum zu Fuß gehen, klagen im Alter häufiger über eine Verschlechterung ihrer Gedächtnisleistung. Schließlich bewirkt Bewegung eine Aktivierung im Gehirn, es wird mit mehr Sauerstoff versorgt. Wer sich also immer ausreichend bewegt, hat größere Chancen, sich auch im Alter die Kraft seines Gedächtnisses bewahren zu können.

In unseren Träumen erscheinen uns die fantastischsten Dinge und seltsamsten Erlebnisse oft völlig selbstverständlich.

HABEN MÄNNER ANDERE GEHIRNE ALS FRAUEN?

Durchschnittlich haben Männer ein größeres Gehirn als Frauen – woraus sich aber keine intellektuelle Überlegenheit ableiten lässt. Darüber besteht weitgehend Einigkeit. Ob es außerdem noch weitere geschlechtsspezifische Unterschiede gibt, ist allerdings umstritten. So verweisen viele Fachleute darauf, dass bestimmte Merkmale der Gehirnstruktur bei Männern und andere bei Frauen häufiger vorkommen. Andere betonen, dass es aber große Überschneidungen gebe und kein Mensch nur die Charakteristika seines eigenen Geschlechts mit sich herumtrage. Typisch weibliche und typisch männliche Gehirne gebe es daher nicht.

Eine große Vergleichsstudie aus dem Jahr 2020 hat dann aber doch ein paar charakteristische Unterschiede aufgespürt. Frauen haben demnach mehr graue Hirnsubstanz in Teilen des Gehirns, die mit der Kontrolle von Aufgaben und Impulsen sowie mit der Verarbeitung von Konflikten zu tun haben. Bei Männern dagegen findet sich eine dickere Hirnrinde im primären Sehzentrum und anderen Bereichen im hinteren Teil des Gehirns, die für das Erkennen von Objekten und Gesichtern zuständig sind. Diese Unterschiede könnten der Studie zufolge mit den Aktivitäten der Geschlechtschromosomen zusammenhängen.

WIE ENTSTEHEN TRÄUME?

Wirklich verstanden haben die Neurowissenschaftler die Traumentstehung noch nicht. Sie wissen aber, dass beim Träumen das ganze Denkorgan beteiligt ist. Wenn man im Traum spricht oder läuft, sind dieselben Hirnbereiche aktiv wie im Wachzustand. Wie diese Gehirnaktivitäten in eine zumindest für den Schläfer realistisch wirkende Geschichte umgesetzt werden, muss noch genauer erforscht werden.

Klar ist, dass man von allem träumen kann, das man schon erlebt hat. Dabei ist das Gehirn allerdings äußerst kreativ: Es mischt alle möglichen Eindrücke und Erlebnisse, setzt sie neu zusammen und schafft so fantasievolle, manchmal absurde Handlungsstränge. Ähnlich wie man tagsüber die Fantasie spielen lassen kann, träumt man manchmal aber auch von Dingen, die man noch nie gesehen hat. Möglicherweise stärkt diese Kombination von alten und neuen Erfahrungen das Gedächtnis. Denn so werden verschiedene Inhalte emotional miteinander verknüpft.

Hat der Mensch einen Drang zur Sprache?

Tatsächlich sind wir sozusagen darauf programmiert, sprechen zu lernen. Nur wenn Kinder direkt daran gehindert werden, verzichten sie darauf. Selbst Menschen mit einer starken geistigen Behinderung, die ihnen Lesen und Schreiben unmöglich macht, lernen eine Sprache.

GIBT ES „SCHWERE" UND „LEICHTE" SPRACHEN?

Objektiv betrachtet ist das nicht der Fall. Das sieht man z. B. an Kindern, die ihre Muttersprache lernen: Wenn ihnen keine widrigen Umstände im Weg stehen, schaffen sie das rund um die Welt in etwa der gleichen Zeit. Später dürfte es allerdings für jeden Menschen Sprachen geben, die er sich leichter aneignen kann als andere. Das hängt aber vor allem davon ab, wie ähnlich die jeweilige Fremdsprache der eigenen Muttersprache ist. So erscheint beispielsweise den Deutschen Englisch als relativ einfach. Das liegt jedoch nur an der recht engen Verwandtschaft beider Sprachen. Die Bedeutung von Wörtern wie *swim, forget, give, learn, clock* erschließt sich (nord-)deutschen Sprechern fast mühelos. Für Chinesen ist Englisch dagegen nicht unbedingt einfach.

WIE LERNEN GEHÖRLOSE KINDER DIE GEBÄRDEN-SPRACHE?

Dem menschlichen Gehirn ist es egal, ob eine Sprache aus Lauten oder aus Gebärden besteht. Fachleute wissen heute, dass ein gehörloses Kleinkind eine Gebärdensprache in ähnlichen Phasen erwirbt wie ein hörendes Kind eine Lautsprache. Wenn ein Elternteil selbst gehörlos ist, wird das Kind die Gebärdensprache von ihm lernen. Wenn beide Eltern hören können, müssten sie selbst Gebärdensprache lernen, um dann mit dem Kind kommunizieren zu können. Dabei entstehen sicher auch einige individuelle Gebärden, die nur in der Familie verstanden werden. Ansonsten sind Gebärdensprachen „richtige" Sprachen, für die auch Wörterbücher existieren.

Das Erlernen einer Gebärdensprache verläuft in ähnlichen Phasen wie das einer gesprochenen Sprache.

WAS VERBINDET SPRACHE UND MUSIK?

Wissenschaftler gehen heute davon aus, dass Sprache und Musik in engem Zusammenhang stehen. Wenn der Mensch keine Veranlagung zur Musik hätte, wären seine sprachlichen Äußerungen völlig ohne Melodie. Gesprochenes würde dann genauso abgehackt klingen wie die Worte eines Roboters.

Jede sprachliche Äußerung hat jedoch ihre Betonung, ihre Pausengestaltung, ihre Tonhöhe und Tonstärke. Die Gesamtheit dieser Redegliederung wird von Sprachwissenschaftlern mit dem Begriff Prosodie bezeichnet. Die Prosodie einer menschlichen Rede basiert letztlich auf einer Art Urmusikalität des Menschen, die schließlich zur Erzeugung musikalischer Rhythmen führt – und so gibt es auch keine menschliche Kultur ohne Musik.

WIE KLANG DIE ERSTE SPRACHE?

Wie, wo und womit Sprache irgendwann in der Steinzeit begonnen hat, lässt sich heute nicht mehr zweifelsfrei klären. Manche Forscher vermuten, dass die ersten Wörter eher einen lautmalerischen Charakter hatten, wie etwa das deutsche Wort „klatschen" für „applaudieren". Andere nehmen dagegen an, dass am Anfang der Sprache Ausrufe wie „Au!" oder „Oh!" standen. Ob es eine einzige Wiege der Sprache gab oder ob Sprache in verschiedenen Regionen der Welt immer wieder aufs Neue entstand, ist ebenfalls unbekannt.

KONNTEN DIE NEANDERTALER SPRECHEN?

Lang galten die Vertreter dieser Menschenlinie als relativ dumme Individuen. Doch von diesem Bild ist inzwischen nicht mehr allzu viel übrig geblieben. Auch eine mehr oder weniger komplexe Sprache trauen viele Wissenschaftler den Neandertalern mittlerweile durchaus zu. Das erste Indiz dafür war ein kleiner, hufeisenförmiger Knochen, der in den 1980er-Jahren in der Kebara-Höhle in Israel gefunden wurde. Das Zungenbein, das von einem vor etwa 60 000 Jahren gestorbenen Neandertaler stammte, zeigt die Ansatzstellen für viele Muskeln und Bänder. Das spricht für eine äußerst bewegliche Zunge,

RICHTIG ODER FALSCH?

Die Indianer haben Nachrichten über Rauchzeichen ausgetauscht

Die Ureinwohner Nordamerikas gaben nasses Gras ins offene Feuer, um Rauchwolken zu erhalten. Dann deckten sie die jetzt stark qualmende Feuerstelle mit einer Decke ab. In bestimmten Abständen ließen sie anschließend den angesammelten Rauch entweichen, sodass eine Zeichenfolge von „Rauch" und „Nichtrauch" entstand. Dahinter stand aber keineswegs eine Art Morsealphabet – die Bedeutung der Rauchsignale war zuvor vereinbart worden. In einer Variante mit Fackeln ist diese Art der Fernkommunikation bereits in der Antike bekannt gewesen.

Hunde verstehen durchaus die Bedeutung einzelner Worte.

wie man sie vor allem zum Sprechen braucht. Einen weiteren Hinweis liefert das Gen FOXP2, das für die Entwicklung unserer Sprache eine wichtige Rolle spielt. Dieses Gen haben Wissenschaftler mittlerweile sowohl beim modernen Menschen als auch beim Neandertaler sequenziert – und keine Unterschiede gefunden. Zudem hat ein Team die Gehörgänge von fünf Neandertalern im Computer rekonstruiert. Mit diesem Modell ließ sich dann testen, welche Frequenzen unsere ausgestorbene Verwandtschaft besonders gut hören konnte. Und dabei handelte es sich genau um die Frequenzbereiche, in denen sich auch unsere eigene Sprache bewegt.

VERSTEHEN TIERE DIE MENSCHLICHE SPRACHE?

Bei einigen Arten scheint das tatsächlich der Fall zu sein. Hunde beispielsweise begreifen die Bedeutung einzelner Worte durchaus. So haben Experimente gezeigt, dass ein Lob bei diesen Tieren das Belohnungszentrum im Gehirn aktiviert. Allerdings nur dann, wenn Tonfall und Inhalt des Gesagten zusammenpassen. Beschimpfungen gehen demnach nicht als Lob durch – selbst wenn sie mit säuselnder Freundlichkeit vorgetragen werden.

Auch mit unserer nächsten Verwandtschaft kann eine Kommunikation auf erstaunlich hohem Niveau gelingen. So haben Wissenschaftler mehreren Schimpansen und Gorillas die Grundzüge der amerikanischen Gebärdensprache ASL beigebracht, in der sich manche Tiere auch durchaus geschickt ausdrücken können.

WARUM STERBEN MANCHE SPRACHEN AUS?

Wenn eine Sprache nur wenige Sprecher hat, kann bereits eine Hungersnot, eine Epidemie oder eine Naturkatastrophe zu ihrem Aussterben führen. Ebenso kann eine Sprache durch Völkermord ausgelöscht werden. Die häufigste Ursache für das Verschwinden von Sprachen dürfte aber ein allmählicher Übergang sein: Eine Sprachgemeinschaft wechselt im Lauf einiger Generationen zu einer anderen Sprache, in der man sich über alle Erfordernisse des Lebens unterhalten kann. Dies ist z. B. in Afrika zu beobachten. Sprecher weniger verbreiterter Sprachen gehen mehr und mehr dazu über, die großen afrikanischen Verkehrssprachen wie Suaheli oder Haussa zu benutzen. Denn das sind die Sprachen, die in Schulen, Krankenhäusern, Amtsstuben und Medien gesprochen werden. Die Sprache des Dorfes, aus dem man kommt, gerät dann allmählich in Vergessenheit.

WESHALB SPRICHT MAN HEUTE ANDERES DEUTSCH ALS VOR 100 JAHREN?

Sprache wandelt sich kontinuierlich. Das hat mehrere Gründe. Einerseits gibt es ständig neue Wörter für neue Dinge. Vor 100 Jahren setzte sich z. B. gerade das „Telefon" durch. Dass es einmal „Handys" geben würde, ahnte damals noch niemand. Andererseits ändern Wörter ihre Bedeutung. So heißt „billig" für uns heute so etwas wie „wenig wert". Nur in Wendungen wie „recht und billig" ist noch die alte Bedeutung „angemessen" zu erkennen. Goethe benutzte „billig" noch in dieser Bedeutung: „Friedrich, der ausgelassene Mensch, der gewöhnlich mehr Wein als billig trank" (*Wilhelm Meisters Lehrjahre*) – heute ist dieser Satz für uns fast unverständlich.

Außerdem entdecken wir immer neue Möglichkeiten, unsere Äußerungen zu verkürzen. Wir tauschen „Infos" aus oder gehen in die „Uni" – kleine Bequemlichkeiten, die sich wohl ähnlich durchsetzen wie Trampelpfade entstehen.

WARUM SETZEN SICH KUNSTSPRACHEN WIE ESPERANTO KAUM DURCH?

Vieles wäre einfacher, wenn sich alle Menschen auf eine einzige Sprache einigen könnten. Doch so etwas wird nicht überall als erstrebenswert angesehen. Im Gegenteil: Viele kleine Regionen kämpfen um ihre Unabhängigkeit oder zumindest um etwas Autonomie – und dazu gehört für die meisten die Nutzung der eigenen Sprache. Menschen aus solchen Regionen liegt dann nichts ferner, als eine internationale Kunstsprache wie Esperanto zu nutzen.

Aber auch Menschen, die nicht mehr um ihre Nationalsprache ringen müssen, sind schwer davon zu überzeugen, eine Sprache zu lernen, die zunächst keiner ihrer Nachbarn spricht. Will man diese Schwierigkeit überwinden, müsste man zuerst dafür sorgen, dass zeitgleich sehr viele Menschen benachbarter Länder diese Sprache lernen.

WIE SORTIERT MAN SPRACHEN?

Weltweit lassen sich mehr als 60 Sprachfamilien unterscheiden. Deutsch und viele andere europäische Sprachen gehören z. B. zur großen indoeuropäischen Sprachfamilie. Das Baskische dagegen gilt als isolierte Sprache, die mit keiner anderen verwandt ist. Bis heute ist es allerdings auch Fachleuten unmöglich, zweifelsfrei alle Sprachfamilien und ihre Mitglieder anzugeben. Ähnlich wie es in der Tier- und Pflanzenwelt Fälle gibt, die noch nicht „einsortiert" sind, weiß man auch bei vielen kleineren Sprachen noch nicht, zu welcher Familie sie gehören.

Chinesisch – hier eine Straße in Hongkong – gehört zu den sinotibetischen Sprachen, die mit ca. 1,3 Mrd. Sprechern die zweitgrößte Sprachfamilie weltweit bildet.

FOCUS

Schrift – das Gedächtnis der Menschheit

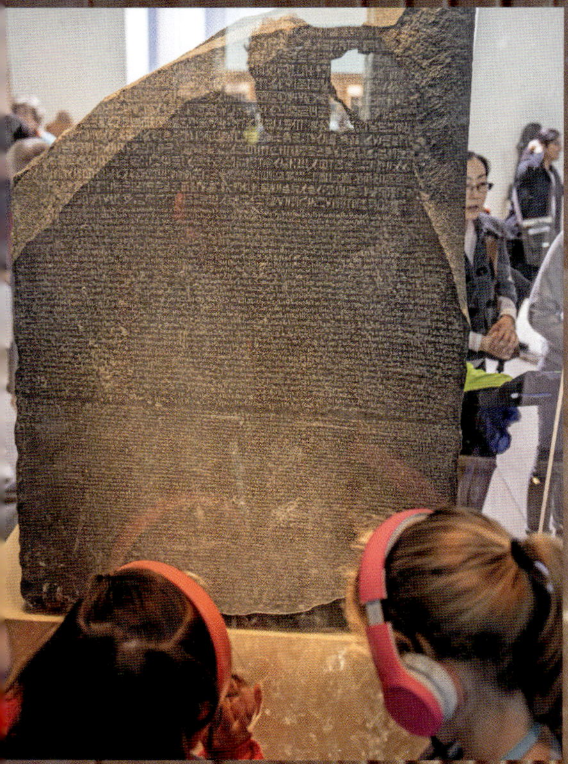

Der 1799 entdeckte, rund 2200 Jahre alte Stein von Rosette ist das Fragment einer Stele, auf der derselbe Text in drei Schriften (Altgriechisch, Demotisch, Hieroglyphen) steht. Mithilfe des griechischen Textes konnte der französische Sprachwissenschaftler Jean-François Champollion Anfang des 19. Jh. die Entschlüsselung der ägyptischen Hieroglyphen entscheidend voranbringen.

Mit der Erfindung der Schrift gelang den Menschen der Schritt von prähistorischen zu historischen Kulturen. Denn mit diesem Hilfsmittel lässt sich für kommende Generationen aufzeichnen, was ihre Ahnen erlebt, gedacht und erfunden haben. Nach bisherigen Erkenntnissen steckte hinter dieser bahnbrechenden Neuerung allerdings nicht der Wunsch, eine Chronik zu erstellen. Viel eher ging es wohl darum, Handelsgeschäfte zu dokumentieren und eine bessere Buchführung möglich zu machen.

Wo entstand die erste Schrift?
In China wurden Schildkrötenpanzer entdeckt, in die man um 6600 v. Chr. verschiedene Zeichen eingeritzt hat. Ob es sich dabei tatsächlich um eine Schrift handelt, ist allerdings umstritten. Das Gleiche gilt auch für die mit Zeichen versehenen Tontafeln aus Tartaria in Rumänien, die auf etwa 5500–5300 v. Chr. datiert wurden.

Eine zweifellos echte Schrift wurde dagegen um 3300 v. Chr. von den Menschen in der sumerischen Stadt Uruk in Mesopotamien verwendet. Die Zeichen dieser Schrift sehen etwa so aus wie heutige Piktogramme. Bei dem Symbol für „essen“ ist beispielsweise noch deutlich ein Kopf neben einer Schüssel zu erkennen. Diese Konkretheit verlor sich aber mit den Jahrhunderten. Man gewöhnte sich an, seine Notizen rasch mit einem Schilfrohrgriffel in Ton zu ritzen. Die dabei verwendeten Zeichen bestanden aus senkrechten, waagrechten und schrägen Keilen. Diese Keilschrift bildet ein sogenanntes logografisches Schriftsystem, in dem jedes Zeichen für einen Begriff steht. Das hat

Unter den Alphabetschriften gehört das georgische Alphabet (links auf Wegweisern in der Hauptstadt Tiflis) zu den Schriften, die fast ausschließlich für die in einem Land gesprochenen Sprachen und Dialekte verwendet werden. Das lateinische Alphabet (rechts auf dem Sockel eines Denkmals von Caesar in Rom) hat sich dagegen weltweit am stärksten verbreitet.

den Nachteil, dass man sehr viele Zeichen braucht. Das Chinesische, dessen Schrift ebenfalls logografisch ist, hat z. B. rund 50 000 Zeichen, wovon 4000–7000 im täglichen Gebrauch sind.

Welche Schriftsysteme sind am weitesten verbreitet und warum?

Heute sind die meisten Schriftsysteme Alphabetschriften. Statt für einen ganzen Begriff stehen die Zeichen bzw. die Buchstaben dabei im Prinzip für bestimmte Laute. So lassen sich mit nur wenigen Zeichen unendlich viele verschiedene Wörter bilden – inklusive lautmalerischer Ausdrücke wie „plong" oder Nonsens-Wörter wie „glumpf". Weit verbreitet sind beispielsweise das lateinische, das kyrillische und das arabische Alphabet. Es gibt aber auch Schriften wie das georgische Alphabet, die jeweils nur in einer Sprache verwendet werden.

Warum sind manche Schriften bis heute nicht entschlüsselt?

Einige Schriftzeugnisse von Sprachen, die vor Jahrhunderten oder Jahrtausenden verklungen sind, kann heute niemand mehr lesen. Das gilt z. B. für die Indusschrift aus Nordwestindien aus dem 3. Jahrtausend v. Chr. oder für die minoischen Schriften auf Kreta aus dem 2. Jahrtausend v. Chr. In diesen Fällen hatten die Forscher bisher nicht so viel Glück wie bei den ägyptischen Hieroglyphen. Diese konnten nur dank des berühmten Steins von Rosette entziffert werden, auf dem der gleiche Text in Hieroglyphen, in der ebenfalls in Ägypten verwendeten demotischen Schrift und in Altgriechisch zu lesen ist. Solche Übersetzungshilfen hat man leider für viele andere alte Sprachen bisher nicht gefunden.

Woher wissen wir, wie die Römer „Caesar" ausgesprochen haben?

Latein gilt heute als tote Sprache, weil es keine Muttersprachler mehr gibt und nur schriftliche Texte erhalten geblieben sind. Trotzdem glauben Sprachforscher ziemlich genau zu wissen, wie die einzelnen Wörter ausgesprochen wurden. Wichtige Indizien liefern z. B. romanische Sprachen wie Italienisch, Spanisch und Französisch, die sich aus dem Lateinischen entwickelt haben. Zwar hat sich deren Aussprache zum Teil ziemlich weit vom Original entfernt. Doch bei der Evolution von Sprachen verändern sich die Laute nach bestimmten Gesetzmäßigkeiten, die bei der Rekonstruktion der Vorgängersprache helfen können. Darüber hinaus erklärten einige römische Autoren selbst, welche Wörter wie zu klingen hatten. Weitere wertvolle Hinweise bekommt man, wenn man lateinische Gedichte liest – sie verraten viel über die richtige Betonung. Oder darüber, welche Vokale lang und welche kurz ausgesprochen wurden. Und manchmal kann man auch lateinische Wörter heranziehen, die in andere Sprachen übernommen wurden. Das deutsche „Kaiser" geht z. B. auf das lateinische „Caesar" zurück. Und auch in griechischen Texten wurde viel über den römischen Herrscher geschrieben. Aus der Art, wie der Name in andere Sprachen übertragen wurde, schließen Experten, dass er eher „Kaisar" und nicht „Zäsar" ausgesprochen wurde.

Was beeinflusst unsere Gefühle?

Vieles von dem, was unsere Gefühle beeinflusst, ist bereits durch die Ausstattung unseres Gehirns vorprogrammiert und einiges liegt in den Genen. Vieles wird aber auch erst erlernt. Und hin und wieder kommt es sogar vor, dass unsere Gefühle von historischen Entwicklungen geprägt werden.

WO IM GEHIRN ENTSTEHEN DIE GEFÜHLE?

Mit modernen Verfahren wie der Magnetresonanztomografie kann man beobachten, welche Gehirnregionen bei einem Menschen in einer bestimmten Situation aktiv sind. Solche Untersuchungen liefern Hinweise darauf, wo welche Gefühle gesteuert werden. Meist sind dabei mehrere Regionen beteiligt. Angst entsteht z. B. auf zwei unterschiedlichen Wegen. Wer plötzlich einem Raubtier gegenübersteht, muss schnell reagieren. Dafür ist die sogenannte Amygdala zuständig. Dieser auch „Mandelkern" genannte

Hirnbereich analysiert blitzschnell, ob die wahrgenommenen Reize gefährlich sein könnten. Wenn ja, leitet er sofort eine passende Reaktion ein: Das Herz schlägt schneller, der Blutdruck steigt, der Körper bereitet sich auf Kampf oder Flucht vor. Bewusst wird uns das Gefühl der Angst allerdings erst deutlich später, wenn die Hirnrinde zugeschaltet wird.

Ähnliches passiert auch bei anderen Gefühlen: Das limbische System, das sich schon früh in der Evolution der Säugetiere entwickelt hat und zu dem die Amygdala gehört, erzeugt ständig neue Emotionen. Die meisten davon klingen unbeachtet wieder ab. Doch wenn die Signale in die entwicklungsgeschichtlich jüngere Hirnrinde gelangen, wird Freude, Wut oder Trauer auch bewusst wahrgenommen. Je nach Gefühl werden dabei andere Bereiche der Hirnrinde aktiv. Diese unterscheiden sich bei Männern und Frauen kaum.

WARUM HABEN SO VIELE MENSCHEN ANGST VOR SPINNEN?

Spinnenangst ist die wohl am weitesten verbreitete Tierphobie überhaupt. Einer gängigen Theorie zufolge ist sie ein Erbe aus der Menschheitsgeschichte. Unter den Spinnenarten gibt es schließlich viele giftige. Wer den Kontakt mit solchen Tieren mied, lebte also sicherer. Ähnliches gilt auch für Schlangen oder für Ratten, die gefährliche Krankheiten übertragen. Daher könnte die Evolution den Menschen mit besonders feinen Antennen für derartige Lebewesen ausgerüstet haben.

Bei Angstpatienten scheint dieses natürliche Frühwarnsystem besonders empfindlich zu reagieren und den angstauslösenden Reiz entsprechend stark zu überzeichnen. Tatsächlich lässt sich nachweisen, dass diese Menschen die Welt anders wahrnehmen: Ihnen erscheint die gleiche Spinne größer und bedrohlicher als Leuten, die mit diesen Tieren kein Problem haben.

Erstaunlich ist allerdings, dass Spinnen so viel mehr Ablehnung auslösen als Insekten. Schließlich sind Bienen- und Wespenstiche nicht ungefährlicher als Spinnenbisse und kommen deutlich häufiger vor. Untersuchungen zufolge sind es vor allem drei Kriterien, die Spinnen viele Sympathiepunkte kosten: Ihre Schnelligkeit, ihre Unberechenbarkeit und ihre vielen Gliedmaßen. Zwar haben auch Insekten immerhin sechs Beine. Auf zwei mehr sollte es da eigentlich nicht ankommen. Tut es aber offenbar doch.

Vor allem große Spinnen lösen bei vielen Menschen unkontrollierbare Angstzustände aus.

Kann man Ängste verlernen?

Gerade bei einer Spinnenphobie hilft eine sogenannte Konfrontationstherapie den Betroffenen häufig sehr gut: Unter Anleitung eines Therapeuten lernen diese, dass es nicht gefährlich ist, sich den gefürchteten Tieren zu nähern und sie sogar zu berühren. Allerdings verlieren die Patienten ihre Angst damit nicht unbedingt dauerhaft. Wenn sie in anderen Situationen erneut mit den Achtbeinern konfrontiert werden, kann das Entsetzen oft wieder zurückkommen. Um das zu verhindern, kann es helfen, die Betroffenen während der Behandlung ein wenig unter Stress zu setzen. Dazu genügt es schon, ihre Hand in Eiswasser zu tauchen. In Versuchen hat das geholfen, die Angst auch unabhängig vom jeweils aktuellen Kontext zu vergessen. Schließlich beeinträchtigen Stresshormone auch in anderen Situationen das Erinnerungsvermögen. Etwa, wenn einem in einer Prüfung infolge der Aufregung der gelernte Stoff nicht mehr einfällt.

Während der Covid-19-Pandemie wurden medizinische Masken alltäglich.

VERBERGEN MEDIZINISCHE MASKEN DIE GEFÜHLE?

Vor Infektionen mit Coronaviren und anderen Erregern kann man sich durch das Bedecken von Mund und Nase mit einer medizinischen Maske schützen. Wenn man eine solche Maske trägt, ist man für andere Leute aber schwerer zu durchschauen. Denn aus der Mimik leiten Menschen sehr viel über die Emotionen ihres Gegenübers ab. Studien zufolge lassen sich z. B. Ekel, Glück, Trauer und Ärger schlechter erkennen, wenn bis zu 70 % des unteren Gesichts bedeckt sind – denn diese Gefühle zeigen sich am deutlichsten in der Mundpartie. Angst dagegen wird vor allem über die Augen vermittelt und ist daher auch mit Maske noch klar erkennbar – allerdings nicht für jeden. So fällt es älteren Menschen schwerer als Jüngeren, die Gefühle ihres Gegenübers allein an den Augen abzulesen. Auch Menschen mit Demenz haben damit Schwierigkeiten. Deshalb auf Masken zu verzichten, ist natürlich keine Option. Man kann aber in entsprechenden Situationen auf eine besonders klare Sprache achten und mehr Gesten verwenden. Durchsichtige Masken können ebenfalls helfen. Und für ein Gespräch mit einem Arzt kann auch das maskenfreie Kommunizieren über einen Bildschirm eine Möglichkeit sein.

WIE UNTERSCHEIDET MAN EIN ECHTES VON EINEM FALSCHEN LÄCHELN?

Wer die Anzeichen für Freundlichkeit, Angst oder Wut im Gesicht seines Gegenübers übersieht, kann schnell falsch reagieren und in Schwierigkeiten geraten. Deshalb sind Menschen im Allgemeinen sehr gut darin, das Mienenspiel anderer Leute zu deuten. Dazu vollziehen sie oft die fremde Mimik im eigenen Gesicht nach. Eine solche Imitation hilft offenbar, das Gesehene richtig zu interpretieren. Besonders wichtig scheint dies bei einem komplexen Mienenspiel wie dem Lächeln zu sein. Denn ob das echt oder nur aufgesetzt ist, kann man nur an sehr subtilen Unterschieden erkennen. Es geht dabei um feinste Abweichungen in den Aktivitäten verschiedener Gesichtsmuskeln, in der Verengung der Augen und im zeitlichen Ablauf der einzelnen Bewegungen.

GIBT ES „LIEBE AUF DEN ERSTEN BLICK“?

„Liebe“ mag vielleicht ein wenig hoch gegriffen sein. Tatsächlich aber bilden sich Menschen häufig in nur wenigen Sekunden ein Urteil über ihr Gegenüber: attraktiv oder nicht? Dominant oder unterwürfig? Gerissen oder naiv? Die Entscheidung fällt oft, ohne dass auch nur ein Wort mit der anderen Person gewechselt wurde. Es genügt ein kurzer Blick ins Gesicht oder sogar nur ein Schnappschuss in den sozialen Medien. Woran die Menschen jeweils ihr Urteil festmachen, können sie meist selbst nicht sagen. Studien mit virtuellen Gesichtern, in denen man einzelne Züge verändern kann, haben aber einige Trends aufgedeckt.

Die Faszination, die die Farbe Rot auslöst, betrifft Männer und Frauen gleichermaßen.

So werden Frauen mit hohem Körperfettgehalt oft als dominanter eingestuft, solche mit niedrigem als eher unterwürfig. Das hat wohl mit den Proportionen des Gesichts zu tun. Bei Männern ist der Bereich unterhalb der Nase im Durchschnitt größer als bei Frauen. Bei Frauen mit höherem Körperfettanteil aber vergrößert sich genau dieser Teil des Gesichts, sodass es männlicher und damit oft auch dominanter wirkt. Wenn es dagegen um die Attraktivität der Gesichter ging, schnitten in den Experimenten diejenigen mit einem mittleren Fettanteil am besten ab.

Wirkt rote Kleidung anziehend aufs andere Geschlecht?

Die magische Anziehungskraft der „Lady in Red" ist nicht nur ein Klischee. In psychologischen Experimenten sollten Männer beispielsweise Fotos von Frauen ansehen und spontan deren Attraktivität beurteilen. Vor einem roten Hintergrund wurde die gleiche Frau dabei als deutlich anziehender eingestuft als vor einem weißen. In einem weiteren Test sahen die Kandidaten Fotos von Frauen, mit denen sie sich später unterhalten sollten. Trug die Frau auf dem Bild ein rotes statt eines blauen T-Shirts, rückten die Männer ihren Stuhl im Schnitt um 10 cm näher an den Platz ihrer Gesprächspartnerin heran – und zwar, bevor diese überhaupt den Raum betreten hatte. Zudem stellten sie rotgekleideten Frauen auch intimere Fragen.

Doch Frauen können sich dem Einfluss der roten Farbe ebenfalls nur schwer entziehen. In ähnlichen Studien schrieben sie Männern in roten T-Shirts oder vor rotem Hintergrund einen besonders hohen Status zu und empfanden sie auch als sexuell attraktiver als andere. Die Wirkung der Farbe lässt sich sogar im Gehirn erkennen. Einen Menschen des anderen Geschlechts in Rot zu betrachten, aktiviert bei heterosexuellen Männern und Frauen das Belohnungszentrum.

WARUM IGNORIEREN MENSCHEN SO OFT WARNUNGEN VOR EINER GEFAHR?

Eigentlich sollten die meisten Menschen wissen, dass Rauchen zu Lungenkrebs, zu intensives Sonnenbaden zu Hautschäden oder ungeschützter Sex mit einer Gelegenheitsbekanntschaft zu Geschlechtskrankheiten führen kann. Dennoch beobachten Forscher in der medizinischen Psychologie immer wieder, dass selbst objektiv stark gefährdete Menschen ihr eigenes

Rauchen ist gesundheitsschädlich! Dies ist jedem Raucher bekannt – und doch halten sich nur wenige von ihnen selbst für gefährdet.

Risiko unterschätzen: Sie glauben, dass negative Ereignisse eher andere Menschen treffen werden als sie selbst. Und sie lassen sich auch durch Aufklärung und Informationen kaum von dieser Überzeugung abbringen. Wissenschaftler nennen das „unrealistischen Optimismus". Dieses Phänomen kommt quer durch alle Kulturen und bei Menschen jeden Alters vor.

Versuche haben Hinweise darauf geliefert, wie diese Fehleinschätzung zustande kommt. Offenbar haben die meisten eine Art Prototyp eines gefährdeten Mitmenschen im Gedächtnis gespeichert. Dieser ist ihnen zwar vom Alter und der sozialen Schicht her ähnlich, aber sie stellen ihn sich als exzessiven Kettenraucher, Sonnenanbeter oder Sex-Maniac vor. Sich selbst schätzten sie dagegen als viel gemäßigter ein – ohne sich klar zu machen, dass eben nicht nur exzessives Verhalten Risiken mit sich bringt. Bei dieser Fehleinschätzung spielt das Dopamin eine Rolle, der wichtigste Botenstoff des Belohnungssystems im Gehirn. Ein hoher Dopaminspiegel scheint negative Erwartungen zu unterdrücken und so den unrealistischen Optimismus anzukurbeln.

WAS MACHT UNS SÜCHTIG?

Im Prinzip kann alles süchtig machen, was jemandem einen besonderen Kick gibt – von Drogen über Sex bis zu Arbeit oder Computerspielen. All dies kann das Belohnungszentrum im Gehirn aktivieren und so Glücksgefühle auslösen. Eine entscheidende Rolle spielen dabei Botenstoffe wie die Endorphine und das Dopamin. Mit deren Ausschüttung belohnt der Körper normalerweise lebenswichtige Handlungen wie Essen, Trinken oder Sex. Doch ähnliche Effekte lassen sich auch künstlich auslösen – beispielsweise mit Opiaten, die eine ähnliche chemische Struktur wie die Endorphine haben. Die Konsumenten derartiger Drogen verspüren daher rasch Glück und Zufriedenheit.

Allerdings hält dieses Gefühl nicht lang an – und der Körper giert danach, es möglichst bald wieder zu erleben. Vor allem das Dopamin sorgt dabei für einen verhängnisvollen Effekt: Durch Drogen wird dieser Botenstoff verstärkt ausgeschüttet, wodurch das Belohnungssystem abstumpft. Irgendwann kann das Glücksgefühl dann nur noch durch die Droge ausgelöst werden, die dazu in immer höheren Dosen konsumiert werden muss.

Sind Süchte erblich?

Schon lang rätseln Wissenschaftler darüber, warum manche Menschen süchtig werden und andere nicht. Zunächst hatte man dabei vor allem psychische und soziale Faktoren im Blick: Wer eine schwere Kindheit hatte oder in einem problematischen Umfeld lebt, galt als besonders anfällig. Inzwischen haben Studien an Zwillingen allerdings gezeigt, dass auch genetische Einflüsse eine Rolle spielen. So stehen einige Gen-Varianten in Verdacht, das Entstehen von Alkoholismus zu fördern. Zudem könnten auch sogenannte epigenetische Veränderungen einen Einfluss haben. Diese betreffen nicht die Sequenz der DNA-Bausteine, sondern die Art, wie die darin gespeicherten Informationen abgelesen werden. Versuche mit Ratten sprechen dafür, dass Männchen ihre eigene Suchtneigung auf diesem Weg an ihre Nachkommen weitergeben können.

WARUM BRAUCHT DER MENSCH ANDERE MENSCHEN ZUM LEBEN?

Viele Menschen können zwar zeitweiliges Alleinsein genießen, nicht aber dauerhafte Isolation. Wer lang ohne jeden Kontakt zu anderen bleibt, kann sogar Wahnvorstellungen und Halluzinationen erleben. Und auch körperlich hat Einsamkeit mitunter Auswirkungen. Studien zufolge erhöht sie nicht nur das Risiko für Depressionen und Angststörungen, sondern auch das für andere Krankheiten wie Herzinfarkt, Schlaganfall und Krebs. Woran das genau liegt, ist noch unklar. Es gibt aber Hinweise darauf, dass ein Leben ohne soziale Kontakte das Immunsystem schwächen kann. Das könnte ein Erbe aus den frühen Tagen der Menschheitsgeschichte sein, als unsere Vorfahren nur in der Gruppe überleben konnten. Wenn dieser Kontakt fehlt, versetzt das unseren Körper womöglich heute noch in Alarmbereitschaft. Jedenfalls haben Untersuchungen gezeigt, dass einsame Menschen dauerhaft erhöhte Konzentrationen des Stresshormons Cortisol im Blut haben. Und dass als negativ empfundener Dauerstress das Immunsystem weniger leistungsfähig macht, ist inzwischen ebenfalls bekannt.

Wussten Sie, dass auch der Frühling depressiv machen kann?

Wenn im Herbst die Tage immer kürzer werden, erleben viele Menschen ein seelisches Tief. Mediziner und Psychologen erklären dies mit dem Mangel an Licht in dieser Jahreszeit. Allerdings gibt es auch das Gegenteil: die Frühjahrsdepression. Warum Menschen ausgerechnet im Frühling depressiv werden, ist noch nicht vollständig geklärt. Man vermutet jedoch, dass das Frühjahr mit seiner schon kräftigen Sonne besonders belastend für all jene Menschen ist, die sich gerade in einer eher glücklosen Lebensphase befinden. Die gute Laune der Menschen um sie herum wirkt auf sie dann ganz besonders bedrückend.

Der Mensch in Zahlen

Wissenschaftler aller Fachrichtungen forschen über den Menschen und seine kulturellen Leistungen. Viele ihrer Erkenntnisse lassen sich in eindrucksvolle Zahlen fassen.

Wie viele Gene hat der Mensch?

Das menschliche Erbgut mit seinen 3,2 Mrd. DNA-Bausteinen wurde inzwischen vollständig entziffert. Nur 3 % der DNA enthalten Gene mit den Bauanleitungen für Proteine. Noch vor wenigen Jahren schätzte man die Zahl der menschlichen Gene auf 100 000. Jetzt weiß man, dass es etwa 25 000 sind.

Wie groß sind die Zellen des Menschen?

Die mehr als 200 Zelltypen des menschlichen Körpers sind unterschiedlich groß. Die meisten haben einen Durchmesser von 20–50 Mikrometer (tausendstel Millimeter). Am dicksten sind die Eizellen, die 120 Mikrometer erreichen. Am dünnsten sind die Spermien mit einem Durchmesser von nur 3 Mikrometer, am längsten die Rückenmarksnerven, die bis zu 1 m lange Fortsätze bilden.

Wie schnell bewegt sich die Nahrung durch den Darm?

Wie lang eine Mahlzeit für die Reise durch den etwa 8 m langen Darm braucht, hängt davon ab, woraus sie besteht. Vor allem der Gehalt an Fett und Ballaststoffen beeinflusst die Dauer des Aufenthalts im Magen und die weitere Transportrate. Im Dünndarm werden Geschwindigkeiten zwischen 2 und 4 cm pro Minute erreicht. Bis die unverdauten Nahrungsbestandteile die Gesamtstrecke vom Mund bis zum Darmausgang zurückgelegt haben, vergehen im Schnitt 2–3 Tage.

Wie hoch ist der Wassergehalt des Körpers?

Insgesamt besteht der menschliche Körper zu 60–70 % aus Wasser. Am höchsten ist der Wassergehalt mit 99 % im Glaskörper des Auges. Lymphe und Blut erreichen Werte von 96 bzw. 80 %. Am wenigsten Wasser, noch weniger als Knochen (13 %), enthält mit 0,2 % der Zahnschmelz.

Wie lange leben Körperzellen?

Die kürzeste Lebensdauer haben die Schleimhautzellen des Dünndarms: Sie werden schon nach eineinhalb Tagen abgestoßen – das ergibt 250 g Zellen pro Tag. Hautzellen verhornen nach 19 Tagen, rote Blutkörperchen sterben nach 120 Tagen. Immunzellen leben je nach Typ einige Tage bis viele Jahre, während Nervenzellen lebenslang funktionstüchtig bleiben können.

Wie viele Knochen hat der Mensch?

Die Zahl der Knochen beträgt etwa 206, ist gelegentlich aber auch höher. So haben manche Menschen ein zusätzliches 13. Rippenpaar, mehr Wirbelknochen oder – in seltenen Fällen – mehr als zehn Finger oder Zehen. Etwa die Hälfte aller Knochen ist Bestandteil der Hände

und Füße. Neugeborene besitzen etwa 350 Knochen, von denen mehrere erst später zusammenwachsen.

Wie viele Spermien produziert der Mann?

Pro Sekunde entstehen im Hoden rund 1000 Spermien, das ergibt 100 Mio. pro Tag – von denen „ungenutzte" wieder abgebaut werden. Sperma enthält in 1 ml etwa 60 Mio. Spermien. Sie haben nach dem Geschlechtsverkehr maximal 3 Tage Zeit, die Eizelle zu erreichen, bevor sie absterben.

Wie viele Muskeln hat der Mensch?

Die mehr als 600 Muskeln des Menschen machen beim Mann 40 %, bei der Frau 23 % des Gewichts aus. Der größte Muskel ist der breite Rückenmuskel, der kleinste greift an einem Gehörknöchelchen, dem Steigbügel, an.

Wie viele Zellen enthält das Blut?

In den 5–6 l Blut eines Erwachsenen sind neben 50 Mrd. weißen Blutkörperchen und 1,5 Billionen Blutplättchen 25 Billionen rote Blutkörperchen enthalten – ein Viertel der Gesamtzellzahl des Körpers. Pro Sekunde entstehen über 2 Mio. neue rote Blutkörperchen im Knochenmark.

Was leistet das Herz?

Bei geringer körperlicher Aktivität pumpt das Herz pro Minute 4–5 l Blut, d. h. 6000–7000 l am Tag. In eine Herzkammer passen 140–300 ml, davon werden pro Schlag 70–130 ml herausgepumpt. Bis zum 70. Lebensjahr hat das Herz etwa 2,5 Mrd. Mal geschlagen und 180 Mio. Liter Blut gepumpt.

Wie lange dauert „Jetzt"?

Unser Gehirn ist offenbar in Zeitabschnitten von etwa 2,5–3 Sekunden getaktet. Diese Zeitabschnitte empfinden wir jeweils als „jetzt". Bleiben die Reize aus der Umwelt länger als 3 Sekunden die gleichen, haben wir das Gefühl, dass etwas „dauert".

Welche Länge kann ein Haar erreichen?

Wie lang ein Haar wird, hängt von seiner Lebensdauer und der Wachstumsrate ab. Körperhaare bleiben kurz, weil sie schon nach ein paar Monaten ausfallen. Das Kopfhaar dagegen wächst meist etwa 7 Jahre lang um 1 cm im Monat. Die Haare von Menschen mit einem Schopf von mehreren Metern wachsen entweder für ungewöhnlich lange Zeit oder überdurchschnittlich schnell.

Was ist der höchste bisher gemessene Intelligenzquotient?

Der australisch/US-amerikanische Mathematiker Terence Tao hält mit einem IQ von 230 den bisherigen Rekord. Allerdings ist es mit den üblichen Methoden schwierig, Werte über 160 genau zu bestimmen.

Welche Sprache hat die meisten muttersprachlichen Sprecher?

Mit mehr als 900 Mio. ist Mandarin-Chinesisch die Sprache mit den weltweit meisten Muttersprachlern. Neben dem Mandarin gibt es noch andere Dialekte des Chinesischen, etwa das Kantonesische. Darum ist die Zahl der Mandarin-Sprecher deutlich geringer als die der Einwohnerzahl Chinas insgesamt.

Welche ist die größte Sprachfamilie (nach Zahl ihrer Sprecher)?

Diesen Rekord hält die indogermanische Sprachfamilie, zu der z. B. Deutsch, Englisch, Französisch, Russisch oder Hindi gehören. Weltweit gibt es etwa 3 Mrd. Menschen, die eine der zugehörigen Sprachen als Muttersprache haben.

Welche ist die größte Sprachfamilie (nach Zahl der Sprachen)?

Die Sprachfamilie Niger-Kongo umfasst 1386 Einzelsprachen und ist damit die größte Sprachfamilie nach Zahl der „Mitgliedssprachen". Zur indogermanischen Sprachfamilie gehören dagegen nur 280 Sprachen.

Geheimnisvolle Natur

Vieles hat der Mensch schon erreicht und erforscht. Die Natur aber birgt selbst in unserer modernen Zeit immer noch einige ungelöste Rätsel und Geheimnisse, von denen so manche vielleicht nie entschlüsselt werden. Und doch haben Entdecker, Biologen und Naturforscher bereits zahllose spannende, überraschende und einst ungeahnte Phänomene enthüllt und genauer untersucht – einige davon sind auf den nächsten Seiten zu finden.

Welche Überlebensstrategien haben Pflanzen?

Die wichtigsten Überlebensstrategien der Pflanzen sind ihre enorme Anpassungs- und hohe Regenerationsfähigkeit. Deshalb wachsen sie auch an den extremsten Standorten: in heißen Wüsten und kalten Gebirgen. Manche ertragen Schwermetalle oder hohe Salzkonzentrationen und Trockenperioden, andere Temperaturen bis zu –80 °C. Und nach Verletzungen oder anderem Stress erholen sich Pflanzen oft erstaunlich schnell.

WARUM SIND BLUMEN BUNT?

Ob rot, orange und gelb oder blau und violett – die ganze Farbenpracht der Blumen steht im Dienst ihrer Fortpflanzung. Mit ihren leuchtenden Farben locken die Pflanzen Bestäuber wie Insekten oder Vögel an. Deshalb sind auch die Blüten reiner Windbestäuber, z. B. die von Gräsern, oft unscheinbar – sie müssen niemanden anlocken.

Manche Blüten wie die der Rosskastanie signalisieren ihren Helfern sogar, dass ein Besuch sich nicht mehr lohnt. Sobald eine Blüte leer oder abgeerntet ist, entwickeln sich in ihrem Innern rötlich braune Flecken. Der Bestäuber hat dann kein Interesse mehr an dieser Blüte und kann sich gezielt einer anderen widmen.

Warum gibt es so wenige blaue Blumen?
Ein Grund, dass blaue Blumen so selten sind, ist die komplexe Chemie dieser Blütenfarbe. Deshalb sind auch bisher beispielsweise alle Versuche gescheitert, eine blaue Rose zu züchten. Die blaue Blütenfarbe ergibt sich erst aus dem Zusammenspiel einer Vielzahl von Faktoren: Der pH-Wert muss stimmen und die Farbstoffe müssen als Metallkomplexe vorliegen – das sind organische Molekülverbände, die zusätzlich Metalle binden. Hortensien etwa sind nur dann blau, wenn die Erde, in der sie wachsen, ausreichend Aluminium enthält: Aluminium kann mit den Farbstoffen eine solche Verbindung eingehen. Und auch die blaue Kornblume ist nur deshalb so blau, weil der Farbstoff hier mit Eisen- oder Aluminiumionen einen Komplex bildet.

Allerdings hat die Farbe auch ihre Vorteile. So haben z. B. Bienen eine besondere Vorliebe für blaue Blüten. Denn da diese Insekten Farben anders wahrnehmen als der Mensch,

Der verführerische „Mund" der *Nepenthes intermedia* ist für Insekten äußerst gefährlich.

wirkt Blau in ihren Augen besonders intensiv. Aus diesem Grund wachsen blaue Blumen auch häufig in Lebensräumen, in denen die Konkurrenz um Bestäuber groß ist. Beispielsweise im Gebirge, wo vergleichsweise wenige Insekten unterwegs sind – oder auf artenreichen Wiesen, wo viele verschiedene Blüten um Besucher werben.

WIE FÄNGT DIE KANNENPFLANZE INSEKTEN?

Kannenpflanzen, z. B. die *Nepenthes intermedia*, locken ihre Beute mit süßem Nektar an und fangen die Insekten dann trickreich mithilfe von Aquaplaning. Der Nektar wird an den Rändern der Kannen bzw. Fallen produziert. Und wenn die Kanne vom Regen oder Nektarsaft feucht ist, haben einmal gelandete Krabbeltiere keine Chance mehr: Wegen des dünnen Flüssigkeitsfilms auf der Pflanzenoberfläche verlieren die Insektenfüße den Halt und rutschen wie auf Schmierseife in die Falle.

Aber auch bei trockener Kanne verlieren die Insekten leicht den Halt. Denn die Oberfläche vieler Kannenpflanzen hat rutschige Wachsblättchen. Und bei *Nepenthes bicalcarata* ist die Oberflächenstruktur so beschaffen, dass die Insekten nur in einer Richtung Halt finden, nämlich auf dem Weg nach unten, in die Kanne hinein. Nach oben gibt es keinerlei Kletterhilfen, denn die Oberfläche hat kreisförmig verlaufende Rillen. Sie sind treppenartig aufgebaut, und alle Stufen fallen zum Kanneninneren hin ab.

WAS SIND TÄUSCHBLUMEN?

Manche Pflanzen betrügen und spiegeln falsche Tatsachen vor, um Insekten zum Bestäuben anzulocken. Täuschblumen nutzen dazu Düfte, ihr Aussehen oder auch ein scheinbar reichhaltiges Nahrungsangebot. Bis die Gefoppten merken, dass die Pflanze gar keine Belohnung zu bieten hat, haben sie die Bestäubung oft schon erledigt. Verschiedene Orchideen, etwa die Fliegen-Ragwurz, sehen beispielsweise aus wie die Weibchen der Bestäuber – und riechen auch noch so. So werden die männlichen Insekten trickreich dazu ermuntert, von Blume zu Blume zu fliegen und dabei den Pollen zu übertragen.

Aasfliegenblumen dagegen imitieren den Geruch von Dung oder Aas und animieren auf diese Weise Fliegen zur Eiablage. Deren Larven jedoch müssen später dann in der Pflanze verhungern.

Die Blüten der Fliegen-Ragwurz sehen aus wie Insektenweibchen – und Männchen auf Freiersfüßen erledigen die Bestäubung.

WARUM SIND DIE MEISTEN FRÜCHTE SÜSS?

Süße Früchte sind für viele Tiere ausgesprochene Leckerbissen. Und das Gefressenwerden ist in diesem Fall durchaus erwünscht. Oftmals sind die vegetarischen Süßigkeiten auch noch auffallend gefärbt, damit sie wirklich nicht übersehen werden. Denn in ihrem Inneren warten Samenkörner, Steine oder Kerne, die von den Tieren verschluckt und später an einem anderen Ort wieder ausgeschieden werden sollen. So sorgt die Pflanze für die Verbreitung ihrer Samen. Je nachdem, in welchem Umkreis sich ein Tier bewegt, kann die neue Pflanzengeneration dann nur wenige Meter, aber auch mehrere Hundert Kilometer entfernt keimen.

Wusstes Sie, dass Kokosnüsse Inseln entstehen lassen können?

Kokospalmen wachsen sowohl auf dem Festland als auch auf isolierten, einsamen Inseln – denn Kokosnüsse können tausende von Kilometern auf dem Meerwasser treiben, ohne dabei ihre Keimfähigkeit zu verlieren. Wenn sie dann auf ihrer langen Reise auf eine Sandbank, ein flaches Atoll oder eine Koralleninsel stoßen, reicht ihnen dieses Stück Land zum Auskeimen. Der wachsende Keimling sorgt dafür, dass sich um ihn herum immer mehr Sand und festes Material ablagert – und so kann an dieser Stelle im Lauf der Zeit auch eine kleine Insel entstehen. Weil sie so lange unbeschadet im Wasser treiben kann und dabei sehr weite Strecken zurücklegt, ist es heute schwer festzustellen, woher die Kokosnuss eigentlich ursprünglich stammt.

WELCHE AUFGABE HAT DIE FLÜSSIGKEIT IN DER KOKOSNUSS?

Das Kokoswasser dient dem Keimling oder Embryo, aus dem sich die neue Kokospflanze entwickelt, als flüssige Nahrung. Die fast klare, wässrige Flüssigkeit enthält wichtige Nährstoffe und andere Substanzen, die er zu seiner Entwicklung braucht. Dazu gehören beispielsweise Kalzium, Magnesium und Kalium, Phosphor, Eisen und Selen sowie verschiedene Vitamine.

Während des Reifeprozesses geht das Kokoswasser allmählich in das harte Kokosfleisch über. Allgemein gilt: Je reifer die Frucht ist, desto weniger Wasser enthält sie. Weil Kokoswasser steril ist, kann man es sogar als Serumersatz nutzen und bei hohem Blutverlust direkt in die Vene injizieren.

Kokosmilch dagegen stammt nicht direkt aus der Kokosnuss, sondern wird aus dem Fruchtfleisch hergestellt.

IST DIE ERDBEERE WIRKLICH EINE BEERE?

Nein, die Erdbeere ist eine Nussfrucht, genauer gesagt eine Sammelnussfrucht. Saftig und fleischig ist hier nur der rote Blütenboden, der sich nach oben und nach außen gewölbt hat. Die eigentlichen Früchte liegen darin eingebettet. Diese gelben Nüsschen sind jedes für sich aus einem einzelnen Fruchtknoten hervorgegangen. Charakteristisch für solche Nüsse ist ihre verholzte Fruchtwand. Bei Beeren dagegen ist die Fruchtwand fleischig und auch saftig, wie es etwa bei Heidelbeeren oder Johannisbeeren der Fall ist. Auch Bananen, Zitrusfrüchte oder Tomaten gehören botanisch gesehen zu den Beeren.

WESHALB IST REIFER WEIZEN GELB?

Stickstoff ist für Pflanzen und Tiere lebensnotwendig. Weil er im Boden aber selten im Überfluss vorhanden ist, betreiben Pflanzen eine Art Stickstoff-Recycling und bauen beispielsweise die stickstoffhaltigen grünen Chlorophyllmoleküle wieder ab, wenn sie diese nicht mehr benötigen. Auch der Weizen baut die Chlorophyllmoleküle mit der Samenreifung ab, und deshalb ist der reife Weizen dann gelb.

REDEN PFLANZEN MITEINANDER?

Pflanzen besitzen durchaus eine Art Sprache, die aber rein chemisch ist: Sie unterhalten sich über Duftstoffe miteinander und mit anderen Organismen. Einige Pflanzen haben über 100 chemische „Wörter" parat. So informieren sie sich über Schädlinge und rufen sogar um Hilfe. Wenn etwa eine Raupe am Mais knabbert, alarmiert die Pflanze mit Duftstoffen gezielt Schlupfwespen, die ihre Eier in die Raupen ablegen und sie damit schließlich töten. Werden Tomaten von Raupen angefressen, bilden sie Giftstoffe gegen die Schädlinge, und mit einem Duftsignal warnen sie zugleich ihre Artgenossen. Auch die ätherischen Öle von Gewürzpflanzen wie Salbei oder Oregano dienen den Pflanzen vor allem als Kommunikationsmittel. Damit signalisieren sie Schädlingen sich fernzuhalten, und gleichzeitig „rufen" sie bestäubende Insekten herbei.

Wie verständigen sich Wurzel und Blatt?

Bei Pflanzen haben die Wurzeln das Sagen. Sie regulieren die Ernährung und bestimmen Wachstum sowie Aussehen der Pflanze. Sie geben die Signale, ob ein Blatt wachsen oder damit lieber warten soll – etwa, weil gerade das Wasser knapp ist. Um diese Information mitzuteilen, produziert die Wurzel bei Trockenheit ganz bestimmte Hormone, die dann Spross und Triebe auffordern, das Wachstum zu drosseln. Auch Sofortmaßnahmen zum Wassersparen kann die Wurzel über solche chemischen Botschaften einleiten. Sie weist dann z. B. die Blätter an, ihre Spaltöffnungen zu schließen, über die sonst zu viel Flüssigkeit verdunsten würde.

Weizen wird heute weltweit angebaut – Menschen nutzen ihn schon seit mehr als 10 000 Jahren.

Können Pflanzen lernen und sich erinnern?

Ein Gedächtnis oder Erinnerungen im eigentlichen Sinne haben Pflanzen nicht. Aber auch sie geben über ihre Zellen Signale weiter, und manche davon können wie in einer Art Gedächtnis für eine gewisse Zeit gespeichert werden. Junge Bäume passen z. B. ihr Wachstum einem bestimmten Gießrhythmus an. Das wirkt, als könnten sie aus ihren Erfahrungen lernen. Pflanzen können zudem abwägen und im Voraus planen – was einer Gedächtnisleistung sehr nahe kommt. Die parasitische Kleeseide etwa tastet erst mehrere Pflanzen auf Nährstoffe ab und entscheidet dann, wo sie sich dauerhaft niederlässt. Dabei wägt sie Aufwand und Ausbeute genau gegeneinander ab – und zwar vier Tage im Voraus. Denn so lange dauert es, bis sie nach der ersten Probeentnahme an die eigentliche Nährstoffquelle gelangt.

KÖNNEN SICH PFLANZEN BEWEGEN?

Pflanzen bewegen sich durchaus, auch wenn sie den einmal gewählten Standort meist nicht verlassen können. Beim Wachsen vollführen etwa die Stängel Pendel- und Kreiselbewegungen. Sie krümmen sich gezielt dem Licht entgegen (Fototropismus) und wachsen entgegen der Schwerkraft immer nach oben (Gravitropismus). Und wenn Pflanzen am Abend aktiv ihre Blüten oder Blätter schließen, sprechen manche Forscher auch von Schlafbewegungen. Kleepflanzen etwa falten abends ihre Blätter zusammen – die beiden äußeren Fiederblätter sind dann umhüllt vom mittleren. Jedes Fiederblättchen hat für diese Faltung ein eigenes kleines Gelenk, das am Grund des Blattstiels sitzt, sich über Flüssigkeitsdruck aufpumpen lässt und so die Bewegung ermöglicht. Weizenkörner sind sogar in der Lage, von der Stelle wegzukommen, an der sie zu Boden gefallen sind. Mithilfe zweier Anhängsel, in denen raffiniert angeordnete Cellulosefasern je nach Luftfeuchtigkeit schrumpfen oder sich ausdehnen, können sie über den Boden kriechen oder sich eingraben – fast als ob sie Muskeln hätten.

Gibt es laufende Bäume?

Die Stelz- oder Wanderpalme steht auf 2 m hohen, kegelförmig angeordneten Stelz- oder Luftwurzeln und „läuft" auf ihnen dem Licht hinterher: Sie bildet immer wieder neue Stelzen, während andere absterben. Mit jeder neuen bewegt sich die Palme etwas weiter, wobei ein „Schritt" mehr als drei Monate dauert. Bei älteren Palmen wachsen die Luftwurzeln rund 70 cm im Monat und erreichen nach drei Monaten den Boden.

Die Wanderpalme *Socratea exorrhiza* steht auf langen Stelzwurzeln und kann bis zu 20 m hoch werden.

WOHER WEISS DER SAMEN, WANN ER KEIMEN SOLL?

Viele Samen durchlaufen zunächst eine Keimruhe, damit sie nicht frühzeitig und unter ungünstigen Bedingungen zu keimen beginnen. Je nach Art und den in seiner Umgebung herrschenden Umweltbedingungen wartet der Samen während dieser Ruhephase auf verschiedene Signale, um auszukeimen.

In der Wüste etwa ist der Wassermangel immer eine Gefahr für die jungen Pflanzen. Deshalb haben die Samen von Wüstenpflanzen in ihrer Schale keimhemmende Stoffe gespeichert. Diese müssen erst durch kräftige und lange Niederschläge ausgewaschen werden, bevor der Samen keimen kann – ein kurzer Regenschauer allein reicht nicht.

Damit Herbstblüher zur richtigen Zeit und nicht etwa noch vor dem Winter aus der Erde kommen, sind ihre Samen erst nach winterlichen Frosttemperaturen bereit, im nächsten Frühjahr auszukeimen. Und bei manchen Früchten wie der Tomate hindert das Pflanzenhormon Abscisinsäure die Samen daran, sofort auszukeimen. Erst wenn nach einer Winterruhe die Bedingungen günstig sind, werden andere Stoffe gebildet, die signalisieren: Jetzt ist es so weit!

Viele Samen bleiben jahrelang keimfähig.

Wie weit können Pollen und Samen fliegen?

Die älteste Verbreitungsart der Pflanzen ist die Reise der Samen mit dem Wind. Ganz allgemein gilt dabei: Je kleiner und leichter ein Samen ist, desto weiter kann er fliegen – vorausgesetzt, die Windverhältnisse sind günstig. Deshalb haben manche Samen oder Pollen mit Luft gefüllte Hohlräume. Dadurch reduzieren sie ihr spezifisches Gewicht, also ihre relative Dichte.

Um noch weiter fliegen zu können, besitzen viele Samen Anhänge wie Flügel, Haare oder Schirmchen. Dadurch erhöht sich der Luftwiderstand und der Samen sinkt langsamer zu Boden. Abhängig von Größe, Form und Gewicht hat jeder Samen eine eigene Sinkgeschwindigkeit, mit deren Hilfe sich seine Flugweite bei mittlerer Windstärke und -geschwindigkeit errechnen lässt. So sinken etwa Löwenzahnschirmchen höchstens 26 cm in der Sekunde. Bei günstigen Aufwinden können die Samen deshalb bis zu 10 km transportiert werden.

Die Pollen mancher Arten können sogar bis in 2000 m Höhe aufsteigen und etliche Hundert Kilometer weit fliegen. So haben Wissenschaftler in Dresden Pollen der als Allergieauslöserin bekannten Ambrosiapflanze gefunden, die aus Ungarn stammten.

Wie lange sind Samen keimfähig?

Die Dauer der Lebens- und Keimfähigkeit von Samen ist genetisch festgelegt. Sie kann je nach Art zwischen einem Jahr und mehreren Jahrzehnten oder sogar über 100 Jahre variieren. Die Samen der Lotosblume etwa keimen auch noch nach mehreren Hundert Jahren aus.

Bei den bekannten Gemüse- und Kräuterarten wie Karotten, Salat oder Petersilie, Gurken und Kartoffeln behalten die Samen zwei bis sieben Jahre lang ihre Keimfähigkeit. Gräser, Getreide und Hülsenfrüchtler bilden langlebigere Samen. Die Samen der Hülsenfrüchtler z. B. bleiben unter normalen Bedingungen bis zu 30 Jahren keimfähig. Und Rapssamen können mehr als zehn Jahre im Boden überdauern.

Für die meisten Samenarten gilt: Je weniger Samenfeuchte sie enthalten, desto länger können sie bei kühlen Temperaturen gelagert werden. Ausgereifte Sojabohnen sind nach der Trocknung so fast unbegrenzt haltbar.

Wozu gibt es Saatgutbanken?

Auch wenn man Samen einfriert, kann man ihre Keimfähigkeit verlängern. Das machen sich Fachleute zunutze, um eine Art Arche Noah für Pflanzen zu schaffen. So hat beispielsweise die norwegische Regierung auf Spitzbergen einen „Saatgut-Tresor“ eingerichtet, in dem Saatgut von Nutzpflanzen und ihren wilden Verwandten aus aller Welt eingelagert wird. Ziel ist es, einen möglichst großen Teil der Arten- und Sortenvielfalt dieser Gewächse für die Zukunft zu erhalten. Schließlich kann man nie wissen, welche Varianten man künftig für die Zucht von Sorten brauchen wird, die neuen Krankheiten oder dem Klimawandel besser trotzen können.

Wussten Sie, dass es Bäume gibt, die Stress brauchen?

Manche Bäume brauchen tatsächlich den Stress eines Waldbrands, weil sie sich sonst nicht vermehren können. Denn die Samenanlagen dieser Bäume öffnen sich erst nach größerer Hitze. So sind beispielsweise bei den australischen Banksien die Brandgase Äthylen und Ammoniak das Signal für die Zapfen, sich zu öffnen. Manche Eukalyptusbäume produzieren – stimuliert durch die Hitze – Milliarden von Samen, und auch die Zapfen der riesigen Mammutbäume öffnen sich oft erst nach großer Hitze. Der Mammutbaum selbst schützt sich durch eine 50 cm dicke Borke gegen die hohen Temperaturen.

FOCUS

Nutzpflanzen und Gentechnik

Mais kann mit gentechnischen Methoden gegen Schädlinge geschützt werden. Allerdings tauchen dann bald auch Schädlinge auf, denen die Veränderung des Maises nichts ausmacht, und so müssen wieder neue Maissorten entwickelt werden – ein Problem, das auch bei Neuzüchtungen auftritt.

Seit er sesshaft ist, versucht der Mensch, Pflanzen an seine Bedürfnisse anzupassen. Geschicktes Züchten hat den Ertrag gesteigert, die Anfälligkeit der Pflanzen für Krankheiten gesenkt und neue Sorten hervorgebracht. Die Gentechnik bietet ganz neue Möglichkeiten: Sie macht transgene Pflanzen möglich – also Pflanzen, in denen Erbgut aus anderen Organismen eingebracht ist.

Was ist Gentechnologie?

Das Erbgut speichert die Konstruktionspläne fast aller Organismen auf der Erde mit nur vier Bausteinen, die mit den Buchstaben A, C, G und T abgekürzt werden. Die Reihenfolge dieser in langen Strängen angeordneten Bausteine liefert einen Code, der in jedem der bisher untersuchten Organismen der gleiche ist. Codiert werden Aminosäuren, die Bausteine der Proteine, aus denen zusammen mit einigen weiteren Zutaten lebende Organismen entstehen. In den mindestens 3,5 Milliarden Jahren seit der Entstehung des Lebens entwickelte sich auf dieser relativ einfachen Grundlage eine riesige Vielfalt von Organismen, die jeweils sehr viele unterschiedliche Proteine enthalten. Gentechniker können daher aus dem Vollen schöpfen, wenn sie diese Baupläne des Lebens neu kombinieren.

Werden in der Natur Erbinformationen ausgetauscht?

Eine solche „Tauschbörse“ gibt es wohl bereits seit einigen Milliarden Jahren. So tauschen Bakterien und Viren untereinander Erbeigenschaften aus, und gar nicht so selten übertragen Mikroorganismen ihre Codes auf

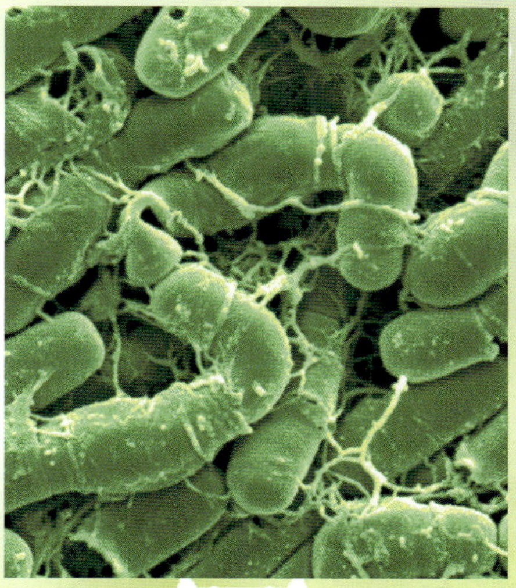

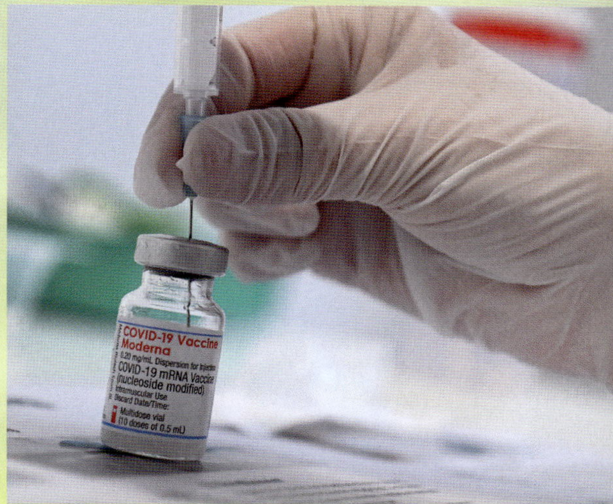

Die Anwendung von Gentechnik ist extrem vielfältig. So dient z. B. ein Gen des Bakteriums *Bacillus thuringiensis* (links) dazu, Mais gegen den Maiszünsler zu schützen. Und auch die mRNA-Impfstoffe gegen Covid-19 (rechts) wurden mithilfe von Methoden der Gentechnik hergestellt.

Pflanzen. Auch zwischen Viren und Säugetieren sowie vielen anderen Organismen werden Erbinformationen ausgetauscht. Bereits 1951 berichtete die US-Amerikanerin Barbara McClintock, dass in der Natur zwischen verschiedenen Maispflanzen Abschnitte des Erbguts hin und her springen. 1978 holte der Gentechnologe Paul Berg von der Stanford Universität in Kalifornien diesen Vorgang ins Labor, als er ein Stück Erbgut von einem Kaninchen auf einen Affen übertrug. Die Information funktionierte genau wie vorher und eine neue Wissenschaft war entstanden, die Gentechnologie.

Was ist Grüne Gentechnik?

Der Begriff bezieht sich auf die grüne Farbe der Pflanzen, die damit verändert und gezüchtet werden. Meist handelt es sich um Nutzpflanzen, oft ist der Vorteil für den Verbraucher nicht oder kaum sichtbar. Wohl deshalb wird dieser Bereich besonders heftig diskutiert, in großen Teilen der Bevölkerung hat die Grüne Gentechnik ein schlechtes Image.

Könnte die Skepsis gegenüber Gentechnik bei Nutzpflanzen verschwinden?

Als ab dem Frühjahr 2020 die Covid-19-Pandemie das Leben weltweit drastisch veränderte, galten rasch Impfstoffe gegen diesen Erreger als entscheidendes Mittel gegen die Pandemie. Am schnellsten auf den Markt kamen mit den Methoden der Gentechnik hergestellte mRNA-Impfstoffe, die zudem oft viel wirksamer als herkömmliche Impfstoffe waren. Möglicherweise trägt dies dazu bei, dass in Europa die Ressentiments gegen den Einsatz der Gentechnologie abnehmen.

Was ist Genmais?

Bereits in den 1980er-Jahren entwickelten Gentechnologen Methoden, die mithilfe von im Boden vorkommenden Bakterien Erbgut in Pflanzen übertragen konnten. Eine der ersten großflächig eingesetzten Pflanzensorten war der Bt-Mais der Schweizer Firma Novartis. Die Pflanzen enthielten zusätzlich ein Gen aus dem Bakterium *Bacillus thuringiensis*. Diese Erbeigenschaft codierte für ein Eiweiß, das den Darm der Maiszünslerraupe auflöst und so einen Hauptschädling in Maiskulturen tötet. Dieses Bt-Gift nutzten Biobauern schon lang vorher und sprühten seit den 1960er-Jahren *Bacillus-thuringiensis*-Bakterien auf ihre Kulturen, um den Kahlfraß ihrer Maisfelder zu verhindern. Der Widerstand gegen den Bt-Mais richtete sich dann auch nicht gegen diese Methode, sondern gegen ein zweites Gen, das eingebaut wurde, um die Pflanze unempfindlich gegen Schädlingsbekämpfungsmittel zu machen, was zu größerem Einsatz von für andere Lebewesen gefährlichen Pestiziden führte. Mittelpunkt des Widerstands waren also Naturschutzgedanken, die Lebensmittelsicherheit spielte eine untergeordnete Rolle.

Kann Gentechnik Pestizide einsparen?

Der Widerstand der Biobauern gegen gentechnisch veränderte Nutzpflanzen dürfte kaum verschwinden, im herkömmlichen Ackerbau aber könnte die Gentechnologie bald alltäglich sein, weil sie ein wichtiges Mittel gegen Ernteschäden ist: Weizen, der gegen Mehltau resistent ist, und Obstbäume mit Widerstandskräften gegen Apfelschorf können Ernteausfällen vorbeugen und damit auch den Einsatz von Pestiziden verringern.

Wie gedeihen Pflanzen am besten?

Pflanzen brauchen vor allem Wasser, Wärme, Licht, Kohlendioxid und bis zu 15 verschiedene Mikro- und Makronährstoffe: Mineralstoffe wie Stickstoff und Phosphor, Spurenelemente wie Eisen und Zink. Wenn auch nur einer dieser Wachstumsfaktoren fehlt, wächst die Pflanze nicht mehr – selbst dann nicht, wenn alle anderen Faktoren im Überfluss vorhanden sind.

WIE VIEL LICHT BRAUCHEN PFLANZEN?

Pflanzen gewinnen ihre Energie mittels Fotosynthese aus dem Licht der Sonne. Zu wenig Helligkeit ist daher tödlich für sie. Jede Pflanzenart hat einen minimalen Lichtbedarf, bei dem sie gerade noch überleben kann. Fällt die Lichtmenge darunter, verhungert die Pflanze, weil die Fotosynthese dann nicht genug Zucker und Stärke liefert. Andererseits kann zu viel Licht die Membranen des Fotosyntheseapparats zerstören. Deshalb haben Pflanzen einen eigenen Sonnenschutz: Spezialisierte Carotinoidmoleküle, die sonst Früchte und Blüten färben, wandeln überschüssige Strahlung in Wärme um und leiten sie über die Verdunstung ab.

Was machen Pflanzen in der Nacht?

Mangels Licht können Pflanzen nachts keine Fotosynthese betreiben. Die tagsüber übliche Form der Energiegewinnung ändert sich dann. Statt Licht, Kohlendioxid und Wasser aufzunehmen und daraus Zucker, Stärke und Sauerstoff zu produzieren, kehren sich die Bilanzen um: Bei der sogenannten Dunkelatmung verbrauchen die Pflanzen Kohlenhydrate und Sauerstoff und setzen CO_2 frei. Insgesamt produzieren sie aber im Lauf von 24 Stunden mehr Sauerstoff als Kohlendioxid.

WAS BEWIRKT LUFTVERSCHMUTZUNG?

Luftverschmutzung bedeutet Stress für Pflanzen, und daher wehrt sich das pflanzeneigene Abwehrsystem dagegen. Innerhalb weniger Stunden startet etwa bei Ozonalarm eine typische Reaktion. Kiefern reichern dann den Abwehrstoff Pinosylvin an, der sie normalerweise vor Pilzen und Bakterien schützt. Bei Fichten wird mehr Catechin gebildet, ein starkes Antioxidans. Meist erleidet die Pflanze bei Ozonstress aber trotzdem Schäden: Pflanzengewebe wird zerstört, die Blätter verfärben sich und fallen ab.

Andere Schadstoffe können die Pflanzen auch indirekt schädigen. Stickoxide aus Autoabgasen können z. B. den Blütenduft so verändern, dass Bienen die Blumen nur noch schwer finden und die Blüten nicht mehr so gut bestäubt werden.

Hier ist das Ökosystem noch in Ordnung – denn Mohnblumen reagieren empfindlich auf Schadstoffe.

Warum sind Mohnblumen am Ackerrand ein gutes Zeichen?

Mohn und andere Ackerwildkräuter sind vielerorts durch den Einsatz von Unkrautbekämpfungsmitteln und Dünger zurückgegangen. Dabei sind sie die Grundlage ganzer Nahrungsnetze: Auf jede einzelne Art kommen im Schnitt zwölf pflanzenfressende und blütenbesuchende Tiere, die wiederum als Nahrung für Vögel und Kleinsäuger dienen. Auch viele Insekten, die bei der Schädlingsbekämpfung wichtig sind, würden mit den Wildkräutern verschwinden.

Ist Kohlendioxid gut für das Pflanzenwachstum?

Ein Mehr an Kohlendioxid steigert die Fotosyntheserate und führt deshalb zur verstärkten Bildung von Biomasse. Dadurch wird mehr Kohlendioxid gebunden, was zudem der Klimaerwärmung entgegenwirkt. Das war zumindest lange die Hoffnung der Klimaexperten. Doch eine Studie aus dem Jahr 2020 zeichnet ein eher ernüchterndes Bild. Ein internationales Forscherteam hat dafür Daten ausgewertet, die zwischen 1982 und 2015 in zahlreichen Landlebensräumen rund um die Welt erhoben wurden. Demnach ist der Düngeeffekt des Kohlendioxids in diesem Zeitraum deutlich zurückgegangen. Das liegt wahrscheinlich daran, dass die Pflanzen vielerorts nicht mehr genug Nährstoffe oder Wasser haben, um den CO_2-Schub richtig ausnutzen zu können.

WIE GROSS KÖNNEN BÄUME WERDEN?

Kein Baum kann unbegrenzt in die Höhe wachsen – bei etwa 130 m ist endgültig Schluss. Das hat mit dem Wassertransport im Stamm zu tun. Bäume verdunsten Wasser durch die Spaltöffnungen in ihren Blättern. Dadurch entsteht ein Sog, der über ein Gefäßsystem Nachschub von den Wurzeln bis in die Krone befördert. Doch ab etwa 130 Höhenmetern wird dieser sogenannte Transpirationssog so stark, dass der Wasserfaden abreißt und die Versorgung unterbrochen wird.

Als höchster lebender Baum gilt derzeit ein Küstenmammutbaum im Redwood National Park in Nordkalifornien. Mit 115,85 m ist dieser Nadelbaum so groß wie ein Hochhaus mit 25 bis 30 Stockwerken. Noch größer allerdings war ein australischer Laubbaum, ein Königseukalyptus: Das bislang höchste bekannte Exemplar wurde im 19. Jh. gefällt und gilt mit ehemals 132,58 m als der bisher höchste Baum der Welt.

WO STEHT DER ÄLTESTE BAUM?

Auch Bäume müssen irgendwann an Altersschwäche sterben. Aber sie lassen sich damit mehr Zeit als andere Lebewesen. Schon ein normaler Nadelbaum hierzulande wird mit einer durchschnittlichen Lebensdauer von 300 bis 600 Jahren um ein Vielfaches älter als ein

RICHTIG ODER FALSCH?

Im tropischen Regenwald wachsen die meisten Pflanzenarten.

Der tropische Regenwald ist tatsächlich das artenreichste Ökosystem der Erde. Hier leben mehr als die Hälfte aller bislang bekannten Pflanzenarten. Über 80 % der weltweiten Nutzpflanzen stammen ursprünglich von dort, darunter auch Banane, Kakao, Feige, Ingwer, Zimt oder Vanille. Auf einer kleinen, nur wenige Quadratkilometer großen Fläche wachsen dort mehr Pflanzenarten als in ganz Europa. Und dabei sind die meisten Bewohner dieser biologischen Schatzkammern noch nicht einmal entdeckt. Das gleichmäßige Klima, die hohe Luftfeuchtigkeit und ganzjährige Durchschnittstemperaturen von 25 °C sind wahrscheinlich die Hauptgründe für den Artenreichtum.

Mensch. Und mit rund 1000 Jahren gehören Eiche, Linde und Eibe zu den Baum-Methusalems unserer Breitengrade.

Weltrekord ist das aber nicht. So stehen in den kalifornischen White Mountains über 4000 Jahre alte Langlebige Kiefern. Das älteste Exemplar hat es auf rund 4800 Jahre gebracht. Und in der mittelschwedischen Provinz Dalarna entdeckten Wissenschaftler Fichten, die vor über 8000 Jahren keimten. Eine davon steht im Nationalpark Fulufjället: Der nur 5 m hohe Stamm von *Old Tjikko* ist zwar deutlich jünger, das Wurzelsystem, aus dem er gewachsen ist, gilt aber als mindestens 9550 Jahren alt.

Wussten Sie, dass ein Pilz eine Mogelpackung ist?

Was über dem Boden zu sehen ist und meist als der eigentliche Pilz betrachtet wird, ist in Wirklichkeit der Fruchtkörper und damit nur ein kleiner Bestandteil des Pilzes. Den weitaus größeren Teil machen die Pilzfäden aus, die sich unter der Oberfläche ausbreiten. Diese „Hyphen" bilden ein Geflecht (Myzel), das gigantische Ausmaße annehmen kann. So gilt das Myzel eines Hallimaschs, das man in Oregon entdeckte, als größtes Lebewesen der Erde. Es ist über 9 km^2 groß!

WAS NUTZT DEM BAUM DIE RINDE?

Ohne Rinde könnten Bäume nicht überleben. Denn sie schützt vor oberflächlichen Verletzungen, vor dem Austrocknen und vor dem Befall durch Pilze und andere Krankheitserreger.

Dies ist vor allem deshalb wichtig, weil sich direkt unter der Rinde das Kambium befindet, das gut geschützt werden muss. Es produziert ständig neues Gewebe – innen neues Holz, außen Bast und neue Rinde. Hier liegt auch das Leitungssystem für den Zuckersaft, der von den Blättern in alle Organe des Baumes transportiert wird. Das junge Splintholz, das direkt auf das Kambium folgt, ist noch sehr weich und deshalb anfällig für Krankheitserreger. Wird die Rinde aber doch einmal verletzt, so öffnen z. B. Nadelbäume ihre Harzkanäle. Deren Harz desinfiziert und verschließt die Wunde und dient so als Barriere für Krankheitskeime.

SIND PILZE PFLANZEN ODER TIERE?

Pilze sind weder Pflanzen noch Tiere, sie werden in der Systematik der Lebewesen einem eigenen Reich zugeordnet. Meist haben sie einen festen Standort, was sie auf den ersten Blick den Pflanzen ähnlicher macht als den Tieren. Im Gegensatz zu Pflanzen können Pilze jedoch keine Fotosynthese betreiben. Außerdem findet man Chitin in ihren Zellwänden – einen Stoff, der sonst nur im Tierreich vorkommt. Deshalb und aufgrund weiterer physiologischer und auch genetischer Eigenschaften geht man heute davon aus, dass Pilze den Tieren näherstehen als den Pflanzen.

Wie viele Pilzarten gibt es?

Pilze gehören zu den Lebewesen, deren Vielfalt auch Fachleute kaum überblicken können. Weltweit sind bisher ungefähr 120 000 Arten bekannt. 2017 schätzten Forscher aus Berlin und London aufgrund von Hochrechnungen aber, dass es weltweit sogar zwischen 2,2 und 3,8 Mio. verschiedene Pilzarten geben könnte.

Wie überwintern Pflanzen und Tiere?

WAS MACHT IM HERBST DIE BLÄTTER BUNT?

Bevor Laubbäume im Winter ihre Blätter abwerfen, betreiben sie eine Art Nährstoff-Recycling. Sie holen wichtige Substanzen aus den Blättern zurück in den Stamm und in die Wurzeln, weil sie für den Stoffwechsel im Winter wichtig sind. Das betrifft vor allem das Blattgrün (Chlorophyll), das große Mengen Stickstoff und Magnesium enthält. Stickstoff ist für Pflanzen besonders wertvoll, weil er praktisch überall in ihrem Organismus benötigt wird. Er ist z. B. ein wichtiger Baustein von Proteinen und DNA. Der Boden aber enthält oft nicht genug von diesem Element, wenn er nicht extra gedüngt wird. Deshalb bauen die Bäume im Herbst das Chlorophyll in ihren Blättern ab und recyceln seine Inhaltsstoffe. Zurück bleiben dann die vorher vom Grün überdeckten gelben und rötlichen Carotinoide, die keinen recycelbaren Stickstoff enthalten und dem Baum seine Herbstfarbe geben.

Warum werfen Bäume im Herbst ihre Blätter ab?
Für Bäume ist im Winter nicht die Kälte das größte Problem, sondern die Trockenheit. Über ihre Blätter würden sie selbst bei niedrigen Temperaturen und sogar bei Frost Wasser verdunsten. Anders als im Sommer können die Wurzeln aus einem gefrorenen Boden aber keinen Nachschub liefern und auch der Wassertransport im Stamm funktioniert bei Kälte immer schlechter. Ihr Laub über den Winter zu behalten, würde die Bäume also regelrecht vertrocknen lassen.

Warum behalten Nadelbäume auch im Winter ihre Nadeln?
Auch Nadelbäume verlieren ihre Nadeln – aber nie alle gleichzeitig. Je nach Alter und Zustand werden alte Nadeln das ganze Jahr hindurch nach und nach ersetzt und so Abfallprodukte des Stoffwechsels entfernt. Weil Nadelbäume darauf spezialisiert sind, die Verdunstungsrate möglichst gering zu halten, können sie auch im Winter ihre Nadeln behalten. Denn diese haben nur eine kleine Oberfläche und verdunsten deshalb viel weniger Wasser

Lebewesen haben vielfältige Strategien entwickelt, um die kalte Jahreszeit überstehen zu können. Die meisten Pflanzen trennen sich beispielsweise für den Winter von ihren Blättern und versetzen sich so in eine Art Ruhezustand. Auch bei den Tieren findet man viele Vorgehensweisen: Die einen flüchten vor der Kälte in den Süden, andere verschlafen den Winter und wieder andere müssen sich mit Schnee und Kälte arrangieren.

als die großen Blätter der Laubbäume. Zusätzlich sind die Nadeln noch mit einer Wachsschicht überzogen, die die Verdunstungsrate gering hält. Unter den Nadelbäumen gibt es aber auch Ausnahmen: So wirft z. B. die Lärche im Herbst ihre Nadeln ab.

Kaum zu glauben, aber die dicke Eisschicht verhindert tatsächlich, dass die Obstblüten erfrieren.

WIE SCHÜTZT EINE EISSCHICHT OBSTBLÜTEN VOR DEM ERFRIEREN?

Es klingt paradox, aber bei Spätfrost im Frühjahr kann eine Eisschicht die Blüten vor dem Erfrieren schützen. Deshalb besprühen Obstbauern in kalten Nächten ihre Plantagen mit der Beregnungsanlage, weil bei der Eisbildung auch Wärme frei wird – pro Liter Wasser, das gefriert, entsteht eine Wärmemenge von rund 335 Kilojoule. Diese sogenannte Erstarrungswärme wird direkt an die Blüten weitergegeben. Gleichzeitig isoliert der sich bildende Eispanzer die Blüte vor der Verdunstungskälte. Denn ein Teil des künstlichen Regens verdunstet auch und bringt statt Wärme Kühlung, genauso wie der Schweiß unsere Haut kühlt. Die Beregnung muss die ganze Nacht laufen und darf nicht länger unterbrochen werden, weil die umgebende Eisschicht irgendwann die Umgebungstemperatur annimmt und die Blüte dann erfrieren würde. Deshalb stellt der Obstbauer die Regenanlage erst zwei bis drei Stunden nach Sonnenaufgang wieder ab, wenn die Temperaturen wieder über 0 °C klettern.

Diese Methode ist nur bei Temperaturen bis etwa –9 °C und dann auch nur bei kurzen Frostperioden anwendbar. Bei tagelanger Berieselung würde der Eispanzer zu schwer werden.

WIE WERDEN TIERE MIT EIS UND SCHNEE FERTIG?

Tiere haben es bei Eis und Schnee schwer, denn die Nahrung wird knapp und die Kälte macht dem Organismus zu schaffen. Wer also nicht in den Süden oder in den Winterschlaf flüchtet, ist gezwungen, seine Ernährung umzustellen oder vorzusorgen. Der Biber etwa frisst im Winter in Ermangelung frischen Grüns vor allem Rinde, die er von Ästen und Baumstämmen nagt. Eichhörnchen dagegen sammeln im Herbst einen stattlichen Vorrat an Nüssen, Tannenzapfen oder Hagebutten und anderen Früchten, von dem sie sich im Winter ernähren. Gegen die Kälte legen sich Säugetiere ein dichtes Winterfell zu.

Warum erfrieren Fische im Winter nicht?

Fische können auch in einem zugefrorenen See den Winter überstehen. Denn Wasser hat bei 4 °C die größte Dichte. Ist der See tief genug, sammelt sich an seinem Grund daher eine wegen der größeren Dichte abgesunkene Schicht mit dieser Temperatur. In diesem ungefrorenen Bereich können die Fische überleben. Sonderlich aktiv sind sie dann aber nicht, und auch ihre Körpertemperatur sinkt ab. Die wenige Energie, die sie in diesem Zustand trotzdem noch brauchen, können sie vor allem aus ihren Fettreserven ziehen und so den Winter überstehen.

Fische, die in den eisigen Meeren der Polargebiete leben, müssen allerdings auch mit Wassertemperaturen unter 4 °C zurechtkommen. Damit ihnen dabei nicht das Blut in den Adern gefriert, haben sie körpereigene Frostschutzmittel entwickelt. So produziert z. B. die Winterflunder im nördlichen Eismeer spezielle Eiweiße, die unerwünschte Eiskristalle am Wachsen hindern.

Wieso hat der Eisbär schwarze Haut unter seinem weißen Fell?

Das Fell ist bei Säugetieren eines der wichtigsten Hilfsmittel, um die Wärme bei Eiseskälte festzuhalten. Der Eisbär hat hier ein besonders ausgefeiltes System entwickelt. Seine Fellhaare sind innen hohl, was eine besonders gute Wärmeisolation gewährleistet, da Luft überaus gut isoliert. Und auch wenn das Fell weiß bis gelblich erscheint: Das einzelne Haar ist durchsichtig, sodass die Sonnenstrahlen relativ ungehindert zur schwarzen Haut des Eisbären gelangen können. Diese nimmt das Licht und damit die Wärme aufgrund der dunklen Farbe sehr gut auf.

WARUM STERBEN TIERE NICHT IM WINTERSCHLAF?

Winterschläfer fahren während der Ruheperiode in der kalten Jahreszeit sämtliche Lebensfunktionen stark herab. Die Körpertemperatur wird auf wenige Grad Celsius abgesenkt, Atmung, Herzschlag und Blutdruck werden reduziert. Dadurch können die Tiere bis zu 88 % Energie einsparen. Die geringe Energiemenge, die der Körper in dieser Zeit noch braucht, zieht er aus Fettdepots. Deshalb müssen die Schläfer extrem viel fressen, bevor sie sich zum Winterschlaf in den sicheren Bau zurückziehen. Allerdings ist es durchaus möglich, dass ein Tier nicht mehr aus dem Winterschlaf erwacht und den Kältetod stirbt. Werden die Schläfer während der Ruhephase etwa zu oft geweckt, verbraucht das zu viele Reserven. Und dann steht nicht mehr genug Energie für den Aufwachvorgang im Frühjahr zur Verfügung, bei dem sämtliche Lebensfunktionen wieder in Gang gebracht werden müssen.

Eisbären sind hervorragend an ihren kalten Lebensraum angepasst.

RICHTIG ODER FALSCH?

Auch in den Tropen halten Tiere Winterschlaf.

Tatsächlich gibt es in Regionen mit ganzjährig sommerlichen Verhältnissen ebenfalls Säugetiere, die Winterschlaf halten: So verschlafen z. B. die kleinen Fettschwanzmakis auf Madagaskar etwa sieben Monate des Jahres in einer Baumhöhle – auch bei über 30 °C. Dies hilft den Primaten, in der Trockenzeit Wasser zu sparen.

Dieses Talent könnte schon bei der Besiedlung Madagaskars wichtig gewesen sein. Die Primaten dort gehören zur Gruppe der Lemuren, die nirgendwo sonst leben. Ihre Ahnen sollen die Insel vor etwa 47 bis 54 Mio. Jahren erreicht haben – wahrscheinlich auf im Wasser treibenden Baumstämmen. Allerdings liegt Madagaskar rund 430 km vom afrikanischen Festland entfernt – eine solche Rreise würde mindestens zwei bis drei Wochen dauern. Das könnten die Tiere zwar ohne Futter geschafft haben, aber nicht ohne Wasser. Es sei denn, sie haben sich in den Winterschlaf versetzt.

Verlängert Winterschlaf das Leben?

Kleine Tiere leben meist viel kürzer als große. Doch es gibt auch Ausnahmen von dieser Regel. So können Fledermäuse durchaus 50 Jahre alt werden, Siebenschläfer erreichen immerhin ihren neunten Geburtstag. Das sind deutlich höhere Werte als man in ihrer Gewichtsklasse erwarten würde.

Das Erfolgsgeheimnis dieser Methusalems könnte tatsächlich mit ihrem Hang zum Winterschlaf zu tun haben. Als Wissenschaftler die Lebenserwartung von rund 800 Säugetierarten miteinander verglichen, stießen sie jedenfalls auf einen klaren Trend: Wer sich im Winter eine Auszeit nimmt, wird deutlich älter. Ein 50 g schwerer Winterschläfer lebt beispielsweise ungefähr 50 % länger als ein Nicht-Winterschläfer mit ähnlichem Gewicht. Woran das genau liegt, ist noch nicht bis ins Detail geklärt. Möglicherweise hängt der Effekt aber mit den sogenannten Telomeren zusammen, die wie Schutzkappen an den Enden der Chromosomen sitzen und einen Verschleiß der DNA verhindern. Bei jeder Zellteilung verkürzen sich diese Telomere, bis ihr Schutz schließlich versagt. Ihre Länge ist deshalb ein Indiz dafür, wie lange das Tier noch zu leben hat. Während des Winterschlafs aber scheint diese Verkürzung der Telomere gestoppt zu sein.

WIE SCHÜTZEN SICH INSEKTEN IM WINTER VOR DEM KÄLTETOD?

Im Winter haben wir in unseren Breiten meist Ruhe vor lästigen Fliegen oder Stechmücken. Denn Insekten sind wechselwarme Tiere, die ihre Körpertemperatur nicht konstant halten können. Deshalb fallen sie bei niedrigen Temperaturen in eine Kältestarre, während der alle Lebensfunktionen massiv herabgesetzt sind. Manche überleben diese Starre an einem geschützten Platz. Die meisten können jedoch nur dafür sorgen, dass ihre Nachkommen im Ei oder als Larve die Kälte überstehen und das nächste Frühjahr erleben. Die Eier sind weit weniger kälteempfindlich und manche Laven überdauern den Winter in tieferem Wasser, das nicht gefriert.

Noch besser können Insekten und ihre Verwandten in den Polargebieten der Kälte trotzen. Arktische Springschwänze lassen sich z. B. vor der kalten Jahreszeit gefriertrocknen. Die unscheinbaren, nur wenige Millimeter großen Tierchen suchen sich im Herbst einen Unterschlupf und fangen an zu schrumpeln. Ihr Körper verliert jede Menge Wasser, bis nur noch eine scheinbar leblose Hülle übrig ist. Doch sobald die Bedingungen besser werden, nehmen sie wieder Wasser auf und schwellen auf ihre alte Größe an. Dann stauben sie ihren Körper ab und leben weiter, als sei nichts gewesen.

Was sind eigentlich Säugetiere?

Säugetiere sind eine Klasse der Wirbeltiere, zu deren charakteristischen Eigenschaften das Säugen der Jungen mit Milch gehört, ebenso wie die Fähigkeit, die Körpertemperatur konstant zu halten.

WIE SAH UNSERE FRÜHE VERWANDTSCHAFT AUS?

Die ersten Säugetiere haben schon vor mindestens 178 Mio. Jahren die Bühne der Evolution betreten. Lange Zeit nahmen Wissenschaftler an, dass es sich dabei um unscheinbare Tiere von der Gestalt einer Spitzmaus handelte, die fast unbeachtet zwischen den Beinen der riesigen Dinosaurier umherhuschten. Die Blütezeit unserer frühen Verwandtschaft habe erst nach dem Aussterben der großen Echsen vor 66 Mio. Jahren begonnen, so die Theorie.

Aber etwa seit der Jahrtausendwende werden u. a. in China Fossilien entdeckt, die ein anderes Bild zeichnen. Lang vor dem Verschwinden der Saurier hatten die Säugetiere demnach schon die unterschiedlichsten Gestalten und Lebensstile entwickelt. Einige besaßen Gleithäute zwischen Vorder- und Hinterbeinen, mit denen sie durch die Luft gleiten konnten. Andere hatten sich aufs Klettern spezialisiert, schwammen mit Biberschwänzen durchs Wasser oder gruben im Untergrund wie Maulwürfe.

WOZU HABEN KAMELE HÖCKER?

Entgegen der landläufigen Meinung speichern Kamele in ihren Höckern kein Wasser, sondern Fett. Auf langen Reisen durch Wüstengebiete zehren die Paarhufer dann von diesen Fettvorräten. Deshalb werden die Höcker – Dromedare haben einen, Trampeltiere zwei – auch immer kleiner, je länger die Zwangsdiät dauert. Und am Ende hängen sie schließlich schlaff herab.

Zum Wassersparen dienen den enorm gut an das Wüstenleben angepassten Säugern dagegen andere Mechanismen, die sie zwei bis drei Wochen ohne Wasser auskommen lassen: Ihr Urin ist hoch konzentriert und auch der Kot enthält nur wenig Flüssigkeit. Außerdem ent-

Elefanten kühlen sich im Wasser gern ab, um die Mittagshitze besser ertragen zu können.

ziehen sie der ausgeatmeten Luft mithilfe feiner Nasenhärchen Feuchtigkeit. Und da sie ihre Körpertemperatur um sechs bis acht Grad variieren können, schwitzen sie auch kaum.

Kommen Kamele nach einer langen Durststrecke schließlich wieder an kostbares Nass, können sie in nur 15 Minuten bis zu 200 l Wasser trinken. Dass ihr Körper dadurch nicht zu Schaden kommt, haben sie ihren roten Blutkörperchen zu verdanken. Diese sind nämlich oval geformt. Und das verhindert, dass sie aufgrund der enormen Wasserzufuhr platzen.

WIE LEBEN ELEFANTEN?

Die imposanten Dickhäuter erreichen ein Alter von 60 bis 70 Jahren. Sie leben in Herden von etwa zehn Kühen mit deren Nachwuchs, angeführt von einer alten Leitkuh. Von der Erfahrung dieser „Großmutter" hängt das Überleben der Gruppe ab. Sie weiß z. B., wo es auch in Dürrezeiten noch Wasser gibt und wie man mit anderen Krisen fertig wird. Wenn diese Leitkuh Wilderern zum Opfer fällt, bedeutet das daher oft noch für weitere Tiere das Todesurteil.

Männchen werden von der Herde ausgeschlossen, wenn sie geschlechtsreif werden. Vor allem in jungen Jahren schließen sich die Bullen oft zu Junggesellenverbänden zusammen und treffen nur zur Paarung wieder auf Weibchen.

Wie trinken und kauen Elefanten?

Da Elefanten einen sehr kurzen Hals haben, könnten sie auf gewöhnlichem Weg kaum trinken. Deshalb nutzen sie ihren Rüssel, der aus Nase und Oberlippe gebildet wird. Sie trinken aber nicht direkt durch den Rüssel – vielmehr saugen sie mehrere Liter Wasser ein und spritzen sich das erfrischende Nass ins Maul.

Elefanten haben in jedem Viertel ihres Kiefers sechs Backenzähne. Beim Kauen von Gras, Früchten, Wurzeln und anderen Pflanzenteilen nutzen sie aber in jeder Kieferhälfte stets nur eines der sechs Zahnpaare. Ist ein Zahn abgenutzt, nimmt der folgende dessen Platz ein, wobei sich die Zähne von hinten nach vorn schieben. Ist der letzte Zahn verbraucht, kann ein Elefant seine Nahrung nicht mehr zerkleinern und verhungert. In Freiheit kommt das kaum vor, da die Tiere meist nicht so alt werden.

Wie verständigen sich Elefanten?

Elefanten nutzen zahlreiche Möglichkeiten, um Botschaften an ihre Artgenossen zu bringen. Mal trampeln sie auf den Boden, mal vollführen sie Gesten mit Rüssel, Ohren und Schwanz. Vor allem aber sind sie echte Stimmtalente, die eine Vielzahl von Lauten von sich geben. Afrikanische Elefanten verwenden dabei vor allem tiefe Frequenzen im Infraschallbereich, die für menschliche Ohren unhörbar sind. Andererseits können sie aber auch in höheren Tönen quietschen als ein Meerschweinchen. Dazu nutzen sie nicht ihre Stimmbänder, sondern den Rüssel. Wenn es um den Einsatz ihrer Laute geht, sind die Tiere äußerst kreativ. So können sie ähnlich wie Papageien Geräusche aus ihrer Umgebung imitieren – beispielsweise das Dröhnen von LKWs. Und es kommt auch vor, dass sie ganz eigene Laute erfinden, die dann von Artgenossen übernommen werden.

WIE ORIENTIEREN SICH FLEDERMÄUSE IM DUNKELN?

Fledermäuse „sehen“ in der Dunkelheit hauptsächlich mithilfe der Ohren. Die Tiere haben ein ausgefeiltes Echoortungssystem entwickelt, mit dem sie nicht nur ihre Beutetiere mit höchster Präzision wahrnehmen, sondern auch Hindernissen elegant ausweichen können.

Im Flug stoßen die geschickten Flieger ständig Töne aus, die im für Menschen nicht hörbaren Ultraschallbereich jenseits von 20 000 Hz liegen. Die Echos dieser meist sehr lauten Schreie werden von der Umgebung reflektiert, woraus sich die Flugsäuger ein exaktes „Hörbild“ ihrer Umwelt aufbauen. Zusätzlich haben Fledermäuse ein sehr gutes Ortsgedächtnis, das sie auf ihren Flügen ständig aktualisieren.

Aber auch auf ihre Augen ist Verlass. Früher hatten Wissenschaftler angenommen, dass die Flattertiere nur hell und dunkel unterscheiden können. Inzwischen ist jedoch klar, dass sie auch Sinneszellen für das Tages- und Farbensehen besitzen. Diese helfen ihnen, sich in der Dämmerung zu orientieren und Greifvögel rechtzeitig zu entdecken.

WARUM LEUCHTEN KATZENAUGEN IN DER NACHT?

Die Augen von Katzen und anderen dämmerungs- und nachtaktiven Tieren sind mit einer reflektierenden Zellschicht ausgestattet. Dieses *Tapetum lucidum* liegt hinter der Netzhaut und wirft den Lichtanteil, der auf keine Lichtsinneszelle getroffen ist und somit die Netzhaut wirkungslos passiert hat, wieder zurück. So hat dieses Licht eine zweite Chance, die Sinneszellen anzuregen und geht nicht sofort verloren. Daher können diese Tiere auch im Dunkeln recht gut sehen. Das *Tapetum lucidum* ist zudem der Grund dafür, dass Katzenaugen nachts mitunter unheimlich leuchten. Das Glimmen entsteht durch den Lichtanteil, der auch nach der Reflexion an den Sinneszellen der Netzhaut vorbeigeht und das Tierauge wieder verlässt.

Ein großer Fledermausschwarm macht sich am Abend auf Futtersuche.

WARUM HABEN ZEBRAS STREIFEN?

Zu dieser Frage gibt es viele Theorien. Menschen können z. B. eine gestreifte Form, die sich über einen Bildschirm bewegt, nur schlecht im Auge behalten. Vielleicht geht das Löwen und Hyänen ja ähnlich, und sie lassen sich von einem gestreiften Fell verwirren und von Angriffen abhalten. Die Streifen könnten aber auch als Tarnung dienen, weil sie mit dem Licht- und Schattenmuster zwischen den Bäumen verschwimmen. Möglicherweise hilft die extravagante Färbung auch, den Körper bei Hitze zu kühlen oder eine Werbebotschaft an mögliche Partner zu senden. Oder die Streifen sind eine Art Ausweis, an dem sich die Tiere erkennen. Die derzeit gängigste Theorie besagt aber, dass es sich um ein optisches Insekten-Repellent handelt. So landen etliche Arten von Tsetsefliegen und Bremsen viel lieber auf weißen oder schwarzen Oberflächen als auf gestreiften.

Noch immer kann niemand mit Sicherheit sagen, warum Zebras Streifen haben.

Wie verbergen sich Raubkatzen in Steppe und Savanne?

Raubkatzen sind daran interessiert, in der Steppe nicht sofort aufzufallen. Einmal ausgewachsen haben sie außer Menschen zwar kaum noch etwas zu fürchten, aber es ist für sie von Vorteil, wenn sie von ihrer Beute erst möglichst spät entdeckt werden. So ist beispielsweise ein lauernder Löwe auf der Pirsch zwischen dem in Trockenperioden goldbraunen Steppengras kaum auszumachen. Auch getigertes Fell hilft Großkatzen dabei, schwerer entdeckt zu werden. Flecken, wie sie etwa Leoparden oder Geparden haben, sorgen sogar dafür, dass die Konturen der Raubkatzen selbst in Bewegung vor dem ähnlich gefärbten Hintergrund verschwimmen. So werden sie von ihren Opfern oft erst dann entdeckt, wenn es zu spät ist.

KÖNNEN WALE UND ROBBEN UNTER DER TAUCHERKRANKHEIT LEIDEN?

Beim Tauchen wird unter dem Druck in der Tiefe verstärkt Stickstoff aus der Atemluft ins Körpergewebe eingelagert. Steigt ein Taucher zu rasch wieder nach oben, perlt der im Gewebe gebundene Stickstoff zu schnell und unkontrolliert wieder aus. Diese Gasbläschen schädigen dann Gewebe und Blutgefäße, was Wahrnehmungsstörungen, starke Schmerzen, innere Blutungen und Lähmungserscheinungen auslösen kann und im Extremfall tödlich ist.

Wale, Delfine und Robben haben dagegen meist beim Auftauchen aus der Tiefe kaum Probleme. Denn im Gegensatz zu einem Taucher atmen sie unter Wasser nicht weiter. Sie haben einen sehr flexiblen Brustkorb, der mit dem steigenden Druck unter Wasser zusammengedrückt wird. Dadurch kollabiert ein Teil der Lunge, und es gelangt kaum noch Stickstoff ins Blut und ins Gewebe. Allerdings gibt es immer mehr Indizien dafür, dass dieser Schutzmechanismus bei Stress versagt. Fühlen sich die Tiere z. B. durch die Sonargeräusche von Militärschiffen gestört, tauchen sie mitunter so schnell auf, dass die Taucherkrankheit auch sie ereilt.

Warum stranden Wale?

Es gibt viele Effekte, die Wale stranden lassen können. Einige Meeresbereiche, wie etwa die Landzunge Farewell Spit in Neuseeland, Cape Cod in den USA oder die südliche Nordsee, sind zu flach für die Tiere. Wenn sie dorthin geraten, funktioniert ihr Echolot nicht mehr richtig – sie können sich nicht mehr orientieren und schwimmen auf Grund. Es gibt auch Fälle, in denen die gestrandeten Tiere geschwächt oder krank waren oder sich bei der Jagd auf Beute unvorsichtig angestellt hatten. Zudem können Stürme die Meeressäuger vom Weg abbringen. Und Sonnenaktivitäten sind in der Lage, das Magnetfeld der Erde zu beeinflussen, an dem sich Wale orientieren. Neben natürlichen Ursachen kann aber auch der Mensch die Tiere zum Stranden bringen. Gefährlich ist vor allem der Lärm im Meer. Die Sonare von Militärschiffen oder seismischen Erkundungen sind z. B. so laut, dass sie die Tiere betäuben, desorientieren und ihr Gehör schädigen können.

Wie schlafen Wale und Delfine?

Schlafende Wale und Delfine haben ein großes Problem. Anders als bei Menschen ist das Atmen bei ihnen kein Reflex, sondern ein bewusster Vorgang. Sie müssen regelmäßig an die Wasseroberfläche kommen und Luft holen, um nicht zu ertrinken. Auch in Ruhephasen können sie deshalb nicht komplett wegdämmern. Eine Gehirnhälfte bleibt immer wach, während die andere schläft. So können die Tiere zugleich ausruhen und aktiv bleiben. Wann sich ein Delfin in diesem „Halbseitenschlaf" befindet, kann man übrigens an seinen Augen erkennen: Das Auge gegenüber der schlafenden Hirnhälfte hat er dann geschlossen.

Warum singen Wale?

Bis heute können Biologen noch nicht mit absoluter Sicherheit erklären, warum Wale singen. Man nimmt an, dass die Töne zwar vor allem der Kommunikation und dem Zusammenhalt einer Population dienen, aber auch entscheidend zu Entwicklung und Wohlbefinden der Tiere beitragen.

Die Forscher sprechen von Gesang, weil die Tiere feste, sich wiederholende und vorhersagbare Strophen erklingen lassen. Die wahrscheinlich komplexesten Lieder haben die männlichen Buckelwale – diese Darbietungen spielen wohl eine zentrale Rolle bei der Partnerwahl. Wale singen aber nicht nur zur Paarungszeit. Und Versuche zeigten, dass auch männliche Tiere auf die Vorträge ihrer Geschlechtsgenossen reagieren. Möglicherweise wollen die Tiere also auch Rivalen akustisch beeindrucken.

Wussten Sie, dass für Wale und Robben das Meer nicht blau ist?

Die Meeressäuger haben in ihrer Netzhaut keine Lichtsinneszellen, die auf blaues Licht reagieren: Ihnen fehlen also die sogenannten Blau-Zapfen. Sie besitzen nur Grün-Zapfen und sind daher farbenblind. Biologen vermuten, dass die Vorfahren der heutigen Wale und Robben ihre Blau-Zapfen verloren haben, als sie ihren Lebensraum zurück ins Meer verlegten. Sie hielten sich zunächst nur in küstennahen Gewässern auf, wo das Meer aufgrund von Trübstoffen eher grünlich ist. Und dort war der Verlust der Blau-Zapfen durchaus ein Vorteil, da dadurch die Informationsverarbeitung im Gehirn vereinfacht wurde und so mehr Kapazität für andere Leistungen zur Verfügung stand.

Der zunehmende Lärm unter Wasser gefährdet das Leben der Wale.

Was unterscheidet Amphibien von Reptilien?

Amphibien oder Lurche wachsen im Wasser auf und können danach an Land oder im Wasser leben. Sie müssen ihre Haut jedoch stets feucht halten, um nicht auszutrocknen. Reptilien sind viel besser an ein Landleben angepasst: Sie haben eine harte, stark verhornte und wasserundurchlässige Haut. Zudem legen sie Eier mit lederartigen oder harten Schalen, die dem Embryo mehr Schutz bieten und praktisch überall abgelegt werden können.

WARUM SIND FRÖSCHE GLITSCHIG?

Mit der glitschigen Schleimschicht schützen sich Frösche und andere Lurche in erster Linie vor dem Austrocknen. Weil ihre Haut kaum verhornt ist, bietet sie wenig Schutz vor Verdunstung, und einen Wasserverlust von 25 oder 30 % würden die meisten Amphibien nicht überleben. Deshalb haben Frösche eine sehr drüsenreiche Haut, die ständig Schleim und andere Sekrete absondert. Diese Substanzen sind zudem oft auch giftig und schützen vor Fressfeinden oder wirken aktiv gegen Bakterien und Pilze.

Wie atmen Frösche?

Solange sie noch als Kaulquappen im Wasser schwimmen, atmen Frösche über Kiemen. Manche Arten behalten diese Atemorgane auch als Erwachsene, die meisten aber entwickeln einfache Lungen. Noch wichtiger ist für Amphibien allerdings die Atmung über die Haut und über die Schleimhäute in der Mundhöhle. Ihre Haut ist sehr dünn und gut durchblutet, sodass der Sauerstoff auf diesem Weg direkt in die Blutgefäße gelangt. Wenn es sehr kalt ist, können Frösche sogar ganz auf Hautatmung umschalten. So drosseln sie im Winter ihren Stoffwechsel und warten auf dem Grund eines Sees auf das Frühjahr.

WODURCH SIND AMPHIBIEN GEFÄHRDET?

Amphibien gelten heute als die am stärksten bedrohten Wirbeltiere weltweit. Wie viele andere Arten haben auch sie massiv unter der Zerstörung ihrer Lebensräume und der Verschmutzung von Gewässern gelitten. Als größte Gefahr für sie gilt nun aber ein Pilz

Wissenschaftler hoffen, die Prinzipien der Haftkraft von Geckofüßen für technische Anwendungen nutzen zu können.

namens *Batrachochytrium dendrobatidis*. Dieser seit 1998 bekannte Krankheitserreger nistet sich in der Haut seiner Opfer ein, stört ihre Atmung, bringt ihren Stoffwechsel durcheinander und vernichtet so schnell ganze Bestände. Besonders heftig hat die Krankheit in den amphibienreichen tropischen Regionen Australiens sowie Mittel- und Südamerikas gewütet. Weltweit hat sie seit den 1970er-Jahren zum Rückgang von über 500 Amphibienarten beigetragen. Mindestens 90 davon hat der Pilz wahrscheinlich ausgerottet, bei mehr als 120 weiteren sind die Bestände um über 90 % geschrumpft.

WIE LAUFEN GECKOS GLATTE OBERFLÄCHEN HINAUF?

Geckos haben erstaunliche Fähigkeiten: Sie laufen problemlos eine glatte Glasscheibe hinauf oder hängen an einem Bein kopfüber von der Decke. Diese Kunststücke gelingen den Tieren dank der besonderen Haftkraft und Rutschfestigkeit ihrer Füße. Diese sind mit Millionen von mikroskopisch kleinen Härchen bestückt, und jedes einzelne verzweigt sich noch einmal in Tausende von kleinen Spitzen. So können die Härchen einen sehr engen Kontakt zu einer Oberfläche bilden und über schwache elektrostatische Kräfte, die sogenannten Van-der-Waals-Kräfte, daran haften. Zwar ist die Anziehungskraft einer einzelnen Haarspitze äußerst gering, aber bei mehreren Milliarden davon kommt eine enorme Haftkraft zusammen.

WIE LEBTEN DIE SAURIER?

Zu ihrer Blütezeit im Erdmittelalter hatten diese Reptilien alle Elemente erobert. Am bekanntesten sind die Dinosaurier, die an Land zu Hause waren. Einige von ihnen erreichten gerade einmal die Größe eines Huhns, während andere sich zu echten Giganten entwickelten. So hatten die Sauropoden mehr als 30 m lange Riesen wie den Argentinosaurus in ihren Reihen, die als größte Landtiere aller Zeiten gelten. Lange hatten Wissenschaftler angenommen, dass die Dinos so wie heutige Reptilien wechselwarm waren. Inzwischen gibt es aber viele Hinweise darauf, dass sie ihre Körpertemperatur ähnlich wie heutige Vögel und Säugetiere selbst regulieren konnten. Außer den landlebenden Dinosauriern gab es auch Ichthyosaurier im Wasser. Und eine dritte Sauriergruppe schwang sich als Flugsaurier in die Luft.

RICHTIG ODER FALSCH?

Vögel sind die einzigen überlebenden Dinosaurier.

Tatsächlich haben die Dinos keine weiteren direkten Nachkommen hinterlassen. Zwar gibt es auch heute noch reichlich Reptilien von den Eidechsen über Warane und Leguane bis zu den Krokodilen. Die aber sind alle aus eigenständigen Linien entstanden, die sich unabhängig von den Dinosauriern entwickelt haben. Die Spur der modernen Vögel dagegen lässt sich über verschiedene Zwischenschritte direkt bis zu leicht gebauten, vogelartigen Raubsauriern zurückverfolgen. Der weltberühmte Urvogel Archäopteryx passt ebenso in diese Reihe wie etliche Fossilien aus China. Die Flugsaurier (Pterosaurier) dagegen bilden eine eigene Gruppe, die mit den Vögeln nichts zu tun hat. Statt Federn hatten diese Tiere ähnliche Flughäute wie Fledermäuse.

WARUM SIND DIE DINOSAURIER AUSGESTORBEN?

Über diese Frage hat es unter Wissenschaftlern jahrelang erbitterten Streit gegeben. Eine Fraktion hielt es für ausgemacht, dass das Ende der Dinos aus dem Weltall gekommen ist. Vor ungefähr 66 Mio. Jahren schlug auf der heutigen Insel Yucatán in Mexiko ein etwa 14 km großer Asteroid ein und hinterließ einen Krater mit einem Durchmesser von etwa 180 km. Die Wucht dieses Treffers dürfte auf der ganzen Erde zu spüren gewesen sein. Der Einschlag löste gewaltige Tsunamis aus und jagte eine verheerende Druck- und Hitzewelle rund um den Globus, der zudem von starken Erdbeben erschüttert wurde. Gewaltige Mengen Gesteinsstaub wurden bis in die Stratosphäre geschleudert, verdunkelten die Sonne und führten anschließend zu einem globalen Kälteeinbruch. Pflanzen konnten keine Fotosynthese mehr betreiben, Tieren fehlte es an Nahrung. Dass unter solchen Umständen neben vielen anderen Arten auch die Dinos ausgestorben sein könnten, klingt einleuchtend.

Allerdings gab es etwa zur gleichen Zeit noch eine Katastrophe. Im heutigen Indien kam es mehrfach zu heftigen Vulkanausbrüchen. Dabei entstand eine riesige, treppenförmige Basaltdecke, die heute als „Dekkan-Trapp" bekannt ist. Die Asche und die Gase dieser Eruptionen könnten ebenfalls massive Klimaänderungen verursacht und damit das Ende der Dinosaurier eingeläutet haben. Diese Theorie vertrat jedenfalls eine zweite Gruppe von Experten. Inzwischen gibt es Hinweise darauf, dass vielleicht beide Ereignisse zusammen für das Aussterben der Saurier verantwortlich waren.

Möglicherweise war der Einschlag eines Asteroiden nicht der einzige Grund für das Ende der Dinosaurier.

Warum ist die Unterwasser-welt so bunt?

Die Farben eines Riffs haben in diesen „Unterwasserstädten" ähnliche Funktionen wie Farben in Städten an Land. Sie wirken als Signale, helfen bei der Partnersuche und dienen als Tarn- oder Warnfarbe. Ab 200 m Wassertiefe sieht für Menschen alles schwarz aus. Nicht aber für Rifffische: Viele nehmen Farben deutlich anders wahr als der Mensch. Etliche können auch UV-Licht sehen, das weiter in die Tiefe vordringt.

HABEN KORALLENRIFFE NOCH EINE ZUKUNFT?

Korallenriffe sind nicht nur die artenreichsten Meeresökosysteme, sondern auch die bedrohtesten. Manche von ihnen leiden vor allem unter lokalen Problemen wie einer zu intensiven Fischerei. Ein Riff aber ist auf seine schwimmenden Bewohner angewiesen. Die bunten Papageifische z. B. weiden Algen ab, die auf den Korallen wachsen. Ohne diese gefräßigen Reinigungstrupps können die Wasserpflanzen die Korallenstöcke leicht überwuchern. Diese Entwicklung wird noch verstärkt, wenn Flüsse zu viel Dünger aus der Landwirtschaft ins Meer tragen.

Auch der Klimawandel ist für die Riffe ein Riesenproblem. Normalerweise leben die Polypen mit Algen zusammen, die ihnen Zucker und Sauerstoff liefern. Bei zu hohen Wassertemperaturen aber funktioniert diese Symbiose nicht mehr. Die Korallen werfen ihre pflanzlichen Untermieter hinaus und sterben dann oft selbst ab. Die hohen Kohlendioxidkonzentrationen in der Atmosphäre erwärmen die Meere aber nicht nur, sie lassen sie auch saurer werden. Denn Kohlendioxid löst sich in den Ozeanen und bildet dabei Kohlensäure. Je saurer das Wasser aber wird, desto besser löst sich Kalk darin – umso schwieriger ist es also für die Korallen, ihre Kalkskelette zu bilden. Sie wachsen dann schlecht oder werden brüchig.

Was bedeutet das Verschwinden der Riffe für uns Menschen?

In den Korallenriffen lebt etwa ein Viertel aller Fischarten der Erde. Entsprechend wichtig sind sie für die Fischerei – allein in Asien liefern sie Nahrung für etwa eine Milliarde Menschen. Daneben produzieren Korallen, Schwämme und andere Riffbewohner viele chemische

Korallenriffe sind stark bedrohte Paradiese.

Substanzen, die z. B. als Wirkstoffe für Schmerzmittel, Antibiotika und andere Medikamente interessant sein könnten.

Zudem erwirtschaften viele Staaten mit den Riffen einen guten Teil ihrer Einnahmen. In der Karibik ist beispielsweise der Tourismus der wichtigste Wirtschaftsfaktor. Die Unterwasserwelt zieht dort ein Heer von Tauchern an. Und selbst reine Sonnenanbeter hätten ohne Riffe vielerorts schlechte Karten. Denn die von winzigen Polypen aufgebauten Kalkgebilde bremsen die Wellen und tragen so zum Küstenschutz bei.

Wie reagieren Fische auf den Klimawandel?
Durch den Klimawandel könnte manchen Fischen in der Nordsee buchstäblich die Luft ausgehen. Weil wärmeres Wasser weniger Sauerstoff enthält, kann das Herz-Kreislauf-System den Körper der Tiere nicht mehr ausreichend damit versorgen. Betroffene Fische sind weniger leistungsfähig, sie wachsen langsamer und vermehren sich schlechter. Noch verheerender wirken sich die steigenden Temperaturen auf die Fische der Polargebiete aus, die an dauerhafte Kälte angepasst sind.

Etliche Fischarten haben ihre Verbreitungsgebiete wegen des Klimawandels bereits weiter nach Norden verlegt. So ist der auf kühlere Temperaturen angewiesene Kabeljau in der Nordsee schon deutlich seltener geworden.

Stichlingsmännchen sind zur Paarungszeit gut an ihrer roten Unterseite zu erkennen.

WARUM SEHEN STICHLINGSDAMEN IN DER PAARUNGSZEIT ROT?

Stichlingsmännchen tragen zur Paarungszeit ein signalfarbenes Hochzeitskleid: Kehle, Brust und Bauch leuchten in kräftigem Rot. Damit die Weibchen die Brautwerber dann auch besonders gut erkennen können, haben sie ihr Sehvermögen an die jeweiligen Lebensumstände angepasst: Die Augen der Bewohnerinnen von trüben Gewässern mit schwachen Rotlichtanteilen sind viel empfindlicher für die Farbe Rot als die von Geschlechtsgenossinnen in klareren Gewässern.

Auch die Männchen passen sich an die unterschiedlichen Lichtverhältnisse an. Im trüben Wasser, wo die roten Lichtanteile schneller verschluckt werden, leuchtet auch das rote Hochzeitskleid der Männchen viel stärker.

SIND FISCHE STUMM?

Fische sind alles andere als stumm. So verständigen sich Soldatenfische über Klicklaute, Lippfische grunzen und Knurrhähne tun das, was ihr Name schon verrät. Trommlermännchen haben besondere Muskeln rund um die Schwimmblase, die einen Trommelton erzeugen, wenn sie schnell zusammengezogen werden. Und wenn Heringe furzen, dann hat das nichts mit ihrer Verdauung zu tun, sondern mit Kommunikation: Sie unterhalten sich. Dazu verschlucken sie Luft und stoßen diese über die Analöffnung der Schwimmblase wieder aus. So erzeugen die Fische Geräusche, die über mehr als drei Oktaven reichen: Die Frequenzen umfassen ein Spektrum von 1,7–22 kHz. Jeden Ton können sie dabei fast acht Sekunden lang halten.

Bei all dem ist es nur logisch, dass Fische auch hören können. Die Aufgabe unseres Trommelfells übernimmt dabei in vielen Fällen die Schwimmblase. Diese ist mit dem sogenannten Weberschen Apparat verbunden, der den Schall dann weiter ans Innenohr leitet. Er wirkt damit ähnlich wie die Gehörknöchelchen in den Ohren von Säugetieren.

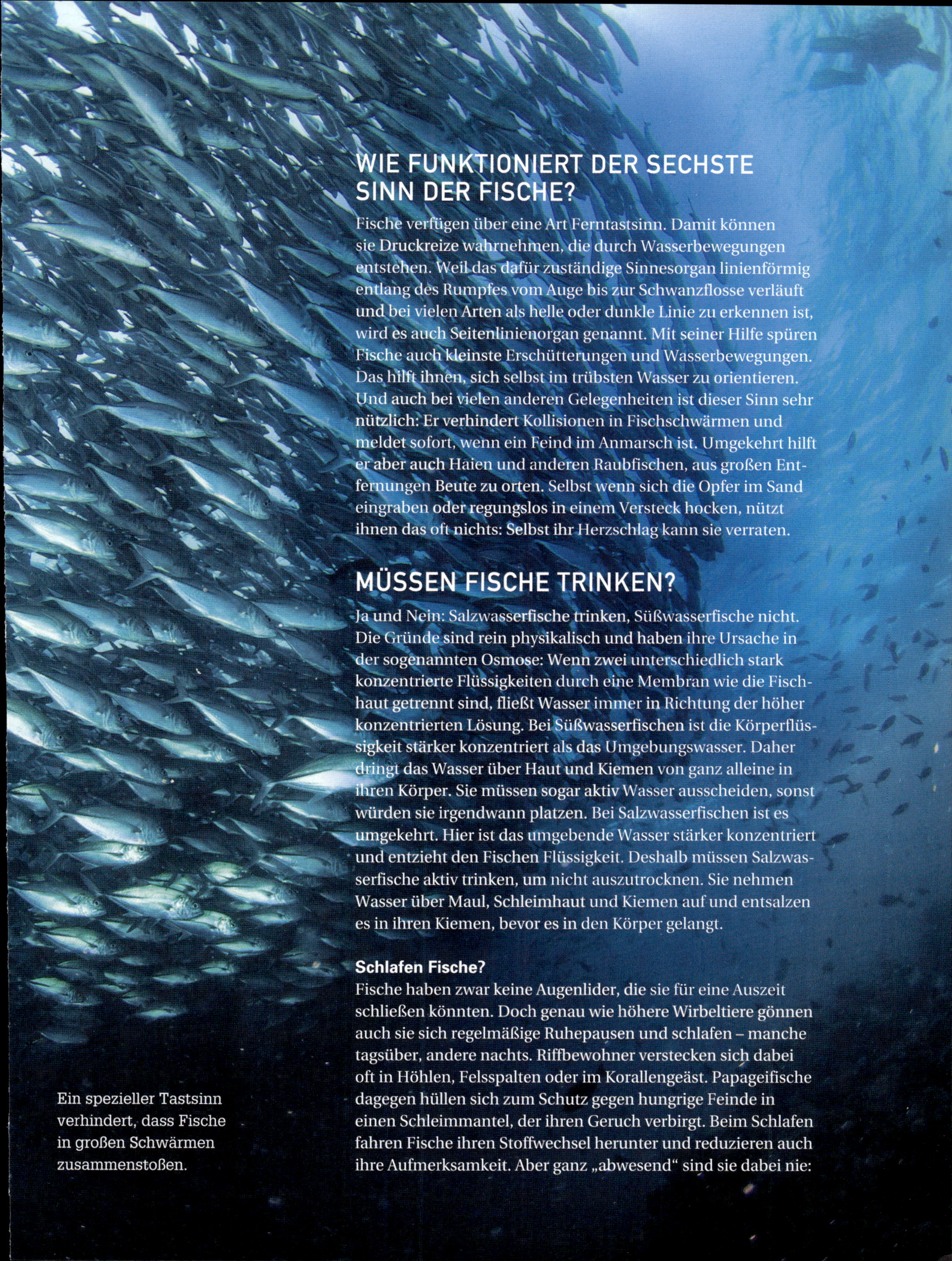

WIE FUNKTIONIERT DER SECHSTE SINN DER FISCHE?

Fische verfügen über eine Art Ferntastsinn. Damit können sie Druckreize wahrnehmen, die durch Wasserbewegungen entstehen. Weil das dafür zuständige Sinnesorgan linienförmig entlang des Rumpfes vom Auge bis zur Schwanzflosse verläuft und bei vielen Arten als helle oder dunkle Linie zu erkennen ist, wird es auch Seitenlinienorgan genannt. Mit seiner Hilfe spüren Fische auch kleinste Erschütterungen und Wasserbewegungen. Das hilft ihnen, sich selbst im trübsten Wasser zu orientieren. Und auch bei vielen anderen Gelegenheiten ist dieser Sinn sehr nützlich: Er verhindert Kollisionen in Fischschwärmen und meldet sofort, wenn ein Feind im Anmarsch ist. Umgekehrt hilft er aber auch Haien und anderen Raubfischen, aus großen Entfernungen Beute zu orten. Selbst wenn sich die Opfer im Sand eingraben oder regungslos in einem Versteck hocken, nützt ihnen das oft nichts: Selbst ihr Herzschlag kann sie verraten.

MÜSSEN FISCHE TRINKEN?

Ja und Nein: Salzwasserfische trinken, Süßwasserfische nicht. Die Gründe sind rein physikalisch und haben ihre Ursache in der sogenannten Osmose: Wenn zwei unterschiedlich stark konzentrierte Flüssigkeiten durch eine Membran wie die Fischhaut getrennt sind, fließt Wasser immer in Richtung der höher konzentrierten Lösung. Bei Süßwasserfischen ist die Körperflüssigkeit stärker konzentriert als das Umgebungswasser. Daher dringt das Wasser über Haut und Kiemen von ganz alleine in ihren Körper. Sie müssen sogar aktiv Wasser ausscheiden, sonst würden sie irgendwann platzen. Bei Salzwasserfischen ist es umgekehrt. Hier ist das umgebende Wasser stärker konzentriert und entzieht den Fischen Flüssigkeit. Deshalb müssen Salzwasserfische aktiv trinken, um nicht auszutrocknen. Sie nehmen Wasser über Maul, Schleimhaut und Kiemen auf und entsalzen es in ihren Kiemen, bevor es in den Körper gelangt.

Schlafen Fische?

Fische haben zwar keine Augenlider, die sie für eine Auszeit schließen könnten. Doch genau wie höhere Wirbeltiere gönnen auch sie sich regelmäßige Ruhepausen und schlafen – manche tagsüber, andere nachts. Riffbewohner verstecken sich dabei oft in Höhlen, Felsspalten oder im Korallengeäst. Papageifische dagegen hüllen sich zum Schutz gegen hungrige Feinde in einen Schleimmantel, der ihren Geruch verbirgt. Beim Schlafen fahren Fische ihren Stoffwechsel herunter und reduzieren auch ihre Aufmerksamkeit. Aber ganz „abwesend“ sind sie dabei nie:

Ein spezieller Tastsinn verhindert, dass Fische in großen Schwärmen zusammenstoßen.

Clownfische können noch als Erwachsene ihr Geschlecht ändern.

Hirnstrommessungen zeigten, dass sie keine Tiefschlafphasen haben. Manche Arten wie die Thunfische schwimmen beim Schlafen sogar langsam weiter, während im Wechsel jeweils nur eine Hirnhälfte auf „Schlaf" schaltet.

KANN MAN FISCHE AM SCHWIMMSTIL UNTERSCHEIDEN?

Möglicherweise bewegt sich jeder Fisch absolut unverwechselbar. So wurde zumindest bei Goldfischen beobachtet, dass jeder einen individuellen Schwimmstil an den Tag legt. Die Wahrscheinlichkeit, dass sich die Bewegungsabläufe zweier Goldfische gleichen, ist äußerst gering. So vollziehen sie z. B. Kurvenmanöver oder Geschwindigkeitsänderungen beim Schwimmen auf eine charakteristische Art und Weise.

Warum gehen Fliegende Fische in die Luft?
Wenn Fliegende Fische aus dem Wasser springen, sind sie meist auf der Flucht vor Feinden. Mit ihrer schnell schlagenden Schwanzflosse beschleunigen sie derart stark, dass sie wie von einem Katapult geschleudert aus dem Wasser schnellen. In der Luft gleiten sie dann mit fächerartig ausgebreiteten, großen Brustflossen bis zu 400 m weit über die Wasseroberfläche. Die Flossen sind starr und können nicht wie Vogelflügel auf und ab bewegt werden. Wenn die Fische zwischendurch auf die Wasseroberfläche fallen, schlagen sie kurz mit ihrer Schwanzflosse und heben noch einmal ab.

Fliegende Fische können außerhalb des Wassers große Strecken zurücklegen.

KÖNNEN KORALLENFISCHE IHR GESCHLECHT ÄNDERN?

Das Sexualleben der schwimmenden Riffbewohner ist recht kompliziert. Da Riffe oft weit auseinanderliegen, kann es schwer sein, einen Partner zu finden. Deshalb gilt es, jede Chance auf Nachwuchs zu nutzen – und in Geschlechterfragen entsprechend flexibel zu sein. So werden Meergrundeln erst erwachsen, wenn sie auf einen möglichen Partner für die Familiengründung treffen. Je nach Situation entscheiden sie dann, welches Geschlecht sie annehmen: Ist ihre Zufallsbekanntschaft männlich, entwickeln sie sich zu einem Weibchen und umgekehrt.

Clownfische können ihr Geschlecht wenn nötig auch als Erwachsene wechseln: Wenn sich zwei Jungtiere zu einem Paar zusammenschließen, entwickelt sich immer der größere Fisch zum Weibchen und der kleinere zum Männchen. Verliert ein Männchen später seine Partnerin, so kann es sich in ein Weibchen verwandeln, wenn der neue Partner kleiner ist. Umgekehrt ist das allerdings nicht möglich.

Wie suchen Tiere ihre Nahrung?

Pflanzenfresser haben es leicht – schließlich läuft ihre Beute nicht weg. Wer aber andere Tiere auf dem Speiseplan stehen hat, muss sich mitunter schon etwas einfallen lassen, um erfolgreich zu sein. Dementsprechend vielfältig sind die Methoden, mit denen Tiere ihr Futter suchen: von der schlichten Jagd über Fallenstellen mit klebrigen Fäden bis hin zu raffinierter Täuschung und Tarnung.

WIE FANGEN GLOWWORMS IHRE BEUTE?

In etlichen Höhlen in Neuseeland scheint die Decke mit einem funkelnden Sternenhimmel überzogen zu sein. In Wirklichkeit aber steckt hinter jedem einzelnen Lichtpunkt ein Insekt: ein sogenannter Glowworm. Anders als bei den europäischen Glühwürmchen handelt es sich dabei nicht um Käfer, sondern um die Larven der Pilzmücke *Arachnocampa luminosa*. Die knapp streichholzgroßen Insektenlarven leben an Felsvorsprüngen in feuchter und windgeschützter Umgebung wie in Höhlen oder am Waldrand. Um Beute zu machen, haben sie eine außergewöhnliche Methode entwickelt: Sie sitzen an einer geschützten Stelle und lassen lange, klebrige Fäden herabhängen, die an Spinnseide erinnern. Außerdem produzieren sie durch sogenannte Biolumineszenz ein bläuliches Licht, das Insekten anlockt. Diese verheddern sich in den Fäden, und die Larve muss die Beute nur noch einholen.

FRESSEN ALLE KROKODILE FLEISCH?

Im Lauf ihrer langen Entwicklungsgeschichte haben die Krokodile mindestens dreimal Pflanzenfresser hervorgebracht. Unter den heutigen Arten gibt es aber tatsächlich keine Vegetarier mehr. Neben Fischen und Vögeln jagen einige dieser Reptilien auch große Beutetiere wie Antilopen oder Büffel und wagen sich sogar an andere Raubtiere wie Löwen oder Hyänen heran. Dazu lauern sie halb eingetaucht im Wasser und warten auf Tiere, die zur Tränke kommen. Dann schnellen sie ans Ufer, packen das Opfer mit ihren scharfen Zähnen und ziehen es unter Wasser. Dort ertrinkt die Beute, wenn sie nicht schon vorher erdrückt wurde.

RICHTIG ODER FALSCH?

Durch Wespen und Bienen sterben mehr Menschen als durch Haie.

Die Wahrscheinlichkeit, bei einem Haiangriff ums Leben zu kommen, ist statistisch gesehen tatsächlich weitaus geringer als die, infolge eines Wespen- oder Bienenstichs zu sterben. Auf das Konto der kleinen Insekten gehen jährlich deutlich mehr menschliche Todesopfer als auf das der Meeresräuber. Allerdings sind Bienen und Wespen trotzdem nicht unbedingt ein Anlass zur Sorge. Denn tödlich enden einzelne oder wenige Stiche nur im Fall einer Überempfindlichkeit.

Haie sind weniger gefährlich als ihr Ruf glauben lässt.

KÖNNEN LEBEWESEN PLASTIK FRESSEN?

Für viele Tierarten sind solche Mahlzeiten extrem ungesund. So werden immer wieder tote Wale, Schildkröten und andere Meeresbewohner mit einem Bauch voll Plastikmüll gefunden. Manche Bakterien aber können solche Kunststoffe tatsächlich verwerten: Sie zerlegen das Material mithilfe bestimmter Enzyme und nutzen die Inhaltsstoffe für ihren Stoffwechsel. Das Problem des Plastikmülls, der in den Meeren und vielen anderen Lebensräumen überhandnimmt, werden solche Mikroorganismen aber wohl nicht lösen können. Denn für den Abbau nennenswerter Mengen brauchen sie sehr lange.

MENSCH UND TIER – WER BEDROHT WEN?

Zwar werden immer wieder Menschen von Tieren getötet. Doch der Mensch stellt für die Tierwelt eine weit größere Bedrohung dar als umgekehrt. Die meisten gefährdeten Arten stehen auf der Roten Liste, weil sie durch Jagd und Wilderei dezimiert werden oder ihr Lebensraum so massiv bedroht ist, dass ganze Populationen zugrunde gehen. Gemessen an dem Schaden, den der Mensch in der Tierwelt anrichtet, ist die Zahl der Todesfälle durch Tiere – vom Bienenstich bis zur Haiattacke – winzig.

Wie gefährlich sind Haie für Menschen?
Zwischen 2000 und 2020 wurden weltweit jedes Jahr zwischen 50 und 100 Haiattacken registriert. Nur wenige davon gingen tödlich aus. Verglichen mit der Zahl der Menschen, die täglich in den Meeren schwimmen oder auf Surfbrettern die Wellen bezwingen, sind diese Ereignisse also sehr selten. Es gibt aber Hinweise

Plastikmüll ist eine der größten Gefahren für Meeresbewohner.

Spinnen sind äußerst raffinierte Jäger – und mit ihren Strategien entsprechend erfolgreich.

darauf, dass die Zahl der Unfälle zunimmt. Das könnte eine Folge des Klimawandels sein: Mit steigenden Wassertemperaturen dehnen nicht nur viele Haiarten ihre Verbreitungsgebiete aus, es gehen auch mehr Menschen zum Schwimmen, Schnorcheln, Surfen oder Kajakfahren ins Wasser. Dadurch treffen Mensch und Haie häufiger aufeinander. Bei den meisten Arten sind solche Begegnungen harmlos. Einige wie der Weiße Hai, der Bullenhai oder der Tigerhai aber können durchaus gefährlich werden. Auch bei diesen Arten passen Menschen allerdings nicht ins Beuteschema. Es gibt verschiedene Theorien darüber, warum es trotzdem immer wieder zu Angriffen kommt. Eine der gängigsten besagt, dass Haie Menschen auf Surfbrettern mit Beutetieren wie Robben verwechseln. Vielleicht fühlen sie sich von so manchem Schwimmer aber auch provoziert oder wollen ihr Revier verteidigen.

FANGEN ALLE SPINNEN INSEKTEN?

Tatsächlich bestehen über 90 % der Spinnenmenüs aus Insekten und Springschwänzen. Vor allem in Wäldern und Grasländern fangen die Achtbeiner massenweise Fliegen und Mücken, Blattläuse und andere Insekten. So halten sie das ökologische Gleichgewicht aufrecht und leisten einen wichtigen Beitrag zur Schädlingsbekämpfung. Vor allem bei großen, tropischen Arten steht aber auch mal ein Frosch oder eine Schlange, eine Eidechse oder ein Vogel auf dem Speiseplan. Und auf allen Kontinenten gibt es begeisterte Fischfresser.

Die Fangtechniken sind vielfältig. Während viele Spinnen auf Netze setzen, überfallen andere ihre Opfer aus dem Hinterhalt. Eine raffinierte Technik hat die Amerikanische Bolaspinne entwickelt. Sie imitiert die Sexuallockstoffe von Mottenweibchen und lockt damit die zugehörigen Männchen an. Diese fängt sie dann mit einem selbst gesponnenen Lasso. Mit all diesen Strategien sind die achtbeinigen Jäger sehr erfolgreich: Wissenschaftler haben ausgerechnet, dass die Spinnen der Welt jedes Jahr zwischen 400 und 800 Mio. t Beute fangen. Damit verzehren sie mehr Tiere als die Menschheit, deren Fleischkonsum die Welternährungsorganisation FAO auf etwa 400 Mio t schätzt.

GIBT ES AUCH BEI TIEREN LINKSHÄNDER?

Schimpansen sind in freier Wildbahn sogar überwiegend Linkshänder. Wenn sie z. B. mit Grashalmen nach Termiten angeln, benutzen sie meist die linke Hand. Offenbar gibt die Mutter diese Vorliebe an ihre Kinder weiter. Ob dies über Vererbung geschieht oder über Lernen, ist bisher allerdings noch unklar. In Gefangenschaft dagegen bevorzugen viele Schimpansen ihre rechte Hand. Möglicherweise haben sie sich das von ihren Pflegern abgeschaut.

Haben Kraken „Lieblingsarme"?

Theoretisch sind alle acht Arme eines Kraken etwa gleich geschickt und könnten daher beliebig eingesetzt werden. Bei der Jagd lassen sich manche Tiere beispielsweise auf einem Felsen nieder und wühlen darunter nach Beute – mit allen acht Armen gleichzeitig.

Für bestimmte Aufgaben bevorzugen Kraken aber tatsächlich einen ihrer Arme. Wenn sie etwa einen möglichen neuen Schlupfwinkel erkunden oder ein unbekanntes Objekt ertasten, dann benutzen sie dazu einen Arm oder eine bestimmte Kombination von Armen. Meist liegen die Lieblingsarme an der Vorderseite der Tiere, und zwar in der Nähe des bevorzugten Auges. Die hinteren Arme nutzen die Kraken eher für die Fortbewegung.

TÄUSCHEN UND TARNEN – WELCHE STRATEGIEN GIBT ES?

Im ewigen Kampf um fressen und gefressen werden haben Tiere und Pflanzen viele Methoden entwickelt, andere zu überlisten und zu täuschen. Eines der einfachsten Mittel ist die Tarnung: Man verändert sein Aussehen so, dass man kaum von der Umgebung zu unterscheiden ist. Manche Schmetterlingsarten imitieren auf ihren Flügeln z. B. perfekt die Farben und Muster von Baumrinde. Wenn sie an einem Stamm sitzen, können sie so von hungrigen Vögeln nur schwer entdeckt werden. Umgekehrt gibt es aber auch Fälle, in denen sich die Räuber ein Tarnkleid überstreifen, um sich an ihre Beute heranpirschen zu können. Die Kronenfangschrecken im Regenwald Südostasiens „verkleiden" sich z. B. als harmlose Orchideenblüten, um Insekten aufzulauern.

Tödliche Tarnung: Eine Kronenfangschrecke (rechts unten) wartet auf ahnunglose Beutetiere.

Wie funktioniert Mimikry?

Unter Mimikry verstehen Biologen Täuschungsmanöver, bei denen Lebewesen das Aussehen und Verhalten anderer Arten nachahmen. Mit ein paar typischen Signalen versuchen die Trickser dabei, Angreifer oder auch Beute in die Irre zu führen. So imitieren harmlose Schwebfliegen das schwarz-gelbe Muster von Wespen und signalisieren möglichen Fressfeinden damit Wehrhaftigkeit und Ungenießbarkeit. Diese oft vorkommende Schutzmimikry nennt man Batessche Mimikry. Es gibt aber auch aggressive Formen dieser Täuschungsstrategie: Bei der sogenannten Peckhamschen Mimikry ahmt ein Räuber etwas nach, um die Beute zu täuschen. Der Seeteufel z. B. imitiert mit einem Hautanhängsel an seiner Rückenflosse einen Wurm, um andere Fische anzulocken.

Was ist der Unterschied zwischen Mimikry und Mimese?

Bei der Mimikry wird gezielt ein falsches Signal gesendet, das eine Reaktion beim Empfänger auslöst. Bei der Mimese dagegen imitiert ein Lebewesen ein Objekt, das für den zu täuschenden Beobachter uninteressant ist. Anders als bei einem Tarnkleid ist der Trickser hier durchaus zu sehen – aber er wird nicht als das wahrgenommen, was er wirklich ist. Zum Nachahmen bieten sich Steine, Äste, Blätter oder Blüten an. So tarnen sich bestimmte Gespenstschrecken als „Wandelnde Blätter". Andere dagegen haben sich einen langen, dünnen Körper zugelegt, der an einen Zweig erinnert.

Warum verfärbt sich das Chamäleon?

Lange nahm man an, dass Chamäleons ihre Hautfarbe dem Untergrund anpassen, um sich zu tarnen. Inzwischen weiß man aber, dass sie für ihre oft abrupten Farbwechsel noch bessere Gründe haben. Zum einen reagieren sie damit auf Temperaturschwankungen oder Lichtveränderungen. Ist es ihnen zu kalt, werden sie dunkler, sodass ihre Haut mehr Sonnenlicht absorbieren kann. Bei großer Hitze ist dagegen eine helle Haut von Vorteil, die mehr Licht reflektiert. Zum anderen ist die Farbe für die Reptilien ein wichtiges Kommunikationsmittel. Sie bringen damit Stimmungen zum Ausdruck und beeindrucken ihre Rivalen.

Wie sehen Insekten die Welt?

Insekten haben zwei Typen von lichtempfindlichen Sinnesorganen: Die kleinen Punktaugen oder Ozellen messen die Helligkeit und die zwei großen Facettenaugen bestehen aus vielen Einzelaugen. Jedes davon sieht die Welt aus einer etwas anderen Perspektive und das Gehirn setzt daraus ein Gesamtbild zusammen. Insekten sehen die Welt auch in anderen Farben als der Mensch. Rote Blüten z. B. sind aus Sicht einer Honigbiene schwarz. Dafür können die Tiere UV-Licht wahrnehmen.

WARUM SIND INSEKTEN SO KLEIN?

Insekten könnten vielleicht deutlich größer sein – wenn der Sauerstoffgehalt der Luft höher wäre. Denn der ist ausschlaggebend dafür, wie effektiv das Tracheensystem funktioniert. Dieses Netz aus feinen Röhrchen durchzieht den ganzen Insektenkörper und versorgt ihn mit Sauerstoff. Doch je größer ein Insekt ist, desto schwieriger und aufwendiger ist diese Aufgabe zu erfüllen. Ein Rieseninsekt bräuchte Tracheen mit einem sehr großen Durchmesser, für die es in seinem Körper einfach nicht genug Platz gibt. Vor allem an den filigranen Gliedmaßen können die Versorgungsröhren nicht beliebig dick werden. Einem zu großen Insekt würden daher wahrscheinlich die Beine einschlafen. Es gab allerdings Phasen in der Erdgeschichte, in denen der Sauerstoffgehalt der Atmosphäre deutlich höher war. Damals lebten daher auch größere Insekten als heute. So schwirrten vor etwa 300 Mio. Jahren Riesenlibellen mit einer Flügelspannweite von mehr als 70 cm durch die Luft.

Die Facettenaugen von Insekten werden auch als Komplexaugen bezeichnet.

Weltweit gibt es mehr als 3000 Arten von Eintagsfliegen.

LEBEN EINTAGSFLIEGEN WIRKLICH NUR EINEN TAG?

Die Larven dieser Insekten werden deutlich älter, manche verbringen sogar einige Jahre im Jugendstadium. Das Leben einer erwachsenen Eintagsfliege ist dagegen tatsächlich nur sehr kurz, aber es dauert nicht unbedingt genau einen Tag. Es gibt mehr als 3000 Arten dieser Insekten, von denen einige als Erwachsene nur wenige Stunden leben. Andere bringen es auf ein paar Tage. In dieser Zeit können die Tiere nichts fressen, weil sie nach dem Schlüpfen aus der Puppe weder funktionstüchtige Mundwerkzeuge noch einen funktionierenden Darm besitzen. Das einzige Ziel, das sie noch verfolgen, ist die Fortpflanzung. Direkt danach sterben sie.

WIE HELFEN INSEKTEN BEI MORDERMITTLUNGEN?

Insekten können wertvolle Hinweise darauf liefern, wann und wo ein Mord stattgefunden hat. In der sogenannten forensischen Entomologie wird analysiert, welche Insekten eine aufgefundene Leiche besiedeln. Interessant sind dabei vor allem aasfressende Arten wie die Maden einiger Fliegenarten oder bestimmte Käfer. Für viele Fliegen ist ein toter Körper zudem nicht nur Nahrungsquelle, sondern auch Kinderstube. Er eignet sich ausgezeichnet für die Eiablage, weil er auch den Nachkommen nach dem Schlüpfen reichlich gehaltvolle Nahrung bietet.

Doch es sind nicht immer die gleichen Insekten, die solche Gelegenheiten nutzen. Je nach Standort, Temperatur, Luftfeuchtigkeit oder Verwesungsstadium siedeln sich andere Arten auf einem Leichnam an. Deshalb kann man aus dem Spektrum der Arten Rückschlüsse darauf ziehen, ob der Tote tatsächlich am Fundort gestorben ist. Auch der Zeitpunkt des Todes lässt sich mithilfe der Insekten eingrenzen – je nachdem, ob sich nur Eier finden, schon Larven oder nur noch leere Puppenhülsen, vielleicht sogar von mehreren Generationen.

WIE WEIT FLIEGEN SCHMETTERLINGE?

Schmetterlinge können riesige Strecken zurücklegen. So fliegt der Amerikanische Monarchfalter im Herbst von Nordamerika bis nach Mexiko, um dort zu überwintern. Die ersten

Rastende Monarchfalter

Ein Leopard nutzt in der Etosha-Pfanne in Namibia einen Termitenhügel als Beobachtungspunkt.

drei oder vier Generationen während eines Sommers bleiben im Norden und paaren sich dort, die letzte Generation vor dem Herbst wird jedoch nicht mehr geschlechtsreif. Sie hat aber eine sehr gut ausgebildete Flugmuskulatur.

Diese Falter machen sich dann auf den Weg, auf dem sie in acht bis zwölf Wochen über 3000 km hinter sich bringen. Sie orientieren sich dabei am Sonnenstand, den sie mit ihrer inneren Uhr abgleichen. Im Frühjahr treten die Tiere die Rückreise an, auf der sie die Geschlechtsreife erreichen und erste Eier legen. Nach der Eiablage sterben viele Weibchen und auch Männchen. Ihre Nachkommen setzen die Reise fort. So findet der Heimweg in mehreren Etappen und oft in mehreren Generationen statt.

FLIEGEN MÜCKEN AUF LICHT?

Tatsächlich gehören Mücken zu den Insekten, die von Licht angezogen werden – und dafür gibt es offenbar mehrere Gründe. Einerseits haben die meisten nachtaktiven Insekten gute Schwachlichtsensoren. Beim Mond- und Sternenlicht können sie sich damit leicht orientieren. Straßenlaternen und erleuchtete Fenster aber sind zu hell. Die geblendeten Tiere flattern hilflos auf die Lichtquelle zu. Andererseits gibt es Arten, die Mond und Sterne zur Navigation nutzen. Sie verwechseln die Lampen möglicherweise mit diesen natürlichen Wegweisern. Aber auch völlige Dunkelheit schützt nicht vor Stechmücken. Denn diese riechen das Kohlendioxid im Atem ihrer Opfer und nehmen ihre Körperwärme wahr.

Wussten Sie, dass Termitenbauten Klimaanlagen haben?

Termitenhügel können wahrhaft gigantisch werden: Bis zu 3 Mio. Tiere leben in einem Bau, und große Nester können durchaus eine Höhe und einen Durchmesser von jeweils mehreren Metern erreichen. Die Insekten legen ihre Bauten häufig in Baumstämmen oder direkt am Erdboden an. Eine komplexe Konstruktion mit Kammern, Luftschächten und isolierenden Strukturen sorgt für eine nahezu perfekte Klimatisierung: In einem zentralen „Kamin" steigt die warme und größtenteils verbrauchte Luft aus den unteren Stockwerken des Baues langsam nach oben und fließt dort über die zahlreichen Gänge zur Seite ab. An den Außenwänden kühlt die Luft dann ab und sinkt wieder nach unten. Zudem findet dort über feinste Poren ein Gasaustausch statt – Gase wie Methan und Kohlendioxid werden nach draußen entsorgt, während von außen frischer Sauerstoff in den Luftstrom gelangt. Mit dem Sog wird gleichzeitig kältere Luft aus Kammern und Gängen durch das Nest transportiert und hält es kühl.

WIE ORGANISIEREN STAATENBILDENDE INSEKTEN IHRE GEMEINSCHAFT?

Die Staaten von Ameisen, Bienen, Wespen oder Termiten beruhen auf Arbeitsteilung. Versorgung und Schutz des Baues, Brutpflege und sogar die Fortpflanzung selbst sind so organisiert, dass nicht jedes Mitglied des Staates für alle Aufgaben infrage kommt. So sind beispielsweise bei den Bienen Arbeiterinnen für die Dinge des Alltags wie Nahrungsbeschaffung und Versorgung der Brut zuständig, Ameisen stellen für die Verteidigung des Baues Soldaten ab. Letztere nehmen im Kampf kaum Rücksicht auf das eigene Leben, um ihr Volk zu schützen. Da sie selbst unfruchtbar sind, müssen sich Arbeiterinnen und Soldaten für das Fortbestehen ihres Volkes auf andere Artgenossen verlassen. In den meisten Gemeinschaften ist die Königin für den Nachwuchs zuständig, sie wird von nur wenigen Männchen befruchtet.

Betreiben Ameisen Landwirtschaft?

Tatsächlich legen diese Insekten in Sachen Ackerbau und Viehzucht eine besondere Raffinesse an den Tag. So halten manche Arten Läuse und Raupen, die sie melken, um süße Sekrete zu gewinnen. Andere Arten züchten einen speziellen Pilz, von dem der ganze Staat ernährt wird. Auf den Fidschi-Inseln haben Wissenschaftler eine Art entdeckt, die Samen von sechs verschiedenen Kaffeegewächsen in die Kronen von hohen Bäumen pflanzt. Sorgfältig bewachen die Tiere dann ihre Kulturen und düngen sie mit ihrem Kot und Urin. Sind die Gewächse groß genug, entwickeln sie Hohlräume, die den Ameisen als Kinderstuben und Residenz für die Königin dienen.

Wie teilen Bienen einander die Lage einer Futterquelle mit?

Ist eine Sammelbiene bei der Futtersuche fündig geworden, teilt sie den Genossinnen ihres Stocks über einen speziellen Tanz mit, was wo zu holen ist. Mithilfe dieses Tanzes verschlüsseln die Insekten z. B., wie ergiebig die Futterquelle ist, wie weit sie vom Nest weg ist und in welcher Richtung sie liegt. Ist das Ziel weniger als 100 m vom Bienenstock entfernt, reicht ein sogenannter Rundtanz, um die Artgenossinnen darauf aufmerksam zu machen. Bei längeren Strecken informiert man sich durch den sogenannten Schwänzeltanz, aus dem auch die Himmelsrichtung der Quelle gelesen werden kann. Allerdings sind diese Angaben nicht immer ganz genau, sodass sich die Arbeiterinnen bei der Nahrungssuche zusätzlich auch noch an anderen Hinweisen wie Düften orientieren.

Viele Ameisenarten halten Blattläuse, um Honigtau zu gwinnen.

Infolge des Klimawandels neu in Deutschland: Asiatische Tigermücke

Wie wehren sich Bienen gegen ihre Feinde? Ihre Feinde zu stechen, endet für die Biene selbst tödlich. Manche Bienenarten können sich aber auch anders verteidigen: Sie sind in der Lage, Hitze zu produzieren und damit Eindringlinge zu vernichten. Bienen halten kurzzeitig durchaus eine Temperatur von fast 50 °C aus – die meisten ihrer Feinde aber nicht. Eine ganze Traube Bienen gruppiert sich also um den Gegner und erhöht durch Muskelzittern die eigene Körperwärme derart, dass in ihrer Mitte bald 47 °C herrschen und der Eindringling stirbt.

HELFEN INSEKTEN DER WIRTSCHAFT?

Mehr als drei Viertel der wichtigen Nutzpflanzen der Erde müssen von Insekten oder anderen Tieren bestäubt werden, wenn sie einen hohen Ertrag und eine gute Qualität liefern sollen. Wer die Wirtschaftsleistung der Blütenbesucher abschätzt, kommt da leicht auf Milliardenbeträge. Laut einem Bericht des Weltbiodiversitätsrates IPBES hat die Landwirtschaft etwa 5–8 % ihrer weltweiten Ernte direkt den Bienen, Fliegen, Schmetterlingen und anderen Bestäubern zu verdanken. Das sind Produkte mit einem Marktwert zwischen 235 und 577 Mrd. US-Dollar pro Jahr. Und es sieht nicht so aus, als würde es künftig weniger Nachfrage nach dieser tierischen Unterstützung geben – im Gegenteil: Der kräftig boomende Anbau von Energiepflanzen wie Raps und Sonnenblumen kurbelt sie noch weiter an.

WIE STARK SIND INSEKTEN GEFÄHRDET?

Eine Studie von 2017 kam zu dem Ergebnis, dass Deutschlands Sechsbeiner massiv auf dem Rückzug sind. Ehrenamtliche Insektenfans hatten zwischen 1989 und 2015 Daten an mehr als 60 Standorten gesammelt. Demnach ist die Biomasse der fliegenden Insekten in nordrhein-westfälischen Schutzgebieten in dieser Zeit um etwa 75 % zurückgegangen. Weltweit lässt sich ein solcher Schwund nicht überall bestätigen: In manchen Regionen scheinen die Insektenbestände stabil zu sein oder sogar zu wachsen. Doch vielerorts zeigen die verfügbaren Studien schrumpfende Populationen. Dahinter stecken diverse Ursachen – von einer zu intensiv betriebenen Landwirtschaft über die Zerstörung von Lebensräumen bis zum Klimawandel.

BRINGT DER KLIMAWANDEL NEUE INSEKTEN NACH DEUTSCHLAND?

Die vielen milden Winter der letzten Jahre haben in der Insektenwelt Spuren hinterlassen. So siedeln sich in Deutschland immer wieder Arten an, die aus wärmeren Regionen wie dem Mittelmeerraum stammen. Zu diesen gehört z. B. die bizarre Gottesanbeterin, die ursprünglich aus Afrika stammt und sich dann über Südeuropa immer weiter nach Norden ausgebreitet hat. In Deutschland kam sie lange nur in besonders warmen Regionen wie am Kaiserstuhl vor. Inzwischen wurde sie aber in fast allen Bundesländern nachgewiesen. Unter den wärmeliebenden Neuankömmlingen sind aber auch Arten, die Risiken mit sich bringen. So wurden in Deutschland auch die Asiatische Tigermücke und die Asiatische Buschmücke nachgewiesen, die gefährliche Krankheiten wie Dengue-, West-Nil- und Gelbfieber übertragen können.

Als Bestäuber sind Bienen auch ein Wirtschaftsfaktor.

Evolution – Theorien und Tatsachen

Zahlreiche Theorien ranken sich um das Aussterben des Neandertalers (hier eine Rekonstruktion aus dem Neandertal Museum in Mettmann). Aber auch wenn er von der Erde verschwunden ist, Spuren seiner DNA sind in den meisten Menschen zu finden.

Mitte des 19. Jh. erschütterte eine Hypothese die Welt. Charles Darwin stellte seine Evolutionstheorie über den Ursprung der Arten vor. Seine Behauptung: Alle Lebewesen stammen von gemeinsamen Vorfahren ab und haben sich im Lauf der Zeit an die Herausforderungen ihres Lebensstils angepasst. Denn die Umwelt fördert ähnlich wie ein Züchter bestimmte Eigenschaften von Tieren und Pflanzen, die sich dann über Generationen immer stärker ausprägen. „Natürliche Selektion" nannte Darwin das. Durch diesen Prozess sind nicht nur zahllose verschiedene Arten entstanden. Diese Vielfalt ist auch ständig im Wandel: Manche Arten sterben aus, während andere neu entstehen. Ein Schöpfergott ist in dieser Theorie überflüssig.

Darwins Behauptungen lösten bei einigen seiner Zeitgenossen Begeisterung aus, stießen bei anderen aber auf Unglauben und Widerstände. Zwar konnte Darwin seine Theorie durch viele Belege stützen, beweisen ließ sie sich aber nicht. Zumal er einige für die Evolution wichtige Prozesse noch gar nicht kannte. Von Genen, die sich durch Mutationen verändern können, hatte zu seiner Zeit z. B. noch niemand gehört. Heute aber lässt sich mithilfe der Molekularbiologie immer besser entschlüsseln, wie Evolution im Detail funktioniert.

War Darwin der Erste, der eine Evolutionstheorie entwickelt hat?

Zu Darwins Zeiten waren schon eine ganze Menge Zweifel an den althergebrachten Vorstellungen über die Geschichte der Erde aufgekommen. Die Zeit, in der man sich bei diesem Thema kritiklos auf die Angaben der Bibel verließ, ging in Europa allmählich zu Ende.

Jean-Baptiste de Lamarck glaubte, dass durch das Strecken nach Blättern die Hälse der Giraffen von Generation zu Generation länger wurden. Dies ist heute widerlegt. Dagegen lässt sich die Evolution des Menschen von affenähnlichen Vormenschen bis zum *Homo sapiens* durch viele Skelettfunde immer besser belegen.

Schon Charles Darwins Großvater Erasmus hatte sich darüber Gedanken gemacht. Er stellte sich vor, dass das Leben von Einzellern über wirbellose Wassertiere, Fische und Reptilien bis zu den Säugetieren und zum Menschen immer höhere Entwicklungsstufen erreicht hatte – Überlegungen, die Darwin später wieder aufgriff.

Schon im Studium hörte er zudem von einer Theorie über die Entwicklung der Arten, die Jean-Baptiste de Lamarck Anfang des 19. Jh. entwickelt hatte. Der Franzose vermutete, dass sich die Ahnen der Giraffen so oft nach dem Laub in den Baumkronen gestreckt hätten, dass ihr Hals immer länger geworden sei. Dies hätten die Tiere dann an ihre Nachkommen vererbt.

Etwa zeitgleich mit Darwin verfasste auch der Naturforscher Alfred Russel Wallace eine These zur Evolution, die der von Darwin erstaunlich ähnlich war. Die Forscher standen in regem Briefkontakt, doch ihre Theorien hatten sie unabhängig voneinander verfasst.

Hatte Lamarck doch recht?

Lamarcks Theorie, nach der erworbene Eigenschaften vererbt werden können, galt lang als überholt. Seit einigen Jahren aber ist der Ruf des Franzosen etwas besser geworden. Der Grund dafür ist das Forschungsfeld der Epigenetik, das sich mit dem Wechselspiel zwischen Genen und Umwelt beschäftigt. Es hat sich nämlich gezeigt, dass äußere Einflüsse durchaus vererbbare Veränderungen auslösen können. Wasserflöhe, die oft von Feinden attackiert werden, bilden z. B. eine Art dornenbewehrten Schutzhelm. Und den geben sie auch an ihre Nachkommen weiter. Die Sequenz der DNA, in der alle wichtigen Informationen verschlüsselt sind, ändert sich dabei nicht. Allerdings können je nach Umweltbedingungen bestimmte Erbinformationen an- oder abgeschaltet werden. Und von diesen epigenetischen Anpassungen profitieren dann auch die Nachfahren.

Warum sind die Neandertaler ausgestorben?

Noch mehr Furore als mit seiner allgemeinen Evolutionstheorie machte Darwin 1868 mit seinem Buch über die Abstammung des Menschen. Der sollte nicht die von Gott geschaffene Krone der Schöpfung sein, sondern ein Verwandter der Affen? Unmöglich! Allerdings waren schon im August 1856 in der Nähe von Düsseldorf Fossilien gefunden wurden, die auch nicht ins damalige Weltbild passten. Denn es schien sich um die Überreste einer urtümlichen Menschenform zu handeln.

Heute weiß man, dass diese Neandertaler bis vor etwa 40 000 Jahren in vielen Regionen Europas gelebt haben. Warum sie dann ausgestorben sind, ist noch immer umstritten. Diskutiert werden u. a. Klimaveränderungen, Krankheiten oder Probleme durch Inzucht. Es könnte auch sein, dass die Neandertaler-Populationen zu klein waren, um langfristig überleben zu können.

Steckt in uns allen ein Stück Neandertaler?

Neandertaler und moderne Menschen haben sich durchaus auf Techtelmechtel eingelassen. Deshalb finden sich auch in unserem heutigen Erbgut noch 1–2 % Neandertaler-DNA. Allerdings ist die Häufigkeit dieser Sequenzen regional unterschiedlich. In Afrika, wo anscheinend nie Neandertaler lebten, fehlt dieses Erbe den meisten Menschen. Besonders hoch ist der Anteil der Neandertaler-DNA dagegen in Ostasien.

Was macht Vögel zu etwas Besonderem?

Vögel haben sich aus Reptilien entwickelt und sind nah mit den ausgestorbenen Dinosauriern verwandt. Die meisten Vögel können fliegen und ihr Körperbau ist daran angepasst: Ihre Vorderextremitäten haben sich zu Flügeln umgebildet und ihre Knochen sind hohl – nur so sind sie leicht genug, um sich durch die Lüfte bewegen zu können.

WARUM SPRECHEN PAPAGEIEN?

Das Sprachtalent dieser Vögel hat sich nach Ansicht vieler Forscher im Rahmen ihres Soziallebens entwickelt. Während die meisten Singvögel nur in ihrer Jugend neue Laute in ihr Repertoire aufnehmen, lernen Papageien ihr Leben lang dazu. So können sie besser Kontakt zu bestimmten Artgenossen pflegen. Elfenbeinsittiche z. B. haben kein Problem damit, in ihren großen Schwärmen gezielt ein bestimmtes Tier anzusprechen: Sie imitieren einfach dessen Kontaktruf. Etwas Ähnliches könnte dahinterstecken, wenn Graupapageien Wörter und Sätze in menschlicher Sprache krächzen. Sie plappern nämlich keineswegs nur vor sich hin, sondern passen ihre Äußerungen an die soziale Situation an. Das haben US-Forscher bei einem Weibchen namens Cosmo beobachtet. Befand sich die Besitzerin im Raum, sagte der Vogel z. B. gern Sätze wie „Cosmo will reden". War er allein, imitierte er lieber Geräusche wie Hundegebell oder Telefonklingeln.

WARUM BEKOMMEN SPECHTE VOM KLOPFEN KEINE KOPFSCHMERZEN?

Gleich mehrere Besonderheiten im Körperbau dieser Vögel mildern die Wucht der Schläge und schützen das Gehirn vor den Erschütterungen. So haben Spechte ein relativ kleines Denkorgan, das zudem exakt in die Schädelhöhle eingepasst ist. Dadurch wird das Gehirn beim Klopfen nicht hin und her

Der Gesang des Rotkehlchens beginnt etwa eine Stunde vor Sonnenaufgang.

geworfen. Ihr Schädelknochen ist zudem etwa zweimal so dick wie bei anderen Vögeln und leitet den Druck um das Gehirn herum zu den stabilen Knochen an der Schädelbasis und der Rückseite des Kopfes. Besonders wichtig bei der Stoßdämpfung ist aber die Konstruktionsweise des Schnabels: Er befindet sich einerseits nicht wie bei den meisten anderen Vögeln mitten auf der Schädelkapsel, sondern weiter unten am Kopf. Das sorgt dafür, dass die unmittelbare Wucht eines Stoßes nicht ungebremst vom Schnabel auf das Gehirn übertragen, sondern über den Schädelknochen abgeleitet wird. Darüber hinaus federn auch noch Muskeln, Sehnen und Bänder am Schnabel die Schläge ab.

HABEN SINGVÖGEL DAS ABSOLUTE GEHÖR?

Wer das absolute Gehör hat, kann ohne Hilfsmittel exakt die Höhe eines Tons bestimmen. Hier sind Singvögel den meisten Menschen tatsächlich überlegen. So zeigten Versuche mit Zebrafinken und Weißkehlammern, dass diese einzeln gehörte Töne sehr gut unterscheiden und der jeweiligen Tonlage zuordnen können. Auch erinnern sie sich sehr gut an das Gehörte.

Menschen und vor allem Ratten haben dagegen deutlich mehr Schwierigkeiten mit dem Unterscheiden von Tonhöhen. Woran das genau liegt, ist noch nicht ausreichend erforscht. Es gibt aber durchaus Menschen mit einem absoluten Gehör. Oft sind diese in einem musikalischen Elternhaus aufgewachsen. Manche Experten schließen daraus, dass Kinder diese Fähigkeit durch frühes Musizieren erlernen können. Einer anderen Theorie zufolge ist das absolute Gehör dagegen angeboren und bleibt durch die Musikstunden erhalten.

Den Buntspecht hört man in Mitteleuropa häufig klopfen.

Woher wissen Vögel, wann sie morgens mit dem Singen beginnen sollen?

Alle Vogelarten wachen morgens zu ganz bestimmten Zeitpunkten auf und fangen an zu singen. Denn jede hat ihren ganz eigenen Weckreiz, der vor allem durch die Helligkeit bestimmt wird. Doch auch die Wärme und die Geräusche in der Umgebung spielen eine Rolle. Diese Aufwachzeiten sind so genau, dass man anhand der Gesänge sogar die Uhrzeit bestimmen kann.

In Deutschland ist der erste Sänger der Gartenrotschwanz, er beginnt etwa eine Stunde und 30 Minuten vor Sonnenaufgang. Im 5- bis 10-Minuten-Rhythmus folgen dann u. a. Hausrotschwanz, Rotkehlchen, Amsel, Zaunkönig, Zilpzalp, Kohlmeise und Buchfink.

Ist der Vogelgesang erlernt oder angeboren?

So wie Menschen sprechen lernen, müssen sich auch Singvögel ihr Gezwitscher erst antrainieren. Manche Arten haben dazu nur einen begrenzten Zeitraum zur Verfügung. Zebrafinken z. B. gehen nur etwa drei Monate lang in die Gesangsschule und behalten das Gelernte dann ihr Leben lang bei. Kanarienvögel dagegen machen in ihrem ersten Sommer ein paar Übungen, feilen dann den Herbst und Winter über an ihren Darbietungen und geben das Ergebnis im nächsten Jahr zum Besten. Im folgenden Herbst bauen sie wieder neue Silben ein und verfeinern ihre Gesänge. Bei den meisten Vogelarten lernt der Nachwuchs vor allem vom Vater. Bei manchen Arten können sich die Jungvögel aber auch ihre Geschwister, andere Vogelarten, ganz andere Tiere oder sogar Geräusche aus der Umgebung zum Vorbild nehmen.

RICHTIG ODER FALSCH?

Adler haben die besten Augen aller Lebewesen.

Die Augen des Adlers gehören zu den besten im ganzen Tierreich. Doch andere Greifvögel wie Falke, Bussard oder Habicht haben ebenso gute Augen. Alle diese Tiere haben sehr große und lang gezogene Augäpfel – so groß, dass sich beide in der Mitte des Kopfes berühren und viel Platz für Linse und Netzhaut bieten. Greifvögel haben zudem viel mehr und gleichmäßiger verteilte Sehzellen in ihrer Netzhaut als Menschen. Je enger diese Sehzellen angeordnet sind, umso schärfer wird das Bild. Zudem ist ihr zeitliches Auflösungsvermögen viel höher: Während der Mensch 25 Bilder pro Sekunde schon als eine sich flüssig bewegende Sequenz wahrnimmt, können Greifvögel 150 Bilder in der Sekunde noch als Einzelbilder erkennen. Und weil sie UV-Licht sehen, können sie sogar die Urinspuren von Mäusen verfolgen.

Beeinflusst Verkehrslärm den Gesang von Vögeln?
Welche Erfolge der Vogelnachwuchs im Gesangsunterricht erzielt, hängt auch von seiner Umgebung ab. Wenn er beispielsweise an einer viel befahrenen Straße aufwächst, sind das keine guten Voraussetzungen. Denn Verkehrslärm stresst junge Vögel so stark, dass sie schlechter Zwitschern lernen. Doch auch für ausgebildete Sänger ist zu viel Krach eine Herausforderung. So ist es für Stadtbewohner oft schwierig, sich bei Rivalen und möglichen Partnerinnen Gehör zu verschaffen. Deshalb schmettern Nachtigallen und andere Arten ihre Strophen in der Stadt deutlich lauter als in ruhigeren Regionen. Von der Corona-Pandemie haben manche Singvögel daher profitiert. Als der Lärm z. B. in San Francisco durch den Lockdown im Frühjahr 2020 um etwa die Hälfte abnahm, sangen die Dachsammern dort sanfter, tiefer und mit einer größeren Bandbreite von Tönen als zuvor.

Gibt es Vögel, die Dialekt singen?
Genau wie Menschen haben tatsächlich auch viele Vögel Dialekte entwickelt. Jede Vogelart hat zwar einen gemeinsamen „Wortschatz“ an Tönen, doch in diesem Rahmen gibt es je nach Region verschiedene Varianten. So zwitschert z. B. ein Rotkehlchen in Bremen anders als eines in Köln oder Bonn. Es gibt Vogelarten mit mehr als 60 Dialekten, und manche Sänger sind sogar „mehrsprachig“. Solche Männchen haben größere Paarungschancen, da Weibchen Partner mit vertrautem Dialekt bevorzugen. Dadurch isolieren sich aber möglicherweise Gruppen mit unterschiedlichen Gesängen voneinander: Männchen mit dem „falschen“ Gezwitscher werden nicht mehr akzeptiert. So können neue Unterarten und später sogar verschiedene Arten entstehen.

SEHEN VÖGEL BESSER ODER ANDERS ALS DER MENSCH?

Bei den meisten Vögeln sind die Augen seitlich am Kopf angebracht. Dadurch können sie einen größeren Ausschnitt aus der Umgebung sehen, ohne den Kopf zu drehen. Bei den Schnepfen liegen die Augen sogar so weit auseinander, dass sie Rundumblick haben. Das hat aber einen Nachteil: Der Bereich, der von beiden Augen zugleich gesehen wird, ist dadurch kleiner als beim Menschen. Das aber beeinträchtigt das räumliche Sehen. Also bewegen die Tiere ihren Kopf ständig hin und her, sodass ihre Augen unterschiedliche Eindrücke der Umgebung liefern. Diese werden dann im Gehirn zu einem räumlichen Bild zusammengefügt.

Oft haben Vögel auch sehr große Augen, damit sie selbst bei schwachem Licht noch gut sehen können. Tagsüber erkennen sie neben den üblichen Farben sogar UV-Licht, was bei der Nahrungs- und bei der Partnersuche hilfreich sein kann.

Es ist ein faszinierender Anblick, wenn man Vögel in V-Formation am Himmel entlangziehen sieht.

Konrad Lorenz – Vater der Graugänse

Der österreichische Zoologe ist bis heute für seine Studien über das Verhalten von Graugänsen bekannt. Diese Vögel müssen erst lernen, wer ihre Mutter ist. Entscheidend dafür ist eine sensible Phase kurz nach dem Schlüpfen. Sobald sie in dieser Zeit etwas sehen, das sich bewegt, also normalerweise tatsächlich die Mutter, laufen sie piepsend hinterher. Statt einer Gans akzeptieren die Tiere aber auch Menschen, Fahrzeuge oder irgendeine Attrappe. Lorenz nannte dies „Prägung". Er trat auch selbst als Ersatzvater auf den Plan und stellte fest: Sind die Tiere geprägt, lässt sich das Erlernte nicht wieder rückgängig machen – auch nicht, wenn die echte Mutter zurückkommt.

WIE ORIENTIEREN SICH ZUGVÖGEL?

Zugvögel haben ein angeborenes Wissen darüber, wann es Zeit wird, das Quartier zu wechseln und wo es dann hingeht. Sie orientieren sich dabei am Stand der Sonne und anhand von Sternbildern. Auch markante Punkte in der Landschaft sowie bestimmte Gerüche können helfen, den richtigen Weg zu finden. Eines der ungewöhnlichsten Talente der Zugvögel aber besteht darin, mithilfe des Magnetfelds zu navigieren. Lange haben Wissenschaftler darüber gerätselt, wie genau die gefiederten Fernreisenden das machen. Bis in alle Details gelöst haben sie dieses Rätsel noch immer nicht. Im Jahr 2021 hat ein internationales Forschungsteam aber den Verdacht bestätigt, dass sich der Magnetkompass in den Augen der Tiere versteckt: In der Netzhaut von Rotkehlchen fand sich ein lichtempfindliches Protein namens Chryptochrom 4, das auch auf das Magnetfeld reagiert und so die Grundlage für den inneren Kompass liefert.

Warum fliegen Wildgänse und andere Zugvögel in V-Formation?

Zugvögel unternehmen jedes Jahr zwei anstrengende, oft Hunderte von Kilometern lange Flüge zwischen ihren Sommer- und Winterquartieren. Um unterwegs möglichst viel Energie zu sparen, fliegen sie häufig in V-Formation. Denn so entstehen an den Flügelspitzen jedes Tieres Wirbel, die dem schräg dahinter fliegenden Mitreisenden einen kleinen Auftrieb bescheren. Und diese Strategie lohnt sich: Mehr als die Hälfte der Zeit gleiten die Tiere in Formation durch die Luft und brauchen so 11–14 % weniger Energie als beim Alleinflug. Der vorderste Vogel hat dabei allerdings den anstrengendsten Job und keinen vor sich, der ihm Auftrieb verschaffen könnte. Deshalb lässt er sich nach einer Weile zurückfallen und wird abgelöst.

Albatrosse können tagelang fliegen, ohne mit den Flügeln zu schlagen.

WARUM HABEN ALBATROSSE PROBLEME BEI START UND LANDUNG?

Wenn Albatrosse starten und landen, wirkt das wenig elegant. Denn die langen Schwingen, die sich in der Luft ideal zum Gleiten eigenen, sind in Bodennähe eher hinderlich und können leicht den Untergrund berühren. Eine Herausforderung beim Start ist zudem das Gewicht der bis zu 12 kg schweren Vögel. Abheben können sie deshalb nur mit einem langen, schnellen Anlauf und bei Gegenwind von mindestens 12 km/h. Ist der Flug beendet, versuchen sie durch Laufen, den Schwung der Landung abzufangen. Doch meist sind sie schneller, als sie rennen können, und so kommt es oft zur Bruchlandung. Manchmal schlagen sie dabei sogar einen Purzelbaum.

Der Orientierungssinn von Tauben ist legendär – und noch immer nicht völlig enträtselt.

WIE FINDEN TAUBEN IHREN WEG NACH HAUSE?

Wie sich Tauben tatsächlich orientieren, ist noch nicht völlig geklärt. Aber es gibt Anhaltspunkte dafür, dass sie sich wie Zugvögel nach dem Magnetfeld der Erde und dem Stand der Sonne sowie der Sterne richten. Darüber hinaus helfen ihnen auch Wegweiser wie Autobahnen, Eisenbahnlinien und Landstraßen, den richtigen Weg zu finden. Wenn es nach Hause geht, fliegen sie oft an großen Verkehrsadern entlang, die mehr oder weniger in Richtung Heimat weisen. Dabei legen sie nicht unbedingt Wert auf einen geradlinigen Straßenverlauf, sie folgen z. B. auch Kreisverkehren. Doch auch der Geruchssinn der Vögel scheint eine Rolle zu spielen: Offenbar haben Brieftauben eine Art Duftlandkarte im Kopf, anhand derer sie navigieren.

SIND WINDRÄDER EINE GEFAHR FÜR VÖGEL UND FLEDERMÄUSE?

Tatsächlich verunglücken immer wieder Vögel und Fledermäuse an rotierenden Windrädern. Für die meisten Vogelarten dürfte das nicht bestandsgefährdend sein. Es gibt aber einige, die besonders stark betroffen sind. Sorgen machen Ornithologen z. B. die hohen Verluste bei Mäusebussarden und Rotmilanen. Bei den Fledermäusen sind in Deutschland etwa 70 % der Opfer wandernde Arten wie der Große Abendsegler. Getötet werden diese Tiere entweder durch eine direkte Kollision mit den Flügeln der Windräder. Oder sie erleiden durch die starken Luftdruckänderungen in der Nähe der Rotorblätter ein sogenanntes Barotrauma, bei dem die inneren Organe zerrissen werden. Wie groß die Gefahr für die Tiere ist, hängt vor allem vom Standort der Anlage ab. Besonders ungünstig wirken sich Windräder an Gewässern oder Waldrändern aus.

WARUM FRIEREN PINGUINE AUF DEM EIS NICHT FEST?

Obwohl ihre Körpertemperatur bei 39 °C liegt, haben Pinguine immer kalte Füße: So sind sie an den eisigen Untergrund angepasst und können ihn nicht zum Schmelzen bringen. Also entsteht keine Flüssigkeit, und die Füße können auch nicht festfrieren. Damit die Füße kalt bleiben, wird der Blutfluss gedrosselt: Die Beinvenen und -arterien sind von Muskeln umgeben, die sich stark zusammenziehen lassen. So wird die Blutzufuhr auf ein Minimum beschränkt und die Temperatur der Füße auf knapp über 0 °C gehalten. Dadurch kühlt aber auch das Blut herunter. Damit es nicht zu kalt in den Körper zurückkommt, fließt es durch zahlreiche kleine Blutgefäße – vorbei an warmen Arterien.

Warum tragen Pinguine einen Frack?

Die schwarze Zeichnung des Pinguins, die aussieht wie ein Frack, funktioniert im Wasser als Tarnanzug, der vor Greifvögeln und Meeresräubern schützt: Von oben betrachtet, verschmilzt der schwarze Frack des Pinguins mit der Meeresoberfläche und ist aus der Luft kaum zu erkennen. Und von unten gesehen, verschwimmt der weißliche Bauch vor der hellen, vom Sonnenlicht durchfluteten Meeresoberfläche.

Warum lagern Kaiserpinguine die Eier auf ihren Füßen?

Anders als viele ihrer Verwandten bauen Kaiserpinguine kein Nest. Denn sie brüten auf dem Eis, wo sie einfach kein Material dafür finden. Wenn im Mai die ersten Eier gelegt werden, führen die Pinguineltern daher oft einen geradezu artistischen Tanz auf: Die Weibchen versuchen, das Ei sicher auf die Füße ihres Partners rollen zu lassen, damit es nicht auf dem kalten Eis landet. Nach der Übergabe kehren die Pinguinmütter zurück zum Meer, um zu fressen. Ihren Partnern aber steht die härteste Bewährungsprobe noch bevor. Die nächsten 60 Tage werden sie mit den Eiern auf den Füßen der Dunkelheit, den Stürmen und der Kälte des antarktischen Winters trotzen und den Nachwuchs ausbrüten. Ihre Füße und die Hautfalte an ihrem Bauch sind dabei der einzige Schutz der Küken gegen Temperaturen von –40 °C.

Schneller, höher, weiter – Rekorde aus dem Tierreich

Dreifinger-faultier

Heuschrecken-schwarm

Was der Mensch nur dank der Technik erreicht, schafft manches Tier allein mit der Kraft seines Körpers: So sind einige Tiere auf vier Pfoten oder Hufen deutlich schneller als ein Rekordsprinter. Andere schwimmen mit Geschwindigkeiten, von denen jeder Schwimmweltmeister nur träumen kann. Und es gibt noch viel mehr Tierrekorde – zu Lande, zu Wasser oder in der Luft.

Welches ist das langsamste Säugetier?

Die in Südamerika lebenden Dreifingerfaultiere bewegen sich mit 0,16 km/h am Boden extrem gemächlich – und das nur äußerst mühsam. Etwas agiler sind sie im Geäst der Bäume, wo sie eigentlich zu Hause sind. Aber auch dort schaffen sie nur etwa 0,27 km/h.

Welches Tier ist an Land das schnellste?

Für einen flotten Sprint hält der Gepard diesen Rekord: Auf kurze Distanzen wird die Raubkatze bis zu 120 km/h schnell. Auf Langstrecken muss der Gepard seinen Titel aber an den Gabelbock abgeben, der auch für längere Zeit ein Tempo von etwa 88 km/h halten kann.

Welches Tier erreicht die höchsten Geschwindigkeiten?

Im Sturzflug kommt ein Wanderfalke auf Höchstgeschwindigkeiten von etwa 350 km/h. Die bisherige Rekordmessung soll sogar bei 389 km/h gelegen haben.

Welche Tiere schwimmen am schnellsten?

Zu den schnellsten Fischen der Welt gehören der Schwarze Marlin mit einer Spitzengeschwindigkeit von 129 km/h und der Fächerfisch mit 111 km/h. Der schnellste Meeressäuger ist der Orca oder Killerwal, der immerhin bis zu 55 km/h schwimmen kann. Bei den Vögeln hält der Eselspinguin mit 36 km/h den Schwimmrekord.

Wer macht die größten Sprünge?

Rekordhalter in dieser Rubrik sind die Flöhe. Die Weltmeister im Weitsprung schaffen es, mit einem Sprung das 200-Fache der eigenen Körperlänge zu überwinden.

Welches ist das größte Landsäugetier?

Diesen Rekord hält die Giraffe: Etwa 5,5 m Höhe können männliche Exemplare erreichen. Aber wie die meisten Säuger haben auch diese langhalsigen Bewohner der afrikanischen Savannen nur sieben Halswirbel – in diesem Fall sind die Wirbel allerdings stark vergrößert.

Welche ist die größte Schlange?

Um diese Position streiten sich zwei Arten: die Große Anakonda und der Netzpython. Die Anakonda wird mit maximal 8–9 m zwar nicht länger als der Netzpython, der in seltenen Fällen sogar 10 m Länge erreichen kann. Doch ist sie mit 150–200 kg Lebendgewicht mitunter deutlich

Netzpython

dicker und schwerer als ihr Konkurrent. Daher gilt sie als die größte und schwerste Schlange weltweit.

Welches ist das größte Meerestier?

Der Blauwal kann mehr als 30 m lang werden, das größte wissenschaftlich vermessene Exemplar brachte es auf 33,6 m. Damit ist er gleichzeitig das größte Säugetier überhaupt. Rekordhalter in Sachen Gewicht ist ein Exemplar, das 1947 in antarktischen Gewässern gefangen wurde: Das weibliche Tier war 27,6 m lang und wog 190 t.

Welches ist das kleinste Säugetier?

Die Hummelfledermaus hält mit der Etruskerspitzmaus den Winzigkeitsrekord unter den Säugern. Die Fledermaus erreicht eine Kopf-Rumpf-Länge von 29–33 mm, eine Flügelspannweite von 130–150 mm und wiegt 1,7–2 g. Die Etruskerspitzmaus ist mit einer Kopf-Rumpf-Länge von 35–48 mm, einer Schwanzlänge von 25–30 mm und einem Gewicht von etwa 2,5 g ähnlich winzig.

Welche sind die größten Muscheln?

Wie der Name vermuten lässt, sind Riesenmuscheln die größten Muscheln. Mit einer Länge von bis zu 1,4 m und einem Gewicht von bis zu 400 kg ist die Große Riesenmuschel der Gigant unter den Riesen. Die gewaltigen Weichtiere besiedeln Korallenriffe im indopazifischen Raum.

Welche Tiere werden am ältesten?

Die in der Antarktis lebenden Schwämme der Art *Anoxycalyx joubini* können bis zu 10 000 Jahre alt werden. Ausgerechnet haben Forscher das anhand der Größe und des extrem niedrigen Sauerstoffverbrauchs der sesshaften Meerestiere, die eine äußerst geringe Stoffwechselrate haben. Damit sind die Riesenschwämme, die eine Höhe von bis zu 2 m und einen Durchmesser von bis zu 1,7 m erreichen können, die ältesten bekannten Tiere.

Welches Tier ist am pingeligsten beim Essen?

Es gibt viele Arten, die in Sachen Futter spezielle Ansprüche haben. Zu den besonders wählerischen Säugetieren gehört der Koala. Er ernährt sich fast ausschließlich von Eukalyptusblättern sowie der Rinde und den Früchten dieser Pflanzen. Dabei zieht der Feinschmecker nur 70 der etwa 500 Eukalyptusarten in Australien überhaupt in Betracht. In manchen Regionen beschränkt er sich sogar nur auf fünf bis zehn. Zudem durchsuchen Koalas Tag für Tag sorgfältig mehrere Kilogramm Blattwerk, um schließlich 0,5 kg Blätter zu verzehren.

Koala

Wer ist das stärkste Tier?

In dieser Sparte gilt eine nicht einmal 1 mm große tropische Hornmilbe namens *Archegozetes longisetosus* als Anwärterin auf den Titel. Sie kann das 1200-fache ihres eigenen Körpergewichts stemmen. Ähnliche Leistungen schafft auch der Stierkopf-Dungkäfer.

Welche Insekten bilden die größten Schwärme?

Wanderheuschrecken rotten sich mitunter zu riesigen Versammlungen zusammen. Den Rekord hält dabei die inzwischen ausgestorbene Felsengebirgsschrecke. Ein Schwarm, der 1875 über Nebraska zog, soll 3000 km lang und 180 km breit gewesen sein und aus 13 Billionen Tieren bestanden haben.

Welche Vögel fliegen am höchsten?

Die höchste je bei einem Vogel beobachtete Flughöhe liegt bei 11 300 m: Ein Sperbergeier kollidierte Ende November 1973 im Luftraum über der Elfenbeinküste in dieser Höhe mit einem Verkehrsflugzeug.

Welche Tiere werden am lautesten?

Als lauteste Tiere der Welt gelten die Pistolenkrebse. Sie können mit ihren Scheren einen Knall erzeugen, der einen Schalldruckpegel von 250 dB erreicht. Extrem laut sind aber auch die niedrigfrequenten Rufe von Pottwalen mit 230 dB und von Blauwalen mit 188 dB.

Unser Blauer Planet

Die Erde ist ein Planet des Wandels: Auch wenn sie starr wirkt, verändern sich ihre Landmassen und Ozeane bis heute. Erdbeben und Vulkane zeugen von der Urgewalt im Inneren des Planeten. Umhüllt vom Mantel der Atmosphäre konnten erst durch sie Wind, Wetter und Leben auf der Erde entstehen. Und gerade in Zeiten des Klimawandels wird es immer wichtiger, die Vorgänge auf unserer Erde besser zu verstehen, um sie auch für spätere Generationen lebenswert zu erhalten.

Welcher Motor treibt das Wetter an?

Die Energie der von der Sonne auf die Erde treffenden Strahlung bildet seit Jahrmilliarden die Grundlage für das Wetter und damit auch für das Klima auf der Erde. Verschiedene Gase in der Atmosphäre, Wasser, Dampf und Eis, aber auch die Vegetation und die Oberfläche der Erde sowie eine Reihe weiterer Faktoren nehmen Einfluss auf diese Energieströme und modellieren damit das Wetter. Der Mond dagegen beeinflusst das Wetter nicht.

ÄNDERT SICH DAS WETTER BEI NEUMOND?

Wenn die Erde das Sonnenlicht ganz vom Mond abschirmt, ist Neumond. Seit Jahrhunderten hält sich der Glaube, dass sich dann das Wetter häufiger ändert als sonst. Wissenschaftliche Untersuchungen finden jedoch keine Zusammenhänge zwischen Wetter und Mondphasen.

Ist das Wetter bei Vollmond trockener?
Den Vollmond sehen Menschen vom Erdboden aus nur dann, wenn zumindest in seiner Umgebung keine Wolken am Himmel sind. Bei solchen Wetterlagen regnet es natürlich seltener als bei bedecktem Himmel. Und bei Dauerregen verdeckt eine dicke Wolkendecke den Vollmond – vom Erdboden aus ist der Erdtrabant daher gar nicht zu sehen. Die Sichtbarkeit des Vollmonds hängt also sehr stark vom Wetter ab, während der Mond selbst das Wetter nicht beeinflusst.

Ein Feld nach einem Gewitterregen – die Sonne liefert die Energie für alle Wetterphänomene auf der Erde.

Wenn der Mond einen Hof hat, ist viel Wasser in der Luft – und damit die Regenwahrscheinlichkeit hoch.

Ändert sich das Wetter, wenn der Mond einen Hof hat?

„Wenn der Mond mit Hofe scheint, wart nur, bald der Himmel weint", lautet eine alte Bauernregel, die einen wahren Kern hat. Ein strahlender Ring um den Mond entsteht durch winzige Wassertropfen, die in der Luft schweben und das Mondlicht streuen. Der Hof um den Mond zeigt also hohe Luftfeuchtigkeit und damit nahende Niederschläge an.

WIE ENTSTEHEN HOCHS UND TIEFS?

Hoch- und Tiefdruckgebiete entstehen durch die Sonnenstrahlung. Je stärker die Sonne scheint, umso wärmer wird die Luft. Da wärmere Luft leichter als kalte ist, steigt sie auf. Dadurch fehlt bei starker Sonnenstrahlung z. B. in den Tropen am Boden ein wenig Luft, der Druck sinkt und ein Tiefdruckgebiet ist entstanden. Die aufsteigende Luft kühlt ab und kann dadurch weniger Feuchtigkeit halten. Daher regnet es in einem Tiefdruckgebiet häufig.

In der Höhe fließt die Luft in verschiedene Richtungen, gibt dabei viel Energie ab, kühlt zunehmend aus und wird dabei schwerer. Die ursprünglich in den Tropen aufgestiegene Luft sinkt daher einige Tausend Kilometer weiter nördlich in der Region der Sahara und der Wüsten in Zentralasien und dem Süden Nordamerikas wieder ab. Dabei wärmt sie sich erneut auf und trocknet aus. Deshalb regnet es in diesen Gebieten nur extrem selten, und es entstehen Wüsten. Am Boden sammelt sich die Luft und ein Hochdruckgebiet entsteht.

Wie weht der Wind zwischen Hoch- und Tiefdruckgebieten?

Luft strömt im Prinzip aus Gebieten mit viel Luft und hohem Druck in Regionen mit niedrigerem Luftdruck. Dabei lenkt die Erdrotation den Wind aber vom direkten Kurs ab und lässt ihn – auf der Nordhalbkugel der Erde – auf einer Spirale entgegen dem Uhrzeigersinn Richtung Kern des Tiefs fließen. Aus einem benachbarten Hochdruckgebiet fließt die Luft dagegen im Uhrzeigersinn auf einer Spiralbahn heraus.

Wetterhäuschen sind einfache Hygrometer – sie messen also die Luftfeuchtigkeit.

Wie wird das Wetter, wenn der Luftdruck steigt?

In einem Hochdruckgebiet sinkt die kühlere Luft aus höheren Schichten Richtung Boden. Dabei steigt der Druck, die Luft erwärmt sich und kann dadurch mehr Feuchtigkeit aufnehmen. Deswegen treten Niederschläge seltener auf und die Sonne scheint häufig.

Im Herbst und Winter sieht das Wetter in einem Hochdruckgebiet aber oft völlig anders aus. In diesen Jahreszeiten erreicht nicht mehr so viel Sonnenlicht die Erdoberfläche und wärmt die Erde weniger. Da kalte Luft weniger Feuchtigkeit hält als warme (siehe unten), beginnt das enthaltene Wasser bei sinkenden Temperaturen z. B. in der Nacht zu winzigen Tröpfchen zu kondensieren und statt klarem Wetter beschert ein Hochdruckgebiet uns dann eine trübe Nebelsuppe. Da die Sonne kaum Energie liefert, kann sie den Nebel tagsüber oft erst nach Stunden oder manchmal auch gar nicht auflösen. Ein Hochdruckgebiet im Herbst sorgt daher oft für Nebelwetter.

WIE VIEL WASSERDAMPF KANN LUFT ENTHALTEN?

Die Menge des Wasserdampfs in der Luft hängt vor allem von der Temperatur ab. Je wärmer es ist, umso mehr (unsichtbaren) Wasserdampf kann sie enthalten, ohne dass das Wasser kondensiert. Beim sogenannten „normalen Luftdruck“ von 1013,25 hPa kann 1 m^3 Luft bei einer Temperatur von 10 °C gerade einmal 9,41 g Wasserdampf enthalten. Bei 30 °C sind es bereits 30,38 g und bei 60 °C wären es über 100 g Wasserdampf. Die Temperatur, bei der die maximal mögliche Feuchtigkeit erreicht wird und der Wasserdampf bei minimaler weiterer Abkühlung zu winzigen Tröpfchen kondensiert, nennt man Taupunkt.

Wie wird die Luftfeuchtigkeit gemessen?

Die Luftfeuchtigkeit wird bereits seit dem 18. Jh. mit Haaren, z. B. Menschen- oder Pferdehaaren gemessen, die sich bei steigender Feuchte ausdehnen und bei zunehmender Trockenheit zusammenziehen. Feine Haare, beispielsweise die blonder Frauen, eignen sich für solche Messgeräte, sogenannte Hygrometer, am besten, weil ihre Länge sich bei einer Änderung der relativen Luftfeuchtigkeit um 10 % bereits um 0,25 % und damit stärker als bei dickeren Haaren ändert. Über eine feine Mechanik wird diese Änderung auf eine Skala übertragen.

Weshalb sinkt die Sichtweite bei Nebel?
Sinkt die Temperatur einer Luftschicht unter den Taupunkt, beginnt Wasserdampf zu winzigen Tröpfchen zu kondensieren, aus denen sich Wolken bilden. Liegen diese Wolken auf dem Boden auf, nennt man sie Nebel. Da die Wassertröpfchen das Licht streuen, werden sie sichtbar und verringern so die Sichtweite. Für Meteorologen beginnt Nebel bei Sichtweiten unter 1000 m. Beträgt die Sichtweite nur noch 200 m, liegt dichter Nebel über dem Land und bei Sichtweiten von mehr als 1 km spricht man von Dunst.

WARUM GIBT ES SO VIELE VERSCHIEDENE WOLKENFORMEN?

Da die Troposphäre genannte unterste Schicht der Atmosphäre, die an den Polen rund 8 und am Äquator etwa 18 km über den Erdboden reicht, rund 90 % der gesamten Luft und nahezu den gesamten Wasserdampf enthält, entstehen dort die allermeisten Wolken. Abhängig von Temperatur, Luftströmungen, Feuchtigkeit, Höhe und Wetterlage bilden sich völlig unterschiedliche Wolkenformen. Da diese Faktoren zusammenwirken und sie sich mit der Jahreszeit und der Region zum Teil stark ändern, gibt es sehr viele unterschiedliche Wolkenformen, die aber jeweils aus Wassertröpfchen, Eiskristallen oder einer Mischung aus beiden bestehen.

Was sind Cirruswolken?
Bei den tiefen Temperaturen in großen Höhen zwischen 8 und 12 km bilden sich häufig Wolken aus Eiskristallen. Solche Cirruswolken, Cirren oder Federwolken ähneln vom Erdboden aus weißen Fäden oder schmalen Bändern, deren Enden von Höhenwinden ausgefranst werden.

Was versteht man unter kleinen Schäfchenwolken?
Schäfchenwolken entstehen bei ähnlichen Bedingungen wie Cirren, allerdings bilden sich hier weiße Flecken, Felder oder Schichten. Solche kleine Cirrocumuluswolken enthalten fast nur Eiskristalle sowie manchmal wenige, stark unterkühlte Wassertröpfchen.

Nebel kann in der Natur wunderschöne Lichtstimmungen erzeugen – im Straßenverkehr dagegen ist er gefürchtet.

Unter welchen Bedingungen entstehen Schleierwolken?

Diese fachsprachlich als Cirrostratus bezeichneten Wolken enthalten ebenfalls fast nur Eiskristalle, überziehen aber große Flächen mit einem nebelartigen zarten Schleier, der die Sonnenstrahlung mehr oder weniger abschirmt und so die Temperaturen ein wenig bis kräftig senkt. Schleierwolken entstehen, wenn große Massen warmer Luft langsam aufsteigen und künden daher häufig von der Annäherung einer Warmfront.

In welchen Höhen entstehen große Schäfchenwolken?

Altocumuluswolken bilden sich in Höhen von 2–8 km und bestehen vor allem aus Wassertröpfchen. Diese großen Schäfchenwolken wirken deutlich kompakter und haben klarere Umrisse als die aus Eiskristallen entstandenen Wolken in größerer Höhe. Oft bilden sie regelmäßige Muster, manchmal auch linsen- oder mandelförmige Bänke, die sich über große Flächen ausdehnen.

Wie sehen mittelhohe Schichtwolken aus?

Altostratuswolken bestehen aus Regentropfen und kleinen Wassertröpfchen, aber auch Schneeflocken und Eiskristallen, die graue und bläuliche Wolkenfelder oder dünne, faserige Schichten bilden. Mittelhohe Schichtwolken bedecken den Himmel großflächig oder ganz und künden oft von Regen, der in wenigen Stunden eintrifft.

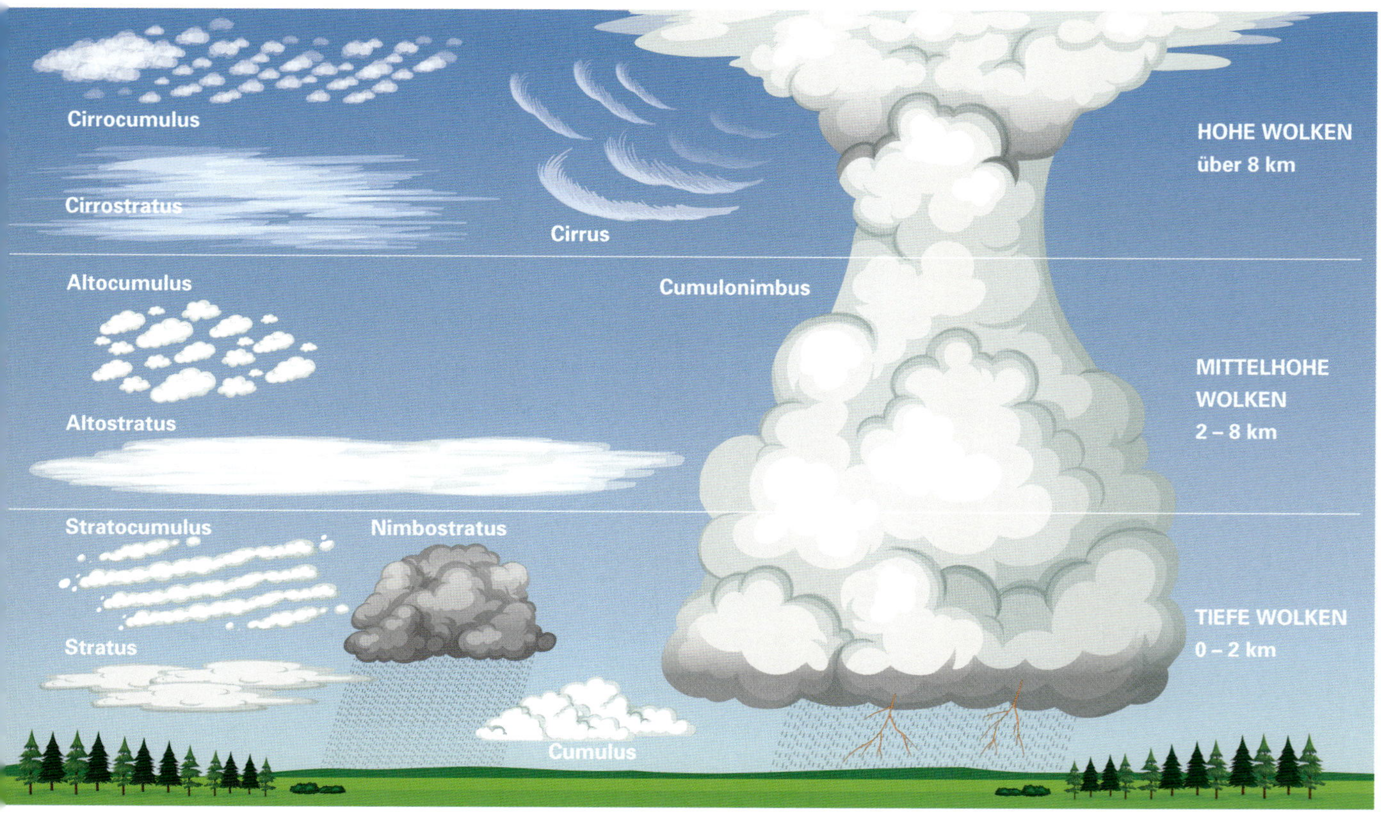

Ein Surfer an der australischen Küste lässt sich auch von einer Gewitterwolke nicht vertreiben.

Welches Wetter bringen tiefe Schichtwolken?
Dieser meist dichte, dicke Wolkentyp, der auf dem Boden aufliegen kann und kaum höher als 2 km reicht, heißt auch Stratus. Die tiefen Schichtwolken bestehen aus kleinen Wassertröpfchen oder Schneekristallen. Aus ihnen fallen häufig Nieselregen oder Schneegriesel, aber keine ergiebigen Niederschläge.

Was sind Stratocumuluswolken?
Diese Wolken werden oft als Schäfchenwolken bezeichnet, können aber sehr unterschiedlich aussehen und verschieden groß sein. Sie bestehen aus kleinen und großen Wassertröpfchen, haben graue bis weißliche Flecken, Felder oder Schichten und fast immer auch dunkle Stellen.

Wie sehen typische Regenwolken aus?
Regenwolken (Nimbostratuswolken) formen große, graue oder dunkle, unten ausgefranste Wolkenschichten, die sich über weite Höhenbereiche erstrecken. Aus ihnen fällt lang andauernder Regen, Schnee und manchmal Hagel.

Was sind Quellwolken?
Diese Cumuluswolken bilden Hügel, Kuppeln oder Türme und viele weitere Formen. Die Quell- oder Haufenwolken bestehen vor allem aus Wassertröpfchen und sind immer relativ dicht und scharf abgegrenzt. Aber meist bringen sie keinen Niederschlag.

Wie sehen Gewitterwolken aus?
Die bedrohlich wirkenden Cumulonimbuswolken quellen durch alle Schichten der unteren Atmosphäre und bestehen unten aus Wassertröpfchen, oben aus Eiskristallen. Die klassischen Gewitterwolken türmen sich zu gigantischen Wolkenbergen auf, die auch die Form eines Ambosses annehmen können. Aus ihnen fallen kräftige Schauer, die oft von Donner und Blitz begleitet sind.

WIE ENTSTEHT HAGEL?

Starke Winde reißen in Gewitterwolken Wassertröpfchen aus den warmen unteren Wolkenbereichen in die Höhe. In den bis zu –60 °C kalten oberen Bereichen gefrieren sie zu Eisklümpchen. Diese stürzen in tiefere Schichten, nehmen dort Wasser auf und werden von den heftigen Aufwinden wieder in die eisige Höhe geschleudert, wo das Wasser zu einer neuen

Wussten Sie, dass Hagelkörner über 100 km/h schnell sein können?

Am 9. August 2010 zeigte sich im US-Bundesstaat South Dakota wie gefährlich Hagelkörner werden können: ein 875 g schweres Hagelkorn mit mindestens 18 cm Durchmesser und damit der Größe eines Handballs donnerte auf den Boden.

	Geschwindigkeit bis zu …	Durchmesser bis zu …
Hagelkorn	170 km/h	18 cm
Wassertropfen	36 km/h	0,8 cm
Schneeflocke	4 km/h	38 cm

Eisschicht gefriert. Ähnlich wie bei einem Jo-Jo erleben die Eisbällchen einige derartiger Auf- und Abbewegungen und werden dabei jedes Mal etwas schwerer. So lange, bis sie zu schwer für die Aufwinde werden und schließlich als Hagelkörner zu Boden prasseln. Tauen die Eisklümpchen über dem Boden dagegen auf, entstehen sehr große Tropfen – ein Platzregen geht nieder.

Wie teuer kann ein Hagelunwetter sein?

Lange Zeit galt das ungewöhnlich heftige Unwetter vom 12. Juli 1984 in München als das teuerste Hagelunwetter mit einem Schaden von umgerechnet über 1 Mrd. Euro. Allerdings wurde es am 27. und 28. Juli 2013 von den Hagelunwettern, die Baden-Württemberg und Niedersachsen heimsuchten, weit übertroffen: Für die Kompensation der mehr als 900 000 festgestellten Sachschäden setzte man eine Summe von 2,7 Mrd. Euro an.

GIBT ES UNTERSCHIEDLICHE ARTEN VON REGEN?

Meteorologen unterscheiden zwischen normalem Regen mit Tropfengrößen zwischen 0,6 und 3 mm und Nieselregen mit Tröpfchen von weniger als 0,6 mm Durchmesser. Oft enthalten Regentropfen auch Staub und Pollen, die vorher in der Luft schwebten, sowie Sauerstoff, Stickstoff und Kohlendioxid, die als Gase Teile der Atmosphäre sind. Auch aus industriellen Verbrennungsprozessen und Automotoren gelangen Stickstoff- und Schwefelverbindungen in die Luft, die mit dem Regen als Säure wieder ausgewaschen werden und am Boden als Dünger wirken oder Stein verwittern lassen.

Was ist ein Niederschlagsradar?

Da Niederschläge sehr ungleichmäßig verteilt sein und konventionelle Messstationen den Niederschlag nur an einzelnen Punkten bestimmen können, lässt sich die Regenmenge auf der sehr großen restlichen Fläche kaum realistisch abschätzen. Meteorologen setzen daher zusätzlich Radarstationen ein. Die ausgesendeten Mikrowellen werden von den in der Luft schwebenden Regentröpfchen reflektiert, und aus der Menge der zurückkommenden Strahlung lässt sich die Niederschlagsmenge sehr viel besser abschätzen. Auf diese Weise lassen sich auch Gebiete mit starken Niederschlägen genauer beobachten, um rechtzeitig Wetterwarnungen auslösen zu können.

RICHTIG ODER FALSCH?

In der Atacama-Wüste regnet es nie.

Als trockenste Gegend der Welt außerhalb der Antarktis gilt die Atacama-Wüste im Norden Chiles. Ostwinde müssen dort über die meist mehr als 4000 m hohen Anden steigen und kommen daher extrem trocken in der Atacama-Wüste an. Im Pazifik fließt zudem der kalte Humboldtstrom, aus dem kaum Wasser verdunstet und daher ebenfalls keine Regenwolken entstehen. An einigen Orten fiel daher in der Atacama-Wüste seit Jahrzehnten kein Niederschlag. Während des alle paar Jahre auftretenden Wetterphänomens El Niño bricht die kalte Meeresströmung aber zusammen. Aus dem Pazifik können dann heftige Regenfälle landeinwärts ziehen und die Wüste erblüht.

Ändert sich das Klima?

Durch das Verbrennen von Kohle, Gas und Öl und die dabei freigesetzten Treibhausgase treibt die moderne Zivilisation derzeit einen raschen Klimawandel an. Um die Folgen zu mindern, versucht die Menschheit, den Anstieg der durchschnittlichen Temperaturen auf 1,5 °C zu begrenzen. Dazu ist allerdings eine gewaltige Kraftanstrengung aller Nationen weltweit notwendig. Ein Blick in die Vergangenheit des Erdklimas zeigt die bei einem Scheitern drohenden Folgen.

HAT SICH DAS KLIMA AUF DER ERDE IN DER VERGANGENHEIT GEÄNDERT?

Das Klima der Erde hat sich tatsächlich schon oft geändert. Allerdings geschah das normalerweise sehr langsam, und die Natur hatte Zeit, sich an die neuen Verhältnisse anzupassen. Im Verlauf der Erdgeschichte gab es aber auch Ereignisse, die das Klima sehr rasch veränderten – z. B. große Asteroideneinschläge oder Vulkanausbrüche, bei denen gigantische Magma- und Aschemengen ausgeworfen wurden. Da sich die Natur an extreme Veränderung nur über sehr große Zeiträume oder gar nicht anpassen kann, folgte darauf oft das massenhafte Aussterben von Arten.

WIE ALT IST DIE AUS BAUMRINGEN BEKANNTE KLIMAGESCHICHTE?

Die Analyse der Wachstumsringe von Bäumen mit klassischen Methoden sowie modernen Isotopen-Untersuchungen erlaubt einen Blick auf die vergangenen 12 000 Jahre. Allerdings nur für sehr wenige Regionen, in denen gut erhaltene Bäume aus diesen Zeiträumen untersucht werden können.

Wie alt ist die Klimageschichte im ewigen Eis?

Aus Eisbohrkernen wurde in der Antarktis zu Beginn des 21. Jh. durch Analysen von eingeschlossenen Luftbläschen und Isotopen das Klima der vergangenen 900 000 Jahre rekonstruiert. In den 2020er-Jahren sollen sogar 1,5 Mio. Jahre alte Eisproben gewonnen und später analysiert werden. Das deutlich jüngere Eis Grönlands und die noch viel jüngeren Gletscher Europas, Amerikas und Asiens zeigen dagegen viel weniger Klimavergangenheit. Solche Klimaarchive gibt es also nur für Regionen, in denen entsprechend altes Eis existiert.

Wie sehen andere Klimaarchive aus?

In anderen Gebieten nutzt man z. B. die Ablagerungen am Grund von Seen, an Korallenstöcken oder an Tropfsteinen, um mit Isotopen-Analysen etliche Jahrtausende in die Vergangenheit schauen zu können. Ähnliche Untersuchungen der Ablagerungen am Grund der Tiefsee erlauben sogar mehrere Hundert Millionen Jahre tiefe Blicke in die Klimavergangenheit.

Klimaarchiv Koralle – die Bohrung liefert Daten über frühere Zeiten.

WIE HELFEN BLÜTENPOLLEN DEN KLIMAFORSCHERN?

In den Sedimenten von Seen oder in den Schichten eines Moores werden auch Blütenpollen abgelagert, die ebenfalls ein Klima- und Ökoarchiv bilden. Spezialisten können die Pflanzen ermitteln, von denen die jeweiligen Pollen stammen. Da viele Gewächse nur unter bestimmten Klimabedingungen wachsen, lässt sich aus der vorhandenen Pollenmischung dann das Klima der jeweiligen Zeit ungefähr ableiten. Solche Klimaarchive reichen unter Umständen mehrere Millionen Jahre zurück.

SEIT WANN GIBT ES SYSTEMATISCHE WETTER-BEOBACHTUNGEN?

Wetterstationen mit zuverlässigen Aufzeichnungen gibt es vielerorts erst seit einigen Jahrzehnten oder allenfalls wenigen Jahrhunderten. So arbeitet die älteste deutsche Station am Hohenpeißenberg in Bayern gerade einmal seit 1781. Fast ein Jahrhundert jünger sind die beiden zweitältesten Stationen in Berlin-Dahlem und Karlsruhe, die beide seit 1876 das Wetter aufzeichnen. Flächendeckende Aufzeichnungen reichen also nicht einmal in die Zeit vor der Industrialisierung zurück. Sie erlauben daher nur einen kurzen, aber dafür umso genaueren Blick in die Wettergeschichte.

Wetterhähne zeigen schon seit Jahrhunderten vor allem auf Kirchtürmen die Windrichtung an.

Wie genau sind Wettervorhersagen?

Das Wetter wird zwar durch Naturgesetze sehr gut beschrieben, lässt sich aber nur mit nicht linearen Gleichungen berechnen. Das bedeutet, dass sehr kleine Änderungen in der Ausgangssituation erhebliche Variationen zur Folge haben. Daher nimmt die Zuverlässigkeit der aus den Daten von Satelliten und Wetterstationen mit aufwendigen Computersimulationen erstellten Prognosen mit der Zeit rasch ab: Die Vorhersagen des Deutschen Wetterdienstes stimmen für die nächsten 24 Stunden zu 90 %, die kommenden drei Tage haben dagegen nur eine Zuverlässigkeit von 75 %. Temperaturen lassen sich dabei viel genauer vorhersagen als Niederschläge. Je ruhiger eine Wetterlage ist, umso länger ist die Vorhersage zuverlässig: So lässt sich bei einem stabilen Hoch im Winter das Wetter oft sogar eine Woche mit 90 %iger Sicherheit prognostizieren, während bei einer turbulenten Gewitterlage im Sommer manchmal kaum 70 %ige Zuverlässigkeit für den nächsten Tag möglich sind.

WELCHE FUNKTION HABEN WETTERBALLONS?

Wetterballons sind mit Helium gefüllt und können daher bis zu 40 km hoch aufsteigen. Unterwegs werden Temperatur, Luftdruck, Feuchtigkeit und Winde gemessen sowie Gase bestimmt und die Werte über Funk zur Erde übermittelt. So gewinnt man ein Profil der Atmosphäre, das die Wettervorhersage unterstützt, aber auch Hinweise auf andere Faktoren wie die Konzentration von Ozon gibt. Nach den Messungen wird der Ballon über eine Leine zurückgeholt.

Wetterballone liefern wichtige Daten über die Atmosphäre am Ort ihres Aufstiegs.

WIE WIRKEN SICH VULKANAUSBRÜCHE AUF DAS KLIMA AUS?

Katapultieren Vulkane große Mengen Asche und Schwefelverbindungen sehr hoch in die Atmosphäre, können diese Partikel und Verbindungen in der Höhe einen Teil des Sonnenlichts abfangen. Dadurch kühlen die darunterliegenden Bereiche zum Teil merklich ab. Längere Auswirkungen auf das Klima von mehr als einem Jahr kommen allerdings nur selten und vielleicht alle paar Jahrzehnte einmal vor.

Wie stark beeinflusst ein Vulkanausbruch das Klima?

Die Eruption des Pinatubo auf den Philippinen schleuderte im Juni 1991 riesige Mengen Asche und rund 17 Mio. t Schwefeldioxid in die Stratosphäre. Die Asche verdunkelte die Sonne auf der ganzen Erde messbar für einige Tage. Das Schwefeldioxid hielt sich viele Monate in der Luft und verringerte die auf der Erdoberfläche auftreffende Sonnenstrahlung um rund 5 %. Weltweit sank die durchschnittliche Temperatur dadurch 1991 um 0,4 °C, auf der Nordhalbkugel der Erde lagen die Durchschnittstemperaturen sogar um 0,5 – 0,6 °C niedriger. Gleichzeitig wurde die Ozonschicht verstärkt abgebaut, in mittleren Breiten war sie deutlich ausgedünnt und über der Antarktis erreichte das Ozonloch Rekordwerte.

WIE BEEINFLUSSEN DIE OZEANE WETTER UND KLIMA?

Die Weltmeere sind entscheidende Motoren für das Weltklima. Das Wasser nimmt Wärme viel langsamer auf als die Luft, gibt diese Energie aber auch viel langsamer wieder ab. Daher puffern die Ozeane das Klima sozusagen ab – noch in einigen Hundert Kilometern Entfernung von ihnen sind die Winter daher deutlich milder und die Sommer kühler als fernab des Wassers. Obendrein transportieren die Meeresströmungen riesige Wärmemengen, aber auch eisige Wassermassen und beeinflussen so das Klima enorm.

Während einer durch El Niño verstärkten Dürre 2016 in Kambodscha ist ein Junge auf dem Weg zu einer Wasserverteilungsstelle.

Was sind El Niño und La Niña?

Bei diesen Wetterphänomenen handelt es sich um Klimaanomalien, die alle paar Jahre auftreten und das Wetter in weiten Teilen der Südhalbkugel der Erde stark beeinflussen. Bei einem El Niño kehren sich die üblichen Luftdruckverhältnisse über dem südlichen Pazifik um die Weihnachtszeit um – „El Niño" ist die spanische Bezeichnung für das Christkind. Dann erreichen starke Regenfälle einige Regionen der sonst extrem trockenen südamerikanischen Küsten, während Dürren das sonst sehr feuchte Südostasien plagen. In Afrika gibt es ähnliche, aber etwas schwächere Auswirkungen.

Bei einem La Niña (spanisch für „das Mädchen") verstärken sich dagegen die sonst üblichen Druckverhältnisse und Meeresströmungen. Südamerika wird also noch trockener als üblich und Südostasien noch feuchter.

WARUM GILT DER GOLFSTROM ALS ZENTRALHEIZUNG EUROPAS?

Palmen an der schottischen Küste und Agaven an den Atlantikstränden Frankreichs wachsen dort nur, weil aus dem Golf von Mexiko ein Strom tropisch-warmen Wassers in den Nordatlantik fließt. Dessen Ausläufer reichen bis an die Küsten Europas und fungieren dort bis in den Norden Norwegens als eine Art Warmwasserheizung. Ohne diesen landläufig „Golfstrom" genannten Strom lägen die Temperaturen im Westen Europas rund 3 °C niedriger als heute.

Welcher Motor treibt die Tiefenströme der Weltmeere an?

In der zentralen Labradorsee zwischen Grönland und Kanada befindet sich in den Tiefen des Atlantiks der entscheidende Motor für die weltweiten Strömungen. In dieser Region treffen im Winter die eiskalten Winde aus dem tiefgefrorenen Kanada auf das schwere Salzwasser des Nordatlantiks und kühlen es weiter ab. Dabei wird das Wasser noch schwerer, sinkt in die Tiefe und fließt dort nach Süden. Solche kalten Tiefenströmungen entstehen nur in sehr wenigen Gebieten, ziehen sich durch große Teile der Ozeane und bewegen zwischen zehn und 40 Mrd. l Wasser pro Sekunde – im größten Strom der Erde, dem Amazonas, fließt nur 1 % dieser Wassermenge. Erst in den Meeren weit südlich des Äquators steigt das Tiefenwasser langsam wieder auf und fließt schließlich an der Oberfläche wieder nach Norden. Von der heißen Tropensonne aufgeheizt, wärmen dann der Golfstrom und seine Verlängerung die Küsten im Westen Europas. Gleichzeitig füllen diese Wassermassen die Lücke wieder auf, die das in die Tiefe fließende und dort nach Süden strömende Wasser hinterlässt. Die Tiefenwasserströmung wirkt also wie eine riesige Pumpe, die das Wasser in den Meeren umwälzt.

WELCHE ERSTEN ERGEBNISSE BRACHTE DIE MOSAIC-EXPEDITION?

Um die Auswirkungen des Klimawandels in der Arktis zu erforschen, ließ sich das deutsche Forschungsschiff *Polarstern* im Winter 2019/2020 mit einem internationalen wissenschaftlichen Team an Bord im Eis einfrieren und bewegte sich fortan nur noch mit der Eisdrift. Auch wenn die Covid-19-Pandemie die MOSAiC-Expedition beeinträchtigte, konnten die wichtigsten Ziele erreicht und unzählige Messwerte aufgezeichnet werden. Die Auswertung der Daten wird zwar noch Jahre dauern, aber vor Ort fand man schnell offensichtliche Auswirkungen des Klimawandels: So zeigte sich z. B., dass die Eisdecke heute nur noch halb so dick ist wie vor 130 Jahren und auch die größte Ausdehnung der Eisfläche von Winter zu Winter zurückgeht.

Die *Polarstern* auf dem Weg zum Nordpol (oben). Eine Wissenschaftlerin der MOSAiC-Expedition an einem künstlichen Loch in der Eisfläche.

Heißer Klimawandel in Mitteleuropa

Auch weit entfernte, vom Klimawandel ausgelöste Veränderungen haben Einfluss auf Wetterereignisse bei uns in Mitteleuropa. So steigt beispielsweise in der Barentssee infolge des Rückgangs der Eisbedeckung die verdunstende Wassermenge. Und dies wiederum hat Auswirkungen auf die Niederschläge in Europa.

Die Folgen des Klimawandels lassen sich zu Beginn der 2020er-Jahre nicht mehr leugnen: In Mitteleuropa lagen vier der 20 trockensten Sommer der letzten 2110 Jahre im 21. Jh. Diese beunruhigenden Fakten waren das Ergebnis von sehr aufwendigen und zeitintensiven Untersuchungen, die der deutsche Klimaforscher Ulf Büntgen von der Universität im englischen Cambridge und sein Team im Jahr 2021 in der Zeitschrift *Nature Geoscience* vorstellten. Die wärmsten und trockensten Vier- und Fünf-Jahres-Perioden Mitteleuropas in diesem Zeitraum traten zudem erst vor Kurzem auf: 2015 bzw. 2014 jeweils bis 2018. Auch wenn in den komplexen Analysen die ebenfalls sehr trockenen Jahre 2019 und 2020 noch gar nicht berücksichtigt waren, stand das Fazit von Ulf Büntgen fest: Eine ähnliche Häufung von extremen Trockenperioden, wie wir sie seit 2003 erleben, gab es in den letzten 2110 Jahren kein einziges Mal. Gemeinsam mit fast allen Klimaforschern weltweit ist er sich sicher, dass diese Dürre-Anomalie durch die von der Menschheit ausgelöste Klimaerwärmung verursacht wurde und sich durch deren Auswirkung auf die Großwetterlagen im Sommer zeigt.

Welche Auswirkungen haben Hitzesommer?

Die ebenfalls dem Klimawandel zugeschriebene Hitzeperiode im Sommer 2003 in Mittel- und Westeuropa war die schlimmste Unwetterkatastrophe des Kontinents seit Beginn der modernen Geschichtsschreibung. Sie forderte zwischen 45 000 und 70 000 Todesopfer, die

Zu den Folgen des Klimawandels gehört auch, dass extreme Wetterphänomene zunehmen. Und diese können sehr unterschiedlich sein: z. B. sehr heiße Sommer mit kaum Regen, in denen Pflanzen zu verdorren drohen (2018, rechts), oder sintflutartige Niederschläge wie 2021 im Ahrtal (links).

meisten davon in Frankreich. Die volkswirtschaftlichen Schäden erreichten etwa 12 Mrd. Euro. Der Pegel vieler Flüsse sank auf Rekord-Niedrigstände, Trinkwasser wurde knapp, Ernten vertrockneten, Wälder drohten abzusterben. Zunächst hielt man den Hitzesommer für ein Einzelereignis. Aber bereits 2015 folgte ein ähnlich intensiver, aber deutlich länger anhaltender Hitzesommer – und schon drei Jahre später folgte der dritte „Jahrtausendsommer" in nicht einmal zwei Dekaden. Und auch die Sommerhalbjahre 2019 und 2020 waren auffallend trocken. In Mitteleuropa gab es Waldbrände ungeahnten Ausmaßes und die Ernteschäden erreichten rekordverdächtige Werte. Ähnlichen Hitze- und Dürrewellen fielen auch in Australien und Kalifornien, Kanada und Sibirien riesige Waldflächen zum Opfer.

Welche Folgen haben Flutkatastrophen?

Das Jahr 2021 mit seinen außergewöhnlich ergiebigen Niederschlägen beendete vorerst die Dürreperioden. Katastrophaler Höhepunkt der Niederschläge war die Flutkatastrophe, die Mitte Juli 2021 vor allem Teile Belgiens und die Eifel in den deutschen Bundesländern Rheinland-Pfalz und Nordrhein-Westfalen verwüstete. Allein in Deutschland starben mindestens 184 Menschen in den Fluten, Belgien beklagte 41 weitere Todesopfer. Die Sachschäden sollen sich in Deutschland auf über 17 Mrd. Euro belaufen – die bisher teuerste Flut in der Geschichte Europas. Auch bei diesem Ereignis war der Klimawandel nach einhelliger Meinung von Fachleuten ein maßgeblicher Auslöser.

Wird es in Zukunft im Winter noch Schnee geben?

Am heftigsten trifft der Klimawandel den hohen Norden. Besonders stark steigen die Temperaturen in der Arktis, gleichzeitig verschwindet das Eis auf dem Nordpolarmeer. Allein in der Barentssee ging beispielsweise die Eisbedeckung im März, wenn die weiße Fläche ihre größte Ausdehnung erreicht, von 1979 bis 2020 um 54 % zurück.

Dieses Phänomen führt aber paradoxerweise immer wieder zu stärkeren Schneefällen: Während aus dem Meereis kaum Wasser verdunstet, strömen aus dem eisig kalten offenen Wasser der Barentssee große Mengen Feuchtigkeit in die darüberliegende Luft. Mit jedem Quadratmeter Meereis, der seit 1979 verloren gegangen ist, gelangten so allein im Monat März jedes Jahr 70 kg Wasser zusätzlich in die Luft. So verdunsteten z. B. zwischen dem 19. Februar und dem 28. März 2018 aus der Barentssee rund 140 Mrd. t Wasser. In dieser Zeit hatte sich von dort bis weit nach Sibirien hinein ein riesiges Hochdruckgebiet gebildet, an dessen Westseite starke Nordostwinde die so entstandene Luftfeuchtigkeit nach Skandinavien und bis nach Mittel- und Westeuropa sowie nach Großbritannien bliesen. Folglich tobten sogar über Großbritannien, West- und Südeuropa Schneestürme, auch die deutsche Ostseeküste verschwand Ende Februar 2018 teilweise unter 25 cm Neuschnee. Paradoxerweise scheinen die steigenden Temperaturen im Klimawandel also relativ weiten Teilen Europas heftige Schneefälle zu bringen.

Wie kann Wetter aussehen?

Wetter ist nahezu alles, was zwischen dem Himmel und der Erdoberfläche in der Atmosphäre passiert: vom strahlenden Sonnenschein über einer blühenden Wiese im Frühjahr, über tobende Gewitter im Sommer, neblige Tage im November bis zu Schneestürmen und klirrender Kälte im Winter. Viele Wetterphänomene wurden einst auf göttlichen Einfluss zurückgeführt, bevor es gelang, sie mithilfe wissenschaftlicher Methoden immer besser zu verstehen.

WIE ENTSTEHT EIN REGENBOGEN?

Die besten Bedingungen für einen Regenbogen gibt es, wenn der Himmel am frühen Morgen oder späten Nachmittag nach Niederschlägen rasch aufklart. In der feuchten Luft befinden sich dann noch viele Wassertröpfchen, die von der tief stehenden Sonne angestrahlt werden. Dabei wird das Sonnenlicht an der gewölbten Oberfläche der winzigen Tropfen in die Spektralfarben zerlegt. Die einzelnen Farben werden am Rand des Tröpfchens reflektiert und ihr Licht läuft Richtung Sonne zurück. Daher sieht man einen Regenbogen nur dann, wenn man die Sonne im Rücken hat. Ein schwächerer Nebenregenbogen entsteht durch eine zweite Reflexion der farbigen Lichtwellen im Wassertröpfchen. In ihm ist die Reihenfolge der Farben vertauscht.

WIE ENTSTEHT DAS MORGEN- UND ABENDROT?

Steht die Sonne tief, ist der Weg des Lichts durch die Atmosphäre sehr lang. Dadurch wird auf dem Weg zu einem Beobachter das kurzwellige, leichter zu streuende blaue Licht durch die Teilchen in der Atmosphäre völlig „weggestreut". Übrig bleibt vor allem das rote Licht, das dann den Himmel am Abend und am Morgen oft rötlich färbt. Wolken und Wassertröpfchen in der Luft verstärken dieses Rot noch.

WIE KOMMT ES ZU STARKEM GEWITTERREGEN?

Steigt warme und feuchte Luft schnell in große Höhen, kühlt sie rasch aus und die enthaltene Feuchtigkeit kondensiert zu kleinen Tröpfchen. Dabei wird viel Energie frei, die das gesamte Luftpaket noch schneller in die Höhe hebt. Die Wassertröpfchen werden mit nach oben getragen, bis sie gefrieren. Jetzt lagert sich neues Eis an und lässt die Kristalle wachsen, bis auch die kräftigsten Aufwinde ihr Gewicht nicht mehr tragen können – diese Eisbrocken fallen dann als Hagel zu Boden (siehe S. 157). Ist der Aufwind schwächer, wachsen die Eisbröckchen nicht so stark und schmelzen vor dem Auftreffen auf den Boden wieder. Dann fallen sehr große, kalte Tropfen in einem „Platzregen“ auf den Boden.

Schwebeteilchen (Aerosole) in der Luft sorgen dafür, dass die Sonne beim Auf- und Untergang rötlicher leuchtet.

WIE ENTSTEHEN BLITZ UND DONNER?

Die kräftigen Winde in einer Gewitterwolke trennen auch elektrische Ladungen der Wassertröpfchen voneinander. Meist ist der obere Teil der Wolke positiv, der untere negativ geladen. Werden die Ladungsunterschiede zu groß, versuchen sie sich wieder auszugleichen. Dann schießen negativ geladene Teilchen, die sogenannten Elektronen, in rasantem Tempo durch nur wenige Millimeter dicke „Blitzkanäle“ (siehe S. 169) von der negativen zur positiven Ladung. Dadurch werden selbst die Atome in noch kleinere Einzelteile zerlegt und es entsteht ein sogenanntes Plasma, das gleißend hell leuchtet – es blitzt. Und da meist einige solcher Entladungen in Sekundenbruchteilen hintereinander erfolgen, flackert ein Blitz. Gleichzeitig wird die Luft unmittelbar neben dem Blitzkanal auf mehr als 30 000 °C erhitzt, dehnt sich deshalb explosionsartig aus und erzeugt dabei den Donner.

Selten sind die Wetter- und Sichtbedingungen so ideal, dass man einen derart perfekten Regenbogen bestaunen kann.

Wie lässt sich die Entfernung eines Blitzes schätzen?

Mithilfe der Zeitspanne, die zwischen Blitz und Donner liegt, kann man ausrechnen, wie weit das Gewitter noch entfernt ist. Dazu muss man nur wissen, dass sich das drohende Rumpeln mit Schallgeschwindigkeit ausbreitet und dabei in rund 3 Sekunden 1 km zurücklegt. Sobald man also den Blitz sieht, zählt man in normalem Tempo von eins bis zum ersten Donnerschlag. Teilt man diese Zahl durch drei, ist das die Entfernung des Gewitters in Kilometern. Ist der Donner schon da, bevor man „Eins" gesagt hat, ist es also höchste Zeit, sich ins sichere Haus zurückzuziehen.

Wie sind Gewitter verteilt?

Das Gewitterrisiko ist nicht immer und überall gleich hoch. In Deutschland ist die Gefahr in den Sommermonaten am größten; die meisten der leuchtenden Gewitterboten zucken hier normalerweise im Juli über den Himmel. Dabei treffen sie auch nicht jedes Gebiet gleich häufig. Während beispielsweise im Voralpenland Jahr für Jahr durchschnittlich vier Blitze pro Quadratmeter einschlagen, ist es an der Küste weniger als einer. Besonders beliebte Ziele der Entladungen scheinen das Rhein-Main-Gebiet und der Schwarzwald zu sein. Auch ändert sich die Häufigkeit von Gewittern von Jahr zu Jahr. Leuchteten 2014 noch 623 000 Blitze über Deutschland auf, zuckten die Entladungen 2019 nur 319 000-mal über den Himmel.

DONNERT ES IN DER STADT HÄUFIGER?

Große Städte scheinen Blitze geradezu magisch anzuziehen. So donnert es in Houston 40 % häufiger als im ländlichen Umland. Im Sommer und Herbst schlagen während der Mittagszeit sogar über 70 % mehr Blitze in der texanischen Stadt als außerhalb ein.

Ein Grund dafür sind die vielen Gebäude, Plätze und Straßen aus Beton und Asphalt, die sich im Sommer stark aufheizen. Aus den Häuserschluchten steigt warme Luft nach oben und bildet Wärmeinseln über der Stadt. Zieht nun ein leichtes Gewitter vorbei, bekommt es durch diese Wärme zusätzliche Energie. Aus einem harmlosen Donnergrollen kann dadurch ein heftiges Unwetter werden. Zudem blasen Fabriken und Verkehr zahllose kleine Partikel in die Luft der Städte. In den Wolken schlägt sich an diesen vielen Schmutzteilchen Wasser nieder, kleine Regentropfen entstehen. Das aber steigert die elektrische Aktivität der Wolken, wodurch mehr Blitze entstehen.

Ein Gewitter über Köln in einer Langzeitbelichtung.

VERLAUFEN ALLE BLITZE VON OBEN NACH UNTEN?

Erst mit den genaueren Beobachtungsmethoden der heutigen Zeit offenbarte sich die Vielfalt der gigantischen Spannungsentladungen. So zucken Blitze meistens nicht vom Himmel zur Erde, sondern umgekehrt von unten nach oben. Häufig verlaufen die Entladungen auch zwischen den Wolken. Erst gegen Ende des 20. Jh. konnten Piloten und Astronauten bestätigen, dass es Blitze oberhalb von Wolken rund 40–90 km über der Erdoberfläche gibt. Diese sogenannten Blue Jets, Kobolde und Elfen erzeugen oft eindrucksvolle blaue und rote Lichteffekte. Sie können sowohl aufwärts als auch abwärts zucken.

Wie groß ist ein Blitz?

Im Bruchteil einer tausendstel Sekunde entladen sich in Blitzen Stromstärken von etwa 20 000 A mit Feldstärken von 200 000 V/m. Durch Vorentladungen vor dem Hauptblitz entsteht ein Blitzkanal, an dem sich Luftmoleküle elektrisch aufladen und zu strahlen beginnen. Da Blitzkanäle ihre Richtung leicht ändern, entsteht bei einer starken Entladung oft eine Zickzackform. Zwischen Gewitterwolken und Erdoberfläche erreichen Blitze im Durchschnitt 1–2 km Länge. Zwischen den Wolken erreichen die elektrischen Entladungen rund 5–7 km. Selten konnte man auch bis zu 140 km lange Blitze beobachten. Der Durchmesser des Blitzkanals ist dagegen nur wenige Millimeter groß.

Werden Blitze von Metall angezogen?

Ein Blitz sucht sich immer den leichtesten Weg, um elektrische Spannungen auszugleichen. In gut leitende Metalle schlägt ein Blitz deshalb wesentlich häufiger ein als in schlechten Leitern wie trockenem Holz. Auch Menschen können auf einer freien Fläche vom Blitz getroffen werden. Eine größere Rolle als das Material spielen nämlich Form und Position eines „Blitzableiters“: Was aus einer Fläche herausragt, wird wegen des kürzeren Weges zur Entladungsstelle eher vom Blitz getroffen.

Wie tödlich sind Blitze?

Noch im 19. Jh. kamen in Deutschland jedes Jahr mehrere Hundert Menschen durch Blitze ums Leben. Viele Bauern arbeiteten damals regelmäßig auf dem offenen Feld und konnten sich bei Gewitter nicht rechtzeitig in Sicherheit bringen. Inzwischen aber haben sich Lebens- und Arbeitsbedingungen so stark verändert, dass Gewitter einen Teil ihres Schreckens verloren haben. Doch auch heute fordern Blitze in Deutschland noch durchschnittlich drei bis sieben Todesopfer pro Jahr.

BLITZABLEITER

Wie erfand Benjamin Franklin den Blitzableiter?

Mit einem Experiment überprüfte der Amerikaner Benjamin Franklin 1752 seine These, ein Blitz sei nur ein besonders großer Funke. Ein fliegender Drache sollte die elektrische Ladung eines Blitzes an der Halteschnur nach unten leiten. Aus der Metallschüssel am unteren Ende kamen tatsächlich Funken – woraus Franklin schloss, dass man Blitze von Gebäuden mit Eisenstangen auf dem Dach ableiten könnte, wenn man von dieser Stange aus eine Leitung bis in den Erdboden legt. Schon 1753 baute ein mährischer Pfarrer dann den ersten Blitzableiter in Europa; der erste deutsche Blitzableiter wurde 1769 auf dem Hamburger Jacobi-Kirchturm errichtet.

Im Mai 2016 donnerte ein gewaltiger Tornado über die Felder nahe der US-amerikanischen Kleinstadt Wray im Bundesstaat Colorado.

Wie schützt man sich vor Blitzen?
Am besten geht man in ein Gebäude oder setzt sich ins Auto: Letzteres bietet guten Schutz, da es wie ein Faradaykäfig wirkt und die Elektrizität über seine Außenhülle ableitet. Fehlt ein solcher Schutz kauern sich Spaziergänger auf den Boden und halten dabei die Füße eng beieinander, ohne Metallgegenstände wie etwa Regenschirme zu berühren. So ragen sie nicht allzu hoch auf und bieten dem Unwetter nur eine relativ kleine Fläche. Fahrrad- und Motorradfahrer sollten absteigen und das Ende des Gewitters in einiger Entfernung zum Zweirad abwarten.

WIE ENTSTEHT EIN TORNADO?

Bei seiner Geburt ähnelt ein Tornado noch einem normalen Gewitter, in dem sehr feuchte Luft rasch in höhere und kältere Luftschichten aufsteigt und die kondensierende Feuchtigkeit als Schauer oder Hagel wieder zum Boden schickt. Bläst der Wind in den höheren Etagen der Atmosphäre kräftig in eine andere Richtung als am Boden, neigen sich die Wolkentürme ein wenig und beginnen zu rotieren. Vorn steigt dann weiter feuchte Luft auf, während hinten die Gewitterregen prasseln. Ein solcher Gewitterwolken-Wirbel kann sich lange halten und dabei immer schneller drehen. Normalerweise reicht der aus einer solchen Superzelle herausragende Wolkenrüssel nicht bis auf den Boden hinunter. In seltenen Fällen aber erreichen diese Wirbel mit wenigen bis einigen Hundert Metern Durchmesser ihn schließlich doch – und werden dann Tornado genannt.

Wie lange „lebt" ein Tornado?

Die Lebensdauer eines Tornados liegt zwischen wenigen Sekunden und mehr als einer Stunde, im Durchschnitt sind es etwa zehn Minuten. Werden die in seinem Inneren nach oben schießenden Luftmassen langsamer, bricht die Wirbelströmung allmählich zusammen und der wirbelnde Schlauch zieht sich von unten nach oben zurück.

Warum sind Tornados so gefährlich?

Die Windgeschwindigkeiten im Inneren eines Tornados können doppelt so hoch wie in den stärksten Orkanen sein. Tornados können daher mit gewaltiger Kraft Bäume entwurzeln oder Gebäude demolieren. Sie richten so immense Schäden an, die durch die aufgewirbelten und umherfliegenden Trümmer noch schlimmer werden.

Wie schnell rotiert ein Tornadorüssel?

In Oklahoma erreichte ein Tornado am 3. Mai 1999 ein Wirbeltempo von 496 km/h. Dieses Monster richtete Schäden von 1,2 Mrd. US-Dollar an und kostete tragischerweise 48 Menschen das Leben. Aber auch in Mitteleuropa erreichte ein Saugrüssel am 10. Juli 1968 in Pforzheim eine Drehgeschwindigkeit zwischen 333 und 418 km/h, tötete zwei Menschen und verursachte bis zu 75 Mio. Euro Schaden. Ähnlich stark war ein Tornado am 24. Juni 2021, der eine 26 km lange und 500 m breite Spur der Verwüstung durch den Süden Tschechiens zog. Sechs Menschen starben, mehr als 200 wurden verletzt, und die Sachschäden summierten sich auf rund 600 Mio. Euro.

Nachdem ein Tornado im Juni 2021 in Tschechien massive Schäden angerichtet hat, beginnen die Einwohner mit den ersten Aufräumungsarbeiten.

WIE HÄUFIG SIND TORNADOS IN MITTELEUROPA?

In Deutschland werden in jedem Jahr rund 20 bis 60 Tornados nachgewiesen. Allerdings dürfte die Dunkelziffer vor allem für schwächere Windhosen relativ hoch liegen. In den USA treten sie in der sogenannten Tornado Alley (Tornadoallee) im Mittleren Westen am häufigsten auf und wurden dort auch am genauesten untersucht. Jedes Jahr können hier etwa 500 bis 600 Tornados beobachtet werden. Inzwischen hat sich hierzulande ebenfalls die ursprünglich aus dem Spanischen stammende amerikanische Bezeichnung Tornado gegen die deutschen Begriffe Wind- und Wasserhose durchgesetzt. Die europäische Tornadoallee zieht sich vom Norden Frankreichs über die Beneluxstaaten bis in den Nordwesten Deutschlands. Dass der Klimawandel das Tornadogeschehen beeinflusst, ist eine nahe liegende Vermutung. Bisher gibt es dazu aber noch keine gesicherten Erkenntnisse.

WIE ENTSTEHT WIND?

Hauptursache für die Entstehung von Winden sind Unterschiede im Luftdruck zwischen den Luftmassen: Luftteilchen aus Gebieten mit einem höheren Luftdruck (Hochdruckgebiet) strömen in Gebiete mit einem niedrigeren Luftdruck (Tiefdruckgebiet). Der Wind lässt erst nach, wenn der Luftdruck ausgeglichen ist. Je größer der Unterschied zwischen den Luftdrücken ist, umso stärker der Wind.

WAS IST EIN JETSTREAM?

In einer Höhe von gut 10 km über dem Meeresspiegel weht ein Band sehr starker Winde ungefähr zwischen Südeuropa und dem Süden Skandinaviens mit Geschwindigkeiten von manchmal mehr als 500 km in der Stunde von West nach Ost über die Nordhalbkugel der Erde. Wie ein riesiges Förderband hoch oben am Himmel schiebt dieser Jetstream ganze Wettersysteme wie Hoch- und Tiefdruckgebiete rund um den Globus.

Der Klimawandel scheint diese starken Winde aber zu schwächen. Dadurch bewegt sich das Wettergeschehen in weiten Teilen Europas immer wieder einmal langsamer als vor dem Klimawandel – und so können sich Wetterlagen länger als früher über einer Region halten. Diese Veränderungen des Jetstreams stecken so gleichermaßen hinter lang anhaltenden Dürrewellen, wie es sie in den 2010er-Jahren häufig

BEAUFORTSKALA

Was ist die Beaufortskala?

Im Jahr 1806 hatte der britische Admiral Francis Beaufort die Idee, Windstärken nach einem allgemeingültigen und einfachen System zu ordnen. Diese Beaufortskala hat 13 Klassen, die ausschließlich auf Beobachtungen der Windauswirkungen zu Land und auf See beruhen. Sie reicht von 0 Beaufort und Windstille mit spiegelglatter See bis zum Orkan mit aufgepeitschtem Wasser und Gischt bei 12 Beaufort.

Winde können Wellen zu enormen Höhen aufpeitschen – wie hier 2021 in North Tyneside im Nordosten Englands.

In den Regenwäldern nahe des Äquators existieren praktisch keine Jahreszeiten.

gab, als auch hinter langen und oft starken Regenperioden. Beispielsweise der, die im Juli 2021 große Regionen im Westen und Südosten Deutschlands, aber auch in Belgien und in den Niederlanden verwüsteten.

WIE ENTSTEHEN DIE JAHRESZEITEN?

Die Erde dreht sich um eine Achse, die nicht senkrecht auf ihrer Bahn um die Sonne steht, sondern um etwa 23,5° geneigt ist. Daher wendet sich der Nordpol von Mai bis Juli stärker der Sonne zu und die Sonnenstrahlen fallen steiler ein als von November bis Januar. Am Südpol ist die Situation genau umgekehrt. Daher erreicht von Mai bis Juli viel mehr Sonnenenergie die Nordhalbkugel als ein halbes Jahr später. In dieser Zeit heizt sich die Hemisphäre langsam auf, während im Herbst viel weniger Energie auf die Atmosphäre und die Erdoberfläche trifft und so eine Periode des Abkühlens beginnt. Da sich das Wasser der Weltmeere nur sehr langsam erwärmt, gleichzeitig aber die Temperaturen über den angrenzenden Landflächen erheblich beeinflusst, hinken dort die Lufttemperaturen einige Wochen hinter dem Sonnenstand her.

Verschieben sich die Jahreszeiten mit dem Klimawandel?

Die Jahreszeiten verschieben sich im Klimawandel erheblich. So entfalten sich z. B. die Blätter in Europa in jedem Jahrzehnt zweieinhalb bis drei Tage früher – und im Herbst verfärbt sich das Laub pro Jahrzehnt 0,3 bis 1,6 Tage später. Dadurch hat sich die Vegetationsperiode in Europa seit den 1970er-Jahren in jedem Jahrzehnt um rund 3,6 Tage verlängert.

Gibt es am Äquator Jahreszeiten?

Je weiter eine Region von den Polen entfernt liegt, umso schwächer prägen sich normalerweise die Jahreszeiten aus. Am Äquator trifft im

Wenn Föhn herrscht, hat man am Bodensee einen herrlichen Blick auf die Alpen.

RICHTIG ODER FALSCH?

Wetterumschwünge verschlimmern Rheuma.

Vor allem wenn es kälter oder feuchter wird, können sich Rheumabeschwerden verschlimmern. Zwar tritt diese Wetterempfindlichkeit häufig auf, exakte Zusammenhänge konnten bisher aber nicht nachgewiesen werden.

Jahresdurchschnitt die meiste Sonnenenergie auf die Erde und heizt diese Zone kräftig auf. Dadurch steigt dort die Luft schnell in die Höhe, die enthaltene Feuchtigkeit kondensiert rasch aus und sorgt das ganze Jahr über für relativ starke Niederschläge. Daher wachsen in der Äquatorregion der Erde bei sehr hohen Temperaturen Regenwälder, die praktisch keine Jahreszeiten kennen.

STEHT DIE ERDE DER SONNE IM SOMMER AM NÄCHSTEN?

Auf der Nordhalbkugel ist diese Aussage falsch, auf der Südhalbkugel stimmt sie. Die Erde erreicht ihren sonnenfernsten Punkt (Aphel) Anfang Juli mit einem Abstand von 152,1 Mio km. Dann ist auf der Nordhalbkugel Sommer und auf der Südhalbkugel Winter. Am nächsten (Perihel) kommt die Erde der Sonne im Südsommer und Nordwinter mit rund 147,1 Mio km Anfang Januar.

WAS IST WETTERFÜHLIGKEIT?

In Mitteleuropa halten sich rund die Hälfte aller gesunden Menschen selbst für wetterfühlig. Die Betroffenen berichten vor allem bei extremen Wetterlagen wie hohen Temperaturen im Winter oder kühlen Sommertagen, bei Föhn oder starker Schwüle über eine Reihe von Beschwerden: Häufig werden dabei Kopfschmerz, vermehrte Müdigkeit, Konzentrationsstörungen, schlechter Schlaf, Schmerzen in den Gelenken und ein Abfall der Fitness genannt. Ob es tatsächlich einen Zusammenhang gibt, weiß man nicht, da dieses Phänomen wissenschaftlich bisher kaum erforscht ist .

Verursacht Föhn nördlich der Alpengipfel Kopfschmerzen?

Föhnwetterlagen entstehen, wenn feuchte Luft über ein Gebirge strömt und sich beim Aufsteigen ausregnet. Sie fließt dann sehr trocken auf der anderen Seite der Bergkette wieder ins Tal hinunter und erwärmt sich dabei kräftig. Nördlich der Alpen entstehen solche Föhnwetterlagen durch feuchte Mittelmeerluft aus dem Süden, die im Voralpenland Bayerns auch den Luftdruck steigen lässt. Möglicherweise stecken diese Luftdruckschwankungen hinter Phänomenen wie Kopfschmerzen, Reizbarkeit, Unruhe, allgemeiner Unlust, Verminderung der Leistungsfähigkeit und Schlaflosigkeit, über die wetterfühlige Menschen auf der Alpennordseite bei Föhnwetterlagen klagen.

Was ist Wetterempfindlichkeit?
Verschlimmern sich bei Menschen mit Vorerkrankungen die jeweiligen Beschwerden durch Einflüsse der Witterung, sind diese Patienten wetterempfindlich. Betroffen sind häufig Rheumatiker, frisch Operierte und Menschen, denen Gliedmaßen amputiert wurden. Ähnlich wie bei der Wetterfühligkeit gibt es auch bei der Wetterempfindlichkeit nur wenige stichhaltige wissenschaftliche Befunde.

IST NORDSEELUFT GESUND?

Seeluft fördert die Gesundheit tatsächlich. Das sogenannte Reizklima an der See kommt vor allem den Atmungsorganen und der Haut zugute, es fördert aber auch die Durchblutung und stärkt die Abwehrkräfte. Ärzte empfehlen eine Klimatherapie an der See besonders Allergikern, Asthmatikern und Menschen mit Hautproblemen. Im Herbst und Winter wirkt das Reizklima besonders gut, weil trockene Heizungsluft und feuchte Kälte gleichermaßen Atemwegs- und Hauterkrankungen verschlimmern. Möglicherweise verbessern in der Luft schwebende, winzige Tröpfchen von Salzwasser die Immunreaktion von Haut und Atmungsorganen. Dadurch können sich die Probleme zunächst verschlimmern, bessern sich nach mehreren Tagen dann aber stark.

Das Reizklima am Meer hilft vielen Menschen, ihre Gesundheit zu verbessern.

Äußerst unbeständig – Wetterrekorde

Die Temperaturen im Death Valley in Kalifornien sind extrem hoch.

Seit den 2010er-Jahren sind die Wissenschaftler sich einig: Extreme Wetterlagen von langen Dürreperioden bis zu sintflutartigen Regenfällen häufen sich weltweit. Die Ursache dafür ist der Klimawandel, auch da sind sich die Experten inzwischen sicher. Die Liste der Wetterrekorde aber reicht viel weiter zurück:

Wo war die Luft am heißesten?

Die weltweit höchste Lufttemperatur wurde am 10. Juli 1913 2 m über dem Boden des Death Valley an der Station Greenland Ranch in Kalifornien mit 56,7 °C gemessen. In Deutschland liegt der Rekord bei 41,2 °C am 25. Juli 2019 in den beiden Städten Duisburg und Tönisvorst.

Wo ist der kälteste Punkt auf der Erde?

In der Polarnacht am 23. Juli 2004 wurde in Tälern der Hochebene in der östlichen Antarktis eine Temperatur von –98,6 °C gemessen.

Wie viel Regen kann an einem Tag fallen?

Mit 1870 l Regen pro Quadratmeter fiel Mitte März 1952 auf der Insel La Réunion im Indischen Ozean in 24 Stunden der meiste Regen, der jemals an einem Tag registriert wurde. Der deutsche Rekord für diesen Zeitraum wurde in Zinnwald-Georgenfelde im Osterzgebirge mit 312 l am 12. und 13. August 2002 gemessen.

Welche Region hat die meisten Regentage?

Auf dem Mount Wai´ale´ale auf Hawaii regnet es an 335 Tagen im Jahr und damit fast täglich.

Wo regnete es in einem Jahr am meisten?

Die höchste jährliche Regenmenge verzeichnete mit 26 461 l auf den Quadratmeter zwischen August 1860 und Juli 1861 die Stadt Cherrapunji im Nordosten Indiens. Den höchsten Jahresniederschlag in Deutschland meldete 1970 Balderschwang im Allgäu mit 3503,1 l pro Quadratmeter.

Wo fiel am wenigsten Regen?

In der Stadt Arica im äußersten Norden der chilenischen Küstenwüste fiel vom Oktober 1903 bis zum Januar 1918, d. h. 173 Monate lang, kein einziger Regentropfen. Dagegen wirkt der deutsche Dürrerekord von Barth an der Ostsee mit gerade einmal einem Monat Trockenheit im Juli 1994 nur wenig beeeindruckend.

Wie lange dauerte die längste Hitze- und Dürreperiode in Europa?

Bereits ab April 2018 blockierte ein Hochdruckgebiet für die Regenfronten vom Atlantik den Weg nach Mittel- und Nordeuropa. Diese warme und sehr trockene Wetterlage hielt mit nur sehr wenigen Unterbrechungen bis weit in den Oktober hinein an und brachte

Mitternachtssonne in Norwegen

Mittel- und Nordeuropa eines der extremsten Dürre- und Hitzejahre der Geschichte.

Wo gab es die längste Nebelperiode in Deutschland?

Als sich am 07. Mai 1996 Nebel über die Wetterstation Neuhaus im Thüringer Wald legte, konnte niemand ahnen, dass sich die trübe Suppe mit Sichtweiten unter 1 km erst 242 Stunden später wieder auflösen würde.

Wo gab es in Deutschland die meisten Nebeltage in einem Jahr?

An 330 Tagen mussten Wanderer 1958 auf dem Brocken im Harz durch den Nebel stapfen.

Wie hoch kann der Luftdruck steigen?

Der höchste Luftdruck wurde mit 1083,8 hPa an Silvester 1968 in Agata in Nordwest-Sibirien gemessen. Mit 1060,8 hPa am 23. Januar 1907 hält Greifswald den deutschen Rekord.

Wie tief kann der Luftdruck fallen?

Am 27. November 1983 sank der Luftdruck in Emden auf den deutschen Negativrekord von nur 954,4 hPa. Den Weltrekord gab es während des Taifuns Tip. Als er am 12. Oktober 1979 840 km westlich von Guam über den Pazifik tobte, wurden dort gerade einmal 870 hPa gemessen.

Wie stark können Windböen sein?

Am 12. April 1934 registrierte die Wetterstation auf dem Mount Washington im US-Bundesstaat New Hampshire mit 416 km/h die stärkste Windböe außerhalb eines Tornados. Da kann der deutsche Rekord vom 12. Juni 1985 mit gerade einmal 335 km/h auf der Zugspitze bei weitem nicht mithalten.

Wie schnell wehte der stärkste Dauerwind?

Als der Wirbelsturm Olivia am 10. April 1996 Barrow Island vor der Westküste Australiens passierte, registrierten die Messgeräte mit 408 km/h die bisher höchste auf der Erde gemessene Dauerwindgeschwindigkeit.

Wie dick war die dickste Schneedecke?

Die höchste Schneedecke für Deutschland meldet der Deutsche Wetterdienst für den 26. April 1980 mit 7,80 m auf dem Zugspitzplatt in 2650 m Höhe. Die Weltrekord-Schneedecke lag mit 11,78 m am 14. Februar 1927 auf dem Ibuki-Berg auf der Insel Honshu in Japan.

Wo fiel in einem Jahr am meisten Schnee?

Der meiste Schnee innerhalb eines Jahres fiel zwischen dem 19. Februar 1971 und dem 18. Februar 1972 mit 31,5 m auf dem Mount Rainier im US-Bundesstaat Washington.

Wo schien die Sonne an einem Tag am längsten?

Da haben die Regionen zwischen den Polarkreisen und den Polen einen klaren Vorteil: Von Ende Mai bis Mitte Juli geht die Sonne beispielsweise im hohen Norden Norwegens nicht unter und kann daher bei wolkenlosem Himmel 24 Stunden am Tag scheinen.

Wo schien die Sonne am wenigsten?

Der Dezember 1974 bleibt den Einwohnern von Steinberg in Niedersachsen als Monat ohne Sonne in Erinnerung: Registrierte der Deutsche Wetterdienst damals doch exakt 0 Stunden Sonnenschein und damit einen unschlagbaren Minusrekord.

Wo schwankte die Temperatur an nur einem Tag am stärksten?

Am 15. Januar 1972 stiegen die Temperaturen in Loma im US-Bundesstaat Montana in gerade einmal 24 Stunden um 57 °C von –48 °C auf +9 °C. Die Ursache hierfür war der Chinook, ein warmer Fallwind auf der östlichen Seite der Rocky Mountains.

Verändert sich das Gesicht der Erde?

Die Erde ist ein ruhiger Planet, auf dem Menschen in vielen Regionen gut leben können. Ganz selten aber bewegt sich nach Jahrzehnten der Ruhe plötzlich der Untergrund: Häuser schwanken, Brücken stürzen ein, Gasleitungen bersten. Wenn ein Erdbeben eine Region erschüttert, verschieben sich oft ganze Landstriche um wenige Meter. Auch Vulkanausbrüche gestalten die Oberfläche der Erde mit Strömen aus glutflüssiger Lava erheblich um. Selbst Luft und Wasser können Inseln verschwinden lassen und Berge abtragen, nur um das mitgerissene Material an anderer Stelle wieder abzulagern und dort neues Land wachsen zu lassen.

WIE SCHNELL WACHSEN BERGE?

Vor allem verhältnismäßig junge Gebirge wie die Alpen, der Himalaja oder die Anden wachsen und schrumpfen oft gleichzeitig. So stößt z. B. die Erdplatte, auf der Indien liegt, seit mindestens 40 Mio. Jahren mit einer derartigen Wucht gegen Eurasien, dass der Himalaja pro 1 Mio. Jahre eigentlich 10 km in die Höhe wachsen müsste. Theoretisch könnte der Mount Everest heute also 400 km hoch aufragen, wenn nicht eine andere Kraft das Gebirge parallel dazu wieder schrumpfen lassen würde: die Erosion. Hier ist es das Wasser der Niederschläge, das in mehr oder weniger großen Strömen in tiefere Regionen fließt und dabei große Mengen Kies und Boden mit sich trägt.

Wann wird die Zugspitze eingeebnet sein?

Die Erosion nagt auch an den Alpen. Gleichzeitig hebt sich das Gebirge jedes Jahr als Spätfolge der Eiszeit um 1–2 mm: Vor rund 20 000 Jahren lag eine mächtige Eiskappe über den Alpen und drückte sie mit ihrem Gewicht von etwa 62 000 Mrd. t tief in den Untergrund. Seit die Gletscher vor rund 18 000 Jahren weitgehend schmolzen, federn die Alpen zurück. Und noch heute gehen etwa 90 % der Gebirgshebung auf diesen elastischen Prozess zurück. Da niemand weiß, wie lange dieser Prozess noch anhalten wird und ob vielleicht neue Eiszeiten die Alpen in Zukunft wieder in die Erde hineindrücken, lässt sich kaum abschätzen, wann die Erosion die Zugspitze abgetragen haben dürfte. Etliche Millionen Jahre dürfte das Ende von Deutschlands höchstem Berg aber durchaus noch in der Zukunft liegen.

WIE ENTSTANDEN DIE ALPEN?

Dort, wo sich heute die Alpen befinden, schwappten vor 220 Mio. Jahren noch die Wellen eines subtropischen Wattenmeeres, aus dessen Ablagerungen das Dolomitgestein entstand, das heute die Kalkalpen im Norden und Süden des Gebirgszuges prägt. Seit

etwa 53 Mio. Jahren treibt Afrika nordwärts und schiebt so die Adriaplatte wie einen Sporn nach Europa hinein. Dabei verschwand zunächst das einstige Meer und dann faltete sich das Gestein in der „Knautschzone" wie bei einem überdimensionalen Auffahrunfall mit einer Geschwindigkeit von einigen Millimetern pro Jahr in die Höhe. Dieser Prozess hat sich inzwischen stark verlangsamt, der dabei entstandene Gebirgszug ist aber gewaltige 150–250 km breit und rund 1200 km lang.

Eine Frau in Burkina Faso wässert einen Baum so lange immer wieder von Hand, bis seine Wurzeln zum Grundwasser vorgestoßen sind.

WÄCHST DIE WÜSTE?

Mit fast 30 Mio. km² nehmen alle Wüsten der Erde zusammen rund ein Fünftel der Landfläche des Planeten ein. Rechnet man noch die deutlich feuchteren Halbwüsten dazu, gehören mehr als ein Drittel des gesamten Landes auf der Erde zu derartigen Trockengebieten. Jedes Jahr vergrößert sich die Wüstenfläche um etwa 120 000 km² und damit um eine Fläche, die ungefähr der zusammengenommenen Größe aller deutschen Äcker entspricht.

Wieso wachsen die Wüsten?

Derzeit lässt vor allem das Wirken der Menschheit die Wüsten wachsen. Weidet zu viel Vieh auf einer Fläche mit relativ knappen Niederschlägen wie beispielsweise in der Sahelzone oder werden Äcker schlecht bewirtschaftet und Trockenwälder abgeholzt, fehlt bald die natürliche Pflanzendecke, die den Boden stabilisiert. Dadurch können Niederschläge und Wind die Krume schneller abtragen, wobei zunächst eine Steppe entsteht, die später zur Wüste wird: Fehlt der Boden, kann weniger Wasser aus den spärlicher werdenden Niederschlägen gespeichert werden und weitere Pflanzen verdorren. Ähnlich können auch durch den Klimawandel verursachte lang anhaltende Dürreperioden die Ausdehnung der Wüsten beschleunigen.

Die Vereinten Nationen kämpfen mit aller Kraft gegen diese Verwüstung, weil sie vielen Menschen ihre Heimat und ihre Lebensgrundlagen nimmt.

WIE VERWANDELT MAN WÜSTEN IN BLÜHENDE LANDSCHAFTEN?

Mit viel Wasser, Energie und ausgeklügelter Technik lassen sich Wüsten in Rinderweiden oder Weizenfelder verwandeln. Allerdings ist dabei nicht jede Vorgehensweise erfolgreich und sinnvoll. In Saudi-Arabien bewässerten

Wusstęn Sie, dass Wanderdünen große Strecken zurücklegen?

Der Wind trägt die Sandkörner mit sich, die nach einiger Zeit vor allem an den Rändern einer Sanddüne wieder zu Boden sinken. Mit der Zeit entsteht so eine sichelförmige Struktur. Eine solche Sicheldüne wandert jedes Jahr 10–20 m weiter. In Ausnahmefällen wurden sogar Geschwindigkeiten von bis zu 70 m im Jahr beobachtet. Solche Wanderdünen gibt es auch in Deutschland, sie entstanden beispielsweise auf ehemaligen Truppenübungsplätzen der Roten Armee im heutigen Brandenburg (siehe Abbildung).

die Bauern ihre Agrarflächen z. B. aus einem gigantischen, 500 km³ großen Gundwasservorrat. Doch dieser Vorrat nahm schnell deutlich ab, weil in der Wüste ja so gut wie keine Niederschläge fallen, die ihn wieder auffüllen konnten. Saudi-Arabien musste daher 2015 die Entnahme von Grundwasser für das Bewässern von Äckern mit Viehfutter verbieten.

Wie funktioniert die nachhaltige Bewässerung von Wüsten?

Nachhaltiger ist eine Bewässerung mit entsalztem Meerwasser, weil dieses am Ende wieder zurück in die Ozeane gelangt und daher unerschöpflich ist. Allerdings kostet das Entsalzen des Wassers sehr viel Energie, die bisher noch weitgehend aus fossilen Energieträgern stammt. Zum Glück steht in der Wüste sehr viel Sonnen- und oft auch Windenergie zur Verfügung, mit der das Salz entfernt werden kann. Allerdings funktioniert das natürlich nur für Gebiete in der Nähe von Küsten, weil der Wassertransport ins Landesinnere sonst zu aufwendig wäre.

Lässt sich die Verwüstung aufhalten?

Werden in trockenen Regionen die bisherigen Holzöfen durch Solarkocher ersetzt und möglichst noch mit einer Speicherbatterie ausgestattet, um auch nach Sonnenuntergang kochen zu können, müssen weniger Wälder abgeholzt werden. Bereits verschwundene Wälder können sogar wieder aufgeforstet werden. So hat China 1978 mit dem Bau einer „grünen Mauer“ begonnen, die das Ausbreiten der Wüsten umkehren sollte. Bis 2017 wurden mehr als 66 Mrd. Bäume auf einer Fläche gepflanzt, die größer als Großbritannien ist. Damit konnte die Verwüstung nicht nur gestoppt, sondern inzwischen sogar umgekehrt werden: Zu Beginn der 2020er-Jahre konnten der Wüste jedes Jahr rund 1700 km² Fläche wieder abgerungen werden.

WIE WACHSEN INSELN?

Seit den 1950er-Jahren schrumpften trotz steigendem Meeresspiegel nur vier der 27 untersuchten Inseln zwischen den Fidschi-Inseln, Samoa, Tahiti und den Cook-Inseln. Die anderen 23 Eilande blieben entweder gleich groß oder wuchsen sogar. Für dieses verblüffende Phänomen sind die Korallenriffe verantwortlich, die unter Wasser rund um diese Inseln wachsen: Schlägt ein Tropensturm Schneisen der Verwüstung in ein Riff, wird ein Teil dieses Korallenschutts von Wind, Wellen und Strömungen an den Stränden angeschwemmt und lässt die Inseln zumindest an bestimmten Stellen wachsen. Im Meer aber wachsen die Korallen weiter und füllen die Lücken auf, die ein Sturm hinterlassen hat. Das Riff kann so laufend Nachschub für die Sandstrände liefern und die Inseln werden größer. Steigt der Meeresspiegel infolge des Klimawandels aber schneller als bisher, werden die Korallen irgendwann nicht mehr mithalten können, und die Inseln werden doch noch überflutet.

Entstehen heute noch neue Inseln?

Unter dem Wasserspiegel der Meere brechen immer wieder Vulkane aus. Einige von ihnen wachsen bis über den Meeresspiegel und lassen so neue Inseln entstehen. Das passiert beispielsweise in der Nähe der Hawaii-Inseln und vor der Küste Islands.

In den 2000er-Jahren wurden vor der Küste Dubais vier künstliche Inselgruppen aufgeschüttet, deren Form Palmen und einer Weltkarte ähneln. Dort wurden Luxusvillen, Jachthäfen und Touristenressorts errichtet. Ähnliche künstliche Inseln werden auch in der Nordsee geplant, um dort in den 2030er-Jahren die Infrastruktur für die entstehenden riesigen Offshore-Windparks zu errichten.

GIBT ES BALD KEINE KORALLENRIFFE MEHR?

Korallenriffe werden von winzigen Polypen errichtet, die sich mit einem Kalkpanzer vor Feinden schützen. Diese Riffe werden jedoch von mehreren Entwicklungen bedroht: Mit Dynamitexplosionen betäuben Anwohner Fische, um sie möglichst einfach zu fangen, beschädigen mit dieser verbotenen Methode aber auch die Korallen. Steigende Wassertemperaturen töten die mit den Polypen zusammenlebenden Algen und bleichen so die Korallen. Und ein Teil des Kohlendioxids aus der Verbrennung von Kohle, Öl und Gas landet im Meer, versauert dort das Wasser und erschwert den Korallen dadurch den Aufbau ihres Kalkpanzers. Weltweit sind daher sehr viele Korallenriffe bedroht.

Wie schützt man Riffe?

Hier gibt es viele Möglichkeiten: Fischer sollten keine Schleppnetze durch die Riffe ziehen, mit denen sie die Korallen beschädigen. Schnorchler dürfen sich nicht auf Riffe stellen, weil die Korallen dabei abbrechen. Bei Bauarbeiten an der Küste sollte verhindert werden, dass Sedimente eingeschwemmt werden – sie trüben sonst das Wasser, das dann weniger für die Korallen lebenswichtiges Sonnenlicht durchlässt. Kläranlagen sollten verhindern, dass Nährstoffe ins Meer strömen. Diese lassen sonst Algen wachsen, die dann die Riffe überwuchern. Vor allem aber muss der Klimawandel gestoppt werden, um den Anstieg des Meeresspiegels zu bremsen.

Bora Bora ist ein typisches Atoll, bei dem der einstige Vulkan bis auf einen Zentralberg und den Kraterrand im Wasser verschwunden ist.

WAS IST EIN ATOLL?

Wächst ein Vulkan aus dem Meer, besiedeln bald nach seinem Erlöschen Korallen die Küsten. Mit der Zeit tragen Hurrikane, Wind, Wellen und Tropenregen die über der Wasseroberfläche liegenden Teile der Vulkaninsel ab, irgendwann verschwindet der erloschene Vulkan schließlich ganz unter den Wellen. Die Korallen am Rand aber wachsen immer weiter. Der Schutt zerstörter Korallen wird zunächst als Korallensand an den Vulkanhängen angeschwemmt. Ist der Vulkan vollständig unter Wasser verschwunden, bleibt der Kraterrand weiterhin sichtbar, weil sich dort der Korallenschutt immer höher zu einem Atoll auftürmt.

Wie blicken Forscher ins Innere der Erde?

Auch wenn Bohrungen bisher kaum mehr als 12 km ins Innere der Erde vorgedrungen sind, kann die Struktur des Planeten mit Laborexperimenten und seismischen Wellen gut erforscht werden. Diese Wellen werden an der Grenze zwischen verschiedenen Schichten des Erdinneren gebrochen. Mit Modellen ermittelt man aus diesen Mustern dann theoretisch die innere Struktur der Erde. Vulkanausbrüche liefern zusätzlich Probenmaterial aus Tiefen bis zu einigen Hundert Kilometern.

WIE DICK IST DIE ERDKRUSTE?

Die Erdkruste liegt ähnlich wie die Schale eines Apfels als relativ dünne Schicht um den Rest des Erdinneren. Sie besteht aus einem Mosaik vieler kilometerdicker Platten, die entweder zu den Kontinenten gehören oder die Böden der Ozeane bilden. Die Erdkruste der Kontinente ist zwischen 30 und 60 km dick und leichter als der darunterliegende Erdmantel. Dessen Gestein ist aufgrund der hohen Temperaturen und des hohen Drucks in dieser Tiefe ähnlich wie Knetgummi verformbar. Daher schwimmt die Erdkruste auf dieser gummiartigen Masse. Unter den Ozeanen ist die Kruste nur 5–7 km dick und besteht vor allem aus Basalt. Diese ozeanische Kruste ist dichter als die kontinentale und taucht deshalb tiefer in den Erdmantel ein.

Der Aufbau der Erde: Unter der dünnen Erdkruste liegen der obere und der untere Erdmantel und darunter der äußere und der innere Erdkern.

Ist das Erdinnere flüssig?

In ungefähr 2900 km Tiefe endet der Erdmantel und beginnt der äußere Erdkern. Diese rund 2200 km dicke Schicht des Erdinneren besteht hauptsächlich aus den Metallen Eisen und Nickel, die bei den hier herrschenden Temperaturen von 3000–5000 °C flüssig sind.

In 5150 km Tiefe beginnt schließlich der feste Erdkern. Dort liegen die Temperaturen um 6000 °C und der unvorstellbare Druck von 330 Gigapascal lässt die Mischung aus rund 80 % Eisen und 20 % Nickel zu einer gigantischen Kugel mit einem Durchmesser von etwa 2440 km kristallisieren.

Wie tief sind Bohrmeißel bisher ins Erdinnere vorgedrungen?

Auf der russischen Halbinsel Kola bohrten Geowissenschaftler im Jahr 1970 bis in eine Tiefe von 12 262 m. Dieser Tiefenrekord wurde bis heute nicht übertroffen. Die damals gewonnenen Bohrproben lieferten wertvolle Hinweise auf die Erdgeschichte, da man bei der Bohrung auf bis zu 2,8 Mrd. Jahre altes Gestein stieß.

Wissenschaftlich hochinteressant sind auch die Ergebnisse der Kontinentalen Tiefbohrung (KTB) in Windisch-Eschenbach in der Oberpfalz. Zwischen 1987 und 1994 drangen die Geoforscher dabei bis in eine Tiefe von 9101 m vor. Der Standort der Bohrstelle wurde ausgewählt, weil dort vor 350 Mio. Jahren die Urkontinente Laurussia und Gondwana zusammenstießen. Genau wie bei der Kola-Bohrung werden die bei der KTB gewonnenen Bohrproben und Daten bis heute noch ausgewertet.

WIE WERDEN ERDÖL- UND ERDGASLAGER ERKUNDET?

Die kräftigen Stöße von Hydraulikstempeln auf die Erdoberfläche erzeugen Schockwellen, die sich im Boden ausbreiten. Anhand dieser Ausbreitung lassen sich Erdöl- und Erdgaslager in mehreren Kilometern Tiefe orten. Um die Böden unter den Ozeanen zu analysieren, werden große Luftkanonen gezündet, deren komprimierte Luft ebenfalls Schockwellen erzeugt.

Die Gesteinsproben aus der Rekordbohrung auf der Halbinsel Kola liefern bis heute noch neue Erkenntnisse.

Wieso sind Atombombenexplosionen für Geowissenschaftler interessant?

Die gewaltigen Erschütterungen von Atomwaffentests lassen, ähnlich wie bei starken Erdbeben, seismische Wellen durch die Erde laufen. Werden diese ausgewertet, liefern sie also ebenfalls Erkenntnisse über den Aufbau des Erdinneren. Da der Kernwaffenteststopp-Vertrag von 1996 von Ländern wie den USA und China noch nicht ratifiziert wurde, gibt es solche Atombombenexplosionen bis heute immer wieder (zuletzt 2017 in Nordkorea), und die Wissenschaftler erhalten neue Daten, um das Innere der Erde noch genauer kennenzulernen.

WARUM BEWEGEN SICH DIE KONTINENTE?

Weil der Erdkern den Mantel von unten heizt, steigt dieses einige Tausend Grad heiße Gestein langsam nach oben. Dabei kühlt es ab und sinkt nach einiger Zeit wieder in die Tiefe zurück. So bildet sich ein gewaltiger Kreislauf aus Gestein, der die Kontinentalplatten mit sich trägt.

Wie schnell bewegen sich die Kontinente?

Mit Geschwindigkeiten von wenigen Zentimetern im Jahr gleiten die Erdplatten ähnlich schnell wie ein Finger- oder Zehennagel wächst. Europa wandert beispielsweise langsam nach Osten, während Nordamerika nach Westen driftet. Beide Kontinente entfernen sich so jedes Jahr rund 2,5 cm voneinander. Erdplatten bewegen sich übrigens unterschiedlich schnell über unseren Planeten.

Werden sich die Kontinente eines Tages wieder vereinen?

Vor rund 200 Mio. Jahren hatten sich die Landmassen der Erde, wie bereits mehrfach zuvor, zu einem Superkontinent zusammengeschlossen. Als dieser Pangäa genannte Kontinent zerbrach, entstanden mit der Zeit die Kontinente und Ozeane von heute. Die Erdplatten aber bewegen sich langsam weiter und könnten sich in vielleicht 300 Mio. Jahren zu einem neuen Superkontinent, Pangäa Proxima, zusammenschließen.

RICHTIG ODER FALSCH?

Im Erdkern gibt es einen großen Dynamo.

Das Magnetfeld der Erde entsteht im Kern unseres Planeten. Dort liegen die Temperaturen im festen inneren Kern bei etwa 6000 °C und heizen den darüberliegenden, rund 1000 °C kühleren äußeren Erdkern. In diesem steigt dann das flüssige Gemisch aus Eisen und Nickel zu kühleren Regionen in den oberen Bereichen des Kerns auf und sinkt später abgekühlt wieder bis zur Grenze des inneren Erdkerns zurück. Diese Strömungen sind nicht glatt, sondern werden von der sich um die eigene Achse drehenden Erde auf schraubenförmige Bahnen gebogen, die durch den hohen Eisenanteil elektrischen Strom leiten und so ein starkes Magnetfeld erzeugen. Dieser Geo-Dynamo hat allerdings mit dem vom Fahrrad bekannten technischen Dynamo nur wenige Gemeinsamkeiten.

HÄNGEN DIE POLARLICHTER UND DAS ERDMAGNETFELD ZUSAMMEN?

Das starke Erdmagnetfeld reicht weit über die Erdoberfläche hinaus und schirmt so die Erde vor der Teilchenstrahlung der Sonne und aus dem Weltraum ab. Allerdings nimmt das Magnetfeld in der Nähe von Nord- und Südpol deutlich ab. Dort können viele energiereiche elektrisch geladene Teilchen aus dem Weltraum in die Atmosphäre eindringen, treffen auf Sauerstoff- und Stickstoffatome und regen diese zum Leuchten an. Diese Polarlichter zaubern oft grün wabernde Lichtvorhänge an den Nachthimmel, die bei starken Sonnenwinden sogar bis nach Deutschland zu sehen sind.

Kann sich das Magnetfeld der Erde umkehren?

Der Geo-Dynamo im Erdkern erzeugt zwar ein relativ stabiles Magnetfeld mit einigen leichteren Schwankungen, in unregelmäßigen Abständen von einigen Zehntausend Jahren bricht das Magnetfeld aber ganz oder teilweise für wenige Hundert Jahre zusammen. In dieser Zeit können die Pole des Magnetfelds ihre Rolle tauschen. Das geschah vor rund 42 000 Jahren zum bisher letzten Mal.

Ihr Magnetfeld schützt die Erde vor der gefährlichen Strahlung aus dem All, die vor allem von unserer Sonne stammt.

Was passiert, wenn das Magnetfeld schwächelt?

Bricht das Magnetfeld ganz oder teilweise zusammen, dringt die Strahlung aus dem All auch in bisher gut geschützten Regionen fernab der Pole tief in die Atmosphäre ein. Dies bringt aber nicht nur weit von den Polen entfernten Regionen Polarlichter, sondern löst verheerende Reaktionen in der Atmosphäre aus: Die kosmische Strahlung erzeugt in der Atmosphäre sehr viele Hydroxyl- und Stickoxidteilchen, die wiederum die Ozonschicht in der Stratosphäre massiv beschädigen. Dadurch dringt erheblich mehr ultraviolette Strahlung bis zum Erdboden vor und gefährdet so die Gesundheit von Menschen und Tieren. Gleichzeitig ändert sich auch der Wärmehaushalt in der Atmosphäre und damit die vorherrschenden Winde, die wiederum das Wetter erheblich verändern können.

Gefährdet ein schwächeres Magnetfeld die moderne Technik?

Ein schwächeres Magnetfeld hätte auf das Leben im 21. Jh. enorme Auswirkungen. So würde die massive Zunahme der Strahlung wahrscheinlich die weltweiten Kommunikations- und Stromnetze zusammenbrechen lassen und die allermeisten Satelliten würden ihren Betrieb einstellen. Die wirtschaftlichen Auswirkungen eines solchen Magnetfeld-Zusammenbruchs lägen wohl im Bereich von etlichen Milliarden Euro – und zwar täglich.

Wie schnell wandern Magnetpole?

Auch in Zeiten mit einem relativ stabilen Magnetfeld wandern die Magnetpole über die Erde. So bewegte sich der magnetische Südpol im Jahr 2019 mit mehr als 50 km im Jahr aus Kanada kommend Richtung Russland und zog dabei in wenigen Hundert Kilometern Entfernung am Nordpol vorbei.

WAS SIND HOTSPOTS?

An manchen Stellen auf der Erde steigt das extrem zähflüssige Gestein des Erdmantels wie in einem gigantischen Schlauch tief aus dem Erdinneren in die Höhe. Ein solcher Hotspot kann bis zu 200 km Durchmesser haben und frisst sich wie ein Schweißbrenner in die festen Erdplatten hinein. Dort entsteht Magma, das sich sammelt und weiter aufsteigt, weil es leichter als das kühlere Gestein der Erdplatte ist. Liegt der Hotspot z. B. unter Wasser, bricht, sobald das Magma den Meeresboden erreicht, ein Unterwasservulkan aus, der langsam in die Höhe wächst. Fließt weiter Magma nach, wächst der Vulkan irgendwann über die Wasseroberfläche hinaus.

Können Vulkane „wandern"?
Die Erdplatten, auf denen sich der Vulkan befindet, bewegen sich langsam weiter, und so verliert der Feuerberg nach vielen Jahrtausenden die Verbindung zum Hotspot. Ohne Nachschub an flüssigem Gestein wächst der Vulkan nicht mehr weiter. Regenfälle schwemmen Material vom Kraterrand nach unten, an der Küste nagen die Wellen an der Insel und der erloschene Vulkan schrumpft, bis er irgendwann unter dem Meeresspiegel verschwindet. Längst hat sich dann aber der Hotspot etliche Kilometer entfernt erneut einen Weg gebahnt und ein neuer Vulkan bricht aus.

Was ist eine Vulkankette?
Wandern Erdplatten über Hotspots, entsteht in vielen Jahrmillionen eine lange Kette von Vulkanen. Und da es einige Hotspots gibt, finden Geologen auch etliche solcher „Hotspot-Spuren", meist in den Weltmeeren. Am beeindruckendsten ist wohl die 6100 km lange Hawaii-Emperor-Kette. Deren ältester Vulkan ist der Detroit Seamount in der Nähe der Halbinsel Kamtschatka, der vor rund 80 Mio. Jahren aktiv war. Am anderen Ende der Kette schiebt sich südöstlich von Hawaii bereits der Loihi-Vulkan vom Meeresgrund nach oben – sein Gipfel liegt heute noch 900 m unter Wasser.

Der Kilauea auf Big Island, der Hauptinsel des Hawaii-Archipels, ist ein aktiver Schildvulkan, der über einem Hotspot liegt.

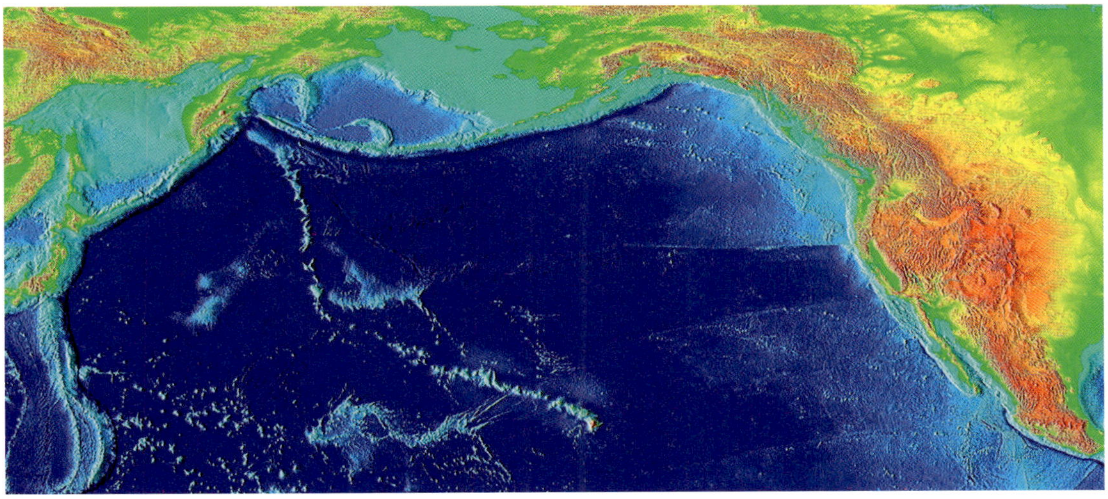

Auf dieser Illustration ist die Hawaii-Emperor-Kette im Pazifik mit ihren rund 130 meist erloschenen Vulkanen gut zu erkennen.

GIBT ES VIELE HOTSPOTS?

Da heißes Gestein aus der Tiefe des Erdmantels an verschiedenen Stellen aufsteigt, sind Hotspots nicht allzu selten. Besonders bekannt sind neben dem Hawaii-Hotspot im Pazifik weitere unter den Osterinseln und unter Samoa sowie unter Tahiti und unter den Galapagosinseln. Im Atlantik befinden sich Hotspots unter Island, den Azoren, den Kanaren und Tristan da Cunha.

Gibt es Hotspots auch unter Kontinenten?

Die dickeren Kontinentalplatten durchdringen Hotspots offensichtlich deutlich seltener als die mancherorts nur einige Kilometer dünnen Meeresplatten. Auf den Kontinenten sind Hotspots wie der unterhalb des Yellowstone-Supervulkans und wie der, der sich vermutlich unter der Eifel in Deutschland befindet, daher eher selten. An diesen Orten treten zwar meist vulkanische Erscheinungen wie aufsteigende Vulkangase oder Geysire auf, Lavaausbrüche sind hier dagegen sehr selten, dann aber oft besonders heftig.

WAS IST EIN VULKANEXPLOSIVITÄTSINDEX?

Um die Stärke eines explosiven Vulkanausbruchs anhand der Menge des ausgestoßenen Materials, der Höhe der Eruptionssäule u. a. angeben zu können, wurde 1982 der Vulkanexplosivitätsindex (VEI) eingeführt. Der VEI hat neun Stufen, wobei „0" nicht-explosiv bedeutet, d. h. die Lava fließt langsam aus dem Vulkan, und Menschen können ihr leicht ausweichen. Für VEI 5 muss ein Vulkan mindestens 1 km^3 Material ausstoßen, bei VEI 6 sind es wenigstens 10 km^3, bei VEI 7 100 km^3 und schließlich bei VEI 8 mindestens 1000 km^3 ausgeschleuderten Materials.

Welchen Vulkanexplosivitätsindex hatten historische Ausbrüche?

Der Ausbruch des Mount St. Helens in den amerikanischen Rocky Mountains am 18. Mai 1980 hatte mit 1,2 km^3 ausgestoßenen Materials VEI 5. 1883 erreichte der Ausbruch des Krakatau in Indonesien VEI 6 mit 20 km^3, auch der Pinatubo 1991 kam mit 10 km^3 Material noch auf die Stufe 6. Im April 1815 brachte es der Tambora auf der Insel Sumbawa in Indonesien mit 160 km^3 ausgeworfenen Materials sogar auf VEI 7.

WAS IST EIN SUPERVULKAN?

Die stärksten auf der Erde bekannten Eruptionen erreichen VEI 8. Zum Glück sind solche Supervulkanausbrüche sehr selten. Der bisher letzte Ausbruch dieser Art war der des Taupo auf der Nordinsel Neuseelands vor 26 500 Jahren.

Damals schleuderte dieser Supervulkan 1170 km³ Asche und aufgeschäumte, glutflüssige Lava in die Luft. Damit könnte man die 892 km² große Fläche Berlins unter einer mehr als 1300 m hohen Schicht dieser Tephra genannten Masse begraben. Noch stärker war vor 74 000 Jahren auf der Insel Sumatra im heutigen Indonesien der Ausbruch des Toba-Supervulkans. Er schleuderte 2800 km³ Tephra mit Überschallgeschwindigkeit bis zu 50 km in die Höhe – genug Material um Berlin 3100 m hoch zu bedecken.

Wie sieht ein Supervulkan unter der Oberfläche aus?

Der am besten untersuchte Supervulkan der Welt ist der Yellowstone-Vulkan im gleichnamigen Nationalpark im Nordwesten der USA. 5–14 km unter der Oberfläche des Parks befindet sich eine gigantische, mehr als 70 km lange und 30 km breite Blase mit heißem Gestein, die die Basis für künftige Supervulkanausbrüche bilden könnte. Diese Magmakammer ähnelt einem heißen Schwamm aus festem Gestein, in dessen Poren flüssiges Magma einlagert ist. Von den rund 10 000 km³ Material in der Kammer sind etwa 900 km³ flüssig.

Die Grand Prismatic Spring im Yellowstone-Nationalpark ist eine heiße Quelle, die durch vulkanische Aktivität entstanden ist.

Wie groß ist die zweite Magmakammer des Yellowstone-Vulkans?

Unter der oberen Magmakammer des Yellowstone-Vulkans gibt es ein weiteres Reservoir. Es liegt in einer Tiefe zwischen 19 und 45 km, ist 71 km lang und 48 km breit. Darin lagern 46 000 km³ heißes Gestein, von dem allerdings nur rund 2 % geschmolzen sind.

Wie funktioniert der Yellowstone-Supervulkan?

Von der Obergrenze des 3000–5000 °C heißen Erdkerns in rund 2900 km Tiefe steigt im Erdmantel heißes Gestein auf, das ähnlich wie Knetgummi zwar fest ist, sich aber durchaus verformen lässt. Diese langsam aufsteigende, heiße Masse, der Hotspot, hat einen Durchmesser von vielleicht 80 km. Unter dem Yellowstone-Supervulkan quillt diese Masse bis in rund 60 km Tiefe auf. Beim Aufsteigen verringert sich der Druck, das heiße Gestein schmilzt teilweise und wird als Magma durch Spalten langsam nach oben gedrückt. Im unteren Reservoir kühlt die Schmelze ab, erste Minerale kristallisieren aus, zugleich wird Gas frei. Übrig bleibt Magma, die erheblich mehr Silizium enthält und dadurch deutlich zähflüssiger wird. Beim weiteren Aufstieg in die obere Kammer verringert sich der Druck weiter, dadurch tritt weiteres Gas aus. Ähnlich wie aus Honig kommen aus dieser zähen Masse Gase nur langsam heraus. Deshalb können Vulkane mit viel Silizium im Magma eine gewaltige Explosionskraft entwickeln, wenn der Druck bei einer Eruption plötzlich stark fällt.

LASSEN SICH AUSBRÜCHE VORHERSAGEN?

Heutzutage werden aktive Vulkane oft mit Sensoren überwacht. Diese analysieren kleine Erdbeben rund um einen Vulkan, die durch Magmaströme verursacht werden. Detektoren an den Vulkanhängen messen die Zusammensetzung der ausströmenden Gase. Ändert sich dieses Gemisch und verstärkt sich die Erdbebentätigkeit, könnte ein Ausbruch folgen. Ob die Eruption wirklich kommt und wann sie

Inmitten von Eis und Schnee bietet ein Geysir auf Island eine dramatische „Vorstellung".

genau beginnt, lässt sich bisher allerdings häufig nur kurz vor dem Ausbruch selbst ermitteln. Nach vorher erstellten Notfallplänen müssen dann oft viele Menschen rasch in Sicherheit gebracht werden.

WIE FUNKTIONIERT EIN GEYSIR?

Fließt in einem vulkanisch aktiven Gebiet wie dem Yellowstone-Nationalpark in den USA, auf Island oder auf Neuseeland in der Tiefe Sickerwasser durch das Gestein in einen unterirdischen Hohlraum, heizt das heiße Gestein dieses Wasser auf. Da Wasserdampf kaum entweichen kann, baut sich zunehmend Druck auf, bis schließlich Dampfblasen durch einen engen Kanal zur Oberfläche steigen. Dabei reißen sie das Wasser mit in die Höhe und erreichen schließlich die Oberfläche. Dort spritzt dann eine Fontäne aus Dampf, Wasser und Mineralien in die Luft. Je nach Beschaffenheit des Untergrunds kann ein solcher Geysir in regelmäßigen oder in sehr unregelmäßigen Abständen aktiv sein.

Gibt es auch Geysire, die kaltes Wasser speien?

Es gibt tatsächlich Geysire, die kalte Wasserfontänen erzeugen. Sie funktionieren aber ganz anders als die „normalen" Geysire. Bei Kaltwassergeysiren wird Kohlendioxid aus dem Untergrund gelöst und beginnt, in einem engen Schlot langsam in die Höhe zu steigen. Dabei verringert sich der Druck, Kohlendioxidbläschen perlen aus und treiben das Wasser schneller in die Höhe. Dadurch sinkt der Druck weiter, die Bläschen dehnen sich aus und der Vorgang verstärkt sich selbst wie in einer geschüttelten Mineralwasserflasche, bis an der Oberfläche ein Kohlendioxid-Wasser-Gemisch als Strahl aus der Erde schießt.

Der größte dieser Kaltwassergeysire entstand bei einer Bohrung 1904 auf dem Namedyer Werth, einer Halbinsel am Mittelrhein südlich von Bonn. Diese Bohrung stieß auf ein Kohlensäurereservoir, das seither den Geysir Andernach speist. Seit dem 29. Mai 2009 ist seine ungefähr alle zwei Stunden 50–60 m in die Höhe schießende Wassersäule eine beliebte Touristenattraktion.

FOCUS

Die Erde kommt nicht zur Ruhe

Haiti, das zusammen mit der Dominikanischen Republik auf der karibischen Insel Hispaniola liegt, wird häufig von schweren Erdbeben heimgesucht. Grund dafür ist die Lage an der Grenze zweier Erdplatten, der karibischen und der nordamerikanischen Platte. Beim bisher folgenreichsten Beben im Januar 2010 (7,0 M_w) kamen nach offiziellen Angaben über 300 000 Menschen ums Leben.

Die gewaltigen Kräfte im Erdinneren zeigen sich an der Oberfläche nicht nur in Form von Vulkanen und Geysiren, auch Erdbeben beweisen der Menschheit oft, dass sie diesen Urgewalten auch im 21. Jh. wenig entgegensetzen kann. Noch immer lassen sich die verheerenden Erschütterungen kaum vorhersagen. Immerhin kennen die Forscher inzwischen die Regionen, in denen das Risiko schwerer Erdbeben besonders hoch ist und können sich so besser wappnen.

Was passiert bei einem Erdbeben?

Weltweit entstehen die meisten Erdbeben in Regionen, in denen sich zumindest zwei Erdplatten in unterschiedliche Richtungen bewegen. Gleiten die Platten aneinander vorbei, kann sich ihr Gestein verhaken. Zwar bewegen sich diese nur wenige Zentimeter pro Jahr. Wegen der gigantischen Massen bauen sich dort aber im Lauf der Zeit gewaltige Spannungen auf. Irgendwann reißt das Gestein und holt die versäumte Bewegung in wenigen Sekunden und Minuten nach. Ein solches Erdbeben kann auch in größerer Entfernung verheerende Schäden anrichten. Schließlich breiten sich die Erdbebenwellen in einer einzigen Stunde rund 12 000 – 13 000 km weit aus. Neben solchen tektonischen Beben können Vulkanausbrüche oder einstürzende Hohlräume in Bergbauregionen ebenfalls Erdbeben auslösen. Auch Fehler bei Bohrungen für Erdwärmekraftwerke oder das Fracking zum Gewinnen von Erdgas und Erdöl können für erhebliche Erschütterungen sorgen.

Wie werden Erdbeben gemessen?

Besonders einfach ist die 1902 vom italienischen Seismologen, Vulkanologen und Priester Giuseppe Mercalli entwickelte Skala, weil sie Erdbeben in zwölf Stufen

Der Seismologe Giuseppe Mercalli, auf den die Mercalliskala zur Ermittlung der Stärke von Erdbeben zurückgeht, 1909 bei Forschungsarbeiten am Vesuv (links). Fast die ganze Türkei ist stark erdbebengefährdet. Im Oktober 2020 erschütterte ein Beben nahe Izmir (rechts) mit einer Stärke von 7,0 M_w die gesamte Ägäis.

einteilt, die mit einfachen Beobachtungen ermittelt werden können. Zeigen sich z. B. Risse in Mauern, handelt es sich um Stufe 6 der Mercalliskala, bei Stufe 7 fallen Schornsteine von den Dächern, und bei Stufe 8 stürzen Giebelfronten ein.

In den 1930er-Jahren entwickelte der US-amerikanische Seismologe Charles Richter die später nach ihm benannte Skala. Dabei misst ein einfaches Gerät die Erschütterungen. Stufe 1 steht für ein schwach wahrnehmbares Zittern, zur jeweils nächsten Stufe verzehnfacht sich die Stärke. Stärke 8 beschreibt sehr schwere Beben, noch oben ist die Richterskala nicht begrenzt.

Vor allem starke Erdbeben misst die 1977 entwickelte Momenten-Magnituden-Skala genauer als die Richterskala. Sie ermittelt den „seismischen Moment" aus diversen Faktoren wie der Größe der im Untergrund gebrochenen Fläche und der mittleren Verschiebung der Gesteinsblöcke. So entstehen bei leichten Beben nur wenige Hundert Meter lange Brüche in der Erdkruste, bei schweren Erdstößen kann die Bruchzone dagegen einige Hundert Kilometer lang sein. Der größte mögliche Wert ist 10,6, bei dem die Erdkruste vollständig brechen müsste. Beim schwersten Beben des 20. Jh. am 22. Mai 1960 im Süden Chiles wurde die stärkste bisher berechnete Momenten-Magnitude (M_w) von 9,5 erreicht.

Wie groß ist die Gefahr in Mitteleuropa?

Obwohl Mitteleuropa auf keiner Plattengrenze liegt, kann es hier ebenfalls kräftig beben. So erschütterte am 13. April 1992 das Roermond-Beben mit einer Stärke von 5,9 auf der Richterskala die Niederrheinische Bucht. Und vor ca. 1300 Jahren gab es in der heutigen Grenzregion zwischen Belgien und Deutschland ein Beben der Stärke 6,4. Ursache hierfür sind Spannungen in der Erdkruste zwischen Bodensee und Nordsee. Das Rheinland ist besonders gefährdet, weil es dort viele Störungen in den Gesteinsschichten entlang der Flussgräben gibt.

Kann man Erdbeben genau vorhersagen?

Weil im Untergrund beim Entstehen von Erdbeben eine Reihe verschiedener Faktoren sehr komplex zusammenwirken, schließen Forscher eine genaue Vorhersage von Zeit und Stärke eines Bebens auf absehbare Zeit aus. Sehr gut möglich ist es dagegen inzwischen, die Wahrscheinlichkeit einer Bebenstärke innerhalb eines Zeitraums zu bestimmen. Mit solchen Angaben können Behörden dann Bauvorschriften durchsetzen, die das Einstürzen von Gebäuden bei Beben einer solchen Stärke verhindern. Zudem sind bestimmte, eher harmlose Erdbebenwellen sehr schnell und kommen daher einige Sekunden vor den zerstörerischen Wellen in besonders gefährdeten Gebieten wie z. B. der türkischen Metropole Istanbul an. Diese Wellen kann man als Warnsystem nutzen, das über automatische Signale z. B. bestimmte Bereiche sichert oder U-Bahnen in den Bahnhöfen anhält und Erdgasleitungen absperrt.

Können Tiere Erdbeben spüren?

Martin Wikelski vom Max-Planck-Institut für Verhaltensbiologie in Radolfzell und sein Team veröffentlichten 2020 eine Studie, nach der mit Halsbandmessgeräten ausgestattete Kühe im Apennin-Bergdorf Capriglia jeweils eine bis 20 Stunden vor stärkeren Erdbeben auffallend unruhig waren. Nimmt man diese Unruhe als Maß, hätten die Tiere von neun Erdbeben acht vorher gespürt, ohne sich einen Fehlalarm zu leisten. Nach vielen Jahren weiterer Forschung könnte daraus vielleicht ein zuverlässiges Warnsystem entstehen.

Wie verteilt sich das Wasser?

Blicken Astronauten aus dem Weltraum auf die Erde, sehen sie einen überwiegend blauen Planeten, weil Wasser in vielen Regionen reichlich vorkommt. 96,5 % davon schwappen in den Weltmeeren, die rund 71 % der Erdoberfläche bedecken. Für das Festland bleiben 3,5 % des lebensnotwendigen Wassers übrig, das in vielen Regionen als Bodenfeuchte, Grundwasser sowie in Form von Binnengewässern Menschen, Pflanzen und Tiere versorgt.

WARUM SIND MEERE BLAU?

Treffen Sonnenstrahlen bei klarem Wetter auf die Oberfläche des Meeres, dringt das meiste Licht ins Wasser ein. Dort verhalten sich die verschiedenen Wellenlängen des Lichts aber recht unterschiedlich. Der langwellige rote Anteil des Sonnenlichts wird überwiegend absorbiert und wärmt das Wasser so ein wenig. Je kürzer die Wellenlängen sind, umso weniger wird die entsprechende Farbe absorbiert und umso mehr wird sie gestreut. Besonders stark wird die Farbe Blau gestreut – sie hat die kürzeste Wellenlänge, die das menschliche Auge noch wahrnehmen kann. Dadurch verteilt sich die blaue Strahlung in alle Richtungen: Ein Teil wandert nach unten und taucht tiefere Wasserschichten in ein bläuliches Licht. Und ein Teil strahlt nach oben, tritt wieder aus der Wasseroberfläche aus und gibt dem Meer bei Sonnenschein und wenig Wellen seine blaue Farbe.

Wegen des hohen Salzgehalts im Toten Meer kann man darin kaum untergehen.

Warum ist das Meer manchmal nicht blau?
Dass Meere blau sind, gilt aber nur bei Sonnenschein und nur für tiefere Bereiche mit klarem Wasser. In flacheren Meereszonen schweben oft viele Algen im Meer. In diesen winzigen Pflanzen absorbiert ein Chlorophyll genanntes Biomolekül vor allem die roten und blauen Wellenlängen, um mit deren Energie Kohlendioxid und Wasser in biochemische Verbindungen umzuwandeln. Übrig bleiben die grünen und gelben Anteile des Sonnenlichts, die Küstengewässern oft eine grüngelbe Färbung geben. Tragen Flüsse viele Sedimente ins Meer, wechselt die Farbe zu einem gelblichen Braun, während bestimmte Blaualgen und gelöstes Eisen einen rötlichen Ton hervorrufen. Mitgetragenes feines Gesteinsmehl wiederum färbt Gletscherwasser in Flüssen, Seen und an Küsten, wenn dort die Eismassen bis nahe ans Meer reichen, weißlich.

WESHALB IST MEERWASSER SALZIG?

Regen- und Schmelzwasser lösen Salze aus dem Gestein und den Böden, die von Bächen und Flüssen ins Meer getragen werden. Verdunstet Wasser aus dem Meer, bleibt das Salz dort zurück und reichert sich so mit der Zeit an. Daher liegt der Salzgehalt der Weltmeere im Durchschnitt bei 3,5 %. Tragen Flüsse große Mengen Süßwasser mit wenig Salz in ein Randmeer ein, aus dem wenig Wasser verdunstet und das nur über eine schmale Straße mit dem Rest der Weltmeere verbunden ist, liegt der Salzgehalt erheblich niedriger. So enthält das Ostseewasser im Finnischen und Bottnischen Meerbusen nur 0,1 und in der Kieler Bucht nur 1,5 % Salz. Hat ein Gewässer dagegen keinen Abfluss in die Weltmeere und ist zugleich die Verdunstungsrate sehr hoch, steigt der Salzgehalt: Im Toten Meer liegt er z. B. bei 28 %. Diesen Wert übertrifft der See Gaet'ale im Afar-Dreieck von Äthiopien mit 43 % Salzgehalt deutlich.

Ist das Tote Meer wirklich tot?
Tiere können im hohen Salzgehalt des Toten Meeres nicht dauerhaft überleben. Allerdings gibt es dort diverse Mikroorganismen, die Salpeter, Schwefel und Zellulose abbauen. Auch einige Pflanzen können sehr hohe Salzkonzentrationen tolerieren und wachsen dort.

WIE ENTSTEHEN EBBE UND FLUT?

Die Gezeiten entstehen vor allem durch die Anziehungskraft des Mondes. Die Sonne ist zwar um ein Vielfaches größer, aber viel weiter

In der Bretagne ist der Tidenhub vielerorts so groß, dass die Boote im Hafen bei Ebbe auf dem Trockenen liegen.

von der Erde entfernt – daher bringt sie nur 46 % der Anziehungskraft des Erdtrabanten auf. Da sich Wasser leichter als Gestein verformen lässt, entsteht in den Meeren auf der Seite der Erde, über der der Mond steht, ein kleiner, etwa 0,5 m hoher Wasserberg, der in flachen Küstengewässern aber stark auflaufen kann. Gleichzeitig rotiert die Erde um ihre eigene Achse und erzeugt so in den Meeren eine Fliehkraft, die das Wasser ähnlich wie die Fahrgäste in einem drehenden Karussell nach außen drückt. Auf der Seite der Erde, die dem Mond abgewandt ist, ist die Anziehungskraft des Trabanten relativ gering, die Fliehkraft überwiegt und drückt dort das Wasser zu einem zweiten Flutberg nach außen. In den Gebieten dazwischen wirken dagegen geringere Anziehungskräfte und in den Meeren entsteht eine Mulde, die ähnlich tief wie der Wasserberg hoch ist. Der Begriff Flut steht für die Zeit und das Gebiet mit auflaufendem Wasser, während bei Ebbe das Wasser abläuft.

Wie hoch kann der Tidenhub sein?
Der Unterschied zwischen Hoch- und Niedrigwasser heißt Tidenhub. Seine Größe wird nicht nur von den Anziehungskräften von Mond und Sonne, sondern auch stark von den Winden und vor allem von der Form der Küsten beeinflusst. So liegt der Tidenhub an der westlichen Ostsee nur bei rund 30 cm, erreicht an der deutschen Nordseeküste meist 2–3 m und in den sich flussaufwärts verjüngenden Mündungen von Elbe und Weser über 4 m. In der Bucht von St. Malo in Frankreich oder im Bristolkanal zwischen England und Wales beträgt der Tidenhub im Durchschnitt 12 m, während er am Südufer der Bay of Fundy an der kanadischen Atlantikküste sogar bis zu 15 m hoch ist.

Was ist eine Spring- und eine Nippflut?
Am höchsten wird der Tidenhub, wenn Sonne, Mond und Erde bei Voll- und Neumond in einer Linie stehen. Dadurch addieren sich

Das Wattenmeer, hier bei Sankt Peter-Ording, ist ein besonderer Lebensraum.

die Gravitationskräfte von Sonne und Mond zu einer Springtide. Stehen Sonne und Mond dagegen im rechten Winkel zur Erde, gibt es bei Halbmond eine Nipptide mit besonders geringem Unterschied zwischen Hoch- und Niedrigwasser.

WAS IST EIN WATTENMEER?

An den Küsten fällt ein meist nur schmaler Streifen zweimal am Tag im Rhythmus der Gezeiten trocken und wird dann wieder geflutet. Ist das Meer flach und der Tidenhub hoch, kann dieser Streifen sehr breit werden und wird dann als Wattenmeer bezeichnet. Das größte Wattenmeer der Welt liegt in der Deutschen Bucht und erstreckt sich 450 km weit von Den Helder in den Niederlanden bis nach Skallingen in Dänemark. Bei einer Breite von bis zu 40 km umfasst das Wattenmeer der Nordsee rund 9000 km² und damit eine ähnliche Fläche wie Zypern.

Weshalb ist das Wattenmeer so besonders?

Im Sommer heizt die Sonne bei Niedrigwasser die ausgetrockneten Salzflächen leicht auf 60 °C auf, im Winter kühlt das Watt auf etliche Minusgrade ab. Nur wenige Lebewesen kommen mit diesen Bedingungen zurecht, tauchen dann aber mit sehr vielen Individuen auf: Hunderttausend Wattschnecken und Zehntausende von Schlickkrebsen pro Quadratmeter sind keine Seltenheit. Kaum ein Fleck im Watt ist nicht von den Kothaufen der Wattwürmer bedeckt. Muscheln stecken tief im feuchten Untergrund und weiden z. B. mit langen „Schnorcheln“ Kieselalgen ab. 250 Herzmuscheln pro Quadratmeter kommen durchaus vor.

Weil die Flut zweimal täglich frische Nährstoffe aus den Tiefen der Weltmeere in diesen schlammigen Küstensaum trägt, sind die Organismen im Watt sehr produktiv. Wattwürmer wälzen in jedem Hektar 1200 t Sand im Jahr um. Muscheln wiederum gelten als die „Kläranlage“ des Watts: Jede einzelne von ihnen filtriert jede Stunde 3 l Wasser und holt sich selbst dabei Nährstoffe heraus. Aber auch für Vögel, Robben und andere Tiere und Pflanzen bietet das Wattenmeer eine wichtige Heimat.

WAS IST EIN TSUNAMI?

Tsunami ist ein japanischer Begriff für „Welle im Hafen“. So nannten japanische Fischer ein in ihrem Land gar nicht so seltenes Phänomen von Wellen, die auf dem Meer noch relativ flach sind, sich an der Küste aber gewaltig aufbäumen, oft weit ins Land hineinlaufen und eine Spur der Verwüstung hinterlassen.

Entstehen Tsunamis nur durch Erdbeben?

Rund 90 % aller Tsunamis werden von einem Erdbeben ausgelöst. Aber auch abrutschende Berghänge, Vulkanausbrüche unter Wasser oder Meteoriteneinschläge im Ozean können Tsunamis auslösen. Der höchste bisher gemessene Tsunami lief nach einem durch ein Erdbeben ausgelösten Erdrutsch am 9. Juli 1958 in der Lituya-Bucht in Alaska bis in eine Höhe von 520 m die Berghänge hinauf.

Obwohl beim Tsunami Ende 2004 fast alles um sie herum zerstört wurde, blieb diese Moschee nahe von Banda Aceh mehr oder weniger unbeschädigt.

Wie entstand der Weihnachts-Tsunami 2004?

Als bei einem Seebeben am 26. Dezember 2004 um 1.58 Uhr und 53 Sekunden mitteleuropäischer Zeit ca. 150 km westlich vom Norden der Insel Sumatra der Meeresboden in Sekunden bis zu 10 m nach oben sprang, hob er das Wasser darüber ebenfalls an. Der Meeresspiegel stieg zwar nur um 65 cm, da aber die gesamte Wassersäule und damit riesige Massen hochgehoben wurden, steckte in dieser Welle sehr viel Energie. Mit einer Geschwindigkeit von 700–800 km/h jagte die Welle fast unmerklich durch den Ozean. In flachen Küstengewässern konzentrierte sich die Energie der Welle statt auf einige Tausend nur noch auf 10 oder 20 m Wassertiefe. Die Welle wurde viel langsamer, erreichte aber immer noch mit 36 km/h das Tempo des Männer-Weltrekords beim 100-m-Sprint. Vor allem aber türmte sich die Welle viel höher auf und verwüstete daher an den Küsten rund um den Indischen Ozean ganze Regionen.

Wie stark verwüstete der Weihnachts-Tsunami die Küsten?

Etwa 20 Minuten nach dem Beginn des Erdbebens vom 26. Dezember 2004 schlugen über 20 m hohe Wellen Breschen der Verwüstung in die indonesische Provinzhauptstadt Banda Aceh, die direkt davor von dem Erdbeben erschüttert worden war. Allein hier starben 30 000 Menschen, insgesamt kamen in Indonesien etwa 170 000 Menschen durch die Riesenwellen ums Leben. Rund 90 Minuten nach dem Beben traf der Tsunami den Südwesten Thailands. Hier gab es etwa 8000 Tote, rund 2500 von ihnen waren Feriengäste aus dem Ausland. Zwei Stunden nach dem Beben erreichten die Wellen Sri Lanka, dort fielen rund 35 000 Menschen den Fluten zum Opfer. Eine halbe Stunde später verwüsteten die Riesenwellen die Küsten im Südosten Indiens, mehr als 16 000 Menschen starben dort. Der Tsunami traf auch die Malediven und die Seychellen im Indischen Ozean sowie die Küsten Afrikas, wo noch einmal rund 400 Menschen starben, obwohl die Wellen dort erst über acht Stunden nach dem Beben eintrafen.

WO GIBT ES DIE MEISTEN TSUNAMIS?

Ungefähr zwei Drittel der Tsunamis der letzten 4000 Jahre trafen Küsten am Pazifik. So kosteten am 11. März 2011 ein Megabeben mit der Magnitude 9,0 und der dabei ausgelöste Tsunami in Japan mehr als 15 000 Menschen das Leben. Ein Jahr vorher suchte am 27. Februar 2010 ein Beben der Magnitude 8,8 und der folgende Tsunami die Küste Chiles heim, 531 Tote wurden nach dieser Katastrophe gezählt.

Können Tsunamis auch Europa gefährden?
Bei einem Beben wurde am 1. November 1755 ein Tsunami ausgelöst, dem in der portugiesischen Hauptstadt Lissabon und ihrer Umgebung vermutlich 30 000 bis 100 000 Menschen zum Opfer fielen. Häufiger und gefährlicher als am Atlantik aber sind Tsunamis im Mittelmeer. Mit fast einem Fünftel aller beobachteten Riesenwellen liegt es hinter dem Pazifik auf Platz zwei der Tsunamiregionen. Bei einem Erdbeben und dem folgenden Tsunami starben am 28. Dezember 1908 in Sizilien und an der Spitze des italienischen Stiefels mindestens 70 000 Menschen. 20–25 m liefen am 9. Juli 1956 Wellen nach einem Erdbeben in der Ägäis zwischen Griechenland und der Türkei die Küsten der Insel Amorgos hoch und rissen 53 Menschen in den Tod.

Sind Tsunamis mit Bollwerken zu stoppen?
Technische Maßnahmen bieten kaum Schutz vor Tsunamis, weil in den riesigen Wellen eine gigantische Energie steckt und die Küstenregionen oft viele Minuten lang geflutet werden. Videoaufnahmen aus Thailand zeigen, wie das Wasser am 26. Dezember 2004 einfach immer weiterströmt. Was dieser gewaltigen Kraft im Weg steht, hat kaum eine Chance: Hauswände werden eingerissen, als seien sie aus Pappe, große Schiffe werden Hunderte Meter vor- und zurückgeschleudert. Menschen, die von der Welle mitgerissen werden und auf ein Hindernis prallen, überleben nur selten. Weil kein technisches Bollwerk derart gigantische Energiemengen absorbieren kann, setzt der Katastrophenschutz weltweit auf Frühwarnsysteme, die den Menschen Zeit für ihre Flucht verschaffen.

WIE ARBEITET EIN TSUNAMI-FRÜHWARNSYSTEM?

Mit dem „German Indonesian Tsunami Early Warning Systems" (GITEWS) haben Jörn Lauterjung vom Deutschen GeoForschungs-Zentrum (GFZ) in Potsdam und seine Kollegen am 29. März 2011 ein Tsunamifrühwarnsystem an Indonesien übergeben. Im Zentrum des Systems steht ein Netz aus Hunderten von Stationen, die feinste Erschütterungen von Erdbeben oder auch von Bergrutschen messen. Aus diesen Messwerten ermittelt die ebenfalls

Für Riesenwellen sind menschliche Bollwerke meist kein allzu großes Hindernis.

in Potsdam entwickelte Software SeisComP3 in weniger als vier Minuten den Herd und die Stärke des Bebens. Mit einem weiteren dichten Netz von Referenzstationen für das Satellitenortungssystem GPS beobachtet das System online, wie ein Beben die jeweiligen Küsten nach oben und unten sowie in der Horizontalen bewegt. Aus diesen Werten errechnet ein Computersystem, wie stark sich der Meeresboden entlang des gesamten, oft Hunderte von Kilometern langen Erdbebenrisses am Meeresgrund vor der Küste gehoben oder gesenkt hat. Dann berechnen die Programme, wie der Untergrund die entstandenen Riesenwellen formt. Anhand der online ermittelten Daten und durch den Abgleich mit im Vorfeld berechneten Szenarien wird nun ein Lagebild der Situation ermittelt, das zum Auslösen eines Alarms führen kann.

Was ist die „letzte Meile"?

Nur wenige Minuten nach Beginn des Bebens liefert das Tsunamifrühwarnsystem das Lagebild über den drohenden Tsunami an den diensthabenden Offizier des rund um die Uhr besetzten nationalen Warnzentrums in der indonesischen Hauptstadt Jakarta. Dieser entscheidet weniger als fünf Minuten nach dem Beginn des Erdbebens über die notwendige Warnstufe und informiert die Verantwortlichen in den betroffenen Landkreisen und Städten. Über fest geschaltete Telefon- oder Faxleitungen, über Internet oder Mobilfunk geht die Warnung auch an die örtliche Polizei, die Hafenverwaltung und andere vor Ort für den Schutz vor Katastrophen zuständigen Einrichtungen. Über Handys, Lautsprecher an Moscheen und anderen Gebäuden, Sirenen, Polizeidurchsagen oder auch mit tiefen, weitreichenden Trommelsignalen auf rund 3 m langen, ausgehöhlten Baumstämmen werden dann alle Menschen alarmiert, die betroffen sein könnten. Dies ist die sogenannte letzte Meile, die auf dem langen Weg der Tsunamifrühwarnung überwunden werden muss.

Wohin rettet sich die Bevölkerung vor einem Tsunami?

Damit sich die Menschen schnell in Sicherheit bringen können, haben die Behörden Wege für die Evakuierung geplant und Schilder mit einfachen Symbolen aufgestellt, die mit Pfeilen die Richtung zum nächsten höheren Punkt zeigen, den ein Tsunami nicht erreichen kann. Ist ein solcher Hügel in einer breiten Küstenebene zu weit weg, werden „vertikale Fluchtmöglichkeiten" ausgeschildert. Damit sind z. B. Parkhäuser oder Hotels im Küstenstreifen gemeint, die auch beim höchsten denkbaren Tsunami noch aus den Fluten herausragen. Die Riesenwellen

Bei Tsunamigefahr führen Schilder (links) zu sicheren Orten, bei denen es sich auch um spezielle Shelter handeln kann (rechts).

reißen dann zwar alle Wände der unteren Etagen ein, lassen aber die Stützpfeiler und damit auch die darauf ruhenden Gebäudeteile stehen. Dort oben sind die Menschen also selbst in der Küstenebene vor einem Tsunami sicher.

Was ist ein Shelter?

Gibt es nicht genug solcher vertikalen Zufluchten, werden Shelter gebaut. Das sind im einfachsten Fall mächtige Betonpfähle, auf denen in sicherer Höhe eine Plattform Platz für viele Menschen bietet. Breite Rampen oder Treppen führen hinauf, auf denen die Flüchtenden rasch laufen können. Im Ernstfall mag es dort oben recht eng zugehen, vielleicht reißen die Wellen auch die Rampen weg. Aber die Menschen auf der Plattform sind in Sicherheit, das wichtigste Ziel des Tsunamifrühwarnsystems ist erreicht.

Wie trainiert man den Ernstfall?

Der alles entscheidende Faktor für den Ernstfall ist aber das Training der Bevölkerung. Die Rettung vor einem Tsunami klappt nur, wenn die Menschen die richtigen Verhaltensweisen lang vor der Katastrophe beigebracht bekommen. Bereits in der Grundschule lernen die Kinder alles über Riesenwellen und sie üben immer wieder, wie man sich vor ihnen rettet. Das Gleiche passiert in den Betrieben oder mithilfe von großen Übersichtstafeln mit Cartoons, auf denen die richtigen Verhaltensweisen und Fluchtmöglichkeiten gezeigt werden. Wenn dann die Riesenwellen auf die Küste zurollen, sollte jeder Mensch in der Gefahrenzone das richtige Verhalten so oft geübt haben, dass er es automatisch und ohne viel darüber nachzudenken abspult – das steigert die Überlebenschancen enorm.

WIE TIEF DRINGT LICHT IN DIE TIEFSEE EIN?

Die Tiefsee ist eine eigene Welt, die sich stark vom Leben an Land oder in Küstengewässern unterscheidet. So verschwinden die letzten Funken Sonnenlicht für das Auge eines Menschen in rund 800 m Tiefe, für ein optimal angepasstes Fischauge aber erst in etwa 1000 m. Auch in dieser finsteren Tiefe aber gibt es Lebewesen, die genau wie die Organismen in einem Wald oder auf einer Savanne drei wichtige Ziele verfolgen: Sie wollen genug fressen, sie wollen nicht selbst gefressen werden und sie wollen sich vermehren. Allerdings sichern sich die Tiere der Tiefsee ihre Lebensgrundlagen mit ganz anderen Methoden als ihre weiter oben lebende entfernte Verwandtschaft.

Warum steckt die Tiefsee voller Geheimnisse?

Um das Leben in der Tiefsee zu erforschen, sind Wissenschaftler auf die Stichproben angewiesen, die sie auf langen Forschungsfahrten mit Spezialnetzen aus der Tiefe holen müssen – oder auf die Erkenntnisse, die sie auf wenigen Tauchfahrten mit oder meist ohne Menschen an Bord gewinnen. Weil bisher vergleichsweise wenige Stichproben aus einer Welt vorliegen, die viel größer als die Landoberfläche der Erde ist, ist über die Tiefsee vermutlich weniger bekannt als über die Rückseite des Mondes.

WIE FANGEN DIE JÄGER DER TIEFSEE IHRE BEUTE?

Vipernfische formen beispielsweise mit ihrem Gebiss eine Art Käfig, in dem sie möglichst viele der in der Tiefe extrem seltenen Beutetiere festsetzen. Allerdings sind einige der Zähne so lang, dass sie gar nicht mehr ins geschlossene Maul passen. Gleich neben den gigantischen Augen, mit denen sie das wenige Licht in der Tiefe sammeln, haben sie daher eine Grube am Kopf, in die sich beim Schließen des Mauls die überlangen Zähne des Unterkiefers einpassen. Der Pelikan-Aal *Eurypharynx pelecanoides* kann mit einen ganz anderen „Fangkäfig“ aufwarten: Dieser Fisch ist nicht viel mehr als ein Pelikanschnabel mit Schwanz, der mit weit aufgerissenem Maul in der Tiefe schwebt und Beute sammelt.

Wie pflanzen sich die Tiere der Tiefsee fort?
Weil das Leben dünn gesät ist und passende Partner Mangelware sind, geht die Fortpflanzung in der Tiefsee verblüffende Wege. Bei den Tiefsee-Anglerfischen sind die Männchen viel kleiner als ihre Auserwählte. Sobald sie diese endlich gefunden haben, beißen sie sich an ihrem Körper einfach fest, um sie nicht wieder zu verlieren. Mit der Zeit verschmelzen die beiden Körper, manchmal versorgt ein Weibchen gleich mehrere Männchen, die im Gegenzug für Nachwuchs sorgen. Genau genommen sind die Männchen bei den Anglerfischen also nicht mehr als Parasiten und Samenspender in Personalunion.

Der „Fußballfisch“ gehört zu einer von etwa 160 Arten von Tiefsee-Anglerfischen, die heute bekannt sind.

Wie verbergen sich die Tiere der Tiefsee vor Feinden?

Weil es keine Verstecke gibt, tarnen sich viele Tiefseebewohner. Einige von ihnen sind z. B. pechschwarz, weil diese Farbe im Dunkeln ähnlich wenig auffällt wie eine schwarze Katze im Kohlenkeller. Viele Tintenfische und Krabben sind dagegen leuchtend rot, weil dieses Licht schon in den obersten Wasserschichten ausgefiltert wird. Rot verbirgt einen Körper also in der Tiefe genauso gut wie schwarz. Eine weitere Möglichkeit ist ein transparenter Organismus, den u. a. junge Aale haben. Die Flanken der Tiefsee-Beilfische wiederum sind silbrig, von der Seite blickt ein Angreifer praktisch in einen Spiegel und die Beute wird für ihn unsichtbar. Der Rücken ist dunkel und verschwimmt so beim Blick von oben mit dem Dunkel der Tiefe. Der Bauch dagegen leuchtet und hebt sich kaum gegen die Helligkeit ab, in die ein unten schwimmender Raubfisch nach oben schaut.

WIE SIEHT DER KREISLAUF DES WASSERS AUS?

Nur 3,5 % des Wassers auf der Erde ist Süßwasser. Der größte Teil davon befindet sich in fester Form in den Eiskappen über der Antarktis und Grönland oder in den Gletschern der Erde. Bleibt ein kleiner Rest des Süßwassers, der in einem ewigen Kreislauf unterwegs ist: Aus den Ozeanen verdunstet überall auf der Welt Wasser, das die Luft als Feuchtigkeit weiterträgt. Irgendwann bilden sich Wolken, aus denen später Niederschlag auch auf die Landflächen fällt. Ein erheblicher Teil davon versickert, verschwindet als Grundwasser in der Tiefe, das später Bäche und Flüsse speist, die dann zum Meer fließen und so den Kreislauf schließen.

IST WASSER DIE GRUNDLAGE FÜR DAS LEBEN?

Wasser bewegt sich ständig und ist die Grundlage allen Lebens auf der Erde. In einem aufwendigen Fotosyntheseprozess entnehmen Pflanzen das Treibhausgas Kohlendioxid aus der Luft und stellen aus diesem Gas und mit Wasser Biomoleküle für ihren Eigenbedarf her. Dieser Prozess ist die Grundlage des meisten Lebens auf der Erde. Ohne den ewigen Kreislauf des Wassers wäre das Leben daher zum Tod verurteilt.

WIE WICHTIG IST WASSER FÜR DAS KLIMA?

Die zentrale Rolle des Wassers für das Klima kann jeder Spaziergänger im Wald beobachten. Dort mildert nämlich nicht nur der Schatten des Kronendachs die sommerliche Hitze, sondern auch die Verdunstung von Wasser. Um ein einziges Molekül Kohlendioxid zu binden, transportiert eine Pflanze bis zu tausend Moleküle Wasser von den Wurzeln bis zu ihren Blättern, aus denen dann große Mengen Wasser verdunsten. So befeuchten die Pflanzen aber nicht nur die Luft, sondern kühlen zugleich das Mikroklima der näheren Umgebung. Zudem stecken die aus der Luft entnommenen Kohlendioxidmoleküle nun als Biomoleküle in Pflanzen und anderen Organismen. Sie fehlen daher in der Luft und können so das Klima nicht mehr aufheizen.

Wasser bildet nicht nur die Grundlage allen Lebens auf der Erde, es ist auch ein wichtiger Faktor für das Klima – im Kleinen wie im Großen.

Abenteuer Alltag

Der Mensch gewöhnt sich schnell an die Welt, in der er aufwächst. Das Flugzeug fliegt, der Käse hat Löcher, der Staub ist grau, der Kleber klebt, Kaffee macht wach, das Lagerfeuer brennt, der Sprudel sprudelt, das Handy hat Funklöcher und die Schlittschuhe gleiten übers Eis. Aber warum eigentlich? Das Alltägliche birgt so manch spannendes Geheimnis – und die Erklärungen zeigen die Welt oft in anderem Licht.

Sind Physik und Chemie in der Küche unverzichtbar?

Tatsächlich haben so gut wie alle Vorgänge vom Kochen bis zum Einfrieren mit Physik oder Chemie zu tun: Steigende und fallende Temperaturen lösen Veränderungen aus. Die Moleküle, aus denen Nahrungsmittel, das Kochwasser und die Luft der Umgebung bestehen, gehen chemische Reaktionen ein. Sogar Spitzenköche nutzen das genauere Wissen um die Chemie und Physik des Kochens, um ihre Kreationen zu verbessern.

WAS PASSIERT BEI GEFRIERBRAND?

Oft sind undichte oder zu große Verpackungen schuld, wenn gefrorene Lebensmittel an den Rändern ausgetrocknete, weiß bis bräunlich verfärbte Stellen bekommen. Doch auch Unterbrechungen in der Kühlkette, etwa durch einen Stromausfall oder zu langes Öffnen der Gefriertruhe, können zu Gefrier- oder Frostbrand führen. Die betroffenen Lebensmittel sind dann zwar nicht vergammelt, aber trotzdem ungenießbar. Die Schäden entstehen vor allem bei sehr wasserhaltigem Gefriergut wie Fleisch oder Obst, wenn die Oberfläche mit Luft in Kontakt kommt. Die gefrorene Flüssigkeit geht dann direkt in den gasförmigen Zustand über und entweicht. Dadurch trocknen die Nahrungsmittel aus und bekommen poröse Stellen. Dort sorgt der Sauerstoff der Luft dann für Oxidationsprozesse, die Geschmacks- und Nährstoffe zerstören. Beim Auftauen nehmen die ausgetrockneten Bereiche kaum Wasser auf und bleiben deshalb strohig oder zäh.

Nicht verdorben, aber kaum mehr genießbar: Erbsen mit Gefrierbrand.

WESHALB BLEIBT AN BESCHICHTETEN PFANNEN MEIST NICHTS HAFTEN?

Ob das Spiegelei an der Pfanne haftet, ist eine Frage der Chemie: Die Moleküle einer unbeschichteten Metallpfanne und die des Bratobjekts ziehen sich in der Regel stark an. Es entstehen sogenannte polare Bindungen zwischen der Metalloberfläche und den Kohlenhydraten oder Eiweißen der Nahrung. Diese chemische Haftwirkung zeigt sich deutlich beim Ansetzen und Anbrennen. Öl in der Pfanne reduziert diesen Vorgang etwas, indem es vorübergehend eine unpolare Zwischenschicht bildet. Haftet doch etwas an, passiert das normalerweise in der Mitte der Pfanne. Das liegt daran, dass erhitztes Öl nach außen fließt und in der Mitte einen trockenen Fleck lässt.

Beschichtete Pfannen besitzen selbst eine unpolare Zwischenschicht, etwa aus Teflon® (PTFE) oder ähnlichen Kunststoffen. Auf diesen Oberflächen finden die polaren Gruppen von Spiegelei & Co. meist keine Ansatzpunkte.

WARUM WIRD EIWEISS BEIM SCHLAGEN FEST?

Eiweiß besteht zu 90 % aus Wasser. Der Rest sind lange Eiweißmoleküle, die normalerweise wie Wollknäuel zusammengewickelt sind. Wird diese Mischung geschlagen, gelangen Luftbläschen hinein und die Proteinknäuel entwirren sich. Da sie aus wasserfreundlichen und wasserabweisenden Teilen bestehen, lagern sie sich genau an den Grenzflächen von Wasser und Luftbläschen an und kapseln so die Bläschen ein. Stabilisiert wird das Ganze dadurch, dass beim Entrollen der Knäuel reaktionsfreudige Bereiche in den Eiweißfäden frei werden. Diese können mit benachbarten Molekülen neue Bindungen eingehen und bilden so mit der Zeit ein immer stabileres Netzwerk.

Schlägt man den Eischnee allerdings zu lang, kann sich das Wasser wieder von den Proteinen lösen, und die Masse trennt sich in einen festen und einen flüssigen Teil. Auch Reste von Eigelb können Probleme verursachen. Denn diese enthalten sogenannte Emulgatoren, die sich an die Eiklarmoleküle anlagern und so deren Vernetzung stören. Erst wenn der Eischnee fest ist, können Eigelb oder Fette problemlos dazugegeben werden.

Die Firma DuPont entwickelte die Antihaftbeschichtung – und prägte den Begriff „Teflon®“.

WARUM SPRUDELT SPRUDEL?

Um die erfrischende Kohlensäure ins Mineralwasser zu bekommen, muss Kohlendioxid (CO_2) hinzugefügt werden. Dazu braucht man starken Druck, und es muss relativ kühl sein. Denn nur dann löst sich viel CO_2 in Wasser, verteilt sich gleichmäßig und bildet Kohlensäure. Eine

RICHTIG ODER FALSCH?

Eiscreme kann der Backhitze widerstehen.

Gebackene oder frittierte Eiscreme ist eine Delikatesse zum Nachtisch: In Asien serviert man sie im Teigmantel, in Europa paniert in Kokosflocken oder Cornflakesbröseln. Wichtig bei der Zubereitung ist, das zu Kugeln geformte Eis sehr kaltzustellen, bevor es in Blätterteig gewickelt oder in mehreren Schichten mit Ei und Bröseln paniert wird. Danach muss es erneut kaltgestellt werden. Erst dann übersteht das Eis tatsächlich 15 Sekunden im heißen Frittierfett oder in der Pfanne.

ungeöffnete Mineralwasserflasche steht unter vier- bis fünfmal höherem Druck als die Umgebungsluft. Öffnet man die Flasche, lässt der Druck nach, und ein Teil des Kohlendioxids entweicht. Das ist an den Bläschen zu erkennen, die nach oben steigen.

Wussten Sie, wie das Loch in die Makkaroni kommt?

Genau wie bei anderen Nudelarten wird auch der Teig für Makkaroni durch die Düse einer Nudelmaschine gepresst. In diesem Fall besteht der Düsenvorsatz aber nicht nur aus einer runden Öffnung, die so groß ist wie der Außendurchmesser der Makkaroni. Zusätzlich sitzt in der Mitte der Düse eine Scheibe. Dadurch bleibt für den Teig nur ein schmaler Ring, durch den er gepresst wird. An der Düse ist die Scheibe mithilfe von zwei bis drei dünnen Bügeln befestigt. Diese sind dem Teig im Weg und trennen die Makkaroni der Länge nach auf. Nachdem der Teig an den Bügeln vorbeigelaufen ist, wird er jedoch noch in der Düse wieder zu einem festen Ganzen zusammengepresst – und so tritt vorn aus der Maschine eine lückenlos geschlossene Nudelröhre aus.

WARUM BLEIBT KETCHUP IN DER FLASCHE STECKEN?

Ketchup ist eine sehr zähflüssige Paste. Die Teilchen dieser Paste werden durch Reibung gebremst, wenn sie aneinander vorbeirutschen sollen. Also bewegt sich die Ketchupmasse nur, wenn ausreichend Kraft auf sie einwirkt. Von Wasserflaschen ist bekannt, dass die Flüssigkeit, die unten die Flasche verlässt, oben durch Luft ersetzt werden muss: Blasen blubbern durch die Öffnung nach innen. Ketchup ist aber zu zähflüssig, um Luftblasen aufsteigen zu lassen. Deshalb entsteht oben in der Flasche Unterdruck – und der wirkt der nach unten ziehenden Schwerkraft entgegen.

Derart feststeckender Ketchup lässt sich auf mehrere Arten Richtung Ausgang befördern: Flexible Plastikflaschen kann man zusammendrücken, sodass der Unterdruck im oberen Bereich eliminiert wird. Bei starren Flaschen kann ein Schlag gegen den Flaschenboden helfen, die Masse in Bewegung zu setzen. Eine dritte Methode hilft bei beiden Gefäßen: Ein tief in die Flasche gesteckter Strohhalm bewirkt, dass Luft am Ketchup vorbei bis zum Flaschenboden gelangen kann.

WIE FINDEN LEBENSMITTELMOTTEN IHREN WEG IN VERSCHLOSSENE BEHÄLTER?

Der Nachwuchs von Mehl- und Dörrobstmotten sorgt immer wieder für Ärger in den Vorratsschränken. Die hungrigen Raupen suchen nach kohlenhydratreichen Lebensmitteln: Getreide und Nüsse, Zucker und Trockenobst, aber auch Tee, Kaffee und Kakao sind gefährdet.

Die Jungtiere folgen ihrem Geruchssinn und können dabei mehrere Hundert Meter zurücklegen. Durch Papier und Plastikhüllen nagen sie sich problemlos hindurch. Frisch geschlüpft sind sie klein genug, um sich sogar durchs Schraubgewinde vorzuarbeiten. Und wenn die Lebensmittel schon beim Kauf Motteneier enthalten, hilft auch der dichteste Behälter aus Glas, Metall oder dickem Kunststoff nicht.

Wie wird man die Plagegeister wieder los?
Befallene Lebensmittel sind ungenießbar und sollten entsorgt werden. Dann die Schränke gründlich säubern. Mit Pheromonfallen, die männliche Motten mit einem Sexuallockstoff fangen, kann man einen Befall feststellen und zumindest einige Plagegeister aus dem Verkehr ziehen. Ausrotten lassen sie sich dadurch allerdings meist nicht. Erfolgreicher sind da speziell gezüchtete, winzige Schlupfwespen, die Motteneier aufspüren und vernichten können.

WAS IST AN H-MILCH ANDERS ALS AN FRISCHER VOLLMILCH?

Das „H" in der H-Milch steht für „haltbar". Bei der Herstellung wird frische Kuhmilch zunächst für ein paar Sekunden auf 135–150 °C ultrahocherhitzt, um sie zu sterilisieren. Diese Behandlung zerstört einen Teil der Milcheiweiße und Vitamine und karamellisiert den Milchzucker. Das verändert zwar den Geschmack, macht die H-Milch aber auch leichter verdaulich. Nach dem Erhitzen wird die Milch sofort wieder auf 4–5 °C abgekühlt und homogenisiert – d. h. sie wird unter hohem Druck durch feine Düsen gepresst. Dadurch werden die Fetttröpfchen zerkleinert und gleichmäßig in der Milch verteilt. Dann setzen sie sich nicht so schnell als Rahm an der Oberfläche ab. Wird die so behandelte Milch sofort steril verpackt, ist sie sogar bei Raumtemperatur mehrere Monate lang haltbar.

WIE KOMMEN DIE LÖCHER IN DEN KÄSE?

Bei der Produktion von Käse bringt man Milch zusammen mit einem „Lab" genannten Enzymgemisch zum Gerinnen. Dadurch ballen sich Eiweiß und Fett zu Klumpen zusammen und Molke bleibt übrig. Die Klumpenmasse wird nun in eine Form gepresst und schließlich zum Reifen abgelagert.

Unregelmäßig geformte Löcher wie im Tilsiter entstehen, wenn die Käsemasse nur locker in die Form geschüttet und nicht gepresst wurde. Bei der Lagerung läuft weiter Molke ab und hinterlässt die Hohlräume. Kugelförmige Käselöcher wie etwa im Emmentaler bilden sich dagegen in gepressten Käselaiben, die eine feste Rinde entwickeln. Entscheidend sind dabei die

Je nach Sorte entstehen die Löcher im Käse auf unterschiedliche Weise.

Einen Sauerteig muss man nur noch mit Mehl und Wasser „füttern". Er kann dann jahrelang als Grundlage für Sauerteigbrote dienen.

Aktivitäten von Propionsäurebakterien, die während der Reifung des Käses Kohlendioxid produzieren. Dieses Gas dringt in die Hohlräume winziger Heupartikel ein, die beim Melken in die Milch gelangt sind, und drückt an diesen Stellen die Löcher in den Käse.

WIESO IST SCHIMMELKÄSE GENIESSBAR?

Käsesorten wie Blauschimmelkäse oder Camembert werden unter reinsten Bedingungen mit essbaren, gesunden Schimmelkulturen geimpft. Hat sich dieser Schimmel erst einmal ausgebreitet, finden die Sporen von ungesundem Fremdschimmel keinen Platz mehr auf dem Käse. Bleibt der Käse angeschnitten längere Zeit liegen, kann der „gute" Schimmel auch die Schnittfläche zuwuchern oder auf andere Käsesorten „überspringen".

WIE FUNKTIONIEREN BACKPULVER, SAUERTEIG UND HEFE?

Backpulver, Sauerteig und Hefe lockern den Teig und lassen ihn aufgehen, indem sie in seinem Inneren Kohlendioxidbläschen bilden.

Dieses Gas entsteht dabei jeweils unterschiedlich: Im Backpulver reagieren zwei Salze miteinander, meist Natriumhydrogenkarbonat und ein sogenanntes saures Salz. Die chemische Reaktion findet statt, sobald Wasser und Hitze hinzukommen, weshalb der Teig erst im Ofen aufgeht. Hefe- und Sauerteig vergrößern dagegen ihr Volumen hauptsächlich vor dem eigentlichen Backen. Im Sauerteig sind Milchsäurebakterien aktiv, die bei 20–35 °C Zucker abbauen und Kohlendioxid freisetzen. Und die einzelligen Hefepilze liefern das Gas, wenn sie bei Temperaturen um 32 °C mit Zucker und Wasser gefüttert werden. Im heißen Ofen sterben Bakterien und Hefepilze schon bei 45 °C ab.

SOLL MAN OLIVENÖL IM KÜHLSCHRANK LAGERN?

Kann man, muss man aber nicht. Bei Speiseölen bestimmt der Anteil an einfach und mehrfach ungesättigten Fettsäuren, bei welcher Temperatur das Öl fest wird, ob es Pfannenhitze verträgt und wie schnell es beim Kontakt mit Sauerstoff ranzig wird. Olivenöl besteht bis zu vier Fünfteln aus einfach ungesättigten Fettsäuren, sodass es zum Braten geeignet ist. Das Öl hält sich am besten bei rund 15 °C, im Kühlschrank bildet es Schlieren und flockt aus – allerdings nur bis zum nächsten Erwärmen. Ob der Geschmack darunter leidet, ist Ansichtssache.

Andere Öle mit höherem Gehalt an mehrfach ungesättigten Fettsäuren sind empfindlicher gegen Hitze und Sauerstoff, vor allem unraffinierte Öle sind kühl gelagert länger haltbar. Für alle Öle gilt: Möglichst dunkel oder in dunklen Flaschen lagern.

WIE ENTSTEHT DER TYPISCHE GRILLGESCHMACK?

Wenn sich ein Steak auf dem Grill in einen gebräunten und aromatisch duftenden Leckerbissen verwandelt, steckt dahinter die nach einem französischen Chemiker benannte Maillard-Reaktion. Dabei handelt es sich genau genommen nicht nur um eine einzige

Reaktion, sondern um eine ganze Gruppe von chemischen Reaktionen beim Braten, Grillen und Backen, die alle nach dem gleichen Muster ablaufen: Bei Temperaturen ab etwa 140 °C reagieren Aminosäuren mit Zuckern wie Trauben-, Milch- und Malzzucker. Über eine Reihe von komplizierten Zwischenschritten entstehen dabei chemische Verbindungen mit dunkler Farbe und angenehmem Duft und Geschmack. Sie verleihen beispielsweise gebratenem Fleisch und Röstzwiebeln, frischer Brotkruste und gerösteten Kaffeebohnen ihr typisches Aroma.

SIND RÖSTAROMEN GESUNDHEITSSCHÄDLICH?

Beim Braten und Backen, Rösten und Frittieren von kohlenhydratreichen Kartoffel- oder Getreideprodukten kann die Maillard-Reaktion zu unerwünschten Ergebnissen führen. Das passiert z. B. bei der Herstellung von Pommes frites und Kartoffelchips, aber auch beim Toasten von Brot. In solchen Fällen reagiert die Aminosäure Asparagin mit Zuckern wie Glukose und Fruktose. Dabei entsteht die Verbindung Acrylamid, die in Verdacht steht, krebserregend zu sein. Bei Temperaturen ab etwa 170 °C steigt die Menge dieser Substanz sprunghaft an. Deshalb sollte man auf eine schonende Zubereitung bei niedrigeren Temperaturen achten.

WARUM MUSS HONIG NICHT IN DEN KÜHLSCHRANK?

Honig gilt als eines der wenigen Lebensmittel, die von Natur aus nicht verderben. Ursache ist sein hoher Zucker- und sein geringer Wassergehalt – ein Milieu, in dem sich Bakterien und andere Mikroorganismen nicht vermehren können. Außerdem enthält Honig bestimmte Enzyme und aromatische Säuren, die aktiv gegen Mikroben wirken.

Im Durchschnitt besteht Honig zu 70–80 % aus verschiedenen Zuckern, nur 15–20 % sind Wasser. Hinzu kommen geringe Mengen an Pollen, Aromastoffen, Mineralstoffen, Vitaminen, Enzymen und anderen Eiweißen. Das Mengenverhältnis der verschiedenen Zucker bestimmt, ob der Honig früher oder später kristallisiert und hart wird. Und das kann auch der Kühlschrank nicht verhindern.

Dank seiner Inhaltsstoffe ist Honig nicht nur lecker, sondern auch gesund.

Beim Grillen läuft eine komplexe Kette chemischer Reaktionen ab.

Warum kochen Menschen ihr Essen?

Überleben könnten Menschen auch, wenn sie nur rohe Nahrung essen würden. Doch Kochen, Grillen und Räuchern erweitern den Speisezettel enorm: Ungenießbare Bitter- und Giftstoffe werden beim Kochen unschädlich gemacht, in einigen Pflanzen werden die Inhaltsstoffe erst dabei so weit aufgeschlossen, dass wir sie verdauen können. Zudem tötet Hitze Krankheitserreger ab – und geräucherte Lebensmittel sind deutlich länger haltbar.

MACHT ESSEN GLÜCKLICH?

Beim Essen geht es oft nicht nur um die bloße Aufnahme von Energie und lebenswichtigen Nährstoffen. Essen bedeutet auch Genuss, der Zufriedenheit und Glücksgefühle auslösen kann. Das hängt mit speziellen Botenstoffen im Gehirn zusammen. Dopamin beispielsweise spielt eine wichtige Rolle im Belohnungssystem: Es weckt in bestimmten Situationen angenehme Gefühle. Wenn man eine schwierige Aufgabe gelöst hat, wird dieser Botenstoff ebenso ausgeschüttet wie beim Sex. Oder wenn man etwas isst, das man gern mag. Bei Schokoladenfans kann z. B. bereits der Anblick eines süßen Riegels zu entsprechenden Reaktionen führen – noch bevor sie hineingebissen haben. In derartigen Momenten erinnert man sich an die positiven Erfahrungen, die man früher bereits mit einem solchen Leckerbissen gemacht hat. Und diese Erfahrungen möchte man unter dem Einfluss des Dopamins nur zu gern wiederholen. Es sind also

Den Genuss von Schokolade verbinden viele Menschen mit einem positiven Erlebnis, das sie gerne wiederholen möchten.

Nur wenn man Rollmops vor dem Genuss von Alkohol isst, bietet er etwas Schutz vor einem Kater.

Lernprozesse, die bestimmte Nahrungsmittel in unseren Köpfen mit positiven Emotionen verknüpfen – nicht etwa die Inhaltsstoffe von Schokolade und Co. Deshalb gibt es auch keine Lebensmittel, deren Verzehr jeden Menschen glücklich macht.

WIESO GIBT JEDES BÖHNCHEN EIN TÖNCHEN?

Hülsenfrüchte wie Bohnen, Erbsen und Linsen sind berüchtigte „Gasproduzenten" im Darmtrakt. Denn sie enthalten besonders viele Oligosaccharide. Diese schwer verdaulichen Kohlenhydrate werden von den Enzymen im Magensaft und im Dünndarm nicht zu kleineren, vom Körper verwertbaren Zuckermolekülen aufgespalten. Stattdessen wandern sie unverändert in den Dickdarm, wo sie von darauf spezialisierten Bakterien in Methan und Kohlendioxid zersetzt werden. Kleine Gasmengen im Darm entweichen normalerweise durch die Schleimhaut und verlassen den Körper geruchlos über die Lunge. Größere Mengen blähen und blubbern dagegen im Bauch, bevor sie einen Weg entweder durch den Magen wieder aus dem Mund oder eben durch den Anus finden – dann meist aber mit Geruch.

BEKÄMPFT EIN ROLLMOPS DEN KATER?

Die unerwünschten Symptome nach dem übermäßigen Genuss von Alkohol haben verschiedene Ursachen. So entstehen die Kopfschmerzen meist dadurch, dass der Abbau des s dem Körper Wasser und andere Substanzen entzieht. Zudem werden bei diesem Prozess Abbauprodukte frei, die ebenfalls für Katerstimmung sorgen können. Es gibt eine ganze Reihe alter Hausmittel, die angeblich dagegen helfen sollen. Wissenschaftlich erwiesen ist ihre Wirkung allerdings nicht.

Viele Experten empfehlen, bereits vor dem Trinken eiweiß- und fettreiche Nahrung zu essen. Infrage kommen beispielsweise Fisch wie der berühmte Rollmops, aber auch Nüsse oder Käse. Das füllt den Mineralhaushalt auf und hält den Alkohol länger im Magen, wo er dann bereits teilweise abgebaut wird. Wichtig ist auch, viel Wasser zu trinken, um das Austrocknen zu verhindern. Am Morgen danach können ein mineral- und vitaminreiches Frühstück sowie Bewegung an der frischen Luft helfen.

RICHTIG ODER FALSCH?

Pilzgerichte und Spinat darf man nicht wieder aufwärmen.

Diese Warnung stammt aus der Zeit, in der man ohne moderne Kühltechnik auskommen musste. Denn Pilze mit ihrem hohen Eiweiß- und Wassergehalt bieten einen guten Nährboden für Bakterien und andere Mikroben, die sich im lauwarmen Zustand gut vermehren und ungesunde Abbauprodukte produzieren. Heute lässt sich das aber leicht verhindern, indem man die Reste des Pilzgerichts schnell in den Kühlschrank stellt und später vor dem Verzehr auf mindestens 70 °C erwärmt.

Beim Spinat ist das Problem, dass er viel Nitrat enthält. Diese Verbindung kann von Bakterien in das giftige Nitrit umgewandelt werden, aus dem im sauren Milieu des Magens krebserregende Nitrosamine entstehen können. Auch hier hilft es, die Reste möglichst schnell herunterzukühlen, damit sich die Bakterien gar nicht erst vermehren.

RICHTIG ODER FALSCH?

Salz kann tödlich sein.

Tatsächlich kann zu viel Natriumchlorid – also Kochsalz – den Körper lahmlegen. Als lebensgefährlich gilt dabei eine Dosis ab 0,5–1 g pro Kilogramm Körpergewicht. Dann befindet sich so viel Salz im Blutkreislauf, dass es den Zellen das Wasser entzieht. Diese können dann nicht mehr richtig arbeiten und die Körperfunktionen versagen.

WARUM RIECHT URIN NACH DEM SPARGELESSEN SO STRENG?

Spargel enthält schwefelhaltige Asparagusinsäure. Daraus können bei der Verdauung Abbauprodukte entstehen, die geruchsintensiven Bestandteilen im Sekret der Stinktiere ähneln. Aber nur etwa 40–50 % der Menschen haben die Enzyme, die zu diesem Prozess führen. Bei allen anderen bleibt Spargelgenuss ohne derartige Folgen. Zudem gibt es Menschen, die den strengen Geruch nicht wahrnehmen können – vermutlich, weil ihre Geruchsrezeptoren verändert sind.

MACHT RAUCHEN SCHLANK?

Nikotin gelangt direkt ins Gehirn. Dort dockt es an die sogenannten nikotinischen Azetylcholinrezeptoren an und setzt eine Kaskade von Hormonausschüttungen und Körperreaktionen in Gang. Hungergefühl und Appetit werden dabei gehemmt, sodass Raucher tatsächlich weniger essen. Dies wird noch von der Tatsache unterstützt, dass sie mit einer Zigarette Hand und Mund beschäftigen und daher seltener zu Knabbereien greifen. Zugleich sorgt das Nikotin für einen schnelleren Herzschlag, einen höheren Blutdruck und gesteigerte Darmfunktionen, sodass der Körper mehr Energie verbraucht.

Ein weiteres Problem besteht darin, dass Rauchen Botenstoffe im Belohnungssystem des Gehirns freisetzt. Wer die Glimmstängel aufgibt, sucht sich das gewohnte Gefühl von Belohnung oder Trost anderswo – z. B. beim Essen. Das schmeckt den frischgebackenen Nichtrauchern oft auch noch besonders gut, weil sich mit dem Entwöhnen vom Nikotin der Geschmacks- und Geruchssinn ebenfalls wieder verfeinern. Normalerweise nehmen sie durch das alles aber nur wenige Kilogramm zu, was sich durch Ablenkung und mehr Bewegung wieder ausgleichen lässt.

WIE ENTSTEHT DAS DURSTGEFÜHL?

Der Körper eines Erwachsenen besteht im Schnitt zu rund 70 % aus Wasser, bei Kindern ist der Anteil noch höher. Zwei Drittel davon stecken in den Zellen, die ohne ausreichend Flüssigkeit nicht richtig funktionieren. Doch über die Nieren und den Darm, die Haut und die Lunge geht das kostbare Nass ständig verloren. Trinkwasser ist daher das wichtigste Lebensmittel, das Menschen zu sich nehmen müssen.

Besonders an heißen Tagen ist es nicht nur bei körperlicher Anstrengung wichtig, Wasserverlust schnell auszugleichen.

Ohne Nachschub hält es der Organismus nur zwei bis vier Tage aus. Enthält der Körper zu wenig Wasser oder zu viel Salz, meldet er dem Gehirn: Durst! Dies tritt normalerweise ab einem Wasserverlust von etwa 0,5 % des Körpergewichts ein. Bei einem Erwachsenen liegt diese sogenannte Durstschwelle also bei etwa 350 ml. Wird sie überschritten, reagiert das Durstzentrum im Gehirn: Der Hypothalamus produziert dann das antidiuretische Hormon ADH, das den Wasserausstoß der Niere bremst. Dieses Organ regelt den Wasser- und Elektrolythaushalt des Körpers und leidet am meisten unter Wassermangel, weil es dann nicht mehr richtig arbeitet. Zugleich wird die Speichelproduktion im Mundraum gedrosselt: Die trockene Kehle signalisiert Durst.

Starkes Schwitzen, Fieber, Durchfall und hoher Alkoholkonsum führen schnell zu Wassermangel. Verliert ein Mensch über 15–20 % seines Gewichts in Form von Wasser, verdurstet er.

WESHALB TRINKEN ÄLTERE MENSCHEN OFT ZU WENIG?

Senioren verlieren oft ihr natürliches Durstgefühl und vergessen dann einfach, genügend zu trinken. Außerdem sind im Alter die Nieren nicht mehr so anpassungsfähig wie früher. Sie scheiden auch dann größere Mengen Wasser und Natrium aus, wenn der Körper zu wenig Wassernachschub bekommt. Gerade bei sommerlichen Hitzewellen kann das sehr gefährliche Folgen haben. Dann müssen ältere Personen besonders genau darauf achten, ausreichend zu trinken.

Es gibt allerdings auch Menschen, die ihren Durst mit Absicht unterdrücken. Wenn sie unter Inkontinenz oder einer schwachen Blase leiden, trinken sie manchmal bewusst weniger, um nicht so oft auf die Toilette zu müssen.

Vor allem ältere Menschen müssen sehr darauf achten, ausreichend Flüssigkeit zu sich zu nehmen.

Kaffee ist ein guter Muntermacher.

Wusstenn Sie, dass Schleichkatzendärme Kaffee veredeln können?

Der indonesische Kopi Luwak gilt als einer der teuersten Kaffees der Welt. Werden die Bohnen auf einer Farm gewonnen, kostet 1 kg bis zu 100 US-Dollar. Für die in der Wildnis gesammelte Variante werden bis zu 1300 US-Dollar bezahlt. Grund für die hohen Preise ist die exotische Produktionsmethode dieser Spezialität: Die Kaffeebohnen durchlaufen tatsächlich vor dem Trocknen und Rösten den Verdauungstrakt des Fleckenmusangs, einer asiatischen Schleichkatzenart. Deren Magensäfte greifen die Bohnen an, im Darm der Tiere zerlegen Enzyme verschiedene Proteine – Prozesse, die das Aroma der Kaffeebohnen verändern.

Ein ganz besonderer Kaffee: Kopi Luwak.

WARUM MACHT KAFFEE WACH?

Das Koffein im Kaffee oder auch im Schwarztee wandert in die Blutbahn und wirkt im zentralen Nervensystem. Dort konkurriert es mit dem Botenstoff Adenosin, der normalerweise an bestimmte Rezeptoren der Nervenzellen andockt, um sie zu beruhigen und ihre Überlastung zu verhindern. Koffein hat eine ähnliche Form und passt in dieselben Rezeptoren. Es blockiert sie also und verhindert so die beruhigende Wirkung des Adenosins, was zu einer erhöhten Aufmerksamkeit und Konzentrationsfähigkeit führt.

Auf langen und hohen Koffeingenuss reagieren die Nervenzellen allerdings, indem sie mehr Rezeptoren ausbilden. So wirkt die gleiche Kaffeemenge auf Dauer schwächer, und wer Koffein plötzlich ganz weglässt, leidet eine gewisse Zeit unter körperlichen Entzugserscheinungen. Übrigens halten Kaffee und schwarzer Tee dann am besten wach, wenn sie in kleinen Mengen über den ganzen Tag verteilt getrunken werden.

WARUM SOLL MAN KARTOFFELN NICHT NEBEN ÄPFELN LAGERN?

Äpfel und anderes Kernobst strömen beim Nachreifen das Gas Ethen aus. Diese auch Ethylen genannte Verbindung fördert bei anderen Früchten ebenfalls die Reifungsprozesse. Will man beispielsweise Tomaten nachreifen lassen, geht das in der Nachbarschaft von Äpfeln schneller. Bananen werden durch diese Prozesse allerdings sehr rasch braun. Und bei Kartoffeln fördert Ethylen unerwünschtes Keimen.

ERNÄHREN WIR UNS HEUTE VIELFÄLTIGER ALS FRÜHER?

Das große Angebot an unterschiedlichsten Nahrungsmitteln, das heute in Supermärkten lockt, legt diesen Schluss nahe. Doch eine Studie australischer Forscher kam 2021 zu einem ganz anderen Ergebnis. Das Team hatte rund 14 000 Gewebeproben von Menschen aus aller Welt untersucht. Ein Teil davon stammte von modernen Stadtbewohnern, ein weiterer von heute lebenden Selbstversorgern und ein dritter von Menschen, die vor 1910 gelebt hatten. Im Fokus stand dabei das Verhältnis unterschiedlich schwerer Kohlenstoff- und Stickstoffvarianten, aus dem man Rückschlüsse auf die Essgewohnheiten ziehen kann. Global betrachtet war die Vielfalt der Ernährung vor 1910 demnach rund dreimal so groß wie bei modernen Stadtbewohnern. Und auch die heutigen Selbstversorger haben in dieser Hinsicht klar die Nase vorn. Nach Ansicht der Forscher ist die zunehmende Einheitlichkeit auf dem Teller eine Folge der modernen Landwirtschaft, die sich auf immer weniger Varianten von Nutzpflanzen und Vieh konzentriert. Dazu kommt der globale Handel, der das Angebot der Supermärkte rund um die Welt immer einheitlicher werden lässt.

ISST MAN VOR DEM FERNSEHER ODER DEM TABLET MEHR ALS SONST?

Tatsächlich gibt es Hinweise darauf, dass unaufmerksames Nebenbei-Essen Folgen hat. So wurden Versuchspersonen bei Experimenten in den Niederlanden gebeten, sich entweder eine siebenstellige oder nur eine einstellige Zahl zu merken. Dann sollten die Probanden unterschiedlich stark saure, süße oder salzige Speisen probieren. Dabei gab es einen deutlichen Trend. Waren die Leute durch die schwierigere Merkaufgabe abgelenkt, erschienen ihnen die Speisen weniger geschmacksintensiv, sie aßen insgesamt mehr davon und bevorzugten die aromatischeren Varianten. Möglicherweise führt ein solches Multitasking also dazu, dass Menschen den Geschmack nicht mehr so gut wahrnehmen und zum Ausgleich mehr essen bzw. unser Essen mit ungesunden Salz- oder Zuckermengen würzen. Andere Studien zeigen auch, dass abgelenkte Esser nicht mehr so gut darauf achten, wann sie eigentlich satt sind.

Die Ernährung von Selbstversorgern ist vielfältiger als die von Menschen, die nur im Supermarkt einkaufen.

WAS BEWIRKT HINTERGRUNDMUSIK BEIM ESSEN?

Reize von außen können nicht nur dazu führen, dass Menschen mehr essen. In einer Studie aus Dänemark haben Wissenschaftler auch schon den umgekehrten Effekt beobachtet. Mit Hintergrundmusik lässt sich demnach erreichen, dass Menschen ihre Mahlzeiten nicht so schnell herunterschlingen. Besonders stark war dieser Effekt bei langsamer Musik in der sogenannten Legato-Spielweise, bei der die Töne ohne Unterbrechung erklingen. Möglicherweise passen sich die Kaubewegungen dabei an den Takt der Musik an. Und das könnte dazu führen, dass Menschen mit Musikuntermalung weniger essen, weil sie durch das langsamere Kauen schneller satt werden.

Funktionelle Lebensmittel

Auch viele natürliche Lebensmittel gelten als krankheitsvermeidend und gesundheitsfördernd, manchmal gar als Superfood – darunter viele Früchte, Samen, Nüsse und bestimmte Gemüsesorten.

Unter „Funktionellen Lebensmitteln" oder „Functional Food" versteht man Speisen und Getränke, die nicht nur der reinen Ernährung dienen sollen. Durch den Zusatz von Vitaminen, Mineralien, Bakterien, Ballaststoffen und anderen Substanzen sollen sie gleichzeitig auch gesundheitsfördernde Wirkungen entfalten.

Seit wann gibt es funktionelle Lebensmittel?
Schon lang ist bekannt, dass der Verzehr bestimmter Lebensmittel Krankheiten vermeiden hilft. So ließ beispielsweise der englische Seefahrer James Cook auf seinen Entdeckungsreisen im 18. Jh. Sauerkraut servieren, um seine Mannschaften vor Skorbut zu schützen. Tatsächlich spielte die gefürchtete Krankheit, die durch Vitamin-C-Mangel entsteht, auf seinen Schiffen kaum eine Rolle.

Im 19. Jh. kamen dann erste Nahrungsmittel speziell zur Stärkung von Kranken auf den Markt: gehaltvolles Malzbier, Malzbonbons und Ovomaltine. In den 1920er-Jahren gab man erstmals Fluor und Jod ins Kochsalz, um die Bevölkerung vor Karies und Kropfbildung zu schützen.

Und in neuerer Zeit war Japan der Vorreiter bei Lebensmitteln mit Zusatznutzen: Seit den 1980er-Jahren markiert das FOSHU-Etikett („FOod for Specific Health Use", engl. für: „Lebensmittel mit speziellem gesundheitlichem Nutzen") die angeblich gesundheitsfördernden Speisen, die ausdrücklich mit ihrer Wirkung gegen Knochenschwund oder Krebs, Darmverstopfung oder Herzinfarkt werben.

Viele Produkte werben damit, gesundheitsfördernde Stoffe zu enthalten (linkes Bild). Jodsalz (rechtes Bild) ist z. B. gut für die Schilddrüse.

Welche Zusätze werden verwendet?
Vitamine und Mineralstoffe wie Jod, Magnesium, Kalzium und Eisen sollen generell den Tagesbedarf decken, das Immunsystem stärken sowie Mangelerscheinungen und Krankheiten vorbeugen. Kalzium soll z. B. vor Osteoporose schützen, Jod vor Schilddrüsenproblemen. Auch Ballaststoffe, die im Dünndarm nicht abgebaut werden, sollen Krankheiten vorbeugen und zielen zudem auf eine bessere Verdauung. Ebenfalls im Darm wirken probiotische Bakterienkulturen: Sie sollen die natürliche Darmflora unterstützen. Eine weitere Gruppe von Zusätzen für funktionelle Lebensmittel liefern die sekundären Pflanzenstoffe, zu denen u. a. Karotinoide, Sterole und Polyphenole gehören. Diese Substanzen gelten als Antioxidantien, die Zellschäden verhindern und Herz-Kreislauf-Erkrankungen sowie bestimmte Formen von Krebs vorbeugen können. Omega-3-Fettsäuren, die vor allem in Fischöl enthalten sind, sollen den Cholesterinspiegel senken und damit ebenfalls vor Herz-Kreislauf-Problemen schützen.

Wirken funktionelle Lebensmittel?
Die meisten Produkte versprechen mehr, als sie nachweislich bewirken. Die enthaltenen Mengen an nützlichen Stoffen sind meist vernachlässigbar klein. Zudem ist es unter Medizinern prinzipiell umstritten, ob künstlich zugesetzte Vitamine, Mineralien und andere Verbindungen überhaupt genauso wirken wie jene, die in Obst oder Gemüse enthalten sind. Ballaststoffe werden zwar immer unverdaut den Darm passieren und die Verdauung auf Trab bringen, doch schon Omega-3-Fettsäuren wirken als Zusatz offenbar anders, als wenn sie direkt mit Fisch oder Leinsamen aufgenommen werden. Und schließlich sind einige gesundheitsfördernde Wirkungen von funktionellen Zusätzen zwar im Labor nachgewiesen – aber nicht direkt am Menschen.

Verbessert Joghurt mit probiotischen Bakterien die Verdauung?
Die Wirkung von probiotischen Bakterien im Darm ist nach wie vor umstritten. Manche Kritiker bezweifeln, dass die Mikroben den Weg durch den Magensaft im Normalfall überhaupt überleben und im Darm ankommen. Doch auch wenn sie es schaffen sollten, sind dort meist schon so viele andere Bakterien versammelt, dass die Neuankömmlinge aus dem Joghurt es schwer haben, eine Nische zum Siedeln finden. Werden aber regelmäßig große Mengen der probiotischen Bakterien aufgenommen, können sie sich einen Lebensraum verschaffen. Das Gleiche gilt, wenn der Darm nach einer Antibiotikabehandlung neu besiedelt werden muss.

Gibt es gesunde Süßigkeiten?
Die wohl gesündeste Süßigkeit ist frisches Obst. Es enthält in natürlicher Zusammenstellung Vitamine, Antioxidanzien und Zucker nur in langkettigen Varianten, die der Körper nicht sofort abbaut. Alle nicht natürlich gewachsenen Süßigkeiten lassen sich einteilen nach ihrem „Grad der Ungesundheit“. Es ist sicher nicht ganz so ungesund, wenn eine Süßigkeit kaum Zucker enthält, wenig Fett und zusätzlich Vitamine und Mineralstoffe. Ungeklärt ist aber, ob diese Zusätze viel bewirken.

Wo steckt Physik im Alltag?

Geräusche, Bewegungen und Funktionen alltäglicher Gegenstände sind meist mithilfe der Physik zu erklären – auch wenn so manches scheinbar einfache Phänomen in Wirklichkeit höchst kompliziert und kaum in Formeln zu pressen ist. So ist z. B. noch nicht bis ins letzte Detail geklärt, warum Fahnen im Wind flattern. Sicher ist, dass Luftwirbel am Stoff entlangrollen und an seinem Ende zur chaotischen Turbulenz werden – und dort flattert die Fahne.

WESHALB PFEIFT EIN WASSERKESSEL?

Während das Wasser heiß wird, kommen aus dem Kessel mal ganz subtile Klänge, mal schrille Pfeiftöne. Entscheidend für diese Unterschiede ist die Temperatur: Zu Beginn des Erwärmungsprozesses platzen winzige Luftblasen mit hohen Frequenzen. Sie waren im Wasser gelöst und wandern jetzt nach oben. Ab etwa 65 °C Wassertemperatur hört man Dampfblasen, die am heißen Boden entstehen und in den oberen, noch kühleren Schichten mit einem lauten, tiefen Ploppen wieder in sich zusammenfallen. Erst bei fast 100 °C schaffen sie es bis zur Wasseroberfläche – das dumpfe Ploppen geht dann in ein Brodeln über. Der Dampf entweicht nun aus dem Wasserkessel und passiert bei manchen Modellen eine Pfeife. Diese signalisiert dann mit schrillen Tönen: Das Wasser kocht.

Warum quietschen Türangeln?

Ungeölte oder rostige Türangeln „singen“ nach dem gleichen Prinzip wie Geigen, zirpende Insekten oder quietschende Kreide auf Schultafeln: Zwei relativ raue Oberflächen verhaken sich beim Übereinandergleiten immer wieder für Sekunden-

Ohne das Loch in der Gitarre wären die mit dem Musikinstrument erzeugten Töne kaum zu hören.

bruchteile. Dieses ruckartige Gleiten, auch Stick-Slip-Effekt genannt, verursacht im Material schnelle Schwingungen. Daran gekoppelte Resonanzflächen wie Türen, Geigensaiten oder Tafeln verstärken die Schwingung und machen sie hörbar. Abhilfe schafft Schmieröl: Es trennt die Oberflächen voneinander.

WAS MACHT DAS LOCH IN DER GITARRE?

Das Loch ist die „Fluchtroute" für Schallwellen. Könnten sie den Korpus des Instruments nicht verlassen, wäre die Gitarre sehr leise. Denn der Holzkörper von Gitarren dient vor allem als Verstärker und gibt ihnen ihren typischen Klang: Die gespannten Saiten werden in Schwingungen versetzt und liefern die Töne als sehr leise Schallwellen. Die Schwingungen gehen auf die Deckenplatte der Gitarre und die Luft im Innern über. Der Resonanzkörper verstärkt die Schallwellen und entlässt sie durch das Schallloch nach außen.

Elektrische Gitarren brauchen übrigens keine Löcher und auch keinen hohlen Resonanzkörper: Ein magnetischer Tonabnehmer nimmt die Schwingungen der Saiten auf und speist sie in den elektrischen Verstärker ein, der Teil des Instruments ist.

IST HAUSSTAUB EIGENTLICH IMMER GRAU?

Hausstaub besteht aus den unterschiedlichsten Teilchen, die durchaus bunt sein können. So liegt in Wüstengegenden mitunter eine rötliche Schicht auf den Regalen, zur Pollenflugzeit überzieht oft ein gelber Schimmer die Fensterbänke. Meist wirkt Staub aber tatsächlich grau – gerade weil er ein Gemisch von vielen winzigen Partikeln ist. Einige davon schlucken das Licht oder lassen es teilweise hindurch, andere streuen es in alle Richtungen. Das Ergebnis ist ein stumpfes Grau.

WIE MACHEN RAUCHER RAUCHRINGE?

Für Rauchringe braucht man Rauch in den Atemwegen, etwas Übung und eine fast perfekt runde Lippenstellung. Die Kunst ist, eine relativ kleine Luftmenge stoßartig so auszuatmen, dass ein ringförmiger Luftwirbel entsteht: Die Luft strömt aus dem Hals durch die Mundöffnung und wird an den Lippen leicht abgebremst – in der Mitte strömt sie jedoch ungehindert weiter. Im Idealfall kommt es zu einer ringförmigen Verwirbelung. Die Luft rotiert in diesem Ring verhältnismäßig schnell, sodass Rauchteilchen darin gefangen sind und ihn sichtbar machen. Gibt es in der Umgebung kaum Luftströmungen, kann sich ein solcher Rauchring mehrere Minuten lang halten. Auch die Erde kann Rauchringe ausstoßen, gelegentlich sieht man solche Phänomene bei Vulkanausbrüchen.

WARUM IST GLAS DURCHSICHTIG?

Ob ein Material durchsichtig ist, hängt von seinem Aufbau und von der Wellenlänge des jeweiligen Lichts ab. Entscheidend für unsere Augen

Glas fließt nur im flüssigen Zustand und lässt sich dann sehr gut bearbeiten.

ist dabei der sichtbare Bereich mit Wellenlängen zwischen 400 und 780 Nanometern (millionstel Millimetern). Trifft dieses Licht z. B. auf ein Stück Alufolie, wird es schon an dessen Oberfläche zurückgeworfen. Deshalb wirkt das Metall undurchsichtig. Bei Glas dagegen dringen die elektromagnetischen Wellen des Lichts in das Material ein, das hauptsächlich aus Siliziumdioxid besteht. Diese Moleküle reagieren kaum auf die Schwingungen der Lichtwellen und lassen sie weitgehend ungehindert passieren. Dadurch erscheint uns das Glas transparent.

Ganz anders ist die Situation dagegen bei Wellenlängen außerhalb des sichtbaren Bereichs. Für einen Teil des langwelligen Infrarotlichts und des kurzwelligen UV-Lichts ist Glas undurchlässig. Die aggressive UV-B-Strahlung blockiert es beispielsweise fast komplett. Das ist der Grund dafür, dass man hinter einer Fensterscheibe keinen Sonnenbrand bekommt.

Ist Glas nicht fest, sondern nur sehr zähflüssig?

Glas ist eine erstarrte Schmelze: Seine Moleküle sitzen nicht regelmäßig angeordnet in einem Kristallgitter, sondern liegen ungeordnet nebeneinander, in sogenannter amorpher Anordnung. Das kommt daher, dass Glas aus dem heißen, flüssigen Zustand schnell abgekühlt wird. Trotzdem ist es ein Mythos, dass Glas bei Raumtemperatur eine zähe Flüssigkeit sei, deren Moleküle sich mit der Schwerkraft allmählich nach unten bewegen. Als angeblicher Beweis wird angeführt, dass große mittelalterliche Fensterscheiben heute oft unten dicker sind als oben. Aber das dürfte an der damaligen Herstellungsmethode liegen – nach wissenschaftlichen Erkenntnissen haben sich die Scheiben über die Jahrhunderte nicht verändert. Vielmehr wussten bereits die Glaser des Mittelalters, dass ihre Scheiben ungleichmäßig waren und setzten sie meist mit

Eine Skulptur aus blauem Murano-Glas auf der gleichnamigen Insel in der Lagune von Venedig zeigt eindrucksvoll, wie formbar Glas ist.

der dickeren Seite nach unten in den Rahmen. Man findet aber auch Kirchenfenster, die oben dicker sind. Zudem zeigen modernste Messungen, dass sich die Glaslinsen sehr alter Teleskope offenbar um keinen Millimeterbruchteil verändert haben. Erst wenn Glas erhitzt wird, beginnt es in für Menschen überschaubaren Zeiträumen wieder zu fließen.

WESHALB MACHT EIN FETTFLECK PAPIER DURCHSCHEINEND?

Papier besteht aus wild übereinandergeschichteten, langkettigen Zellulosemolekülen. Seine Oberfläche wirkt normalerweise mattweiß, weil sie das auftreffende Licht reflektiert und in alle Richtungen streut. Glänzend wird sie erst, wenn Fett die Unebenheiten ausgleicht und die Lichtstrahlen alle in die gleiche Richtung schickt.

Allerdings glänzt fettiges Papier nicht nur, man kann auch viel besser hindurchschauen als durch ein unverändertes Blatt. Prinzipiell ist ein Material durchsichtig, wenn seine Teilchen im Vergleich zur Wellenlänge des Lichts so klein und weit voneinander entfernt sind, dass Wellen sich hindurchbewegen können, ohne gestreut zu werden. Entsprechend verändern sich die optischen Eigenschaften des Papiers, wenn es mit Fett in Berührung kommt: Die ebenfalls langen Fettmoleküle legen sich zwischen die Zellulose und glätten die Grenzflächen – die Lichtwellen treffen auf weniger Hindernisse, und das Papier wird zumindest durchscheinender.

BÜGELN – WIE FUNKTIONIERT'S?

Textilgewebe lassen sich wieder glätten, auch wenn sie stark verknittert sind: mit Wärme, Feuchtigkeit und Druck. Anders als bei Papier liegen Stofffasern nicht hart und lose übereinander. Pflanzenfasern wurden vielmehr vor der Verarbeitung gebrochen und weich geklopft, und tierische Fasern sind ohnehin flexibel. Zudem wurden die Fasern durch Spinnen, Weben oder Wirken in eine geordnete Struktur gebracht.

Kommt Papier mit Fett in Berührung, ändern sich seine optischen Eigenschaften und es wird durchsichtiger.

Druck und Wärme auf einer glatten Oberfläche machen das Gewebe entweder glatt oder bringen Bügelfalten in die Hose. Die Geheimwaffe gegen ungewollten Knitterlook ist Feuchtigkeit: Sie dringt in die Fasern ein, sodass sie aufquellen, beweglich werden und sich maximal in ihre Ursprungsform ausdehnen. Wo heute das Dampfbügeleisen direkt feuchte Luft liefert, wurde früher die Wäsche besprengt und dann mit heißen Eisen bearbeitet. Nach dem Aufquellen trocknet die heiße Sohle des Geräts das geglättete Textil wieder, und die Fasern sind in der gewünschten Lage fixiert.

WARUM KANN MAN PAPIER NICHT „ENTKNICKEN"?

Papier ist geduldig: Solange man es nicht knickt und falzt, lässt es sich eng ineinanderrollen und anschließend wieder unversehrt in die ursprüngliche flache Form bringen. Ein Knick dagegen lässt sich nicht vollständig wieder rückgängig machen. Der Grund dafür liegt im Aufbau des Materials. Es besteht vor allem aus Zellstofffasern, die zum größten Teil aus zerkleinertem Holz hergestellt werden. Die feinen Fasern sind flexibel genug für Biegungen, beim engen Rollen werden sie leicht gegeneinander

verschoben. Diese Krümmung lässt sich aber durch Rückbiegen oder Flachpressen wieder aufheben. Erst wenn ein Blatt Papier geknickt oder gefalzt wird, werden die Holzfäserchen irreparabel auf breiter Front gebrochen.

Weiches Papier enthält Textilfasern (Hadern) und ist etwas weniger knickanfällig. Aber selbst in sogenannten holzfreien Sorten sind bis zu 5 % verholzte Fasern enthalten, die bei ausreichend Druck brechen.

WIE GELINGT DAS PERFEKTE LAGERFEUER?

Damit die Holzscheite gut brennen, schichtet man sie am besten in Form einer Pyramide auf. Dabei hat man allerdings verschiedene Möglichkeiten, die sich auf die Qualität des Feuers auswirken. Bei einer flachen, breiten Pyramide brennt das Feuer umso heißer, je höher es wird. Umgekehrt ist die Sache bei einer schlanken, hohen Pyramide: Je niedriger das Feuer ist, umso mehr Hitze entsteht.

Am effizientesten für den Luft- und Wärmestrom aber ist ein Kompromiss zwischen beiden Formen: Das heißeste Feuer erzeugt man mit einer möglichst symmetrischen Pyramide, die etwa so breit wie hoch ist. Dieses Geheimnis haben Menschen offenbar schon sehr früh in ihrer Geschichte entdeckt – vermutlich ohne physikalische Überlegungen durch einfaches Ausprobieren.

WARUM SIND KERZENFLAMMEN GRÖSSTENTEILS GELB?

Wenn man eine Kerze anzündet, schmilzt das Wachs, steigt im Docht nach oben und verdampft. Direkt über dem Docht ist dieser Dampf etwa 600 °C heiß. Diese relativ kühle Zone ist als dunklerer Bereich zu erkennen. Die zunehmenden Temperaturen brechen dann die langen Kohlenwasserstoffketten im Wachs auf, sodass diese untereinander und mit Sauerstoff neue Verbindungen bilden können. Einige dieser Moleküle senden ein bläuliches Licht aus, das nahe dem Docht schimmert. Der größte Teil der Flamme aber strahlt in intensiven Gelb- und Orangetönen. Diese entstehen durch Rußpartikel, die im heißeren Teil der Flamme bei etwa 1200 °C zu glühen beginnen. Das Licht, das sie dabei aussenden, liegt zum Teil im Infrarot-, zum Teil aber auch im sichtbaren Bereich – und dort vor allem bei den Wellenlängen der Rot- und Gelbtöne. Da das menschliche Auge letztere besonders stark wahrnimmt, erscheint die Kerzenflamme für uns vor allem gelb.

RICHTIG ODER FALSCH?

Längliche Ballons sind schwerer aufzublasen als runde.

Tatsächlich braucht man für längliche Ballons etwas mehr Pustekraft als für runde Ballons – vorausgesetzt, sie fassen gleich viel Luft und ihre Gummihaut ist gleich dick. Beim Aufblasen arbeitet man gegen die sogenannte Rückstellkraft des Gummis: das Bestreben der Moleküle, wieder in die ungedehnte Ausgangslage zurückzukehren. Diese Kraft ist kompliziert zu berechnen, wirkt aber auf jeden Fall proportional zur Oberfläche. Und weil ein länglicher Ballon bei gleichem Fassungsvermögen eine größere Oberfläche hat als ein runder, setzt er dem Aufblasen mehr Widerstand entgegen.

Kann man Plastik aus Pflanzen machen?

Tatsächlich gibt es inzwischen eine ganze Menge biobasierte Kunststoffe, die statt aus Erdöl aus nachwachsenden Rohstoffen hergestellt werden. Verwendung finden dabei meist stärke- und zellulosereiche Pflanzen wie Mais, Zuckerrohr oder Zuckerrüben, manchmal wird auch Holz genutzt.

WAS IST BIOLOGISCH ABBAUBARES PLASTIK?

Ein solcher Kunststoff zersetzt sich in der Regel durch die Aktivitäten von Mikroorganismen, sodass am Ende nur Kohlendioxid und Wasser übrig bleiben. Hergestellt werden können solche Materialien u. a. aus Stärke, Zellulose oder abbaubaren Polyestern. Letztere werden nicht nur aus nachwachsenden Rohstoffen gewonnen, es gibt auch Varianten auf Erdölbasis. Umgekehrt sind aber auch nicht alle biobasierten Kunststoffe biologisch gut abbaubar. Das in Zigarettenfiltern verwendete Celluloseacetat verursacht beispielsweise große Müllprobleme, weil es in der Umwelt oft sehr hartnäckig erhalten bleibt.

Doch auch Materialien, die tatsächlich als biologisch abbaubar beworben werden, müssen nicht unbedingt umweltfreundlicher sein als ihre konventionellen Pendants. Das zeigt sich z. B. bei biologisch abbaubaren Plastiktüten. Denn bis diese Tüten durch natürliche Prozesse zersetzt werden, dauert es oft Jahre. Sie dürfen daher weder in der Umwelt noch auf dem heimischen Komposthaufen entsorgt werden. Auch in der Biotonne sind sie fehl am Platz, weil aus den dort gesammelten Abfällen Dünger für die Landwirtschaft oder auch Blumenerde hergestellt wird. Dafür sind Kunststoffe nicht geeignet, deshalb gehören sie in die gelbe Tonne.

WIE KLEBT KLEBSTOFF?

Alle diese Substanzen verbinden die zu klebenden Teile – die sogenannten Fügeteile – über zwei Kräfte: Die Adhäsion wirkt zwischen Klebstoff und Fügeteil, die Kohäsion hält die Klebstoffmoleküle untereinander zusammen. Für eine gute Adhäsion muss der Kleber beim Auftragen so flüssig wie möglich sein und mit dem Werkstoff die passenden chemischen Bindungen ausbilden. Für eine gute Kohäsion muss der Klebstoff möglichst fest aushärten und sich zu wenigen, längerkettigen Molekülen entwickeln.

Zecken produzieren eine Art natürlichen Klebstoff, mit dem sie sich an ihren Opfern förmlich festleimen.

Viele Alleskleber, Kleister oder Klebestifte bewerkstelligen das mit einem klebrigen Bindemittel, das in Wasser oder einer organischen Verbindung gelöst ist. Verflüchtigt sich das Lösungsmittel an der Luft, gehen die Moleküle des eigentlichen Klebstoffs untereinander chemische Bildungen ein. Die Wirkung von Schmelzklebern entfaltet sich dagegen durch unterschiedliche Temperaturen. Wenn sie bei etwa 120–180 °C verarbeitet werden, sind sie flüssig und bieten eine optimale Adhäsion, beim Abkühlen festigen sie dann die Kohäsion. Zweikomponentenkleber härten aus, weil ein Binder und ein Härter nach dem Mischen chemisch miteinander reagieren. Und ein Sekundenkleber braucht Feuchtigkeit zum Aushärten. Die holt er sich aus der Luft und wird in einer Kettenreaktion blitzschnell fest.

Auch wenn das Prinzip immer dasselbe ist, die Klebewirkung entsteht bei verschiedenen Klebstoffen jeweils anders.

Warum klebt Klebstoff nicht schon innen an der Tube fest?

Lösemittelkleber bestehen aus ungefähr 30 % Bindemittel und 70 % Lösungsmittel – organische Moleküle oder auch Wasser. Erst wenn das Lösungsmittel entweichen kann, kleben die restlichen Moleküle zusammen. Das kann auch in der Tube passieren – wenn sie ein ausreichend großes Loch hat. Allerdings bestehen die Tuben aus Aluminium oder einem Kunststoff, dessen glatte Oberfläche den Bindemittelmolekülen so wenig Gelegenheit zum Anbinden gibt wie möglich.

Sekundenkleber in der Tube besteht nur aus Bindemittel, braucht aber ebenfalls den Kontakt zur Luft. Er fängt sich aus ihr sogenannte Hydroxidionen ein, die unter seinen Molekülen eine Kettenreaktion zum Aushärten starten. Die kann ungewollt auch in der Tube stattfinden, wenn Feuchtigkeit hineingelangt.

Beim Waschen umhüllen Seifenmoleküle die Schmutz- und Fettteilchen.

Warum kleben Zecken scheinbar auf der Haut fest?

Wer schon einmal versucht hat, sich eine Zecke von der Haut zu entfernen, weiß: Die kleinen Vampire sitzen fest wie angeklebt. Und tatsächlich müssen sich diese Tiere beim Festhalten nicht ausschließlich auf die Kraft ihrer Mundwerkzeuge verlassen. Sobald sie zugestochen haben, sondern sie eine Art Biozement ab, der wie ein Haftdübel für ihre Mundwerkzeuge wirkt. Dieses Material hält nicht nur gut, sondern löst bei seinen Opfern auch keine Hautreizungen aus – offenbar enthält es spezielle lindernde Zusatzstoffe, die das verhindern. Deshalb hofft man, den Zeckenzement eines Tages als Vorbild für medizinische Klebstoffe nutzen zu können.

WIESO KANN MAN MITHILFE VON ASCHE WÄSCHE WASCHEN?

Wenn man Asche mit Wasser mischt, entsteht eine alkalische Lösung. Schon seit Jahrtausenden ist bekannt, dass man mithilfe einer solchen Lauge den Schmutz aus der Wäsche bekommt. Auch die Idee, alkalische Pflanzenasche mit Öl zu vermengen und auf diese Weise Seife herzustellen, ist schon sehr alt: Ein entsprechendes Rezept wurde bereits von den Sumerern vor 4500 Jahren auf einer Tontafel festgehalten. Allerdings war die Mixtur damals eher als Heilsalbe im Einsatz. Erst im antiken Rom wurde Seife dann auch zum Waschen verwendet.

Ihre reinigende Wirkung verdanken die Seifenmoleküle ihrer besonderen Struktur. Diese sogenannten Tenside bestehen aus einem wasserabstoßenden und einem „wasserfreundlichen" Ende. An der Oberfläche einer Seifenlösung ordnen sich die Tenside so an, dass die wasserabweisenden Teile in die Luft ragen, die wasserfreundlichen hingegen in die Flüssigkeit. Dadurch wird die Oberflächenspannung des Wassers herabgesetzt, Schmutz und Fett werden besser gelöst und können ins Wasser befördert werden. Dort werden die Schmutz- und Fettteilchen dann von Seifenmolekülen so umhüllt, dass die wasserabweisenden Enden nach außen zeigen. Das ganze Gebilde lässt sich dann einfach wegspülen.

WARUM IST IN REINIGERN OFT ESSIG ENTHALTEN?

Vor allem rund um Wasserhähne setzen sich oft hartnäckige Kalkflecken auf den Oberflächen ab. Diese entstehen durch Kalzium- und Magnesiumionen, die im Leitungswasser gelöst sind und nach dem Verdunsten des Wassers als Salze zurückbleiben. Eine schwache Säure wie Essig oder Zitronensaft reicht bereits aus, um die festsitzenden Salze aufzuspalten und ihre Ionen mit der Flüssigkeit wegzuschwemmen.

Will man Grasflecken herauswaschen, muss man schnell handeln – ansonsten helfen nur noch Hausmittel und Spezialwaschmittel.

WESHALB SIND GRAS- UND BLUTFLECKEN SO SCHWER ZU ENTFERNEN?

Flecken von Gras, Kirschsaft oder Rotwein sind schwerer zu entfernen als solche aus Schuhcreme oder Schmieröl, weil sie keine Fette enthalten, die von Waschmitteltensiden umhüllt und abtransportiert werden könnten. Werden die Farbstoffmoleküle nicht sofort verdünnt und herausgewaschen, trocknen sie ein und sitzen dann fest zwischen und an den Fasern. Dann kann man ihnen aber immer noch mit verschiedenen Hausmitteln, von Aspirin über Salz und Stärke bis hin zu Spiritus, zu Leibe rücken oder ein Spezialwaschmittel verwenden. Ein Sonderfall sind Blutflecken: Sie enthalten Eiweißmoleküle, die bei über 42 °C gerinnen. Deshalb wäscht man Blutflecken am besten mit kaltem Wasser aus, sonst verbinden sie sich nur noch fester mit dem Gewebe.

WARUM VERGILBT PAPIER?

Papier wird mit der Zeit umso gelblicher, je länger es dem Sonnenlicht ausgesetzt ist und je mehr Lignin es enthält. Letzteres stammt aus dem Holz, aus dem das Papier hergestellt ist. In den Zellwänden von Pflanzen sorgt das Riesenmolekül für Stabilität, im UV-Licht der Sonne zerfällt es jedoch: Eine fotochemische Reaktion mit Sauerstoff zerlegt es in kleinere Bestandteile. Diese absorbieren einen bläulichen Anteil des Lichtspektrums. Daher überwiegt im reflektierten Licht die Komplementärfarbe von Blau, d. h. Gelb – das Papier ist vergilbt.

Weshalb verfärben sich aufgeschnittene Äpfel und Avocados?

Beim Schnitt durch das Obst zerstört ein Messer viele Zellwände, wodurch eine Kettenreaktion in Gang kommt: Sogenannte Phenole in

Will man das Vergilben verlangsamen, muss man Papier luftdicht und lichtgeschützt verpacken.

der Zelle reagieren mit Enzymen sowie dem Luftsauerstoff. Über mehrere Zwischenstufen entstehen dabei aus den ursprünglich farblosen Phenolen braune Pigmente – und zwar umso mehr, je mehr Zellen zerstört wurden, je wärmer es ist und je mehr Zeit vergeht. Schnelles Kochen stoppt den Prozess, weil es die Enzyme zerstört. Auch ein Beträufeln mit Zitronensaft bremst ihn, weil das darin enthaltene Vitamin C als Antioxidans den Sauerstoff fernhält.

WIE MACHT MAN THEATERSCHNEE?

Skipisten werden mit Kunstschnee aus der Schneekanone präpariert. Dabei handelt es sich um echte Flocken aus gefrorenem Wasser. Die würden aber auf der Bühne, bei der Schaufensterdeko oder auch an einem Filmset schnell zu einem feuchten Problem führen. Deshalb haben Regisseure lang auf Plastikflocken zurückgriffen. Inzwischen gibt es aber auch biologisch abbaubare Alternativen aus Kartoffeln oder Mais. Die täuschend echt wirkenden Flocken aus geschäumter Stärke rieseln genauso wie das natürliche Vorbild, und mit etwas Feuchtigkeit lassen sich sogar Schneemänner und Eiszapfen formen. Wenn es auf Feuerfestigkeit ankommt, wie etwa im Theater, greift man oft auch auf schwer entflammbaren Schnee aus geschäumtem Polyethylen zurück.

WIE FUNKTIONIEREN SONNENSCHUTZCREMES?

Sonnencreme kann auf zwei Arten vor Sonnenbrand schützen: Die physikalischen Filter oder Pigmentfilter halten UV-Strahlung von der Haut fern, indem sie sich als Schicht davorlegen und die Strahlen reflektieren. Die Pigmente, z. B. Titan- oder Zinkoxid, sind mit dem bloßen Auge nicht sichtbar. Erst bei hohen Lichtschutzfaktoren wird ihre Zahl so groß, dass sie wie eine dünne, weißliche Schicht auf der Haut liegen.

Chemische Filter dagegen fallen überhaupt nicht auf: Ihre Moleküle dringen nach dem Auftragen in die oberste Hautschicht ein und fangen dort das UV-Licht per fotochemischer Reaktion ab, bevor es den Zellen schaden kann. Um ihre Aufgabe erfüllen zu können, müssen die chemischen Filter aber etwa eine halbe Stunde vor dem Sonnenbad aufgetragen werden.

WOHER BEKOMMT DAS FEUERWERK SEINE FARBEN?

Funkensprühende Raketen zur Belustigung gab es schon im alten China: Bereits im 9. Jh. mischte man Holzkohle, Salpeter und Schwefel zu Schwarzpulver, um eindrucksvolle Lichter an den Himmel zu zaubern. Dieses explosive Pulver lässt bis heute die Feuerwerkskörper abheben und sorgt dabei auch schon für ein wenig Farbe: Die Flamme, die beim Abbrennen des Schwarzpulvers entsteht, sieht gelblich aus. So wirkt die fliegende Rakete, als ziehe sie einen funkelnden, goldenen Schweif hinter sich her. Durch den Zusatz bestimmter Metallsalze kann man das Spektakel aber noch bunter gestalten. Kalzium erzeugt z. B. gelbe Effekte, Strontium rote, Barium grüne und Kupfer blaue. Aus diesen Primärfarben lassen sich dann weitere Farbtöne mischen: Die Kombination aus Kupfer- und Strontiumsalzen ergibt z. B. Violett. Besonders brillant wirken Feuerwerke, wenn die Mixtur in den Raketen auch noch Aluminiumpulver enthält. Denn das verbrennt in einem gleißenden Weiß und lässt die Farben so noch intensiver strahlen.

WANN RIECHT FISCH FISCHIG?

Frischer Fisch riecht kein bisschen, sagen Fachleute. Erst wenn er lang auf Reisen ist oder in der Tiefkühltruhe lagert, entwickelt sich ein Eigengeruch. Dieser entsteht durch die Aktivitäten von Mikroorganismen, die auf dem Fisch siedeln. Spezialisierte Bakterien wandeln einige Aminosäuren zu sogenannten Aminen um, indem sie Kohlendioxid abspalten. Aus der einfachsten und im Fisch häufigsten Aminosäure, dem Glycin, entsteht so das stark riechende Methylamin.

Je länger das Tier an der Luft liegt, desto aktiver sind die Bakterien und desto stärker wird der Duft. Ein einfaches Gegenmittel geben die meisten Köche allerdings gleich zum Fischteller mit hinzu: die Zitronenscheibe. Deren Fruchtsäure reagiert mit dem alkalischen Methylamin zum Aminsalz. Damit ist der Geruch gebunden, denn nur das freie Amin ist leicht flüchtig und meldet unserer Nase: Fisch!

Mit Duftstäbchen kann man der Raumluft eine andere Duftnote geben.

WIE WIRKT PARFÜM?

Parfüm und andere Gerüche setzen sich aus Hunderten von unterschiedlichen Duftmolekülen zusammen, die so klein und leicht sind, dass sie sich in der Luft gut verteilen und lange halten. Atmet man sie ein, gelangen sie zur Riechschleimhaut ganz oben in der Nasenhöhle. Dort sitzen die Geruchsrezeptoren, von denen der Mensch fast 350 unterschiedliche Typen besitzt und mit deren Hilfe er Tausende von verschiedenen Aromen auseinanderhalten kann.

Docken die Duftmoleküle an diesen Rezeptoren an, wird ein elektrischer Reiz ans zentrale Nervensystem geschickt und löst dort blitzschnelle, oft unbewusste Reaktionen aus. Gerüche gelangen also praktisch direkt ins Gehirn. Es ist zwar zumindest teilweise kulturabhängig und auch eine Frage der Erfahrung, welche davon man als angenehm oder unangenehm empfindet. Doch was für den Einzelnen „schlecht" riecht, sorgt oft automatisch für Abscheu oder Angst, während „gute" Gerüche Freude, Anregung oder Entspannung auslösen können.

Kann man mit Duft den Umsatz von Geschäften steigern?

Spezialhersteller bieten eine breite Palette von Gerüchen an, die über Aromasäulen oder Klimaanlagen in die Luft gegeben werden können. Da gibt es Brötchenduft für Bäckereien, Kaffeearoma für Raststätten oder Karibikflair für Reisebüros. Im Wartezimmer von Arztpraxen sollen Produkte mit Namen wie „Ohne Angst" den Patienten ein besseres Gefühl verschaffen. Und wer ein gebrauchtes Auto verkaufen will, greift vielleicht zu einem Spray mit Neuwagen-

duft, um sein Gefährt geruchlich aufzuwerten. Zu aufdringlich sollten solche Werbebotschaften aber nicht sein. Modernes Duftmarketing setzt mehr auf das Unterbewusstsein und verwendet oft dezente Konzentrationen knapp an der Wahrnehmungsschwelle. Und zumindest in einigen Fällen scheint dies durchaus zu wirken. Wirtschaftswissenschaftliche Studien zeigen, dass Düfte die Verweildauer der Kundschaft im Geschäft, die Kauflust und manchmal auch den Umsatz steigern können.

WIESO WIRKT KATZENMINZE SO STARK AUF MANCHE KATZEN?

Katzenminze hat auf mehr als die Hälfte aller Katzen einen drogenähnlichen Effekt: Die Tiere miauen, zittern, rennen und wälzen sich ein paar Minuten lang wie betrunken auf dem Boden. Diese Empfindlichkeit ist vererbt und findet sich nur bei erwachsenen Katzen – sogar bei Tigern und Löwen. Was genau dabei im Gehirn der Tiere vorgeht, ist noch unklar. Als Auslöser für das aufgedrehte Verhalten gilt aber das Einatmen der ätherischen Öle und Terpenmoleküle in der Minze. So könnte die Verbindung Nepetalacton eine sexuelle Botschaft vermitteln. Denn sie ähnelt den Sexuallockstoffen im Urin von Katzen, die bei Artgenossen Glückshormone freisetzen. Auf Menschen hat Katzenminze eher eine beruhigende und schmerzlindernde Wirkung.

Halten Geranien im Zimmer tatsächlich Mücken fern?

Weltweit gibt es rund 250 Arten von Pelargonien, von denen einige umgangssprachlich als Geranien bekannt sind. Zum Insektenverscheuchen eignen sich vor allem die sogenannten Duftpelargonien, deren Blätter von winzigen Härchen übersät sind. Berührt man diese, brechen sie ab und setzen dabei ätherische Öle frei. Vor allem die nach Zitrone riechenden Varianten gelten als mückenvertreibend. Auch Wespen und andere Insekten sollen sie fernhalten.

WONACH RIECHT DAS MEER?

Hinter dem typischen Meeresgeruch steckt eine schwefelhaltige Verbindung namens Dimethylsulfid (DMS), die von winzigen Algen produziert wird. Etwa 30 Mio. t davon strömen weltweit jährlich von der Oberfläche der Ozeane in die Atmosphäre. Doch mit dem Klimawandel könnte sich auch der Geruch des Meeres verändern. Denn wenn sich Kohlendioxid in Wasser löst, bildet sich Kohlensäure. Je mehr Treibhausgas die Ozeane also aus der Atmosphäre holen, umso saurer wird ihr Wasser. Darunter aber leiden vor allem Meeresbewohner, die sich mit einer Kalkschale vor Feinden schützen. Und zu diesen gehört auch die Alge *Emiliania huxleyi,* die einen guten Teil des DMS in den Weltmeeren produziert.

Der Klimawandel ist auch eine Bedrohung für den typischen Meeresgeruch.

Wirft Alltagstechnik noch Fragen auf?

Gute Technik lässt sich einfach bedienen: Mit einem Dreh öffnet sich das Sicherheitsschloss, springt das Auto an, wird die Herdplatte heiß. Auf Knopfdruck geht das Licht an und stellt sich die Kamera scharf. Doch wie funktioniert das wirklich? Welche Mechanismen und Phänomene stecken dahinter? Wer das Problem versteht, das ein Gerät gelöst hat, begreift erst richtig seine Nützlichkeit.

WARUM SIND BEIM TELEFON DIE 1, 2 UND 3 OBEN, BEIM TASCHENRECHNER ABER UNTEN?

Der Grund für die verschiedenen Tastaturen liegt in der Geschichte: Elektronische Taschenrechner sind die direkten Nachkommen mechanischer Rechenmaschinen und Registrierkassen. Sie arbeiteten mit Hebelwerken, für die es am sinnvollsten war, die kleinen Zahlen samt der 0 unten zu platzieren. Das ergab ein Feld mit 9 × 10 Tasten, das auch mechanische Bürorechner noch beibehielten – erste Spalte: 0 unten bis 9 oben, daneben 10 unten bis 90 oben, dann von 100 bis 900 usw. Erst das elektronische Rechnen reduzierte schließlich die Zahl der Tasten auf zehn.

Bei Telefonen hingegen setzten die Entwickler auf eine Nutzerstudie: Als in den USA Anfang der 1960er-Jahre die ersten Tastentelefone aufkamen, ließ man verschiedene Anordnungen testen. Die Vorlieben der Studienteilnehmer führten dazu, dass man sich gegen zwei Fünferreihen und für die heute übliche Anordnung entschied. Auch hier liegt die 0 unten – nach der 9, wie man es von den Wählscheiben gewohnt war.

WESHALB LÄUFT EIN KUGELSCHREIBER NICHT AUS?

Das Herzstück eines Kugelschreibers ist eine oft etwas aufgeraute Metallkugel, die an der Spitze des Tintenbehälters passgenau in einer Fassung sitzt. Kommt der Stift zum Einsatz, dreht sie sich in der Fassung und nimmt dabei etwas Tinte aus dem Behälter mit. Auf dem Papier haftet die Schreibflüssigkeit noch besser als an der Kugel und hinterlässt daher einen sichtbaren Strich. Damit es mit dem Schreiben klappt, muss die Kugel locker genug in der Fassung sitzen, um Platz für die Tinte zu lassen. Dazu genügt allerdings ein sehr geringer Abstand. Und da die Tinte verdickt ist, schafft sie es in der Regel nicht, von selbst durch den nur hundertstel Millimeter breiten Spalt zu fließen.

WARUM SOLL MAN KEIN METALL IN DIE MIKROWELLE STELLEN?

Das zu versuchen, ist aus mehreren Gründen keine gute Idee: Zum einen reflektieren Metalle den größten Teil der Mikrowellen. An Speisen in einem Metalltopf kommen diese also gar nicht heran. Zum anderen können unter dem Einfluss von Mikrowellen starke elektrische Felder auf den Metallgegenständen entstehen. Wird die so aufgebaute Spannung zu groß, sprühen mitunter Funken durch das Gerät. Das passiert z. B., wenn man einen Teller mit Goldrand hineinstellt. Steht das Metallteil zu nah an den ebenfalls metallenen Wänden der Mikrowelle, kann sich sogar eine so hohe Spannung aufbauen, dass sie sich mit einem Knall in einem Lichtbogen entlädt. Dadurch kann das Gerät beschädigt werden.

WIE ARBEITEN SICHERUNGSETIKETTEN GEGEN LADENDIEBSTAHL?

Um Dieben die Arbeit schwerer zu machen, installieren viele Geschäfte im Eingangsbereich spezielle Sicherungsantennen. An Textilien, Kosmetika und anderen Waren werden dazu passende Etiketten angebracht, die beim Passieren dieser elektronischen Wächter Alarm auslösen. Hat die Kundschaft ihren Einkauf bezahlt, werden diese Etiketten entfernt oder deaktiviert.

Solche Sicherungen arbeiten nach verschiedenen physikalischen Verfahren. Die Etiketten Radiofrequenter Systeme (RS) verringern beim Passieren der Schleuse ein Magnetfeld und lösen dadurch Alarm aus. Bei Akustomagnetischen Systemen (AS) dagegen versetzen die Antennen die in den Etiketten enthaltenen

Das Geheimnis des Kugelschreibers verbirgt sich an seiner Spitze: eine winzige Kugel …

RICHTIG ODER FALSCH?

Eier platzen in der Mikrowelle.

Die Eierschale kann dem schnellen Aufheizen in der Mikrowelle tatsächlich nicht standhalten. Wenn beim herkömmlichen Kochen die Wärme allmählich von außen nach innen wandert, entweicht der langsam entstehende Wasserdampf durch die Poren. Sicherheitshalber sticht man das Ei an und schafft so noch ein zusätzliches Loch. In der Mikrowelle entsteht aber sehr schnell viel Wasserdampf im ganzen Inneren des Eis. Dadurch wächst der Druck auf die Schale, bis das Ei explodiert. Nach demselben Prinzip entsteht Popcorn in der Mikrowelle: Die harte Hülle umschließt das im Korn enthaltene Wasser, bis der Dampfdruck zu groß wird.

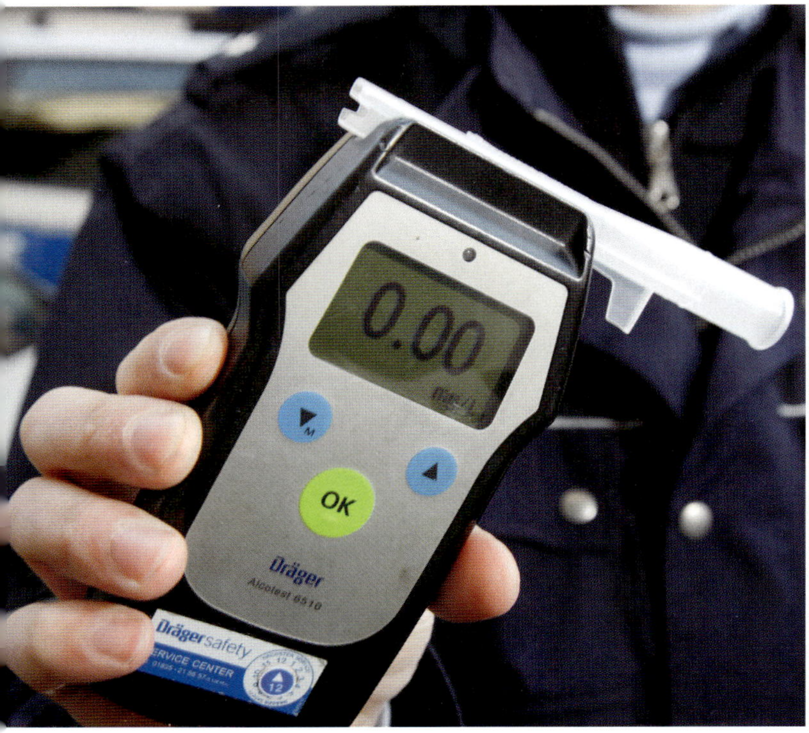

„Einmal pusten, bitte!" – ein spezieller Sensor im Testgerät misst den Alkoholgehalt in der Atemluft.

Bi-Metalle in Schwingungen, die sie dann erkennen. Diese Methode hat gegenüber dem RS-Verfahren mehrere Vorteile. So lassen sich damit auch breitere Eingänge sichern, und das Ganze ist weniger störanfällig. Zudem können die Etiketten mehrfach verwendet werden; sie sind allerdings etwas teurer.

WIE FUNKTIONIERT EIN ALKOHOLTESTER?

Müssen Autofahrer „ins Röhrchen blasen", misst ein Sensor die Menge an Alkohol (Ethanol) in der Atemluft. Dazu gibt es verschiedene Messverfahren. Elektrochemische Sensoren arbeiten nach dem Prinzip einer Brennstoffzelle: Sie bestehen aus zwei Elektroden und einer leitfähigen Substanz, dem Elektrolyt. An der Messelektrode, die meist mit Platin beschichtet ist, oxidiert das Ethanol zu Essigsäure. An der Gegenelektrode wird der Sauerstoff der Luft zu Wasser reduziert. Diese Reaktionen lassen zwischen den beiden Elektroden einen Strom fließen. Und der ist umso stärker, je mehr Alkohol die Atemluft enthält. Allerdings können andere Substanzen wie Kohlenmonoxid bei Rauchern oder Aceton bei Diabetikern die Messergebnisse verfälschen. In anderen Geräten wird die Ethanolkonzentration im Atem mithilfe von Halbleiter- oder Infrarotsensoren bestimmt.

KÖNNEN BAUKRÄNE KLETTERN?

Wer Hochhäuser bauen will, muss immer wieder Lasten aufs wachsende Bauwerk hieven. Ein großer Kran wäre aber am Anfang, wenn das Gebäude noch niedrig ist, instabil. So entwickelte man Kletterkräne, die mitwachsen: Durch einen geschickten Mechanismus können sie sich immer wieder selbst verlängern. Der Mast besteht aus viereckig verstrebten Metallelementen, und kurz unter dem Krankopf sitzt die Klettervorrichtung: ein Rahmen mit ausfahrbarer Hydraulik. Soll der Kran wachsen, holt der Ausleger ein neues Maststück, während die Hydraulik per Elektromotor den Krankopf in die Höhe schiebt. In die dabei entstehende Lücke wird das Maststück eingesetzt.

WAS KANN „INTELLIGENTE KLEIDUNG"?

Ein T-Shirt, das Gesundheitsdaten misst? Eine Jacke mit Touchscreen am Ärmel, über den sich das Smartphone in der Tasche bedienen lässt? Oder eine Kniebandage, die vor falschen Dehnungen warnt? Solche „intelligente Kleidung" gibt es bereits, auch wenn sie im Alltag noch keine große Rolle spielen.

Bei der Herstellung dieser Textilien kommen leitfähige Spezialfasern zum Einsatz, oft werden auch elektronische Bauteile wie etwa Sensoren eingenäht. Diese können beispielsweise Körperfunktionen wie Herzschlag, Atemfrequenz und Schweißbildung erfassen, aber auch die Umgebungstemperatur, die zurückgelegte Strecke oder bestimmte Bewegungen messen.

Mithilfe eines 3D-Druckers lassen sich auch ungewöhnliche Objekte herstellen.

Entwickelt werden solche smarten Kleidungsstücke bisher vor allem für den Sport- und Medizinbereich. So können Sportler mithilfe der ermittelten Daten beispielsweise ihr Training optimieren. Es gibt sogar Sportkleidung, die sich je nach Körper- und Außentemperatur automatisch erwärmt oder abkühlt und so ein intensiveres Training ermöglicht. Spezielle Yogahosen analysieren dagegen, welche Bewegungen man darin ausführt und ob die Haltung korrekt ist. Wenn nicht, vibrieren sie an der entsprechenden Stelle.

Das Problem ist allerdings, dass die eingebaute Elektronik mit der Zeit oft ihre Funktionsfähigkeit verliert. Denn sie verträgt es noch nicht gut, wenn der Stoff Schweiß aufnimmt, die Elastizität verliert oder gewaschen wird. Wirklich alltagstauglich ist die intelligente Kleidung daher noch nicht.

WELCHE MÖGLICHKEITEN BIETEN 3D-DRUCKER?

Solche Geräte sind inzwischen in den verschiedensten Bereichen im Einsatz. Von Schuhen und Kleidung über elektronische Bauteile bis hin zu Lebensmitteln lassen sich damit ganz unterschiedliche Produkte ausdrucken. Statt Tinte werden dabei u. a. Materialien wie Kunststoffe, Kunstharze, Keramiken, Metalle oder Schokolade auf eine Arbeitsfläche gespritzt. Computergesteuert wird dabei eine Schicht nach der anderen aufgetragen, bis die gewünschte dreidimensionale Form fertig ist. Die muss dann noch chemisch oder physikalisch gehärtet werden.

Einer der Vorteile dieser Methode besteht darin, dass man relativ rasch und mit wenig Aufwand auch komplexe Gebilde herstellen kann. So gibt es heute schon Häuser aus dem 3D-Drucker. Diese werden Schicht für Schicht aus Beton gespritzt, für die Fenster und Türen lässt man Aussparungen. Das erste so errichtete Gebäude in Deutschland steht seit 2021 im nordrhein-westfälischen Beckum. Es handelt sich um ein Einfamilienhaus mit zwei Stockwerken und insgesamt etwa 160 m² Wohnfläche. Architekten hoffen, dass sich Häuser auf diese Weise künftig schneller, billiger und flexibler errichten lassen als auf konventionellem Weg.

WOFÜR KANN MAN DROHNEN EINSETZEN?

Drohnen sind längst mehr als nur technische Spielzeuge. Denn die kompakten, unbemannten Fluggeräte können Bilder und Messwerte liefern, die auf anderem Weg nur schwer zu erhalten sind. So hat z. B. die Berliner Feuerwehr im August 2021 vier Drohnen angeschafft, um Brandgebiete zu erkunden, Menschen auf dem Eis oder im Wasser zu suchen und Schäden an Gebäuden ausfindig zu machen. Im Katastrophenfall liefern die fliegenden Helfer einen raschen Überblick über Sturmschäden und Überschwemmungsgebiete. Und auch für Wissenschaftler ist der Blick von oben oft sehr interessant. Archäologen können sich damit z. B. einen ersten Eindruck von schwer zugänglichen Ausgrabungsstätten verschaffen, Ökologen können große Waldgebiete und deren Gesundheitszustand kartieren. Zudem liefern die Fluggeräte auch Daten für die Wettervorhersage. Und sie eignen sich keineswegs nur als technische Späher. So tüfteln Logistikkonzerne bereits an Konzepten, um Drohnen Post oder Bestellungen ausliefern zu lassen.

Was leisten Drohnen in der Landwirtschaft?
Die Landwirtschaft gehört zu den Wirtschaftszweigen, in denen der Einsatz von Drohnen bereits weit verbreitet ist. Nach einer Umfrage aus dem Jahr 2018 setzte damals schon fast jeder zehnte Landwirt in Deutschland solche Fluggeräte ein. Denn mit ihnen lassen sich etliche Arbeiten viel schneller und effizienter erledigen als früher. Fliegt man z. B. eine Wiese vor dem Mähen ab, kann man mithilfe einer Wärmebildkamera erfassen, wo sich ein Rehkitz ins Gras duckt. Das erspart den Tieren den Tod im Mähwerk.

Auf Äckern lässt sich dank der fliegenden Spione und ihrer Spezialkameras herausfinden, wo Pflanzen zu wenig Dünger bekamen, wo es ihnen zu trocken ist und wo sie unter den Attacken von Schädlingen leiden. Solche Informationen werden dann im Computer in digitale Karten umgerechnet, mit deren Hilfe man die betroffenen Flächen sehr gezielt behandeln und dadurch Dünger, Wasser und Pflanzenschutzmittel einsparen kann. Auch die Bekämpfung der entdeckten Schädlinge können die Drohnen übernehmen. So werden sie beispielsweise eingesetzt, um Kapseln mit den Eiern von Schlupfwespen über Maisfeldern abzuwerfen und damit dem gefürchteten Maiszünsler

Drohnen können in der Landwirtschaft u. a. zur Überwachung von Feldern eingesetzt werden.

Satellitengestützt lässt sich ein Feld deutlich präziser abernten.

das Handwerk zu legen. Das geht wesentlich schneller als das früher übliche Ausbringen der Präparate per Hand.

WOFÜR BRAUCHEN LANDWIRTE SATELLITENTECHNIK?

Der Blick aus dem All kann Bauern helfen, ihre Flächen sehr gezielt und effizient zu bewirtschaften. So können die Sensoren von Satelliten Auffälligkeiten auf dem Feld ermitteln: Anhand der Blattfärbung erkennen sie z. B., wo Nutzpflanzen besonders gut wachsen und wo sie Probleme mit Nährstoffmangel oder Schädlingsbefall haben. Entsprechend lässt sich dann die für jedes Flächenstück sinnvolle Menge an Dünger oder Pflanzenschutzmitteln dosieren.

Auch das Ausbringen lässt sich automatisieren. Denn es gibt Traktoren, die mithilfe des Satellitenortungssystems GPS automatisch in genau parallelen Bahnen über den Acker fahren. Manche Geräte können das Feld sogar selbstständig bewirtschaften. Diese Traktoren verfügen über zahlreiche Sensoren und Kameras, mit deren Hilfe sie sich orientieren und die Bewirtschaftung optimieren. Mit einer App auf dem Smartphone können die Landwirte ihre technischen Helfer überwachen.

Was machen Biobauern mit Robotern?

Im Kampf gegen das Unkraut setzen Biobetriebe oft auf langwierige Handarbeit: Für den Anbau von Zuckerrüben brauchen sie normalerweise Saisonarbeiter, die im Frühjahr die Felder jäten. Inzwischen gibt es allerdings auch Roboter, die derartige Arbeiten übernehmen können. Gesteuert vom GPS fahren sie langsam über den Acker, fahnden nach unerwünschten Gewächsen und entfernen diese. Manche Modelle erkennen den Unterschied zwischen Nutzpflanzen und Unkraut mithilfe von Kameras. Andere wissen bereits, wo die Ackerfrüchte stehen, weil sie diese selbst ausgesät haben. So können sie auch um gerade erst aufgegangene Pflänzchen herumjäten. Weltweit arbeiten Fachleute zudem an Robotern, die tierische Schädlinge wie Schnecken finden und einsammeln können.

KÖNNEN INSEKTEN IDEEN FÜR NEUE ROBOTER LIEFERN?

Tatsächlich sind die Krabbeltiere bei Roboterkonstrukteuren sehr beliebt. Kakerlaken haben beispielsweise schon das Vorbild für mehrere Roboter geliefert. Eine von der University of California in Berkeley entwickelte Version erinnert ein wenig an ein rennendes Stück Blech: Die Kunstschabe hat die Dimensionen einer großen Briefmarke und kommt mit zwanzig Körperlängen pro Sekunde fast so schnell voran wie ihr lebendes Pendant. Sie kann durch Röhren krabbeln, Abhänge erklimmen oder kleine Lasten wie eine Erdnuss tragen. Und während andere kleine Roboter meist sehr zerbrechlich sind, trotzt sie Gewichten von 60 kg.

Doch auch für Roboter, die in der Luft oder auf dem Wasser unterwegs sind, hat die Natur interessante Designs zu bieten. So können z. B. Wasserläufer die Oberflächenspannung nicht nur ausnutzen, um auf Seen und Tümpeln herumzulaufen. Sie schaffen es sogar, sich mit den Beinen vom Wasser abzustoßen und in die Luft zu springen. Dieses Talent haben Fachleute der Seoul National University und der Harvard University auf einen 2 cm langen Roboter mit dünnen Beinen übertragen, der von Wasserflächen bis zu 14 cm in die Höhe hüpfen kann.

Igel können durchaus von Mährobotern „übersehen“ werden.

Soll der technische Helfer dagegen ganz in die Luft gehen, sind Bienen und Fliegen ein gutes Vorbild. Die an der Harvard University entwickelten RoboBees können u. a. im Umweltmonitoring, bei Such- und Rettungsaktionen oder bei der Bestäubung von Pflanzen zum Einsatz kommen.

TÖTEN MÄHROBOTER GARTENTIERE?

Roboter fürs Rasenmähen sind bei vielen Gartenbesitzern beliebt. Das sei der mühelose Weg zum perfekten Grün, verspricht die Werbung von Herstellern und Baumärkten: Man liegt entspannt auf der Terrasse oder spielt mit den Kindern, während der elektronische Helfer selbstständig das Gras in Form bringt.

Solche Geräte sind mit Sensoren ausgestattet, mit deren Hilfe sie Hindernisse erkennen und umfahren können. Allerdings klappt das nicht in jedem Fall. So kann es durchaus vorkommen, dass der Roboter Gartenbewohner wie kleine Igel, Kröten, Eidechsen oder Insekten übersieht und einfach darübermäht. Viele Naturschützer befürchten daher, dass solche Tiere in von Robotern bearbeiteten Gärten schlechtere Überlebenschancen haben.

Sind Laubsauger umweltschädlich?

Das Umweltbundesamt hält den Einsatz von Laubsaugern bei der Gartenpflege nicht für sinnvoll. Denn diese Geräte könnten nicht nur zwischen 90 und 120 dB laut werden und damit fast schon in der Liga von Kettensägen und Presslufthämmern spielen. Vor allem Sauger mit Häckselfunktion seien zudem eine tödliche Gefahr für Insekten, Frösche, Spinnen oder Regenwürmer. So ist es denn auch kein Zufall, dass Wissenschaftler bei einigen Bestandsaufnahmen der Insektenwelt auf ganz ähnliche Sauggeräte setzen. Damit gelingt es ihnen, sämtliche Krabbeltiere einzufangen, die auf einer Probefläche unterwegs sind. Allerdings beschränken sich die Forscher dabei auf kleine Stichproben und saugen keine ganzen Grundstücke leer.

Welches Fahrzeug ist am sparsamsten?

Am sparsamsten ist ein Fahrzeug, das mit möglichst wenig Energiezufuhr möglichst weit kommt. Etwa ein Schlitten, der von allein den Berg hinabfährt – rechnet man den Anstieg ab. Oder das Segelflugzeug, das, einmal in der Luft, stundenlang fliegen kann. Zielgenau steuerbare Vehikel ohne Muskelkraft sind am sparsamsten, wenn der Motor pro Strecke und Zeit am wenigsten Treibstoff schluckt. Faustregel: Je leichter, desto besser.

WARUM MISST MAN DIE LEISTUNG VON MOTOREN IN PFERDESTÄRKEN?

Ende des 18. Jh. ersetzte in Schottland die Dampfmaschine die Pferde, mit deren Hilfe man bis dahin das Wasser aus den Kohleminen gepumpt hatte. Wie aber ließ sich die Leistung der beiden Antriebe vergleichen? Diese Frage trieb den Erfinder James Watt um. Da er seine Dampfmaschinen vor allem an Grubenbesitzer verkaufen wollte, wählte er einen Vergleich aus deren Arbeitswelt. Er stellte fest: Ein starkes Pferd konnte pro Minute 150 Pfund (67,5 kg) Wasser über eine Strecke von 220 Fuß (66,7 m) befördern. Umgerechnet auf ein Pfund bedeutet das eine Leistung von 33 000 Fuß pro Minute. Das war Watts Definition für eine britische Pferdestärke.

Heute wird Leistung stattdessen in Watt (W) angegeben. Eine britische Pferdestärke entspricht dabei 745,2 W. Mit der Verbreitung von Motorfahrzeugen, die man nach Leistung in Pferdestärken besteuerte, entwickelten sich in vielen Ländern allerdings leicht voneinander abweichende Einheiten. In Deutschland etwa waren die Pferde offensichtlich etwas schwächer, eine Pferdestärke (PS) wurde hier mit 735,5 W definiert. Ein echtes Pferd kann übrigens beim Rennen eine Leistung von 10–20 PS erbringen.

1944 füllen die Besitzer eines Holzgasfahrzeugs den Holzvergaser des Autos mit Holzschnipseln auf.

KÖNNEN AUTOS MIT HOLZ FAHREN?

Tatsächlich gab es früher durchaus Fahrzeuge, die mithilfe eines Holzvergasers angetrieben wurden. Dieser wurde mit Brennholz befüllt, aus dem beim Erhitzen ein brennbares Gasgemisch entwich. Da andere Treibstoffe deutlich effektiver und besser zu handhaben waren, setzte sich diese Technik nicht durch. Weit verbreitet war sie aber in Krisenzeiten wie etwa während der beiden Weltkriege, als andere Treibstoffe knapp und fürs Militär reserviert waren. Traktoren, Lastwagen, Busse und Pkws wurden damals auf Holzantrieb umgerüstet. So gab es in Deutschland Ende des Zweiten Weltkriegs etwa eine halbe Million solcher Fahrzeuge.

WARUM GEHT EIN AUTO KAPUTT, WENN MAN BENZIN STATT DIESEL TANKT?

Der Griff zur falschen Zapfpistole kann einige Tausend Euro kosten. Deshalb sollte man ein Dieselfahrzeug, das man versehentlich mit Benzin betankt hat, auf keinen Fall mehr starten.

Denn ein Dieselmotor arbeitet mit extrem hohem Druck, wobei das dickflüssige Diesel auch gleich noch die empfindliche Einspritzanlage schmiert. Benzin hingegen schmiert weniger, Hochdruckpumpe und Ventile werden dann mechanisch schnell verschlissen, abgesplitterte Metallspäne können durchs System wandern und weiteren Schaden verursachen. Zu hören ist das als laute, „nagelnde" Verbrennung, im schlimmsten Fall ist der Motor zerstört. Da ist es mit Sicherheit billiger, den Wagen abschleppen, den falschen Kraftstoff absaugen und den Tank mitsamt aller Leitungen reinigen zu lassen.

WIE KANN EIN AUTO AUTOMATISCH EINPARKEN?

Viele Autos haben inzwischen einen Assistenten, der das Rangieren in Parklücken einfacher macht. Wenn man den Rückwärtsgang einlegt, wird er automatisch aktiv, bei manchen Modellen genügt es auch, wenn man sehr langsam fährt. Sensoren kontrollieren dann, ob sich direkt vor oder hinter dem Fahrzeug Hindernisse befinden. Kommt man diesen zu nahe, ertönen immer schneller werdende Warnsignale. Zusätzlich zu den Sensoren sind manchmal Kameras mit eingebaut, damit man die Situation noch besser einschätzen kann.

Manche Assistenten übernehmen sogar auch das Lenken. Sie erkennen beim Vorbeifahren eine freie Lücke am Straßenrand und ermitteln, ob diese groß genug ist. Auf Knopfdruck oder Fingertippen manövriert sich das Auto dann ganz selbstständig hinein.

Welche Technik hilft, schnell einen Parkplatz zu finden?

Inzwischen gibt es mehrere Apps, die bei diesem Problem helfen sollen. Diese zeigen nicht nur freie Stellen in Parkhäusern oder auf städtischen Parkplätzen an. Darüber hinaus gibt es oft auch Informationen zu Preisen, Zahlungsmöglichkeiten und Öffnungszeiten. Kritiker bemängeln aber, dass von solchen Systemen oft längst nicht alle Parkmöglichkeiten angezeigt werden oder die Informationen nicht aktuell sind. Bisher ist keine App in der Lage, am Straßenrand in Echtzeit nach geeigneten Lücken zu suchen.

Mehrere Firmen testen daher Möglichkeiten, die Ultraschallsensoren von Parkassistenten für eine solche Aufgabe einzuspannen.

Damit ausgerüstete Autos sollen beim Vorbeifahren automatisch die Lücken zwischen parkenden Fahrzeugen vermessen und diese Informationen anonymisiert zur Verfügung stellen. Wer auf Parkplatzsuche ist, könnte sich dann mithilfe dieser von vielen anderen Fahrern zusammengetragenen Informationen freie Parkmöglichkeiten in der Nähe anzeigen lassen.

WIE BLEIBT EIN SEGELFLIEGER STUNDENLANG IN DER LUFT?

Beim Motorflug sorgen Propeller oder Düsen für Vortrieb. Dadurch streift die Luft über das gebogene Flügelprofil, und zwar oben schneller als unten. Ein Unterdruck entsteht und das Flugzeug wird nach oben gezogen. Je schwerer das Flugzeug ist, umso mehr Vortrieb braucht es, um nicht schnell wieder zu Boden zu gleiten. Leichte Segelflugzeuge aber schweben nur langsam abwärts. Treffen sie auf warme Luft, die über aufgeheiztem Boden nach oben steigt, gewinnen sie in dieser günstigen Thermik sogar an Höhe. Geübte Segelflieger gleiten von Aufwind zu Aufwind und landen erst wieder, wenn abends die Erde auskühlt.

WARUM PLATZEN FLUGZEUGREIFEN BEIM LANDEN NICHT?

Die Reifen eines Düsenjets müssen beim Landen enorme Kräfte aushalten, doch auch kleinere Flieger muten ihren „Füßen" einiges zu. Denn die Reifen rotieren nicht, bevor sie den Boden berühren. Stattdessen setzen sie starr auf, sodass durch die Reibung sofort ein Teil des Gummis und des verstärkenden Gewebes abgerieben wird. Wie bei Rennwagen sind die schlauchlosen Reifen mit Stickstoff unter hohem Druck gefüllt, weil dieses Gas brandhemmend wirkt und gleichmäßiges Druckverhalten zeigt. Einige Reifentypen haben ein Ventil, das sich bei zu hohem Druck öffnet und das Gas langsam entweichen lässt.

Die größte Belastung erfahren Jumboreifen allerdings beim Start, wenn durch die gefüllten Treibstofftanks bis zu 25 t auf jeden der Hauptfahrwerksreifen drücken. Nach rund 200 bis

RICHTIG ODER FALSCH?

Ein Flugzeug kann abstürzen, wenn es zu früh startet.

Wenn zwei Maschinen einander zu nahe kommen, kann das tatsächlich passieren. Das liegt daran, dass Flugzeuge an ihren Flügelspitzen sogenannte Wirbelschleppen erzeugen. Diese starken Verwirbelungen können sich minutenlang in der Luft halten und dem Flugzeug kilometerweit folgen. Ist eine zweite Maschine zu nahe an der ersten, können die Wirbel die tragende Luftströmung um ihre Flügel abreißen lassen und das Flugzeug stürzt ab. Am gefährlichsten sind Start und Landung: Hier bilden sich besonders intensive Wirbelschleppen.

Bei günstiger Thermik kann ein Segelflugzeug stundenlang am Himmel Kreise ziehen.

300 Starts und Landungen werden Flugzeugreifen ausgewechselt und acht- bis zehnmal runderneuert.

WIE KOMMEN SCHIFFE AM SCHNELLSTEN ÜBERS WASSER?

Ein Schiffsrumpf „durchschneidet" das Wasser umso schneller, je stromlinienförmiger er ist. Und damit verbunden ist auch das größte Problem aller Schiffe: Weit über die Hälfte des Widerstands, den sie überwinden müssen, ist die Reibung am Wasser. Weniger Rumpf bedeutet auch weniger Widerstand. Deshalb entstanden die Katamarane und die flachen Schnellboote. Die konsequente weitere Minimierung des Wasserwiderstands führte zu den Tragflügelbooten, bei denen nur die Tragflächen das Wasser berühren, und zu den Hoovercrafts®, die auf einem Luftkissen über die Meere schweben. Solche Luftkissenboote können Höchstgeschwindigkeiten um die 150 km/h erreichen. Schneller, leiser und energiesparender wird es nur, wenn man auf Luftkissen schwebt, ohne sie per Ventilator erst teuer zu erzeugen: Bei ausreichender Geschwindigkeit bildet sich zwischen den Flügeln und dem Boden eines sogenannten Bodeneffektfahrzeugs eine Luftrolle. Bei ebenem Boden oder über der Wasseroberfläche sind damit hohe Geschwindigkeiten möglich. Allerdings dürfen die Wellen nicht zu hoch sein.

WIESO GLEITEN SCHLITTSCHUHE AUF EIS?

Auf der Oberfläche von Eis liegt selbst bei tiefen Temperaturen noch ein hauchdünner Flüssigkeitsfilm. Der hilft enorm beim Gleiten, weil er die Reibung minimiert. Und je weniger Reibung entsteht, umso mehr Tempo kann man aufnehmen. Entsprechend sind Schlittschuhe so konstruiert, dass sie diesen Effekt besonders gut ausnutzen können. Die spezielle Kufenform, eine Hohlkehle, sorgt dafür, dass sich unter ihr das Wasser sammelt. Die scharfen Außenkanten der Kufen helfen dabei, die Spur zu halten. Vor allem aber sorgen sie für den sogenannten Druckschmelzeffekt: Die Konzentration des Körpergewichts auf die minimale Kufenfläche

Bei einem Hydrofoil- oder Tragflügelsurfbrett hebt sich ähnlich wie bei einem Tragflügelboot das Surfbrett aus dem Wasser – das Brett wird sehr schnell.

Ein äußerst dünner Flüssigkeitsfilm auf dem Eis ermöglicht das Schlittschuhlaufen.

lässt das Eis vorübergehend ein wenig schmelzen. Dadurch wird der Flüssigkeitsfilm auf dem Eis dicker und man kann besser gleiten. Wie stark dieser Effekt ausfällt, hängt vom Körpergewicht des Läufers und von der Temperatur ab.

Auch Skier im Schnee sorgen übrigens für einen dünnen, glatten Flüssigkeitsfilm, auf dem sie dahingleiten. Im Pulverschnee gelingt ihnen das besser als auf verharschten Eisflächen. Und auch das Material der Skier spielt eine Rolle. So hat sich gezeigt, dass schwarze Gleitflächen unter den Brettern die Skifahrer schneller den Hang hinunterbringen als weiße. Offenbar speichert eine schwarze Unterseite die Wärme besser und hilft so, den Schnee zu schmelzen.

GIBT ES RAKETENRUCKSÄCKE TATSÄCHLICH?

Auf der Leinwand und im Fernsehen hatten Schauspieler mit derartigen Konstruktionen auf dem Rücken schon spektakuläre Auftritte. Das wohl bekannteste Beispiel ist im Film *Feuerball* von 1965 zu sehen, in dem James Bond in einer Szene mithilfe eines Raketenrucksacks abhebt. Dasselbe Modell kam 1984 auch bei der Eröffnungsfeier der Olympischen Spiele in Los Angeles zum Einsatz, als es einen „Rocketman" ins Stadion trug.

Genau wie Raketen für Weltraumflüge nutzen auch solche Fluggeräte das Rückstoßprinzip: Gase strömen mit hohem Tempo und unter hohem Druck durch Düsen. Dabei entsteht eine Kraft, die den Rucksackträger in die entgegengesetzte Richtung treibt. Beim James-Bond-Modell zersetzte sich beispielsweise Wasserstoffperoxid zu überhitztem Wasserdampf und lieferte dabei genug Rückstoß, um einen Menschen einige Meter in die Höhe zu tragen. Allerdings musste der Flieger Schutzkleidung anziehen, um sich an dem heißen Dampf nicht zu verbrennen. Und bei einem Defekt drohte ein unkontrollierter Absturz.

Wo sind Raketenrucksäcke im Einsatz?

Abgesehen von ein paar wenigen Einsätzen in Filmen und als Werbegags haben Raketenrucksäcke bisher noch keine allzu große Karriere gemacht. Denn oft reicht der Treibstoff nur für sehr kurze Flüge von höchstens ein paar Minuten Dauer. In dieser kurzen Zeit kann man allerdings erstaunliche Höhen erreichen: Bei einem dreiminütigen Flug in Dubai stellte der Franzose Vince Reffet im Februar 2020 einen Höhenweltrekord von 1800 m auf.

Deutlich effektiver als auf der Erde ist der Einsatz von Raketenrucksäcken bei Weltraumspaziergängen. Denn in der Schwerelosigkeit muss man nicht ständig Schub erzeugen, um einen Absturz zu vermeiden. Deshalb kann man dort die gesamte Energie für die Steuerung des Geräts nutzen. So hilft die *Manned Maneuvering Unit* der NASA Astronauten bei Arbeiten im All, per Rückstoß die Richtung zu ändern.

FOCUS

Das Auto der Zukunft

Die Fachwelt ist sich weitgehend einig: Die Pkws der Zukunft werden höchstwahrscheinlich elektrisch unterwegs sein.

Fachleute sind sich darüber einig, dass wir künftig mit deutlich anderen Autos unterwegs sein werden als bisher. Denn mit den herkömmlichen Benzinern und Dieselfahrzeugen lassen sich die Klimaziele nicht erreichen. Außer an neuen Antrieben tüfteln Konstrukteure aber auch an nachhaltigen Alternativen für den Bau der Fahrzeuge und an Möglichkeiten, das Fahren noch bequemer und sicherer zu machen.

Kann man Autos aus nachwachsenden Rohstoffen bauen?

Schon in den 1930er-Jahren experimentierte der Autopionier Henry Ford mit einer Karosserie aus Hanffasern. Sein „Hemp Car" verschwand zwar in der Versenkung, inzwischen haben Firmen die Idee aber wieder aufgegriffen und nutzen Verbundwerkstoffe aus Kunststoff und Hanffasern als Alternative zu herkömmlichen Kunststoffen. Denn diese haben viele Vorteile: Sie sind u. a. leicht, äußerst widerstandsfähig und schwer entflammbar. Verwendung finden diese Materialien z. B. in Tür- und Kofferraumauskleidungen, Armaturenbrettern und Heckspoilern. Die Firma Renew Sports Cars hat sogar eine von Hand produzierte Spezialanfertigung vorgestellt: Ein Auto, das ganz aus Hanfbauteilen besteht. Bis 2025 will die Firma Autos entwickeln, deren Produktion der Atmosphäre Kohlenstoff entzieht, statt weiteren freizusetzen.

Welche Antriebe haben Zukunft?

Viele Fachleute sehen den Verbrennungsmotor inzwischen als Auslaufmodell – auch dann, wenn man ihn nicht mit klimaschädlichem Benzin oder Diesel aus

Selbstfahrende Shuttlebusse werden schon seit Jahren getestet, wie z. B. seit 2016 in dem schweizerischen Ort Sitten, wo auf einer Rundstrecke zwei autonome Fahrzeuge unterwegs sind (linkes Bild). Möglicherweise wird Hanf ein wichtiger Werkstoff für zukünftige Fahrzeuge (rechtes Bild).

Erdöl betreibt. So ist Biosprit im Tank nicht unbedingt eine gute Alternative. Denn der Anbau der dafür nötigen Pflanzen konkurriert oft mit der Produktion von Nahrungsmitteln oder mit dem Naturschutz. Zwar lassen sich Verbrenner auch mit Wasserstoff antreiben, allerdings entfaltet dieser in einem Elektroauto mit Brennstoffzelle einen deutlich besseren Wirkungsgrad.

In Sachen Klimafreundlichkeit sind Elektrofahrzeuge den Verbrennern also überlegen. Und das galt nach Angaben des Bundesumweltministeriums schon beim in Deutschland verwendeten Strommix des Jahres 2021. Wenn der Anteil der erneuerbaren Energien weiter steigt, wird die Bilanz noch besser ausfallen.

Es bleibt aber die Frage, welcher Elektroantrieb die größeren Vorteile hat. Außer mit Wasserstoff und einer Brennstoffzelle können Autos schließlich auch mit einem aufladbaren Akku fahren. Und da die Herstellung von Wasserstoff viel Energie kostet, gelten solche Batterieautos beim bisherigen Stand der Technik als effizienteste Lösung: Privat genutzte Pkws brauchen mit diesem Antrieb am wenigsten Energie für die gleiche Strecke. Die Herstellung der Batterien verschlingt aber viel Kobalt und andere Rohstoffe, die oft weder sozial- noch umweltfreundlich gewonnen werden können.

Werden wir in Zukunft noch selbst fahren?

Bisherige Assistenzsysteme können zwar durchaus selbstständig in eine Parklücke rangieren. Trotzdem galt jahrelang: Jedes Auto braucht einen Fahrer, der notfalls das Steuer wieder übernimmt. Mit einem neuen Gesetz zum autonomen Fahren, das 2021 in Kraft getreten ist, hat sich das aber geändert: Nun können auch Fahrzeuge ohne Fahrer am öffentlichen Straßenverkehr teilnehmen – allerdings nur in bestimmten Einsatzbereichen wie etwa dem Shuttleverkehr von A nach B.

Wie funktioniert autonomes Fahren?

Die für selbstfahrende Autos notwendige Technik gibt es bereits. Kameras liefern Bilder von der Umgebung vor, hinter und neben dem Fahrzeug, Sensoren messen den Abstand zu anderen Verkehrsteilnehmern und zu Hindernissen. Für den Überblick über die unmittelbare Umgebung hinaus ist das GPS-System zuständig. Zudem erkennt das Auto mithilfe von Beschleunigungssensoren, auf welcher Spur und in welcher Richtung es unterwegs ist. Und über WLAN oder das Handynetz ist auch die Kommunikation mit anderen Fahrzeugen und Datenquellen möglich. Das ist z. B. praktisch, wenn irgendwo ein unvorhergesehenes Hindernis auftaucht. Alle Informationen werden von einer Software ausgewertet, die das Auto lenkt, beschleunigt oder bremst.

Solche Systeme können durch perfektes Schalten viel Sprit sparen und durch angepasste Geschwindigkeiten Staus vermeiden. Auch das Unfallrisiko sollen sie verringern. Denn anders als Fahrer aus Fleisch und Blut sind sie nie abgelenkt und können Abstände und Geschwindigkeiten viel genauer erfassen. Ihre Fehlerquote ist trotz aller möglichen Defekte deutlich geringer. Andererseits können Menschen komplexe Situationen und die Absichten anderer Verkehrsteilnehmer viel besser einschätzen als Computer. Einen größeren Schwachpunkt selbstfahrender Autos sehen Fachleute aber in der IT-Sicherheit. Um zu verhindern, dass Hacker das Steuer übernehmen, muss noch viel getan werden.

Wie hat Strom unser Leben verändert?

Mittelalterromane geben die Antwort: Elektromagnetische Wellen gab es nur von der Sonne, und sie bestimmte die Tageslänge – wenn vom Essen kein Tran für die Lampe mehr übrig war. Nachrichten brauchten Wochen – sofern der Bote überlebte; kurzes Bescheid sagen bedeutete einen Fußmarsch; Daten speicherte man im Gehirn, selten auf Papier. Licht, Elektrogeräte, Kommunikation? Strom hilft, die Grenzen von Körper und Geist zu überwinden.

WELCHE LAMPEN VERBRAUCHEN AM WENIGSTEN STROM?

Seit die Glühbirnen aus den Geschäften verschwunden sind, ist die Beleuchtung von Räumen viel energieeffizienter geworden. Denn diese Lampen wandelten nur etwa 4 % des Stroms in Licht um, der Rest wurde als Wärme frei. Dieser Verschwendung machten die Energiesparlampen ein Ende – sie verbrauchen rund 70 % weniger Strom als ihre Vorgänger. Inzwischen gelten aber auch sie als Auslaufmodelle, in der EU sind manche Varianten inzwischen verboten. Abgelöst werden sie durch die noch sparsameren Leuchtdioden (LEDs). LEDs verbrauchen sogar 80–90 % weniger Energie als die alten Glühbirnen und haben auch noch weitere Vorteile. So enthalten sie im Gegensatz zu Energiesparlampen kein Quecksilber und punkten zudem mit einer viel längeren Lebensdauer.

WESHALB STREIKEN BATTERIEN BEI KÄLTE?

Der Strom aus der Batterie ist das Ergebnis einer chemischen Reaktion: Zwischen zwei unterschiedlichen Metallen fließen Elektronen. Das eine Metall, beispielsweise Zink, bindet die Elektronen weniger fest an seine Atome als das andere, wie etwa Kupfer. Sorgt eine elektrisch leitende Flüssigkeit, ein Elektrolyt, für eine Verbindung zwischen den Metallen, können die Elektronen wandern und am Kupfer einen Überschuss erzeugen. Dieser fließt als Strom, sobald ein geschlossener Stromkreis die Möglichkeit dazu schafft.

Kälte bremst alle Arten von chemischen Reaktionen. Daher werden auch in der Batterie weniger Elektronen freigesetzt, wenn die Temperatur sinkt. Einfaches Aufwärmen bringt sie aber in der Regel zu alter Kraft zurück. Deshalb tragen Fotografen, wenn sie im Winter Fotos machen, immer eine Ersatzbatterie direkt am Körper mit sich. Autobatterien sind zwar durch spezielle Zusätze weniger kälteempfindlich, können im Winter aber trotzdem ihren Geist aufgeben – umso eher, je älter und leerer sie sind.

Wusssten Sie, dass sich aus Zitronen eine Batterie bauen lässt?

Eine Zitrone, kombiniert mit einem Nagel und einer Münze, liefert denselben „Saft" wie eine Batterie. Auch hier fließt elektrischer Strom zwischen zwei unterschiedlichen Metallen. Steckt man einen Eisen- oder Zinknagel und eine Centmünze aus Kupfer zwei Fingerbreit voneinander entfernt in die Zitrone und klemmt an beide ein Kabel an, transportiert die Säure als Elektrolyt die Elektronen ans Kabelende der Münze. Ein Birnchen zwischen den Kabeln schließt den Stromkreis, die Elektronen fließen hindurch, und das Licht leuchtet. Theoretisch zumindest, denn in der Praxis reicht die Stromstärke nicht aus. Dazu braucht es etwa sechs Zitronen, die parallel verkabelt werden.

Stromkabel bestehen heute aus mindestens drei Leitungen, wobei die grüngelbe immer die Erdung ist.

WARUM GIBT ES BEI STROMKABELN DIE ERDUNG?

Ein Stromkabel besteht aus mindestens zwei Leitungen, damit beim Anschließen von Geräten ein Stromkreis entsteht. In der einen Leitung kommt der Strom an, in der anderen fließt er ab; auch bei Wechselstrom, nur tauschen dann die Leitungen 50-mal pro Sekunde ihre Funktion.

Gefährlich wird Strom, wenn er fließt, wo ihn keiner erwartet. Leitet etwa ein Defekt im Gerät den Strom auf dessen äußere Metallteile, entsteht ein Spannungsunterschied zwischen dem Gerät und der Erde. Der aber strebt nach Ausgleich, der Strom will abfließen. Und das kann er, wenn jemand das Gerät anfasst: Über den elektrisch leitfähigen Menschen fließt der Strom zur Erde. Das kann tödlich sein, besonders wenn die Zuleitung noch in der Steckdose steckt und den Spannungsunterschied aufrechterhält.

Deshalb haben heutige Stromkabel mindestens noch eine dritte Leitung: die grüngelbe Erdung. Dieser Schutzleiter ist mit dem Metallgehäuse oder anderen Metallteilen des Geräts verbunden, leitet besser als ein Mensch und führt so im Fall eines Defekts die Spannung sicher über das Kabel und seine Zuleitungen ab.

WAS STAND IN DER ERSTEN E-MAIL?

Als Erfinder der E-Mail gilt der US-amerikanische Informatiker Ray Tomlinson, der bereits 1971 Nachrichten an sich selbst und an Kollegen schickte. An den genauen Wortlaut konnte er sich später nicht mehr erinnern. Sinngemäß ging es wohl darum, dass man nun Nachrichten über das Computernetzwerk versenden könne, und dass man dazu den Benutzernamen des Empfängers, ein @-Zeichen und den Hostnamen des Computers eingeben müsse.

In Deutschland kam die erste E-Mail erst 1984 bei Michael Rotert von der Universität Karlsruhe an. Absenderin war Laura Breeden in Cambridge/Massachusetts, die den Kollegen im US-amerikanischen Computernetzwerk CSNET begrüßte: „Wilkomen in CSNET! Michael, this is your official welcome to CSNET.“ Diese Botschaft brauchte damals einen ganzen Tag, bis sie ihren Empfänger erreichte.

Woher kommt das Computerzeichen @?

Das „at“-Zeichen stammt möglicherweise aus dem Mittelalter: Entweder soll es die Verkürzung des lateinischen „ad“ (zu, hinzu) gewesen sein oder die Abkürzung von Kaufleuten für Amphore. Ob das heutige @ tatsächlich auf solche Vorgänger zurückgeht oder ob sich die Zeichen nur ähnlich sehen, ist allerdings umstritten.

Gehalten hat sich das Symbol jedenfalls im spanisch-portugiesisch-französischen Kulturkreis: Als Handelsmaß „Arroba“ bezeichnet es rund 15 l oder 10 kg. Auch in alten deutschen Justizakten taucht es auf, während es im englischsprachigen Raum als Preiszuordnung diente wie das französische „à“ (5 Eier @ 20 Cent).

Da es das Zeichen auch auf die Schreibmaschinentastaturen geschafft hatte, konnte es der Schreiber der ersten E-Mail als Adressbestandteil wählen: Ray Tomlinson brauchte 1971 ein Zeichen auf gängigen Tastaturen, das kein Buchstabe war. Damit trennte er eindeutig die beiden Teile einer E-Mail-Adresse.

WIE KOMMUNIZIERT MAN MIT U-BOOTEN UNTER WASSER?

Schall und Funk sind die beiden Verständigungstechniken unter Wasser. Schallwellen tragen dort weiter und schneller als an der Luft, werden aber verzerrt. Eine besonders große Reichweite hat Ultraschall, dessen Wellen unter Wasser bis zu 40 km weit laufen. Daher nutzen ihn nicht nur Delfine, sondern auch U-Boote zur Kommunikation. Für deren „Unterwassertelefone“ wandelt man die akustischen Wellen menschlicher Sprache in den Ultraschallbereich und sendet sie über Unterwasserlautsprecher aus dem U-Boot. Der Empfänger muss die Signale entsprechend zurückwandeln.

Kurze elektromagnetische Funkwellen hingegen bremst das Wasser aus, es dämpft im UKW- und Kurzwellenbereich. Lange Wellen ab 100 m Wellenlänge dringen zwar mehrere Dutzend Meter tief ins Wasser, doch benötigen sie sehr große Antennen und würden ein sendendes U-Boot daher schnell verraten. Will oder kann das U-Boot nicht auftauchen und über Wasser auf normalen Funk zurückgreifen, so wird die Botschaft aufgezeichnet und einer Boje mitgegeben. Diese steigt dann unabhängig vom Boot an die Wasseroberfläche und strahlt das Signal dort ab.

Ob am Computer oder über das Smartphone – Nachrichten elektronisch zu verschicken, ist heute alläglich.

Getauchte U-Boote sind auch heute noch kaum erreichbar.

WARUM KANN MAN MIT DEM HANDY NICHT ÜBERALL TELEFONIEREN?

Ein Mobiltelefon funktioniert, solange es in der Nähe eines Funkmasts ist. Nach dem Einschalten sucht das Gerät nach dem stärksten Kennsignal der nächstgelegenen Masten. Bei dieser Basisstation weist sich das Telefon aus und meldet sich an. Bestätigt der Abgleich mit der zentralen Datenbank die Anfrage, kann das Telefonat ablaufen: Die Sprache wird digitalisiert, per Filter von Überflüssigem befreit und über Funkwellen ins Netz und dann zum Empfänger geleitet. Bewegt sich der Telefonierende aus der Reichweite des Mastes an den Rand der sogenannten Funkzelle, wird das Signal automatisch an die benachbarte Zelle weitergereicht.

Schluss mit Telefonieren ist aber in den „Funklöchern". Wo diese auftreten, hängt von der Netzabdeckung des Mobilfunkanbieters ab. In Deutschland sind Funklöcher meist relativ klein. Weltweit gibt es aber gerade in dünn besiedelten Gebieten auch große Regionen ohne Empfang. Hier hilft nur Kommunikation über Satelliten in niedrigen Umlaufbahnen, etwa das Iridiumsystem. Dessen Telefone funktionieren sogar in den Polargebieten, sind aber ziemlich teuer.

WIE VERFOLGT DIE POLIZEI ANRUFE ZURÜCK?

Bei der Neuverfilmung alter Krimis müssen die Drehbücher geändert werden: Heute ist es überflüssig, Anrufer für eine Fangschaltung lange in der Leitung zu halten. Seit in den 1980er-Jahren die Telefonnetze digitalisiert wurden, liefert die Technik die Nummer des Anrufers gleich mit. So kann das Zieltelefon sie schon vor dem Abheben anzeigen. Dies lässt sich zwar per Rufnummerunterdrückung verhindern. Diese funktioniert aber nicht bei Anrufen bei der Feuerwehr, der Polizei oder bei Notdiensten und kann auf Antrag auch bei Privatpersonen abgeschaltet werden: Bei Belästigung oder Gefahr speichert die Malicious Call Identification (MCID) die Daten böswilliger Anrufer. Mehr Arbeit erfordert es nur, wenn der Anruf von einem Analogtelefon kommt oder über internationale Netzwerke, etwa Billigtelefonanbieter. Dann gilt es, aktiv den Verbindungsknoten nachzuspüren.

Ganz schön spannend – Strom und Stromrekorde

Elektrizität ist die Bewegung von überschüssigen Elektronen: Entweder fließen sie als Strom in Drähten oder leitenden Flüssigkeiten ab und bringen dabei Lampen zum Leuchten oder Motoren zum Arbeiten. Oder sie sammeln sich dort, wo sie nicht weiterkommen, als statische Elektrizität: Ist die Ladung groß genug, springt sie über, etwa beim leichten Stromschlag an der Türklinke oder beim Gewitterblitz.

Was verbirgt sich hinter Ampere und Volt?

Volt (V) ist die Maßeinheit für die Spannung, mit der das Kraftwerk den Strom bereitstellt, also quasi die Elektronen durch das Kabel drückt. Zu hohe Spannung kann Geräte zerstören. In Ampere (A) wird dagegen die Stromstärke gemessen. Diese beschreibt, wie viele Elektronen pro Zeit durch die Leitung fließen. Ist sie zu niedrig, geht das Licht nicht an, und der Motor bleibt still.

Wie stark und wie schnell ist Elektrizität?

Elektrische Spannung aus der Steckdose hat 230V, ein statischer Funken kann bis zu 3000V stark sein und ein Gewitterblitz sogar mehr als 100 Mio.V. Zudem kann sich elektrische Spannung auch extrem schnell in einem Leiter ausbreiten: Mit knapp 300 000 km/sek erreicht sie fast Lichtgeschwindigkeit. Die Bewegung der Elektronen, die von dieser Spannung angetrieben wird, wirkt dagegen sehr gemütlich: In einem 1 mm dicken Kupferkabel schaffen sie bei einer Stromstärke von 1 A gerade einmal 26,5 cm/h.

Warum kommt aus der Steckdose Wechselstrom?

Das Besondere am Wechselstrom ist, dass er regelmäßig seine Fließrichtung ändert. Und er hat einen Vorteil gegenüber dem immer nur in eine Richtung fließenden Gleichstrom: Mithilfe von Transformatoren kann man ihn leicht in Varianten mit mehr oder weniger großen Spannungen umwandeln. Das hilft beim Transport durchs Stromnetz. Denn auch dort herrschen verschiedene Spannungsniveaus. Je höher die Spannung ist, umso weniger Verluste treten bei der Übertragung auf. Die höchsten Voltzahlen findet man daher im Übertragungsnetz, über das der Strom im Land verteilt wird. Im Niederspannungsnetz, über das der Strom den Endverbraucher erreicht, herrschen dagegen hierzulande nur noch 230V.

Kann man Strom wirklich verbrauchen?

Nein, weder Strom noch Energie kann man „verbrauchen“. Im Wechselstrom schwingen die Elektronen in der Leitung nur hin und her – was tatsächlich fließt, ist elektrische Energie. Und diese wird ebenfalls nicht „verbraucht“, sondern in andere Energieformen umgewandelt: in thermische Energie beim

Alessandro Volta zeigt Napoleon die Funktionsweise seiner Batterie.

Toaster, in mechanische beim Motor oder in chemische beim Laden eines Akkus.

Warum kann ich meinen Föhn nicht einfach in New York benutzen?

In Europas Steckdosen stehen 230V bereit, in Nordamerika nur 120V. Da der deutsche Föhn auf höhere Spannung ausgelegt ist, läuft er in den USA langsamer oder gar nicht. Umgekehrt bekommt der US-Föhn in Europa eine zu hohe Leistung und geht meist sofort kaputt. Verhindern lässt sich das mit Adaptern und Spannungswandlern.

Warum stehen nach dem Kämmen die Haare ab?

Kunststoff und Gummi der Bürste reißen Elektronen an sich, sodass sich die Haare elektrisch positiv aufladen. Gleiche Ladung aber stößt sich ab, die einzelnen Haare suchen also möglichst großen Abstand voneinander – und stehen wild ab. Gleichzeitig folgen sie auch noch der negativ geladenen Bürste, von der sie angezogen werden.

Warum fließt Strom in Wasser?

Damit ein Material leitfähig ist, müssen sich elektrisch geladene Teilchen darin bewegen. In einem Stromkabel sind das Elektronen, die durch den Draht fließen. Im Wasser dagegen handelt es sich um sogenannte Ionen. Das sind positiv und negativ geladene Teilchen, die beim Lösen von Salzen entstehen und Strom fließen lassen können. Destilliertes Wasser enthält jedoch keine Salze – es ist nicht leitfähig.

Warum wird man bei einem Stromschlag zurückgeschleudert?

Fließt ein starker Strom durch den Körper, so ziehen sich die Muskeln krampfartig zusammen und können einen mit großer Kraft vom Boden oder der Wand abstoßen. Meist fließt der Strom dabei durch die Arme hinein und durch die Beine wieder hinaus – dort sitzen die größten Muskeln, die einen meterweit durch die Luft katapultieren können.

Warum kann Strom töten?

Starker Wechselstrom, wie er aus der Steckdose kommt, kann zu einem lebensgefährlichen Herzkammerflimmern führen. Dann schlägt das Herz nicht mehr richtig. Der Kreislauf versagt rasch, die Organe werden nicht mehr mit Sauerstoff versorgt, Zellen sterben ab. Im schlimmsten Fall stirbt der Betroffene. Fließt zu viel Strom durch den Brustkorb, kann zudem die Muskulatur der Lunge verkrampfen, sodass man nicht mehr atmen kann. Stromschlag durch Hochspannung oder Blitze verbrennt außerdem Körpergewebe.

Was waren die ersten Erfindungen zur Elektrizität?

Der erste Kondensator zum Ladungsspeichern, die Leidener Flasche, stammt von 1745. Im Jahr 1752 montierte Benjamin Franklin den ersten Blitzableiter, 1800 legte Alessandro Volta mit der ersten Batterie nach, und 1826 folgte William Sturgeon mit dem Elektromagneten. 1866 stellte Werner von Siemens den ersten Dynamo vor und um 1870 entwickelten Thomas Alva Edison und andere erste Glühlampen.

Thomas Alva Edison 1904 in seinem Labor.

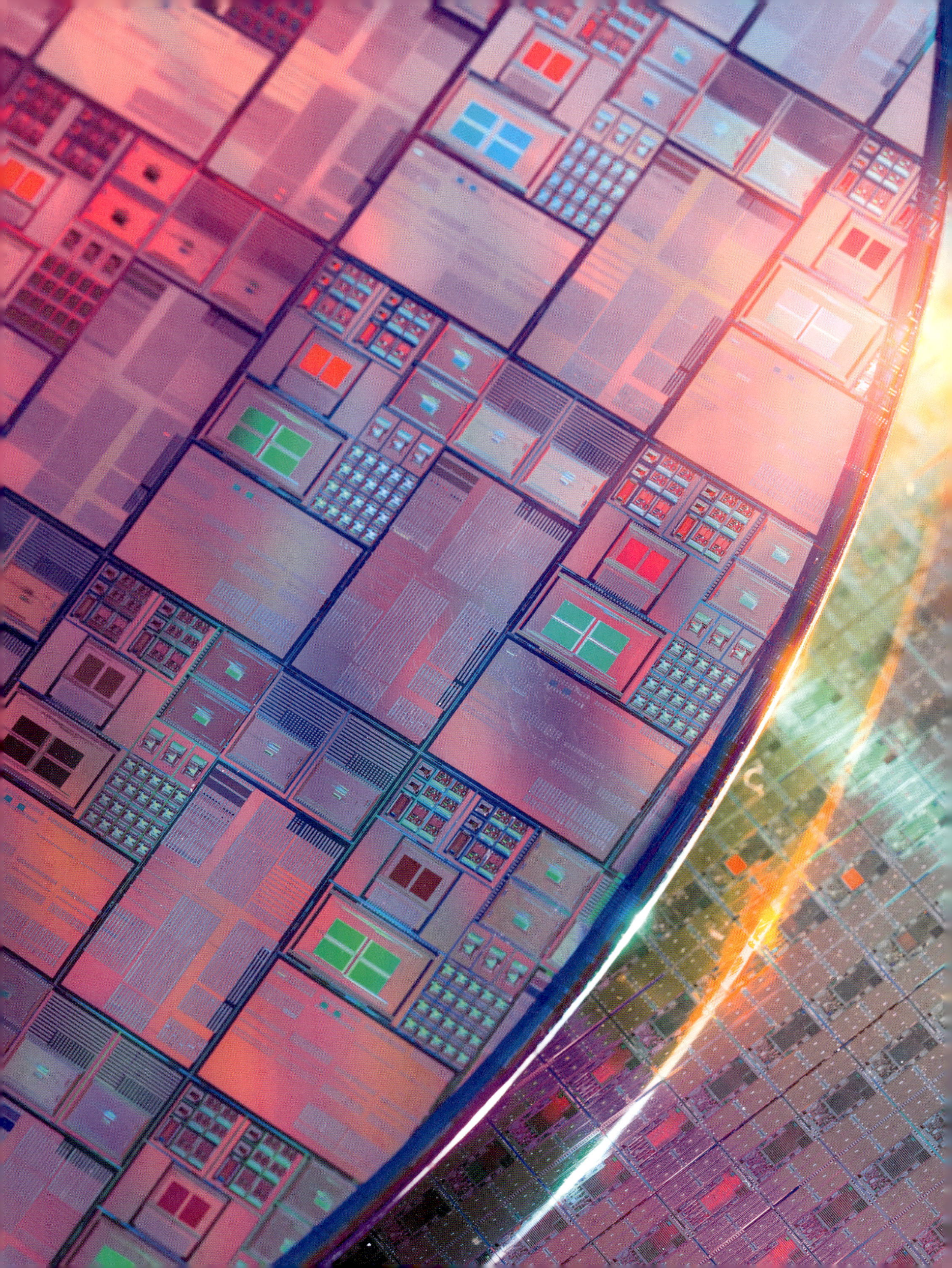

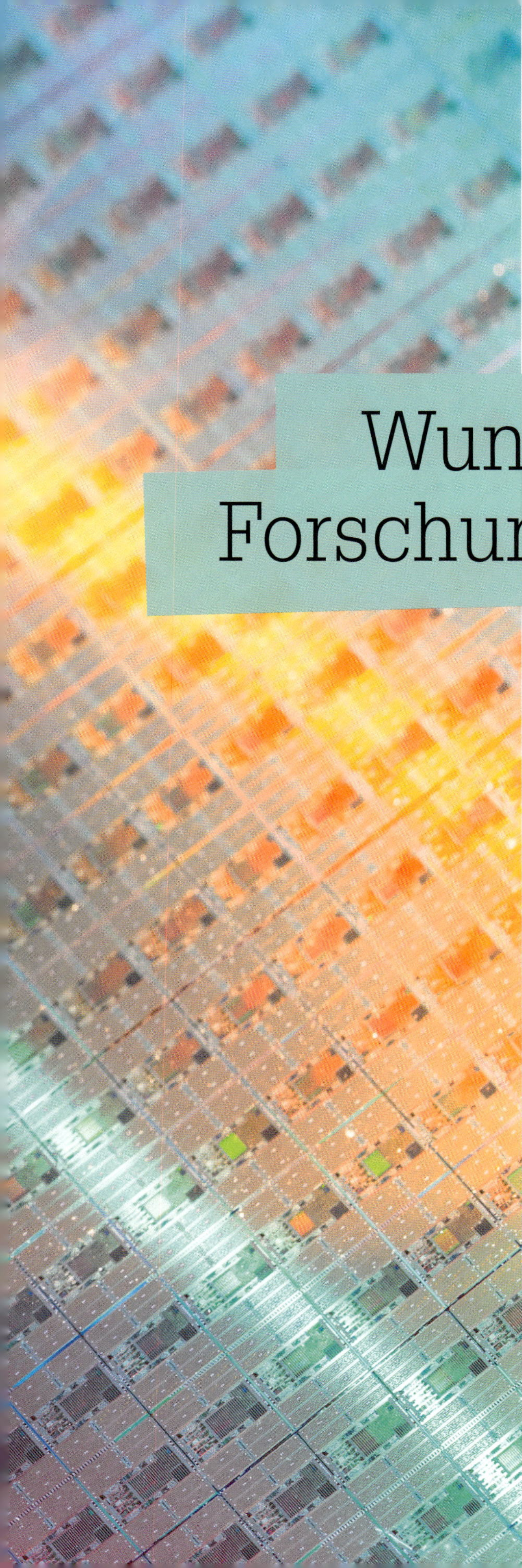

Wunder aus Forschung und Technik

Seit der Entdeckung des Feuers und der Erfindung des Rads erleichtern immer neue Erkenntnisse unser Leben. Heute können Krankheiten durch den Zugriff auf einzelne Zellen und das Erbgut besser verstanden und geheilt werden. Nach Dampfmaschine und Internet wird die Energiewende weitere technische Innovationen mit sich bringen. Auch in der Zukunft kann die Ernährung von bald acht Milliarden Menschen und eine umweltverträgliche Energieversorgung nur dank modernster Technik ermöglicht werden.

Gibt es Neues aus der Steinzeit?

Die rasanten Fortschritte der jüngsten Zeit in der modernen Wissenschaft und Technik haben in der Erforschung der Ursprünge der Menschheit und des Lebens in der Steinzeit eine Flut neuer Erkenntnisse über unsere Vor- und Frühgeschichte gebracht. Gentechnische Methoden zur Analyse des Erbguts bis hin zu raffinierten physikalischen Messungen ermöglichen immer neue verblüffende Einblicke in die letzten Jahrhunderttausende.

WIE FUNKTIONIERT DIE URAN-THORIUM-UHR?

Steinzeitmenschen lebten oft in Kalkhöhlen. Dort sickert von der Oberfläche mit Kohlendioxid angereichertes Wasser ein, das im Gestein Kalk löst. Wenn dieser in der Höhle wieder ausfällt, bildet sich eine dünne Kalkschicht, die z. B. zu Tropfsteinen wachsen oder auf Steinzeitfunden eine Sinterschicht bilden kann. Zusammen mit dem Kalk löst das Wasser immer sehr kleine Mengen des natürlich vorkommenden Urans, während das beim radioaktiven Zerfall dieses Urans entstehende Thorium sich nicht in Wasser löst. Bildet sich auf einem Frühmenschenknochen eine Sinterschicht, enthält dieser Kalk zwar etwas Uran, aber kein Thorium. Das Thorium, das man heute in diesem Sinter findet, muss also durch den radioaktiven Zerfall des bei der Bildung der Schicht enthaltenen Urans entstanden sein. Da man aber sehr genau weiß, welche Uranmengen in einer bestimmten Zeit zu Thorium zerfallen, lässt sich das Alter des Kalks recht genau bestimmen.

Wie tickt die Radiokohlenstoff-Uhr?

In den obersten Schichten der Atmosphäre schlägt die kosmische Strahlung aus den dort vorhandenen Atomen Neutronen heraus. Treffen diese auf ein Stickstoffatom, wandeln sie es in ein Kohlenstoff-14-Isotop (C-14) um. Da dieses radioaktiv ist, zerfällt die Hälfte des C-14 in 5730 Jahren wieder zu Stickstoffatomen. Entstehen und Zerfallen schaffen so ein Gleichgewicht von C-14 in der Luft. Pflanzen nehmen die Substanz auf, wenn sie aus Kohlendioxid und Wasser Biomoleküle produzieren. Vertilgen Tiere und Menschen Pflanzen oder Gemüse, verleiben sie sich das darin enthaltene C-14 ebenfalls ein. Stirbt ein Organismus, endet diese C-14-Zufuhr, und das bereits vorhandene zerfällt mit der Zeit. Aus der Menge des noch vorhandenen C-14 lässt sich daher recht genau berechnen, wann ein Baum gefällt und zum Bauen verwendet wurde oder wann ein Tier verendete, von dem nur noch Knochen übrig blieben. Im 21. Jh. wurde diese Methode erheblich verbessert und ermöglicht so viel detailliertere Analysen. Allerdings ist nach gut 50 000 Jahren zu wenig C-14 für eine zuverlässige Messung übrig. Dann bleibt die Radiokohlenstoff-Uhr sozusagen stehen.

GAB ES EINE WIEGE DER MENSCHHEIT?

Trotz der immer besseren Methoden, das Alter von Funden zu ermitteln, und trotz des Einsatzes anderer Hightechmethoden wird das Gebiet, in dem den heutigen Schimpansen verblüffend ähnliche Lebewesen die ersten Schritte aus dem Kronendach des Regenwalds hinunter auf die Savanne taten, wohl nie mit Sicherheit gefunden werden können. Die Vormenschen, die den Weg in die Savanne gefunden hatten, liefen später auf zwei Beinen und entwickelten sich schließlich zum *Homo sapiens*. Dies war aber ein sehr verschlungener Weg und sicher keine geradlinige Entwicklung, denn evolutionäre Vorgänge hängen stark von zufälligen Entwicklungen ab. Daher gab es wohl kaum eine einzige, sondern gleich mehrere Wiegen der Menschheit.

WO TAUCHTEN DIE ERSTEN ZWEIBEINER AUF?

In den heutigen Ländern Äthiopien, Eritrea und Dschibuti liegt das Afar-Dreieck, wo drei tektonische Gräben zusammentreffen. Zwischen dem Afar-Dreieck und der heutigen Mündung des Sambesi-Stroms in den Indischen Ozean wird in ferner Zukunft durch die Bewegungen der Erdplatten ein neuer Ozean entstehen und den heutigen Osten Afrikas vom Rest des Kontinents trennen. Genau in dieser weltweit einmaligen Region fand und findet man nicht nur die ältesten Spuren von Vor- und Frühmenschen, sondern auch die ältesten einfachen Werkzeuge, mit denen die Zweibeiner Fleischreste von den Rippen und Beinknochen ihrer Beute kratzten.

Im Äthiopischen Nationalmuseum in Addis Abeba bestaunen Besucher die Überreste von Lucy.

WER WAR LUCY?

Der wohl bekannteste Fund im Afar-Dreieck sind die Knochen einer 107 cm kleinen Frau, die etwa 25 Jahre alt war und die unter dem Spitznamen Lucy bekannt ist. Sie gehörte zur Art *Australopithecus afarensis*, die bereits ein Fußgewölbe hatte, das jeden Schritt wie ein Stoßdämpfer abfedert und das auch einem Menschen des 21. Jh. seinen federnden Gang ermöglicht. Lucy und ihre Verwandten lebten vor etwa 3,2 Mio. Jahren. So alt ist die Erfindung des Laufens auf zwei Beinen also mindestens.

Wie stellte man in der Jungsteinzeit Mehl her? Die experimentelle Archäologie liefert mögliche Antworten.

Wussten Sie, dass Forscher manchmal wie in der Steinzeit leben?

Die sogenannte experimentelle Archäologie befasst sich mit der Erforschung technologischer Fragestellungen (z. B. „Wie wurden Steinbeile hergestellt?") und untersucht zudem Aspekte der Lebensweisen in vergangenen Zeitaltern. Ziel ist dabei, diese Fragen mithilfe von Experimenten beantworten zu können. Ein solches Experiment wird aber nur dann als wissenschaftlich bezeichnet, wenn es unter kontrollierten Bedingungen durchgeführt und vollständig dokumentiert wird. Anschließend werden die Resultate publiziert, um zu gewährleisten, dass die Ergebnisse unter den genannten Bedingungen jederzeit wiederholt und überprüft werden können.

Auch mehrere Fernsehproduktionen widmeten sich der experimentellen Archäologie mit Schwerpunkt auf der Steinzeit. 2006 produzierte z. B. der SWR die Dokumentarfilmserie *Steinzeit – Das Experiment* und 2007 das Schweizer Fernsehen (SF) die *Pfahlbauer von Pfyn*. In beiden wissenschaftlich begleiteten Dokumentationen lebten Laiendarsteller eine Zeit lang unter steinzeitlichen Bedingungen.

WANN WURDEN DIE ERSTEN WERKZEUGE ERFUNDEN?

Als das Klima wenige Hunderttausend Jahre nach der Zeit, in der Lucy lebte, deutlich kühler wurde und im Osten Afrikas weniger Niederschläge fielen, fanden die Vormenschen vor allem in der Trockenzeit nur noch harte Samen, Wurzeln und Knollen. Bald tauchten mit der *Paranthropus*-Linie Menschen auf, die solche harten Nüsse mit auffallend kräftigen Kiefern und Zähnen knackten. Eine andere Vormenschenlinie lernte stattdessen, einfache Werkzeuge herzustellen, mit denen sie die harten Körner zermahlen oder einfache Klingen und Speerspitzen fertigen konnte. Die ältesten bekannten Steinwerkzeuge dieser Art tauchten vor 2,6 Mio. Jahren zunächst im Afar-Dreieck auf. In der gleichen Gegend wurden versteinerte Tierknochen gefunden, die 3,4 Mio. Jahre alt sind und auf denen man Kratzspuren entdeckte, die möglicherweise von Steinwerkzeugen stammen.

Wann entstand die Gattung Homo?

Die frühen Werkzeugmacher gehörten wohl zur Gattung *Homo*, deren älteste Spuren der äthiopische Student Chalachew Seyoum im Januar 2013 ebenfalls im Afar-Dreieck fand. Der von ihm entdeckte, 2,8 Mio. Jahre alte Unterkiefer zeigt, dass unsere Gattung aus der Verwandtschaft von Lucy entstanden war.

Andere Funde lassen weitere Rückschlüsse auf die Entstehungszeit unserer Gattung zu: So hatte bereits 1972 der kenianische Frühmenschenforscher Richard Leakey in seinem

Der *Homo rudolfensis* – hier ein Schädel eines solchen Urmenschen in einer Ausstellung – gilt als der erste und ursprünglichste Vertreter der Gattung *Homo*.

Heimatland den Unterkiefer eines *Homo rudolfensis* gefunden, der vor rund 2 Mio. Jahren am Turkana-See in Kenia gelebt hatte. Und 1991 entdeckten Friedemann Schrenk vom Senckenberg-Museum in Frankfurt und sein US-amerikanischer Kollege Tim Bromage von der New York University einen weiteren Unterkiefer dieser Linie, deren Vertreter vor 2,5 Mio. Jahren im heutigen Malawi durch die Savanne wanderten. Auch die Wiege der Gattung *Homo* stand also wohl im Osten Afrikas.

Wann zähmte der Mensch das Feuer?

Feuer kannten unsere Vorfahren schon, als sie die Savanne betraten, in der in Trockenzeiten die dürre Vegetation oft brennt. Genau wie Schimpansen aber dürften auch Vormenschen vor den gefährlichen Flammen geflohen sein. Wann Menschen lernten, Feuer für eigene Zwecke zu nutzen, um damit Fleisch und andere Kost leichter verdaulich zu machen und gefährliche Keime abzutöten, lässt sich schwer bestimmen. Denn natürliche Brände lassen sich kaum von Feuern unterscheiden, die von Menschen geschürt wurden. Die ältesten relativ sicheren Spuren der Zähmung des Feuers stammen aus der Wonderwerk-Höhle im Nordwesten Südafrikas. Dort wurden neben Steinwerkzeugen verbrannte Knochen und Pflanzenteile entdeckt, die ca. 1 Mio. Jahre alt sind.

WANN VERLIESSEN DIE FRÜHMENSCHEN AFRIKA?

Immer wieder ließen Klimaschwankungen die Wüsten im Norden Afrikas und auf der Arabischen Halbinsel ergrünen, die bisher die Frühmenschen im Osten und Süden Afrikas vom Rest der Welt abgeriegelt hatten. Dadurch entstand die Möglichkeit, bisher unbekannte Regionen zu entdecken – was die Gattung *Homo* auch ausnutzte. Sie wanderte über den Nahen Osten und die Arabische Halbinsel bis an den Rand des heutigen Georgiens, wo der Archäologe Dawit Lortkipanidse und andere Forscher seit 1991 die rund 1,8 Mio. Jahre alten Überreste von Frühmenschen ausgegraben haben. Später sollten ihnen wohl immer wieder Auswanderer folgen, die so Asien, Europa und schließlich Australien und Amerika erreichten.

Zu den frühesten Werkzeugen gehörten auch Steinmesser.

Die Schöninger Speere sind die ältesten erhaltenen Jagdwaffen der Menschheit.

WANN ERFANDEN MENSCHEN DIE ERSTEN JAGDWAFFEN?

300 000 Jahre überstanden vier vollständige oder nahezu komplette Speere sowie die Reste von fünf weiteren solcher Waffen weitgehend unbeschadet im Boden, bis sie zwischen 1995 und 1999 von Hartmut Thieme vom Niedersächsischen Landesamt für Denkmalpflege und seinen Kollegen in einem 2016 aufgelassenen Braunkohletagebau bei Schöningen im äußersten Osten Niedersachsen ausgegraben wurden. Am selben Ort fand man zudem noch eine Stoßlanze für besonders große Beute und geschnitzte Wurfhölzer, mit denen man ähnlich wie mit einem Bumerang Vögel und andere kleine Tiere jagte.

Die seit 2008 von Jordi Serangeli von der Universität Tübingen geleiteten Untersuchungen der Objekte zeigen, dass damals bereits perfekte Jagdwaffen entstanden sind: Die aus den Stämmen von langsam wachsenden Fichten hergestellten Wurfspeere ähneln modernen Wettkampfspeeren verblüffend. Vor allem aber, so zeigten 2019 veröffentlichte Experimente, können die Speere von Schöningen Pferde und damit die damals wichtigste Jagdbeute zuverlässig treffen und schwer verletzen oder töten.

Wann wurde das Garn erfunden?

Bereits in der Zeit vor 41 000 bis 52 000 Jahren zwirbelten Neandertaler unter einem Felsüberhang in einem Tal in der Nähe des Rhône-Seitenflusses Ardèche aus Pflanzenfasern Garne – dies zeigten Untersuchungen mithilfe der Rasterelektronenmikroskopie und der Raman-Spektroskopie im Jahr 2019. Da solche Fäden rasch zersetzt werden, könnten ähnliche Garne bereits viel früher hergestellt worden sein, ohne dass sich Spuren des Materials erhalten haben. Weil sich Holz ebenfalls relativ rasch zersetzt, gilt dies natürlich auch für hölzerne Waffen wie die Speere aus Schöningen.

LEBTEN DIE NEANDERTALER ALLEIN IN EURASIEN?

Als Svante Pääbo und Johannes Krause vom Max-Planck-Institut für evolutionäre Anthropologie (EVA) in Leipzig 2009 die zuvor völlig unbekannte Menschenlinie der Denisovaner entdeckten – sie hatten sie anhand ihres Erbguts identifiziert –, sorgte dies für Aufsehen unter den Frühmenschenforschern. Russische Wissenschaftler hatten nur ein paar Zähne und kleine Knochenbruchstücke dieser Menschenlinie in der Denisova-Höhle im Altai-Gebirge im tiefen Süden Sibiriens gefunden. Dennoch verriet das daraus isolierte Erbgut viel über die Verwandtschaftsverhältnisse mit anderen Menschenlinien: Die nächsten Verwandten waren offensichtlich Neandertaler – die Entwicklung der beiden Linien trennte sich vor rund 640 000 Jahren. Der gemeinsame Vorfahre der Neandertaler und der Denisovaner wiederum ging wohl seit 800 000 Jahren eigene Wege abseits der Linie, die später zum modernen Menschen *Homo sapiens* führte.

Haben sich damals Denisovaner und Neandertaler vermischt?

Tatsächlich konnten Forscher der Max-Planck-Institute EVA in Leipzig und SHH in Jena mithilfe des Erbguts in einem weiteren Knochensplitter aus dieser Höhle im Sommer 2018 sogar ein Mischlingskind der beiden Menschenlinien

Sah so eine Desnisovanerin aus (links)? Die Rekonstruktion basiert auf einem Skelettfund. Unten: ein Wissenschaftler in der Denisova-Höhle in Sibirien

identifizieren. Die Mutter dieses ungefähr 13 Jahre alten Mädchens war Neandertalerin, der Vater war ein Denisovaner. Die Neandertaler vermischten sich aber auch mit modernen Menschen, in deren Erbgut noch heute ein Anteil von wenigen Prozent Neandertaler-Genen steckt.

Wo lebten die Denisovaner?

Zunächst waren die Denisovaner nur aus dem Altai-Gebirge im Süden Sibiriens bekannt. Während dort in wärmeren Epochen eher Neandertaler lebten, bevorzugten die Denosivaner offenbar ein kälteres Klima. Das zeigt auch ein mindestens 160 000 Jahre alter Unterkiefer aus der 3280 m über dem Meeresspiegel liegenden Baishiya-Karsthöhle in Xiahe in Tibet. Da aus diesem Knochen kein Erbgut isoliert werden konnte, entlarvten 2019 Jean-Jacques Hublin vom Max-Planck-Institut für evolutionäre Anthropologie in Leipzig und Frido Welker von der Universität Kopenhagen mit einer Proteinanalyse den einstigen Besitzer dieses Unterkiefers als Denisovaner. Ein wichtiges Gen, mit dem sich die noch heute in den Hochlagen von Tibet lebenden Menschen an die harschen Bedingungen dieser Region angepasst haben, stammt eindeutig von den Denisovanern. Auch dort dürften diese also mit anderen Menschenlinien Kinder gehabt haben. Allerdings waren die Partner wohl keine Neandertaler, sondern moderne Menschen.

SEIT WANN LEBEN MENSCHEN IM HOHEN NORDEN?

Einige Hundert Kilometer nördlich der Kleinstadt Werchojansk im Norden des Fernen Ostens von Sibirien, graben Wladimir Pitulko von der Russischen Akademie der Wissenschaften in St. Petersburg und seine Kollegen seit 2001 am Ufer des Jana-Stroms die Spuren von Menschen aus, die dort vor 32 000 Jahren lebten. Im hohen Norden ist bisher keine ältere Siedlung bekannt.

Damals zog die sehr reiche Tierwelt einer Kältesteppe mit Mammuts, Wollnashörnern, Moschusochsen, Wisenten, Pferden, Rentieren, Schneehasen, Braunbären, Wölfen und Vielfraßen die Jäger der Steinzeit wie magisch an. Sie aßen nicht nur das Fleisch ihrer Beute, sondern fertigten aus dem Elfenbein der Mammutstoßzähne schöne Perlenketten und Stirnbänder, aber auch die langen Spitzen ihrer Waffen und sogar ganze, 2 m lange Speere. Aus den Fellen ihrer Beute nähten sie wärmende Kleidung und die Wände ihrer Zelte.

Wie kamen die Indianer nach Amerika?
Zwischen Sibirien und Alaska liegt die Beringstraße. Als in der Eiszeit der Meeresspiegel um mehr als 100 m sank, bildete sich dort vor etwa 34 000 Jahren eine durchgehende Landbrücke. In diesem Beringia genannten Land dürften ebenfalls Alt-Nordsibirier gelebt haben, die vermutlich mit den Menschen am Jana-Fluss guten Kontakt hatten und mit ihnen verwandt waren. Die Beringianer lebten wohl lange ziemlich isoliert, bis einige von ihnen vor vielleicht 15 000 Jahren entlang der Küste und der langsam schmelzenden Gletscher über Nordamerika nach Süden zogen und dort zu den Ureinwohnern der Neuen Welt wurden.

WANN VERSCHWANDEN DIE NEANDERTALER?

Etliche Hunderttausend Jahre wanderten die Neandertaler und ihre Vorfahren anscheinend ohne Konkurrenz durch Europa. Schlug das Klimapendel in die wärmere Richtung, jagten sie Pferde, Hirsche und andere Tiere in der Norddeutschen Tiefebene, in Großbritannien und anderen Regionen. Rückten die Gletscher der Eiszeit nach Süden vor, zogen sie sich in mildere Regionen zurück. Dies änderte sich vermutlich erst, als aus Afrika moderne Menschen unserer eigenen Linie *Homo sapiens* in Europa erschienen: Die Neandertaler verschwanden vor rund 39 000 Jahren vergleichsweise schnell von der Weltbühne. Welche Rolle die Neuankömmlinge beim Untergang der Alteingesessenen genau spielten, wird kontrovers diskutiert.

Während der Eiszeit existierte statt der heutigen Beringstraße eine Landbrücke zwischen Sibirien und Alaska.

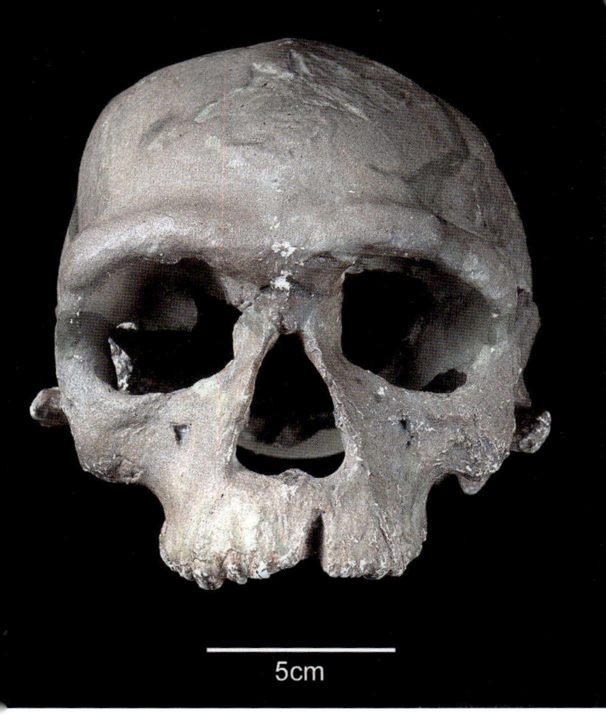

Der Schädel eines frühen *Homo sapiens*.

Klar ist jedenfalls, dass es auch friedliche Begegnungen zwischen beiden Linien gab. Davon zeugen nicht nur gemeinsame Nachkommen, die über das Erbgut nachgewiesen wurden, sondern auch kleine Schmuckstücke, die moderne Menschen aus dem Nahen Osten mitgebracht hatten und die bald auch die Neandertaler in Europa anfertigten.

Wann entstand der moderne Mensch Homo sapiens?

Die Wiege des *Homo sapiens* stand vor rund 200 000 Jahren in den Savannen im Osten Afrikas – so war zumindest die einhellige Meinung bis zum Sommer 2017. Dann aber präsentierten Jean-Jacques Hublin vom Max-Planck-Institut für evolutionäre Anthropologie in Leipzig und Abdelouahed Ben-Ncer vom Nationalen Archäologischen Institut Marokkos in Rabat Überreste von Steinzeitjägern und ihren Werkzeugen, die sie an dem Hügel Djebel Irhoud in Marokko, rund 55 km südöstlich der Küstenstadt Safi, ausgegraben hatten. Und diese Funde stammten nicht nur eindeutig von modernen Menschen, sondern waren zudem auch noch rund 300 000 Jahre alt. Damals aber war die Sahara eine Steppenlandschaft, die den heutigen Savannen in Ostafrika verblüffend ähnelte. Die Wiege unserer Art stand demnach schon vor über 300 000 Jahren irgendwo in Afrika, und die Lehrbücher mussten umgeschrieben werden.

WANN KAMEN DIE ERSTEN MODERNEN MENSCHEN NACH EUROPA?

Seit vielen Hunderttausend Jahren isolieren die Sahara und die Arabische Wüste die Wiegen der Menschheit in Afrika vom Rest der Welt. Immer wieder aber ließen Klimaveränderungen die Wüsten für einige Zeit und vielleicht sogar für wenige Jahrtausende ergrünen. In diesen Zeiten könnten Gruppen von hochmobilen Jägern und Sammlern aus Afrika über Vorderasien und den Bosporus nach Europa gekommen sein – ähnliche Gelegenheiten hatten Jahrhundertausende zuvor bereits Frühmenschen genutzt, um Afrika zu verlassen (siehe S. 255). Tatsächlich findet z. B. Michael Petraglia vom Max-Planck-Institut für Menschheitsgeschichte in Jena selbst mitten in der lebensfeindlichen Wüste auf der Arabischen Halbinsel in Funden aus solchen grünen Epochen eindeutige Spuren von Menschen.
In Europa könnten also immer wieder kleine Gruppen von Einwanderern angekommen sein. Einige verschwanden vielleicht bald wieder, andere könnten erfolgreicher gewesen sein und begrüßten dann die nächste Welle, die Jahrtausende später aus Afrika nach Europa kam. Da Menschen nur sehr selten Spuren hinterlassen, die viele Jahrtausende überstehen, können etliche dieser Wellen den Augen der Wissenschaft entgangen sein. Immerhin fanden Kay Prüfer und Svante Pääbo vom Max-Planck-Institut für evolutionäre Anthropologie in Leipzig im heutigen Tschechien und in Bulgarien 2021 eindeutige Spuren moderner Menschen, die dort vor mindestens 45 000 Jahren gestorben waren.

GAB ES IN DER STEINZEIT HANDELSIMPERIEN?

Als Alexander Binsteiner vom Bayerischen Landesamt für Denkmalpflege in Landshut in den 1980er-Jahren in der Nähe des Ortsteils

Arnhofen der niederbayerischen Kleinstadt Abensberg die Reste eines 7000 Jahre alten Bergwerks untersuchte, stieß er auf die Spuren eines Handelsimperiums der Steinzeit. Das Geschäft mit den in Arnhofen abgebauten Feuersteinplatten und den daraus gefertigten Klingen florierte zwischen Niederösterreich, Böhmen, dem Ruhrgebiet und dem Bodensee anscheinend weit mehr als tausend Jahre lang, schloss der heute freiberufliche Geoarchäologe 2021 aus der Analyse der in diesen Regionen ausgegrabenen Funde.

In Manufakturen in der Umgebung von Regensburg produzierten steinzeitliche Messerhersteller damals einige Millionen Feuersteinklingen, vor allem für Erntesicheln. Auf großen Flüssen wie der Donau und dem Regen wurden diese wertvollen Werkzeuge dann zu den Kunden in Siedlungen gebracht, die bis zu mehreren Hundert Kilometer entfernt lagen. Dort tauschten die Menschen eifrig: So stammten im heutigen Tschechien bis zu 60 % der Feuersteine aus den Bergwerken in Arnhofen, und die Steinzeitsiedlungen in der Gegend der heutigen Stadt Linz in Oberösterreich bezogen 18 % ihrer Feuersteine aus den 250 km entfernten Minen in Niederbayern. Offensichtlich war in Mitteleuropa bereits vor rund 7000 Jahren eine Steinzeitversion der modernen Europäischen Union entstanden, von deren Handelsnetz alle Beteiligten profitierten.

WIE WURDEN DIE TOTEN DER STEINZEIT BESTATTET?

Während viele Menschen heute ein Bild von Verstorbenen auf dem Schreibtisch oder auf der Kommode im Schlaf- oder Esszimmer stehen haben, mussten Steinzeitmenschen vor 78 000 Jahren ihre Dahingeschiedenen anders in Erinnerung behalten. 2021 berichten Michael Petraglia und Nicole Boivin vom Max-Planck-Institut für Menschheitsgeschichte in Jena von einem Grab, in dem Angehörige ein verstorbenes zweieinhalb- bis dreijähriges Kind an der Küste des heutigen Kenia mitten in ihrer Wohnhöhle bestatteten. Offensichtlich wurde das Kind nach seinem Tod eng in ein wohl aus Fellen hergestelltes Totenhemd eingewickelt, ein Kissen stützte seinen Kopf. So wie ein Kind mit bis zum Kinn hochgezogenen Knien im Mutterleib auf seine Geburt wartet, war auch das tote Kind in „Hockerstellung" begraben. Genauso bestatteten Neandertaler ihre Verstorbenen bereits vor 120 000 Jahren. Sehr häufig lagen auch damals Kinder in den Gräbern. Die damit zusammenhängenden Riten scheinen sich in der Geschichte der Menschheit sehr lang gehalten zu haben – noch in der frühen Bronzezeit vor rund 4000 Jahren wurden die Toten in Europa und Asien meist in dieser Stellung begraben. Damals überdauerten Traditionen also noch viele Jahrtausende.

Welche Riten bei Beerdigungen in der Steinzeit eine Rolle spielten, können wir heute nur vermuten.

Steigt die Lebenserwartung immer weiter?

Lebten 1950 weltweit 40000 Menschen, die über hundert Jahre alt waren, waren es 2020 bereits mehr als eine halbe Million. Weltweit steigt die Lebenserwartung, weil die Menschen mehr auf ihre Gesundheit achten, sich besser ernähren und sich bis ins hohe Alter mehr bewegen. Eine wichtige Rolle spielt aber auch der Fortschritt der Medizin, der z. B. eine bessere Bekämpfung von Infektionskrankheiten ermöglicht. Das gelingt aber nicht immer: In der Covid-19-Pandemie sank die Lebenserwartung in den USA von 2019 bis 2020 von 78,8 auf 77 Jahre.

WIE FUNKTIONIERT MINIMALINVASIVE CHIRURGIE?

Die minimalinvasive Chirurgie verdrängte im Verlauf der 1990er-Jahre bei vielen Operationen vor allem im Bauchraum die klassischen Methoden. Dabei öffnet der Arzt den Körper des Patienten nicht mehr großflächig, sondern schneidet nur kleine Wunden. Durch diese führt er die über kleine Stangen steuerbaren Operationswerkzeuge sowie eine Lichtquelle mit einer Videokamera ein. So kann der Operateur sein Vorgehen im Körper des Patienten an einem Bildschirm sehen und kontrollieren. Bei einer solchen „Schlüsselloch-Operation" heilen die Operationswunden schneller, die Schmerzen sind geringer und die Patienten erholen sich rascher.

WAS IST EINE KAPSELENDOSKOPIE?

Der klassische Blick in die Magen- und Darmregion erfolgt durch ein langes, biegsames Endoskop mit einer Kamera samt Beleuchtung an der Spitze. Der Arzt kann so die Innenwand von Speiseröhre, Magen oder Darm genau untersuchen. Für die Patienten kann das aber recht unangenehm sein. Erheblich verträglicher ist die Kapselendoskopie, bei der eine 2,5 cm lange und 1 cm dicke, kapselförmige Digitalkamera verschluckt wird. Während der sechs- bis achtstündigen Wanderung durch Magen und Darm nimmt das Gerät mehrere Bilder in jeder Sekunde auf und überträgt sie mit Funksignalen an einen Empfänger, den der Patient am Körper trägt. Diese 2001 entwickelte

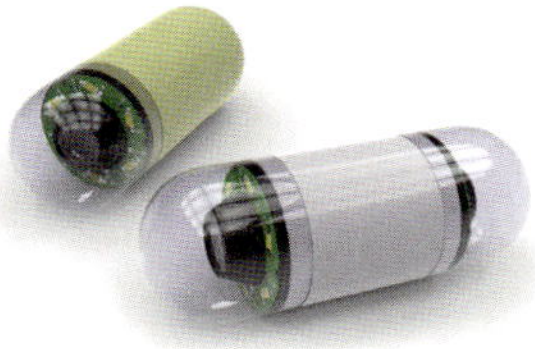

Mit Kameras ausgestattete Minikapseln können den Darm untersuchen.

Das Robotersystem DaVinci wird vor allem in der Urologie und der Gynäkologie verwendet.

Wussten Sie, dass Roboter bereits Chirurgen unterstützen?

Einen Menschen ersetzen können sie zwar noch lange nicht, aber schon seit 1999 werden Chirurgen in Europa von Robotersystemen unterstützt. Deren Stärke ist ihre mikrometergenaue Steuerbarkeit. In deutschen Kliniken machte „DaVinci" den Anfang. Dieses System wird vor allem in der Urologie und Gynäkologie beim Entfernen der Prostata oder der Gebärmutter eingesetzt. Die automatische Hilfe ist aber sehr teuer und bietet kaum klare Vorteile gegenüber herkömmlichen minimalinvasiven Techniken. Beim Einsetzen künstlicher Hüftgelenke hilft ein „RoboDoc" genanntes System, das auf fünf Mikrometer genau ein Loch in den Knochen fräst, in das ein stählernes Ersatzgelenk exakt hineinpasst. Alle Schritte der Operation werden nach wie vor von menschlichen Chirurgen durchgeführt, der 2008 in Deutschland zugelassene RoboDoc assistiert nur.

Methode hat sich bis in die 2020er-Jahren zu einem Standard für Untersuchungen des Dünndarms entwickelt. Manchmal ersetzt sie auch die Dickdarmendoskopie, während sie für Untersuchungen der Speiseröhre oder des Magens nur sehr selten eingesetzt wird.

WIE ENTFERNT EIN LASER KARIES?

Entfernt der Zahnarzt Karies mit herkömmlichen Bohrern, schmerzt das oft erheblich stärker als beim Bohren mit einem Laser. Dabei erhitzen Erbium-Yag-Laser das weiche Gewebe stark und verdampfen es. So wird ähnlich wie beim herkömmlichen Bohren auch ein kleiner Teil des gesunden Zahns mit entfernt. Da nur einzelne Lichtpulse abgestrahlt werden, die zu kurz sind, um die Nerven zu reizen, ist diese Methode aber weniger schmerzhaft. Allerdings übernimmt die Krankenkasse eine solche Laserbehandlung in der Regel nicht.

Hilft Blaulicht bei der Mundhygiene?

Zahnfleischentzündungen werden oft durch Bakterien ausgelöst, die mit violett-blauem Licht getötet werden können. Vorgestellt wurde die Methode bereits 2004, in Deutschland kam 2021 ein Gerät auf den Markt, das in einer 15 Minuten langen Anwendung durch den Patienten einen großen Teil der Erreger abtötet.

WESHALB TUN INJEKTIONEN BEIM ARZT WEH?

Sehr viele Patienten spüren keinen oder nur einen sehr geringen Schmerz, wenn das medizinische Personal z. B. einen Impfstoff in den Oberarm injiziert. Trifft die Spritze aber die falsche Stelle oder verläuft ein Nerv in Ausnahmefällen anders als üblich, kann das aber durchaus schmerzhaft sein. Das passiert allerdings relativ selten. In den meisten Fällen ist daher eine Impfung nicht mehr als ein Piks.

Wie bringen Pflaster Impfstoffe in den Organismus?

Erheblich größere Probleme als der seltene Impfschmerz macht die Angst einiger Patienten vor der Spritze an sich. Diesen Menschen könnte ein Pflaster helfen, das seit 2021 für die Covid-19-Impfung erprobt wird, aber auch für viele andere Impfungen einsetzbar ist. Dieses Hightechprodukt wird mit 3-D-Druckern hergestellt. Beim Aufkleben dringen auf der Innenseite winzige Mikronadeln aus einem Polymer nur ganz wenig durch die Oberfläche der Haut und bringen so den Impfstoff in den Körper. Weil die Nadeln kaum in den Körper eindringen und der Patient das Pflaster selbst aufkleben kann, sollten keine Schmerzen auftreten.

WIE MESSEN DIABETIKER IHREN BLUTZUCKER OHNE ZU PIKSEN?

Normalerweise messen Typ-1-Diabetiker ihren Blutzuckerwert mit einem kleinen Blutstropfen, einem Teststreifen oder einer Testkassette und einem Testgerät, das den Wert automatisch ermittelt und anzeigt. Den Blutstropfen erhalten die Patienten durch einen kleinen Stich in den Finger. Um das zu vermeiden, gibt es mittlerweile Methoden, bei denen ein Sensor am Oberarm unter die Haut implantiert wird und dort kontinuierlich den Zuckerwert in der Flüssigkeit zwischen den Körperzellen misst und speichert. Diese Werte können mit einem speziellen Lesegerät oder mit einer App auf dem Smartphone vom Patienten selbst ausgelesen werden. Bei einer anderen Methode wird ein Sensor am Oberarm angebracht, der aus den Konzentrationen verschiedener Inhaltsstoffe des Schweißfilms auf der Haut den Blutzuckerwert ermittelt. Sobald Abweichungen von den normalen Werten auftreten, sendet der Sensor ein Signal und warnt so den Patienten.

Beide Sensortypen müssen allerdings nach zwei Wochen gewechselt werden. Zudem wirkt der Sensor auf der Haut sehr klobig und macht Diabetiker sofort erkennbar. Nicht jeder Betroffene aber will seine Krankheit derart offen präsentieren oder dauernd ein Implantat im Arm tragen, wenn er mit einem regelmäßigen Piks in den Finger seine Blutzuckerwerte genauso bestimmen kann. Hinzu kommt auch noch, dass die Sensoren den Blutzuckerwert nicht direkt messen, also keine Echtzeitergebnisse liefern. Sie ergänzen daher die herkömmliche Messung an der Fingerbeere zur Einstellung der Blutzuckerwerte nur, ersetzen sie aber nicht.

Was ist eine Insulinpumpe?

Wollen Diabetiker auf die Injektionen von Insulin unter die Haut verzichten, können sie eine Insulinpumpe am Körper tragen, die das Hormon laufend über einen Katheter und eine

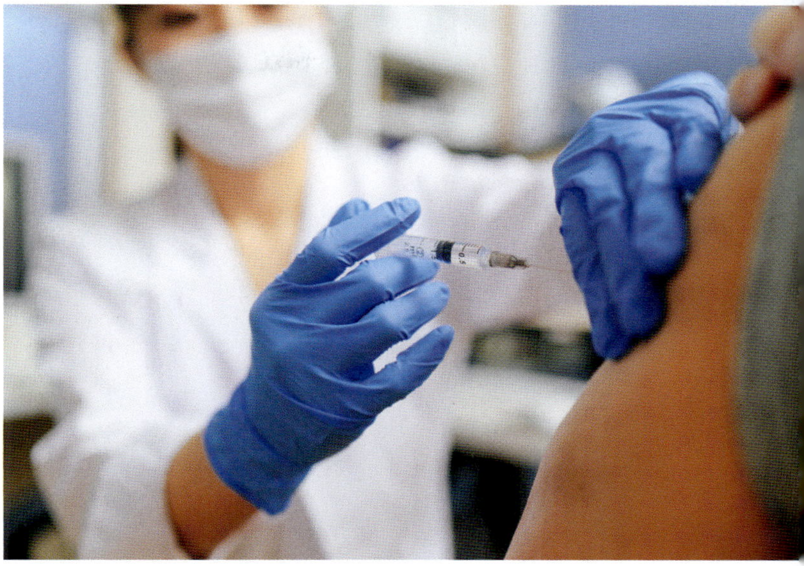

Eine Impfung ist eigentlich nur ein kleiner Piks – manche Menschen haben dennoch große Angst vor Spritzen.

Injektionsnadel in den Körper leitet. Allerdings muss diese Pumpe kontinuierlich getragen werden, was nicht unbedingt allen Betroffenen gefällt. Bei Kontaktsportarten sind diese Geräte daher unpraktisch oder können gar nicht verwendet werden. Bei Erwachsenen bieten sie keine wesentlichen Vorteile, nur schwere Unterzuckerungen treten seltener auf als beim konventionellen Spritzen. Zudem kosten Therapien mit einer solchen Pumpe im Jahr für jeden Patienten rund 1100–1600 Euro mehr als die herkömmlichen Spritzen.

WAS SIND ACTIVITY TRACKER?

Activity, Fitness und Health Tracker werden seit ein paar Jahren von vielen Menschen weltweit immer häufiger genutzt. Die Geräte können wesentliche Aktivitäten und Körperfunktionen wie Laufstrecken, Energieumsatz, Herzschlag oder auch die Schlafqualität anhand von typischen Bewegungen des Schlafenden bestimmen. So ermöglichen sie Sportlern, ihr Training besser zu überwachen und können einige Grundwerte der Körperfunktionen beobachten, die für die Gesundheit wichtig sind.

Trotzdem warnen Ärzte auch vor einer Überbewertung der Geräte und den dauernden Messungen. Viele Menschen können z. B. die gemessenen Werte und vor allem Ausreißer aus den Normalwerten nicht zuverlässig und richtig einordnen, weil sie das nötige medizinische Fachwissen gar nicht haben.

WAS IST EIN HAUSNOTRUF?

Viele alleinstehende ältere Menschen fürchten häufige Notfälle wie schwere Stürze in der eigenen Wohnung, nach denen sie keine Hilfe holen können. Ein Haus- oder Seniorennotruf entschärft solche möglicherweise lebensbedrohlichen Situationen.

Zentrales Element ist dabei ein Sender, der wie eine Armbanduhr oder wie eine Halskette direkt am Körper getragen wird. Im Notfall sendet ein Tastendruck ein Signal an eine Basisstation, die an das Telefon angeschlossen ist. Über vorher einprogrammierte Rufnummern wird automatisch ein Notruf an eine Hilfsorganisation oder an private Anbieter geleitet, wo gleichzeitig die Adresse, eventuelle Vorerkrankungen oder auch Bezugspersonen angezeigt werden. Diese Zentrale kann dann über eine sehr emp-

Trotz ihrer eindeutigen Vorteile beurteilen Ärzte Activity Tracker nicht nur positiv.

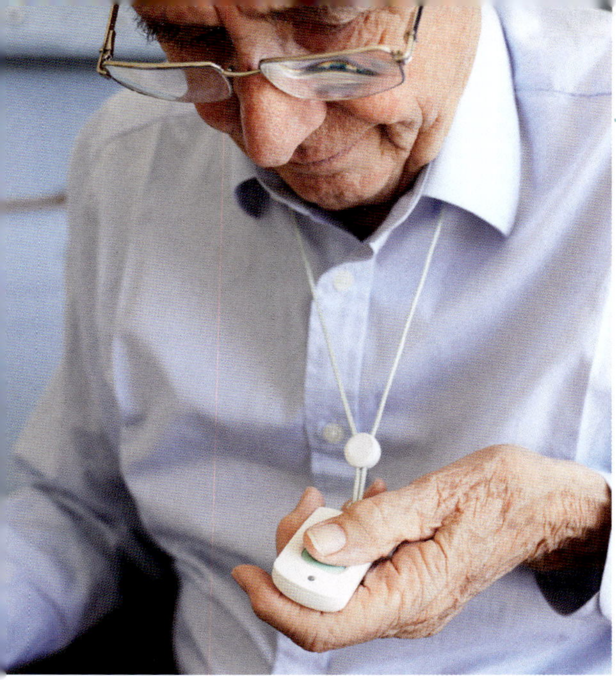

Hausnotrufsysteme bieten Senioren die Möglichkeit, in gefährlichen Situationen schnell Hilfe anzufordern.

Cochlea-Implantate können u. a. bei Gehörlosen mit noch funktionsfähigem Hörnerv eingesetzt werden.

findliche Freisprechanlage am Telefon mit den Betroffenen Kontakt aufnehmen, um Näheres zu erfahren und das weitere Vorgehen zu besprechen. Danach werden Bezugspersonen informiert oder ein Rettungsdienst alarmiert. Statt über eine Taste können derartige Notrufe auch über Sensoren ausgelöst werden, die Stürze, Rauch oder Bewegungen registrieren. Ein vorher deponierter und gegen Missbrauch gesicherter oder bei einem Nachbarn hinterlegter Wohnungsschlüssel ermöglicht rasche Hilfe auch dann, wenn der Betroffene die Tür selbst nicht öffnen kann.

KÖNNEN ZÄHNE NACHWACHSEN?

Bei manchen Tiergruppen wie den Haien wachsen Zähne regelmäßig nach. Beim Menschen ist aber normalerweise nach den zweiten Zähnen Schluss, danach greifen Techniker auf künstlichen Ersatz aus Gold oder Keramik zurück. Biotechnologen können zwar aus Stammzellen Zähne nachwachsen lassen. Nur werden diese Stammzellen aus Embryonen gewonnen und dürfen daher in vielen Ländern nicht für solche Zwecke verwendet werden. Möglicherweise gibt es bald noch eine andere Methode: 2019 gewann ein Team der Technischen Universität Berlin aus gezogenen Weisheitszähnen sogenannte Pulpazellen, aus denen mit raffinierten Kulturtechniken im Labor Zahnkeime hergestellt wurden. Eingepflanzt in Kieferknochen könnten daraus eventuell neue Zähne wachsen. Sollte das Verfahren tatsächlich funktionieren, entstehen diese natürlichen dritten Zähne aus eigenem Gewebe und werden daher wohl nicht abgestoßen.

KANN MAN JEDES TEIL DES MENSCHEN ERSETZEN?

Funktionieren Körperteile oder Organe nicht mehr, können zwar längst nicht alle, aber doch einige von ihnen durch technische Implantate ersetzt werden. Beispiele dafür gibt es viele, meist handelt es sich aber nicht um komplette und komplexe Organe, sondern um etwas einfacher aufgebaute Körperteile wie Knochen und Gelenke. So ersetzen künstliche Hüft- und

Moderne Prothesen sind mit komplexer Technik ausgestattet.

RICHTIG ODER FALSCH?

Menschen können Dinge nur mit Gedanken steuern.

Das funktioniert tatsächlich: So brachten Start-ups 2021 bereits Stirnbänder auf den Markt, die am Hinterkopf eine mit Sensoren ausgestattete Scheibe auf die Stelle drücken, unter der sich die Sehrinde befindet. Diese Sensoren empfangen die Gehirnströme, die beim Verarbeiten von Sehreizen entstehen und leiten sie an einen Computer weiter. Dort setzt eine Software diese Signale in Aktivitäten um und steuert beispielsweise ein Modellauto oder ein Videospiel: Konzentriert der Benutzer seinen Blick auf ein Objekt oder ein Element auf dem Bildschirm, lernt eine künstliche Intelligenz, welche Aktivität er damit ausführen will und setzt das Signal dann auch gleich um. Mit einiger Übung lassen sich so blitzschnell und ohne einen Finger zu krümmen nur mit der Kraft der Gedanken Geräte steuern.

Kniegelenke bei vorzeitigem Verschleiß oder nach Verletzungen die Originale, Zahnimplantate aus Titan bilden eine künstliche Zahnwurzel. Fehlende Teile des Schädels werden mit Titanplatten ersetzt und künstliche Herzklappen sowie „Stents" genannte Implantate, die Blutgefäße offen halten, gibt es ebenfalls schon lange. Sehr gut funktionieren Cochlea-Implantate, die ein sehr schwaches Hörvermögen erheblich verbessern. Aber auch Herzschrittmacher gehören zu diesen künstlichen Körperteilen.

WIE STEUERN AMPUTIERTE EINE KÜNSTLICHE HAND?

Moderne Handprothesen bewegen ihre Finger mit einer lautlosen Hydraulik, die elektronisch gesteuert wird. Die Befehle dafür kommen vom Gehirn des Patienten und werden über noch vorhandene Nerven des amputierten Armes übertragen. Diese Nerven werden in die Brust verlegt, wo dann Elektroden die Nervensignale aufnehmen. Ein Minicomputer berechnet daraus die Bewegungen und übermittelt die nötigen Befehle an die künstliche Hand. Mit sehr viel Übung können Betroffene auf diese Weise die künstliche Gliedmaße recht geschickt steuern.

WIE WIRD BEIM HERZSCHRITTMACHER DIE BATTERIE GETAUSCHT?

Alle fünf bis zwölf Jahre benötigen Herzschrittmacher eine neue Batterie. Bei Nachsorgeuntersuchungen wird routinemäßig der Ladezustand der Spezialbatterien gemessen. In einer kleinen, höchstens einer Stunde langen Operation wird, lange bevor die Energie zur Neige geht, das komplette Gerät ausgetauscht. Dabei werden auch die Elektroden, die den Impuls übermitteln, überprüft. Im Normalfall können sie an Ort und Stelle bleiben und an das neue Gerät angeschlossen werden.

WIE MISST MAN FIEBER?

Längst wurde Fieberthermometern, in denen sich früher das flüssige Metall Quecksilber je nach der im Mund, unter der Achselhöhle oder im After herrschenden Körpertemperatur unterschiedlich stark ausgedehnt hat, die ungiftige und umweltfreundliche Legierung Galinstan eingesetzt, die aus Gallium, Indium und Zinn besteht. Da solche Thermometer keine Batterie benötigen und sehr leicht gereinigt und desinfiziert werden können, werden sie nach wie vor oft eingesetzt. Häufig kommen inzwischen aber auch digitale Thermometer zum Einsatz, in denen sich der elektrische Widerstand eines Sensors mit der Temperatur ändert. Ein dritter Thermometertyp misst die Infrarotstrahlung, die vom Trommelfell in den Ohren oder von der Stirn abgestrahlt wird. Solche Messungen dauern nur wenige Sekunden und können kontaktlos durchgeführt werden. Dadurch entfällt das sonst nach der Messung notwendige Desinfizieren. Solche Infrarotfieberthermometer können zudem bei groß angelegten Routineüberprüfungen verwendet werden. Ein typisches Beispiel ist eine Pandemie, bei der an Flughäfen, an Bahnhöfen oder auch an Grenzen die Körpertemperatur aller Passagiere oder Passanten gemessen wird, um gegebenenfalls Menschen mit Fieber zurückweisen zu können.

Nicht erst seit dem Beginn der Covid-19-Pandemie ist das schnelle und kontaktlose Temperaturmessen mithilfe von Infrarotfieberthermometern eine oft verwendete Methode.

Wie gelingt der Blick in den Körper?

Die Magnetresonanztomografie ermöglicht Schichtbilder des menschlichen Körpers – hier ist das MRT-Bild eines Gehirns zu sehen.

Als Wilhelm Conrad Röntgen am 8. November 1895 abends in seinem Institut an der Universität Würzburg eine Kathodenstrahlröhre mit schwarzer Pappe abdeckte, fingen einige Gegenstände in der Nähe trotzdem zu fluoreszieren an. Daraus schloss der Forscher, dass die von der Röhre ausgehende Strahlung mühelos durch relativ weiche Materialien wie Pappe dringt, während harte Gegenstände wie Metalle sie nicht durchlassen. Er nannte diese geheimnisvolle Wellen „X-Strahlen". Der Name hat sich im Englischen bis heute gehalten, im Deutschen und in anderen Sprachen nennt man die Strahlung nach ihrem Entdecker Röntgenstrahlung. Nach weiteren Versuchen reichte er seine Ergebnisse bereits am 28. Dezember 1895 zur Veröffentlichung ein. Diese illustrierte der Physiker mit einem Röntgenbild der Hand seiner Frau, auf dem sich das weiche Gewebe nur schemenhaft, die Knochen aber klar abzeichneten. 1901 wurde Röntgen dann der allererste Physiknobelpreis verliehen, weil die von ihm entdeckten Strahlen erstmals einen Blick ins Innere eines Menschen erlauben, ohne dass man operieren musste. Auch wenn heute Methoden wie die Sonografie mit Ultraschall oder die Magnetresonanztomografie teilweise bessere Bilder aus dem Körperinneren liefern, ist Röntgen noch immer eine Standardmethode der Medizin, mit der man z. B. Knochenbrüche sichtbar macht.

Wie entdeckte Wilhelm Conrad Röntgen die nach ihm benannte Strahlung?

Genau wie sichtbares Licht sind Röntgenstrahlen elektromagnetische Wellen, die allerdings extrem kurze Wellenlängen und damit sehr hohe Frequen-

Mithilfe der Elektroenzephalografie können die Aktivitäten bestimmter Gehirnregionen untersucht werden (linkes Bild). Die Bilder der Positronen-Emissions-Tomografie entstehen mithilfe schwach radioaktiver Moleküle, die in den Körper des Patienten injiziert werden (rechtes Bild).

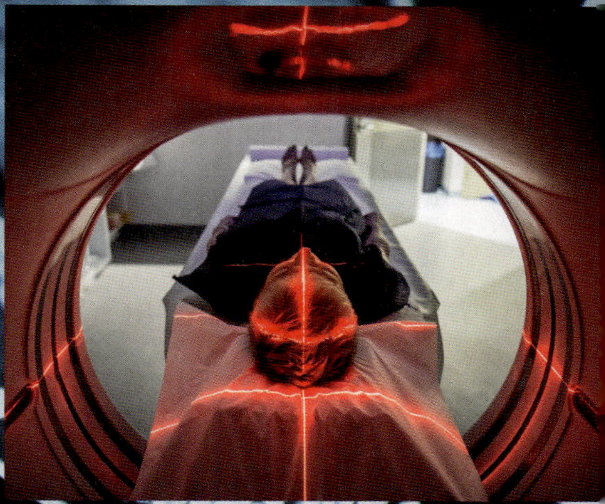

zen haben. Sie entstehen, wenn die Elektronen beim Umkreisen der Atome mit sehr hoher Energie angeregt und ausgelenkt werden. Fallen sie zurück auf ihr normales Niveau, senden sie Röntgenstrahlen aus. Diese Strahlung entsteht auch, wenn geladene Teilchen wie Elektronen sehr stark beschleunigt oder abgebremst werden. Beobachtet wurde diese Strahlung gegen Ende des 19. Jh. von mehreren Forschern, die mit elektrischen Strömen in luftleeren Glasgefäßen arbeiteten. Nach dem gleichen Prinzip funktionierten auch die Röhren in Fernsehgeräten vor Erfindung des Flachbildschirms. In solchen Kathodenstrahlröhren fliegen Elektronen zwischen zwei Elektroden hin und her, an denen eine hohe Spannung liegt. Bei seinen Experimenten entdeckte Wilhelm Conrad Röntgen eher zufällig, dass aus diesen Röhren eine unbekannte Strahlung austrat. Anders als seine Kollegen erkannte der Physiker die Bedeutung dieser später nach ihm benannten Strahlen rasch, überprüfte das Phänomen in vielen Experimenten und erhielt schließlich zurecht den Physiknobelpreis.

Mit welchen Methoden schaut man noch in den Körper?

Ärzte führen z. B. lange Endoskope mit Kameras tief in den Körper ein und werfen so einen Blick in den Darm, die Speiseröhre oder den Magen. Bei Sonografien sendet ein Schallkopf Ultraschallwellen aus, die von dichtem Gewebe deutlich stärker als z. B. von Flüssigkeiten wie Blut zurückgeworfen werden. Mit diesen Echos zeichnen Ärzte beispielsweise Bilder von Ungeborenen im Mutterleib oder von Organen im Körper auf und können so auffällige Strukturen rasch erkennen.

Wie funktioniert eine Tomografie?

Um ein dreidimensionales Röntgenbild zu machen, werden Röntgenstrahlen aus verschiedenen Richtungen auf das zu untersuchende Organ gerichtet. Aus den gemessenen Absorptionen errechnet ein Programm in der Computertomografie digitale Schnittbilder, die zu einem Gesamtbild zusammengesetzt werden.

Derartige Schnittbilder können auch mit der Magnetresonanz- oder Kernspintomografie erzeugt werden. Diese richtet, sehr vereinfacht gesagt, mit magnetischen Feldern Wasserstoffatomkerne im Körper immer wieder neu aus und „stört“ diese dann, wodurch sie sehr schwache Radiosignale abgeben. Diese unterscheiden sich in verschiedenen Geweben voneinander.

Bei der Positronen-Emissions-Tomografie nimmt der Organismus schwach radioaktive Moleküle auf, die mit speziellen Geräten messbare Positronen abgeben. Mit dieser kurz PET genannten Methode lassen sich verschiedene Tumore gut diagnostizieren.

Lassen sich Gehirnströme von außen messen?

Die elektrischen Signale von Nervenzellen lassen sich mit einem Elektroenzephalogramm (EEG) mit auf der Kopfhaut angebrachten Elektroden von außen beobachten. Einen genaueren Blick auf die Gehirnströme erlauben die Magnetresonanztomografie und die Positronen-Emissions-Tomografie.

Die von den Gehirnströmen erzeugten sehr schwachen Magnetfelder lassen sich mit supraleitenden Spulen erfassen. Diese Magnetoenzephalografie erfasst die Aktivität einzelner Gruppen von Nervenzellen sehr genau, ist aber sehr aufwendig und teuer.

Entwickeln sich Computer immer weiter?

Seit der Deutsche Konrad Zuse 1938 mit der „Zuse Z1" den ersten frei programmierbaren mechanischen Rechner erfand, haben sich Computer in einem unglaublichen Tempo weiterentwickelt. Lang galt dabei das Moore'sche Gesetz, nach dem sich die Zahl der Transistoren auf einem Chip mit fester Größe alle zwölf bis 24 Monate verdoppelt. Allerdings stößt die Entwicklung zunehmend an die Grenzen der Physik, und die Verdopplungszeit begann sich bereits um das Jahr 2010 allmählich zu verlängern. In den 2020er-Jahren liegt die Hoffnung daher auf Computern, die mit der Quantenphysik und sogenannten Elektronen-Spins arbeiten.

Auf einem Computerchip sind inzwischen Milliarden von Transistoren untergebracht.

WIE LEISTUNGSFÄHIG KÖNNEN CHIPS NOCH WERDEN?

Die Rechenleistung eines Computerchips hängt von der Zahl der auf ihm untergebrachten Transistoren ab. Im Jahr 2021 kamen winzige Schaltkreise auf den Massenmarkt, deren in Silizium geätzte Strukturen nur noch rund sieben millionstel Millimeter oder sieben Nanometer maßen. In den Entwicklungslaboren gab es zu dieser Zeit aber bereits Chips mit zwei Nanometer dünnen Strukturen. Auf die Fläche eines Fingernagels mit 1,5 cm^2 passt bei diesen Chips also die fast unglaubliche Zahl von 50 Mrd. Transistoren. Allerdings bedeutet eine Verdopplung der Transistoren auf dieser Fläche keineswegs eine doppelte Rechenleistung. So werden bei modernen Prozessoren immer mehr Transistoren für den inneren Speicher (auch Cache genannt) benötigt, der zwar den Zugriff auf häufig benötigte Daten deutlich beschleunigt, aber auch der Rechenleistung fehlt.

Ist die höhere Leistung das wichtigste Kriterium für einen Computerchip?

Ohnehin spielt die reine Leistung längst nicht mehr die ausschlaggebende Rolle. Viel wichtiger wird dagegen, dass kleinere Strukturen auch weniger Energie für jeden Arbeitsschritt benötigen. Bei gleicher Leistung benötigte der zwei Nanometerchip daher

75 % weniger Energie als sein sieben Nanometer großer Vorgänger. Entsprechend weniger Strom benötigt ein mit diesem Chip ausgestatteter Rechner und entsprechend länger hält dann ein Handy mit einer Akkuladung durch.

WIE RECHNET EIN QUANTENCOMPUTER?

In Zukunft könnten Computer anstelle der bisher genutzten elektronischen mit quantenmechanischen Zuständen arbeiten. Dazu gehört beispielsweise der Eigendrehimpuls oder „Spin" von Atomkernen und Elektronen, aber auch die Zustände von Ionen genannten elektrisch geladenen Atomen oder Molekülen, die in magnetischen oder elektrischen Feldern festgehalten werden. Das klingt nicht nur in der Theorie kompliziert, sondern steckte auch 2022 noch in den Kinderschuhen.

Anders als „normale" Computer, die nur mit den Zuständen „1" für „Strom ein" oder „0" für „Strom aus" arbeiten, nutzen Quantencomputer viel mehr Zustände. Daher können sie insbesondere sehr komplexe Berechnungen in der Theorie viel schneller und effizienter als klassische Computer lösen. In der Praxis aber sind Quantencomputer derzeit noch sehr weit von einer Markteinführung entfernt.

RICHTIG ODER FALSCH?

Computerchips werden nur aus Silizium hergestellt.

Das Halbmetall Silizium ist 2022 noch immer das Schlüsselelement der Chipindustrie. Der im Jahr 1947 entwickelte erste Transistor basierte dagegen auf dem Halbmetall Germanium, ab etwa 1954 setzte sich dann nach und nach Silizium durch.

Beim Schachspiel ist der Mensch dem Computer schon lange nicht mehr gewachsen – dank dessen hoher Rechenleistung und nicht etwa dank einer KI.

WAS IST KÜNSTLICHE INTELLIGENZ?

In den 2020er-Jahren taucht die Bezeichnung „künstliche Intelligenz" oder kurz KI zwar immer häufiger auf. Sie bleibt aber trotzdem letztlich ungenau, weil schon der Begriff „Intelligenz" nicht genau definiert ist. Häufig bildet eine KI typische Entscheidungsstrukturen des Menschen nach und erlaubt z. B. der Maschine, ein bisher unbekanntes Problem eigenständig zu bearbeiten. Dabei lernt die KI mit den Methoden der Mathematik und Informatik aus Erfolgen und Misserfolgen. Außerdem muss sie mit Wahrscheinlichkeiten und Risiken umgehen und Menschen bei der Lösung komplexer Probleme unterstützen können. Auf die Entwicklung eines Bewusstseins und von Gefühlen zielt die KI dabei normalerweise nicht ab.

Gibt es ein Kriterium für die Intelligenz eines Computers?

Nach wie vor gilt der von dem britischen Mathematiker Alan Turing 1950 entwickelte und später nach ihm benannte Test als entscheidendes Kriterium für eine künstliche Intelligenz: „Ein Computer sollte dann als intelligent bezeichnet werden, wenn wir als Menschen bei einem beliebigen Frage-und-Antwort-Spiel, das über eine elektrische Verbindung durchgeführt wird, nicht unterscheiden können, ob am anderen Ende der Leitung ein Computer oder ein anderer Mensch sitzt.“ Erfüllt aber wurden diese Kriterien bis Anfang der 2020er-Jahre noch nie.

SIND SCHAUSPIELER BALD ÜBERFLÜSSIG?

Inzwischen lassen sich am Computer Charaktere schaffen, die echten Menschen verblüffend ähneln – und das nicht nur für Filme. So erfassten Computer z. B. 2021 die Bewegungen der Musiker der berühmten Band ABBA aus Schweden und schufen daraus täuschend ähnliche künstliche Figuren. Diese computeranimierten Hologramme treten in einer Arena im Olympiapark in London auf und zeigen Agnetha Fältskog und Björn Ulvaeus sowie Benny Andersson und Anni-Frid Lyngstad, im Aussehen und Verhalten von 1979 in Kombination mit dem Album *Voyage*, das ABBA erst 2021 komponiert und aufgenommen hat. Allerdings sind derartige Produktionen aufwendig und sehr teuer, weil Menschen und Computer solche Projekte nur gemeinsam durchführen können. Auch wenn Charaktere am Computer nachgebildet werden, bleiben Schauspieler oder, wie bei ABBA, Musiker unersetzliche Grundlage derartiger Computeranimationen.

KANN MAN SEIN AUTO KÜNFTIG MIT DER STIMME STEUERN?

Ob Fahrzeuge bald nur per Stimme gesteuert werden können, lässt sich derzeit noch kaum sagen. Die technische Entwicklung zielt vielmehr auf autonome Fahrzeuge ab, in denen nur noch Passagiere sitzen und der Computer das Fahren übernimmt.

Die Sprachsteuerung spielt ihre Stärken dagegen eher dann aus, wenn der Fahrer sein Ziel dem Navigationssystem einfach sagt, statt es über eine Tastatur oder das Display einzugeben. Natürlich lässt sich so auch das Audioprogramm steuern und der Lieblingssong aufrufen. So wird der Fahrer von seiner eigentlichen Aufgabe viel weniger abgelenkt als bei manuellen Eingaben. Vor allem diejenigen, die ihr Smartphone oder andere Geräte über Sprachsteuerung nutzen, werden auch im Auto in Zukunft solche Funktionen mit der Stimme steuern.

ERSETZEN COMPUTER BÜCHER?

Auf Papier gedruckte Bücher wird es wahrscheinlich noch lange geben. Viele Menschen greifen inzwischen aber auch oft zu elektronischen Büchern, in denen ein Computer die Buchseiten auf einem Display zeigt. Das bietet enorme Vorteile: So kann man auf Reisen eine ganze Bibliothek in einem Format mitnehmen, das kleiner als ein Taschenbuch ist. Trotzdem erreichten E-Books in Deutschland im Jahr 2020 nur einen Marktanteil von 5,9 %.

Die vier Hologramme der Band ABBA, die in London zu sehen sind, sind ein spektakuläres Beispiel für lebensechte Computeranimationen.

Woran wird in Chemie und Physik geforscht?

Die Forschung in den Chemie- und Physiklabors der Welt begann sich seit den 2010er-Jahren immer mehr zu verändern. Im Zentrum stehen seitdem zunehmend Technologien, die Energie sparen und einen möglichst kleinen „ökologischen Fußabdruck" hinterlassen. Statt schneller und weiter sollen die menschlichen Aktivitäten mithilfe von Chemie und Physik also nachhaltiger und grüner werden.

KANN WASSER BEI HOHEN TEMPERATUREN GEFRIEREN?

Der Gefrierpunkt von Süßwasser hängt von vielen Faktoren ab. Einer davon ist der Platz, den das Wasser hat. 2016 konnten US-Forscher beobachten, dass Wasser in extrem dünnen Röhrchen mit einem Durchmesser von 1,5 millionstel Millimetern (1,5 Nanometer) schon bei +14–49 °C zu gefrieren begann. In noch winzigeren Röhrchen mit nur 1,05 Nanometern lag der Gefrierpunkt sogar bei +138 °C.

KANN MAN HÄRTERE MATERIALIEN ALS DIAMANT HERSTELLEN?

Diamanten bestehen vollständig aus Kohlenstoffatomen und galten lang als das härteste Material, das alle anderen Substanzen ritzt. Inzwischen gibt es aber in Natur und Technik härtere Substanzen, die meist aber nur in viel geringeren Mengen als Diamanten vorkommen oder hergestellt werden können. So haben z. B. US-Forscher 2015 mit ultrakurzen Laserpulsen aus Kohlenstoff sogenanntes Q-Carbon hergestellt, das ein wenig härter als Diamant sein soll. Allerdings gibt es an dieser Behauptung Zweifel, weil diese Experimente in anderen, unabhängigen Labors zumindest bis 2020 nicht wiederholt werden konnten.

RICHTIG ODER FALSCH?

Wasser gefriert manchmal erst bei Minusgraden.

Der Gefrierpunkt von 0 °C gilt nur für Süßwasser. In der Natur bildet sich auf Seen bei dieser Wassertemperatur das erste Eis. In schnell fließenden Bächen gibt es dagegen viele Turbulenzen, und das Wasser gefriert erst bei tieferen Temperaturen, weil sich Eiskristalle nur schlecht bilden können.

Sind Salze im Wasser gelöst, sinkt der Gefrierpunkt ebenfalls und liegt im Meerwasser bei etwa –1,9 °C. Steigt der Salzgehalt, friert das Wasser erst bei noch tieferen Temperaturen, im Roten Meer ist das beispielsweise bei –21 °C der Fall. Aber auch bei superreinem Wasser ohne Salze liegt der Gefrierpunkt tiefer, weil die Keime fehlen, an denen das flüssige Wasser kristallisieren kann. Bei –48,3 °C ist dann aber endgültig Schluss: Spätestens bei dieser Temperatur muss Wasser gefrieren, haben US-Forscher 2011 ermittelt.

Gibt es in der Natur härtere Materialien als Diamant?

Unter hohem Druck und bei sehr hohen Temperaturen entsteht bei Vulkanausbrüchen aus Zink, Schwefel und Bor das Mineral Wurtzit-Boronid, das 18 % härter als Diamant sein soll.

Der Stoff Lonsdaleit besteht dagegen genau wie Diamant ausschließlich aus Kohlenstoffatomen und soll sogar um 58 % härter als Diamant sein. Dieses ultraharte Material entsteht, wenn ein Meteorit auf die Atmosphäre der Erde trifft. Extrem hoher Druck und ebenso extreme Temperaturen pressen den darin enthaltenen Kohlenstoff zu einem Diamanten zusammen. Die Schockwellen des Einschlags verformen dann die kubische Diamantstruktur zu einer hexagonalen Struktur. Sowohl von Lonsdaleit wie auch von Wurtzit-Boronid gibt es allerdings nur so geringe Mengen, dass selbst Hightechexperimente kaum möglich sind.

WARUM SCHWEBT EIN FROSCH IM MAGNETFELD?

Mithilfe extrem starker Magnetfelder lässt sich Wasser zum Schweben bringen. Das zeigte der spätere Physiknobelpreisträger Andre Geim bereits 1997 in einem Experiment, das er selbst später als „dumme Idee" bezeichnete. Dabei reagieren die Elektronen im Wasser auf das Magnetfeld und bauen ein zweites, entgegengesetztes Feld auf. Dieser Diamagnetismus ist allerdings so schwach, dass er nur mithilfe der starken Magneten erkennbar wird: Andre Geim ließ bei seinem Experiment eine Wasserkugel von der Größe eines Golfballs mitten im Magnetfeld in der Luft schweben.

Später wiederholte er dieses Experiment mit verschiedenen Substanzen, die alle Wasser enthielten: Bier, Erdbeeren, Tomaten, Haselnüsse, Käse und ein Stück Pizza. Berühmt aber wurde das Experiment erst, als der Forscher einen lebenden Frosch schweben ließ. Um mit diesem Diamagnetismus einen Menschen schweben zu lassen, bräuchte man aber eine extrem große Apparatur, die so viel Energie fressen würde, dass sie in absehbarer Zukunft kaum gebaut werden dürfte – vor allem hielte sich der Nutzen eines derartigen Geräts in sehr engen Grenzen.

Beim Schuss einer Elektroschockpistole fließen bis zu 50 000 V aus dem Gerät in die getroffene Person.

KANN LUFT MAGNETISCH SEIN?

Einen durchsichtigen Magneten konstruieren Physiker aus einem Aerogel genannten Material, das aus einer äußerst feinen Silikatstruktur besteht. Diese umhüllt sehr viele Luftbläschen – insgesamt sind 99,98 % eines Aerogels Luft. Darin werden winzige, magnetische Nanopartikel deponiert. Dieses Material ist dann sehr leicht und durchsichtig, aber trotzdem magnetisch. Solche superleichten Magnete haben sehr viele Anwendungsmöglichkeiten, von der medizinischen Diagnose und Therapie bis zum magnetischen Fischen von Metallverunreinigungen aus der Umwelt.

GIBT ES WENIGER TÖDLICHE SCHUSSWAFFEN?

Sogenannte Taser oder Elektroschockpistolen sind deutlich weniger tödlich als herkömmliche Schusswaffen. Mit solchen Geräten schießen deutsche Polizeibeamte und Spezialkommandos bereits seit 2001 zwei nadelförmige Projektile beispielsweise auf Geiselnehmer, Menschen, die mit einem Messer angreifen oder auch auf potenzielle Selbstmörder. Beide Nadeln bleiben mit einem Widerhaken in der getroffenen Person stecken und sind über je einen Draht mit der Pistole verbunden. So kann eine Folge elektrischer Impulse übertragen werden, die den getroffenen Menschen vorübergehend lähmt.

WARUM „SINGEN" SANDDÜNEN?

Schon in früheren Jahrhunderten berichteten Reisende über „singende Dünen". Manchmal erzeugen diese Gebilde aus Sand aber auch Geräusche wie Donnergrollen, galoppierende Pferde oder eine Propellermaschine im Tiefflug. Diese Geräusche entstehen, wenn eine Sandlawine von den Flanken einer Düne rutscht. In den singenden Dünen rutschen die Körner sozusagen im Gleichschritt bergab, stoßen dabei immer wieder mit anderen Partikeln zusammen und geben dabei jeweils leise Geräusche von sich. Da diese alle in der gleichen Tonhöhe liegen, verstärken sich die vielen leisen Geräusche bis zu einem gut hörbaren oder sogar sehr lauten gemeinsamen Getöse. Das funktioniert allerdings nur unter bestimmten Bedingungen, wenn der Sand z. B. extrem trocken ist und über relativ steile Hänge rutscht. Auch die Form, die Größe und das Material der Körner spielen eine Rolle.

Können Menschen wirklich im Treibsand versinken?

Manche Kinofilme übertreiben: Solange Menschen im Treibsand den Kopf oben behalten, kann ihnen wenig passieren. Das haben niederländische Physiker in einem Laborversuch nachgewiesen. Im Treibsand ist Sand mit Wasser angereichert, daher sinkt die Reibung der Sandkörner untereinander, und sie können wie Flüssigkeitsmoleküle aneinander vorbeigleiten – schon ein kleines Objekt verschiebt sie jetzt aus ihrer Position und sinkt ein. Genauso kann auch ein Mensch einsinken. Allerdings ist

Manche Sanddünen scheinen musikalische Fähigkeiten zu besitzen.

sein spezifisches Gewicht erheblich leichter als das Sand-Wasser-Gemisch. Daher geht er nicht unter, sondern schwimmt darin ähnlich wie im Wasser. Das Gemisch ist aber viel fester als Wasser und hält daher die eingesunkene Masse wie in einem Schraubstock fest. Schon ein nur bis über die Knie eingesunkener Mensch kann sich daher aus eigener Kraft aus dem Treibsand nicht mehr befreien. Kommt keine Hilfe, können die Betroffenen daher durchaus verdursten. In Treibsandgebieten im Watt droht der Tod durch Ertrinken.

Wie können Bäume starken Winden trotzen?

Holz ist zwar eigentlich starr. Es kann sich aber bei starkem Druck, wie ihn beispielsweise heftige Winde ausüben, ein wenig elastisch verhalten. Dadurch biegen sich Bäume im Wind und können so den Winddruck etwas mildern. Das gelingt den Arten allerdings unterschiedlich gut. Starke Windböen können deshalb auch dicke Stämme mancher Baumarten noch einige Meter über dem Boden splittern lassen. Kommen stärkere Wind häufig aus einer bestimmten Richtung, lagern Bäume ihr Holz so an, dass es diesem häufigen Druck gut standhält. Besonders empfindlich reagieren die Stämme daher, wenn der Sturm aus einer ungewohnten Richtung bläst.

MIT WELCHEN FARBEN DRUCKTE GUTENBERG SEINE BIBELN?

Als Johannes Gutenberg in Mainz zwischen 1452 und 1454 rund 180 Exemplare der Gutenberg-Bibel fertigte, beeindruckte nicht nur der Druck der Schrift an sich, sondern auch die leuchtenden Farben ihrer Illustrationen. Dem Geheimnis der Farben kam erst 2005 ein britisch-amerikanisches Forscherteam auf die Spur: Es analysierte die Pigmente und identifizierte neun Hauptfarben. Für sieben davon konnten die chemischen Zusammensetzungen bestimmt werden: Das leuchtende Rot erwies sich als Zinnober, Gelb als Bleizinngelb und Schwarz als Kohle. Für Blau wurde Azurit und für Grün Malachit verwendet, beides basische Kupferkarbonate. Kalziumkarbonat lieferte Weiß und Grünspan das dunkle Grün. Noch nicht eindeutig klären ließen sich dagegen Gold

Weht der Wind vor allem aus einer bestimmten Richtung, reagieren Bäume beim Wachsen darauf.

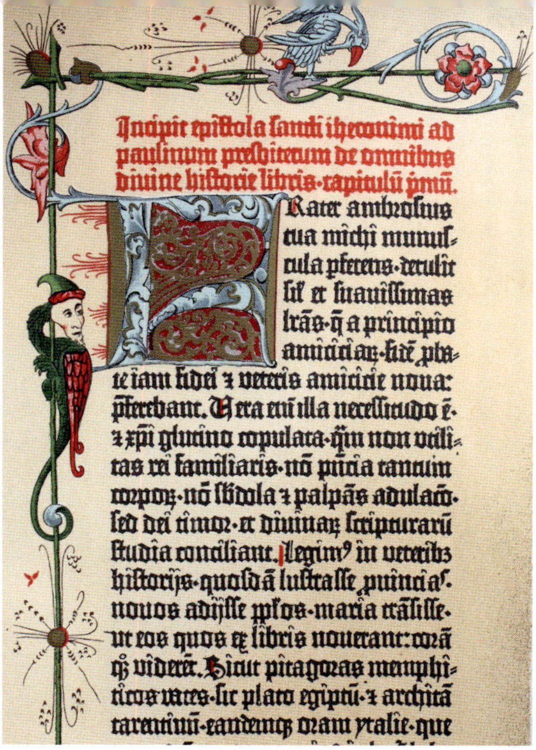
Incipit epistola sancti ieronimi ad
paulinum presbiterum de omnibus
divine historie libris. capitulu primu.
Frater ambrosius
tua michi munus-
cula perferens detulit
sil et suavissimas
lras. q a principio
amicicias. fide pba-
te iam fidei et veteris amicicie noua:
preferebant. Vera enim illa necessitudo e.
et xpi glutino copulata. quam non utili-
tas rei familiaris. non presentia tantum
corporum. non subdola et palpans adulatio.
sed dei timor. et divinarum scripturarum
studia conciliant. Legimus in veteribus
historijs. quosdam lustrasse provincias.
novos adiisse populos. maria transisse.
ut eos quos ex libris noverant: cora
quo viderent. Sicut pitagoras memphi-
ticos vates. sic plato egiptum. et archita
tarentinum. eandemque oram ytalie. que

Von der wunderschön illustrierten Gutenberg-Bibel sind heute nur noch 49 Exemplare erhalten.

RICHTIG ODER FALSCH?

An trockener Luft trocknen Gegenstände am besten.

Es klingt paradox, doch mit heißem Wasserdampf lässt sich besser trocknen als mit warmer Luft. Die Hälfte der Energie und bis zu vier Fünftel der Zeit lassen sich einsparen, wenn in Trocknungsprozessen überhitzter Wasserdampf zum Einsatz kommt. Das gilt für Trockenobst und Kartoffelchips genauso wie für Beschichtungen oder keramische Werkstoffe. Dabei überträgt in einer Kammer überhitzter Wasserdampf mit bis zu 180 °C seine Wärme doppelt so schnell an das Trockengut wie gleichwarme trockene Luft. Einen großen Teil ihrer Feuchtigkeit verliert die Luft dabei, weil Dampf zu Wasser kondensiert. In einer zweiten Kammer trocknet diese entfeuchtete Luft die Produkte weiter.

und Dunkelrot: Gold ist vermutlich Goldmetall, der rote Farbton könnte aus Pflanzen oder Insekten stammen.

WARUM KRÜMELN KEKSE?

Die Luftfeuchtigkeit ist schuld, melden britische Forscher. Ein Keks krümelt dann am meisten, wenn das Klima in der Backstube nicht gestimmt hat. Mit modernsten Messmethoden haben die Physiker beobachtet, wie frisch gebackene Kekse auskühlen. Dabei kam heraus: Beim Auskühlen wandert die Feuchtigkeit vom Zentrum des Kekses langsam zu den Rändern. Das Innere zieht sich dann zusammen, während sich die Randbereiche geringfügig ausdehnen. Je nach Art des Gebäcks kommt es früher oder später zu Haarrissen, im schlimmsten Fall zerfällt das Backwerk komplett zu Krümeln. Kommt dann noch Luftfeuchtigkeit in der Backstube hinzu, verstärkt sich der Effekt. Grob gilt die Regel: Je mehr Zucker im Teig ist, desto krümelanfälliger ist der Keks bei feuchter Luft. Unempfindlicher gegen Krümeln werden die Kekse dagegen, wenn sie viel Fett enthalten.

Wie schmecken Kekse am besten?
Am besten schmeckt das Gebäck mit milchigen und somit leicht fetthaltigen Getränken wie Kakao. Sie halten den Keksgeschmack am längsten im Mund und setzen bis zu elfmal mehr Geschmack frei als ein trocken gekauter Keks. Kakaopulver in der Milch verstärkt den Effekt noch. Tee und Kaffee hingegen spülen den Keksgeschmack zu schnell die Kehle hinunter. Am schlechtesten schneiden Coca-Cola® oder Limonade ab: Sie senken den Aromagenuss des Kekses um den Faktor zehn.

Weshalb gibt es eine Energiewende?

Bereits vor dem Ende des 20. Jh. warnten Naturwissenschaftler vor einem von der modernen Zivilisation ausgelösten Klimawandel. Weil das beim Verbrennen von Kohle, Erdöl und Erdgas frei werdende Kohlendioxid vermehrt Sonnenstrahlung auf der Erde hält, die früher in den Weltraum zurückgeworfen wurde, steigen fast überall auf dem Globus die Temperaturen.

WIE FUNKTIONIERT DIE ENERGIEWENDE?

Die Umstellung von fossilen auf nachhaltige Energien gewann erst ab den 2000er-Jahren und besonders stark ab dem Ende der 2010er-Jahre an Fahrt: Damals erlebten viele Menschen in mehreren Weltregionen einschließlich Mitteleuropa erstmals unmittelbar die verheerenden Folgen des Klimawandels mit sehr vielen Toten und riesigen Sachschäden durch häufiger auftretende Hitzewellen, Dürren, Extremniederschläge und Stürme.

Naturwissenschaftler wissen, dass die Folgen des Klimawandels spätestens bei einem durchschnittlichen weltweiten Temperaturanstieg von 2 °C unbeherrschbar werden können. Da bereits in den 2010er-Jahren weltweit schwere Schäden durch den Klimawandel auftraten, obwohl die Temperaturen nur 1 °C über den Werten vor der Industrialisierung lagen, sollte der Temperaturanstieg seither möglichst auf 1,5 °C begrenzt werden. Dazu müssen aber weltweit die mit Kohle, Erdöl oder Erdgas befeuerten Kraftwerke durch nachhaltige Kraftwerke ersetzt werden, die im Idealfall gar kein Kohlendioxid mehr freisetzen – und das so schnell wie möglich. Ähnlich müssen alle von fossilen Brennstoffen angetriebenen Verkehrsmittel und Herstellungsprozesse in der Industrie möglichst rasch nachhaltigen Alternativen weichen. Dieser Prozess dürfte sich bis weit in die 2040er-Jahre hinziehen, erfordert gewaltige Anstrengungen und kann nur klappen, wenn zugleich der Energieverbrauch sinkt, wo immer das durchführbar und sinnvoll ist.

Vor allem junge Menschen demonstrieren seit Jahren für besseren Klimaschutz.

SEIT WANN WIRD WINDENERGIE AN LAND GENUTZT?

Windenergie nutzten bereits die Perser im 9. Jh. n. Chr., um damit Getreide zu mahlen oder Wasser zu schöpfen. Damals waren die Flügel dieser Windmühlen allerdings noch mit Segeltuch bespannt. Während dabei die Rotationsenergie auf ein Mahl- oder Schöpfwerk übertragen wurde, treibt sie in heutigen Windkraftanlagen einen Generator zur Stromerzeugung an.

Weshalb werden Windkraftanlagen immer größer?

Hatten Windkraftanlagen in Deutschland 1990 noch eine Nennleistung von wenig mehr als 0,1 MW, lag sie 2021 durchschnittlich bereits bei 4 MW – Offshore-Anlagen erreichen sogar bis zu 15 MW. Möglich wurde diese Steigerung vor allem durch immer größere Rotordurchmesser, die 2021 in Deutschland bei durchschnittlich 133 m lagen. Die Nabe einer solchen Anlage befindet sich 140 m über dem Boden, was ihre Gesamthöhe auf über 200 m bringt. Dieses Größenwachstum wird von einem schlichten Zusammenhang angetrieben: Je mehr Fläche die Rotoren dem Wind bieten, umso mehr Energie können sie nutzen und umso preiswerter wird der gewonnene Strom. Und während früher einzelne Windkraftanlagen auf die Felder oder an die Küste gebaut wurden, errichtet man längst erheblich preiswertere große Windparks mit etlichen Einzelanlagen. Dabei gewinnen Offshore-Anlagen weit vor den Küsten zunehmend an Bedeutung, weil sie dort Mensch und Natur deutlich weniger stören als an Land.

Was sind Vertikalrotoren?

Die persischen Windkraftanlagen im 9. Jh. funktionierten nach einem anderen Prinzip als die meisten Windräder von heute. Allerdings

Immer häufiger trägt der in großen Windparks gewonnene Strom zum alternativen Energiemix bei.

Solarthermische Kraftwerke, hier eines in Nevada (oben), erzeugen Strom nicht direkt: Sie bündeln die Sonnenstrahlen und setzen diese Energie meist in Dampfturbinen ein.

wird dieses Prinzip – die Energiegewinnung mit Vertikalrotoren – seit Anfang der 2020er-Jahre vom Schweizer Unternehmen Agile Wind Power AG wieder aufgegriffen. Bei diesen Rotoren ist eine Nabe senkrecht auf einem Gittermast 78 m über dem Erdboden montiert. Von ihr ragen drei Speichen waagrecht nach außen, an deren Enden jeweils ein 54 m hohes Rotorblatt so montiert ist, dass deren eine, mit rot-weißer Warnfarbe gekennzeichnete Hälfte senkrecht in den Himmel hinaufzeigt. Da Elektromotoren die Rotoren kontinuierlich optimal in den Wind stellen, können sie langsamer laufen und sind daher erheblich leiser als herkömmliche Anlagen. Zudem sind die Anlagen kleiner und werfen weniger Schatten. Dank dieser Eigenschaften können Vertikalrotoren näher an Siedlungen errichtet werden. Allerdings haben sie auch einen deutlich geringeren Wirkungsgrad und eignen sich daher vor allem für Standorte, an denen herkömmliche Horizontalanlagen nicht genehmigt werden oder nicht erwünscht sind.

WIE FUNKTIONIERT EINE SOLARZELLE?

Neben der Windenergie ist die Fotovoltaik das zweite wichtige Standbein der nachhaltigen Energieversorgung in Mitteleuropa. In einer Solarzelle hebt das Sonnenlicht Elektronen aus den Atomen der Zelle heraus. Das elektrisch negativ geladene Elektron und der positiv geladene Rest des Atoms können sich dann innerhalb der Kristalle in der Zelle unabhängig voneinander bewegen. Das ist im Prinzip bereits ein Stromfluss, der nur noch aus der Zelle herausbefördert werden muss, um als Elektrizität z. B. eine Energiesparlampe zum Leuchten anzuregen oder einen Computer zu betreiben.

WIE WICHTIG IST WASSERKRAFT?

Mit nur 18,4 Mrd. kWh steuerte Wasserkraft im Jahr 2020 gerade einmal 3,8 % zum deutschen Strommix bei. In Zukunft dürfte die Bedeutung der Wasserkraft in Mitteleuropa auch kaum zunehmen, weil ihr Potenzial bereits weitgehend ausgeschöpft ist. Experten gehen eher von einem Rückgang aus, weil Staudämme Flüsse und Bäche in Seen verwandeln und so den Lebensraum der Arten zerstören, die in solchen fließenden Gewässern leben. Um Fische, Muscheln und wandernde Arten wie Lachse und Aale wieder in mitteleuropäische Gewässer zurückzuholen,

Die Talsperren im österreichischen Kaprun (hier der Stausee Mooserboden) dienen der direkten Stromerzeugung, können aber auch teilweise als Pumpspeicherkraftwerke genutzt werden.

sollen Flüsse und Bäche daher in der Europäischen Union renaturiert werden. Dazu müssten auch Staudämme rückgebaut werden, was z. B. in Frankreich bereits geschehen ist.

WOZU BRAUCHT MAN PUMPSPEICHERKRAFTWERKE?

Sehr wichtig sind dagegen die Pumpspeicherkraftwerke, die Schwankungen beim Stromverbrauch ausgleichen: Schalten beispielsweise morgens sehr viele Menschen vor der Arbeit gleichzeitig Kaffeemaschine, Toaster und Haarföhn an, können diese Wasserkraftwerke in solchen Spitzenzeiten rasch die zusätzlich benötigte Elektrizität liefern. Produzieren Fotovoltaik- und Windkraftanlagen dann in der Mittagszeit mehr Strom, als gerade benötigt wird, treibt dieser Überschuss Pumpen an, die Wasser zurück in ein hoch gelegenes Speicherbecken befördern. Kochen die Menschen später ihr Abendessen auf Elektroherden und schalten Fernseher sowie andere Geräte an, steigt der Stromverbrauch erneut deutlich an. Jetzt fließt im Pumpspeicherkraftwerk das Wasser wieder nach unten, erzeugt dabei Elektrizität und stopft so die Stromlücke, bevor sie überhaupt entstehen kann. In der Nacht wird dann wieder viel weniger Strom verbraucht, während Windkraftanlagen weiterlaufen und der Überschuss auch nun genutzt wird, um Wasser in das hoch gelegene Speicherbecken zu pumpen.

Brauchen wir große Batteriespeicher?

Zusammen mit Pumpspeicherkraftwerken, deren Kapazität in Mitteleuropa kaum vergrößert werden kann, können Batteriespeicher Schwankungen im Elektrizitätsnetz ausgleichen. Bis 2030 sollten dafür Batterien mit einer Kapazität von rund 80 Mio kWh Energie bereitstehen, die blitzschnell Strom ins Netz speisen oder von dort aufnehmen können.

Wie funktionieren dezentrale Stromspeicher?

Die Batterien von Großabnehmern wie der kräftig wachsenden Flotte von Elektroautos können beispielsweise vor allem an Wochenenden geladen werden, an denen normalerweise weniger Strom verbraucht wird. Da Windkraft und Fotovoltaik aber auch dann ihre übliche Strommengen liefern, lassen sich so Speicherkapazitäten zu denen von stationären Batterien und Pumpspeicherkraftwerken hinzufügen.

Umgekehrt können Elektroautos in Spitzenzeiten des Stromverbrauchs zusätzlichen Strom ins Netz liefern. Natürlich verhindert in diesem Fall eine Automatik das Unterschreiten eines minimalen Ladezustands, der beispielsweise eine Reichweite von 50 oder 100 km garantiert. Zudem werden die Autobesitzer für den gelieferten Strom gut bezahlt oder bekommen ihren Ladestrom zum Dauer-Schnäppchenpreis.

WOZU BRAUCHEN WIR GEOTHERMIEKRAFTWERKE?

Geothermiekraftwerke nutzen die im Untergrund meist in einigen Hundert bis wenigen Tausend Metern Tiefe vorhandene Wärme und können so gleichmäßig Strom und Wärme zum Heizen liefern. Damit eignet sich diese Energiequelle als Ersatz für die auslaufenden Kohle- und Kernkraftwerke und könnte daher einen weiteren Beitrag zum Strommix der Zukunft leisten. Allerdings können Geothermiekraftwerke Erdbeben und massive Hebungen und Senkungen auslösen. Solche Risiken lassen sich durch sorgfältige Analyse des Untergrunds und Planung minimieren.

Könnte Geothermie die Energiewende zusätzlich vorantreiben?

Im Oberrheingraben im Südwesten Deutschlands sind in dem warmen Wasser, das tief im Untergrund zu finden ist, jede Menge Salze und vor allem Lithium gelöst. Da sich diese Region hierzulande besonders gut für Geothermiekraftwerke eignet, könnten aus dem für diese Anlagen benötigten Tiefenwasser neben Energie auch noch jedes Jahr mehrere Tausend Tonnen Lithium gewonnen werden. Ein Verfahren dazu hat ein Team des Karlsruher Instituts für Technologie (KIT) bereits entwickelt. Benötigt wird das so gewonnene Lithium für die Herstellung von Batterien, die Elektroautos antreiben oder überschüssigen Sonnen- und Windstrom für Spitzenverbrauchszeiten speichern. Bisher importiert die Europäische Union das dafür benötigte Lithium aus den südamerikanischen Anden und aus Australien. Geothermiekraftwerke im Oberrheingraben könnten also die Energiewende gleich doppelt antreiben.

Dank der hohen vulkanischen Aktivität, lässt sich in Island Geothermie einfach nutzen. Hier transportiert eine Pipeline das heiße Wasser einer Quelle.

WIE FUNKTIONIERT EINE WÄRMEPUMPENHEIZUNG?

Eine Wärmepumpenheizung entzieht der Umgebung Wärme, die dann von einer Wärmepumpe auf ein höheres Temperaturniveau gehoben wird. Da so normalerweise eher niedrige Heiztemperaturen erreicht werden, kombiniert man das System mit einer Flächenheizung, die den Fußboden, die Decke oder die Wände heizt und so mit geringeren Temperaturen auskommt.

Wärmepumpen sind besonders effektiv, wenn die Ausgangstemperatur möglichst hoch ist. Am besten geeignet ist also eine Wärmepumpe, die das meist um 8 °C warme Grundwasser nutzt, während eine Luftwärmepumpe, die die Außenluft zur Energiegewinnung einsetzt, in der Bilanz deutlich schlechter abschneidet. Zudem können die Laufgeräusche einer Luftwärmepumpe störend sein. Hinzu kommt außerdem noch, dass zwar die Anschaffungskosten einer Luftwärmepumpe deutlich niedriger sind, aber der laufende Betrieb teurer ist als der einer Erdwärmeheizung.

Weshalb sollten Gebäude mit Wärmepumpenheizung gut gegen Kälte isoliert sein?

Wärmepumpen ersetzen Öl- und Gasheizungen am besten in Kombination mit einer Flächenheizung, die bei deutlich niedrigeren Temperaturen als die bis in die 2010er-Jahre vorherrschenden Heizkörper arbeitet. Solche Flächenheizungen können Räume daher nur dann gut warmhalten, wenn wenig Energie verloren geht. Deshalb müssen Wände, Fenster, Türen, Böden, Decken und Dächer vor dem Einbau einer Wärmepumpen-Flächenheizung gut isoliert werden.

WELCHE ROLLE SPIELT WASSERSTOFF BEI DER ENERGIEWENDE?

Entsteht aus den Elementen Wasserstoff und Sauerstoff Wasser, wird sehr viel Energie frei. Daher kann Wasserstoff als Energieträger in der Energiewende oft genau dort eingesetzt werden, wo elektrischer Strom aus Sonnen- oder Windenergie nicht hinkommt oder wo sich sein Einsatz nicht rechnet. So können beispielsweise Langstreckenflugzeuge in der Luft und Containerschiffe auf den Weltmeeren natürlich nicht durch Oberleitungen mit Strom versorgt werden und Batterien sind für solche Einsätze schlicht zu schwer. Zudem sind viele Prozesse in der chemischen Industrie auf Wasserstoff angewiesen und grüner Stahl (siehe S. 285) lässt sich am besten mit Wasserstoff herstellen.

Wasserstoff wird inzwischen immer häufiger für den Antrieb von Bussen und Lkws eingesetzt.

Was ist grüner Wasserstoff?

Wasserstoff selbst kommt auf der Erde natürlicherweise kaum vor. Der in den 2010er-Jahren benötigte Wasserstoff wurde daher meist aus Erdgas hergestellt, wodurch große Mengen des Treibhausgases Kohlendioxid freigesetzt wurden. Wasserstoff kann aber auch in einer bereits seit 1800 bekannten Elektrolysereaktion gewonnen werden. Dabei zerlegt elektrischer Strom Wasser in seine Bestandteile Wasserstoff und Sauerstoff. Stammt der dazu benötigte Strom aus Windkraftanlagen, Solarzellen oder anderen nachhaltigen Quellen, gilt der so erzeugte Wasserstoff als „grün".

Nach Kalkulationen der Fraunhofer-Einrichtung für Energieinfrastrukturen und Geothermie (IEG) in Cottbus und des Fraunhofer-Instituts für Solare Energiesysteme (ISE)

Das Flugtaxi Skai des Start-ups Alaka'i Technologies soll mithilfe von Wasserstofftechnologie nachhaltig betrieben werden.

in Freiburg benötigt Deutschland im Jahr 2050 etwa 250–800 TWh Energie aus Wasserstoff. Diese Menge entspricht ungefähr der gesamten Stromproduktion Deutschlands, die im Jahr 2019 bei etwas mehr als 600 TWh lag. Da Windkraftanlagen und Solarzellen in Deutschland diese zusätzlichen Strommengen kaum werden liefern können, ist Deutschland wohl auch in Zukunft auf Energieimporte angewiesen.

Woher könnte Mitteleuropa grünen Wasserstoff beziehen?

Das Deutsche Zentrum für Luft- und Raumfahrt (DLR) erforscht seit 2017 im Süden Spaniens eine neuartige Methode für die Wasserstoffproduktion. Dort bündeln 200 jeweils 6 m lange und ebenso hohe Spiegel das Sonnenlicht auf einen Reaktor, der in der Kuppel eines Turms sitzt. Eingeleiteter Wasserdampf wird dort bei Temperaturen von 800–1000 °C an einer Keramik aus Nickel-Ferrit oder Ceroxid in Wasserstoff und Sauerstoff zerlegt.

Ist die Entwicklung derartiger Reaktoren abgeschlossen, können sie in sonnenreichen Gegenden wie im Süden Spaniens, in Nordafrika oder auf der Arabischen Halbinsel Wasserstoff produzieren, der anschließend über Pipelines in andere Länder geleitet werden kann. Solche Wasserstoffpipelines sind erheblich preiswerter und umweltverträglicher als verflüssigter Wasserstoff, der in Spezialschiffen transportiert wird. Aus diesen Regionen könnte natürlich auch Wasserstoff importiert werden, der aus Wasser mithilfe von sogenannten Elektrolyseuren erzeugt wird, die mit Sonnen- oder Windstrom betrieben werden.

Wozu benötigen wir grünen Wasserstoff?

Wasserstoff wird äußerst vielfältig eingesetzt, z. B. zur nachhaltigen Produktion von Stahl, bei vielen Prozessen in der chemischen Industrie, aber auch bei der Produktion von Düngemitteln. Hinzu kommen der Flug-, der internationale Schiffs- sowie der Lkw-Fernverkehr. Und wenn diese Transportvehikel für große Strecken mit synthetischen Treibstoffen nachhaltig betrieben werden sollen, stellt man diese am besten mithilfe von Wasserstoff her.

Wasserstoff lässt sich direkt zur Stromproduktion in Gaskraftwerken oder Brennstoffzellen eingesetzen. Da sich einmal hergestellter Wasserstoff gut speichern lässt, kann man ihn auch zu Zeiten verstromen, in denen das Angebot aus Solar- und Windkraftwerken nicht ausreicht – somit dient Wasserstoff auch als Speicher für elektrischen Strom. Und da beim Verstromen von Wasserstoff nur das Wasser wieder entsteht, aus dem der Energieträger

Die Produktion von Stahl und Beton ist für einen großen Teil der weltweiten Kohlendioxidemissionen verantwortlich.

einst gewonnen wurde, produzieren mit grünem Wasserstoff betriebene Gaskraftwerke ihren Strom komplett nachhaltig.

Fahren im Jahr 2050 Autos nur noch mit Wasserstoff?

Für den Antrieb von Autos und kleinen Nutzfahrzeugen oder zur Heizung von Ein- oder Zweifamilienhäusern wird grüner Wasserstoff in der Energiewende wohl kaum eingesetzt werden: Direkte Antriebe mit Elektromotoren und Speicherbatterien oder eine mit grünem Strom betriebene Wärmepumpe sind für solche Zwecke nämlich einfach günstiger.

WIE PRODUZIERT MAN GRÜNEN BETON UND GRÜNEN STAHL?

Abgesehen von Wasser wird keine andere Substanz auf der Erde so häufig genutzt wie Zement und der daraus hergestellte Beton. Da beim Herstellen von 1 t Zement rund 700 kg des Treibhausgases Kohlendioxid in die Luft steigen, produzierte die Zementindustrie im Jahr 2020 rund 6 % dieses Klimagases. Besonders bedenklich ist dabei, dass nur ein Drittel dieser Kohlendioxidemissionen aus dem Energiebereich stammt, der große Rest entsteht bei einer chemischen Reaktion, bei der Kalkstein das Treibhausgas freisetzt. Da es für diese Reaktion kaum Alternativen gibt, die weltweit eingesetzt werden können, kann grüner Beton wohl nur hergestellt werden, wenn das entstehende Kohlendioxid abgeschieden und in die Erde verpresst wird.

Bis in die 2020er-Jahre wurde Stahl weit überwiegend in Hochöfen mithilfe von Koks und Kohlenmonoxid hergestellt. Dabei werden große Mengen Kohlendioxid frei. So verursachte die Stahlproduktion am Anfang der 2020er-Jahren beispielsweise rund 5 % der Treibhausgasemissionen in der Europäischen Union. Setzt man bei der Stahlproduktion dagegen Wasserstoff ein, kann man grünen Stahl mit einem „Direktreduktion“ genannten Verfahren herstellen, bei dem praktisch kein Kohlendioxid freigesetzt wird.

Wie funktioniert die Kernfusion in der Sonne?

Seit den 1960er-Jahren träumt die Wissenschaft den Traum, mithilfe der Kernfusion Energie im Überfluss zu erzeugen – fast genauso wie unsere Sonne das seit über 4 Mrd. Jahren tut.

Im Zentrum der Sonne liefert die Kernfusion bereits seit über 4 Mrd. Jahren Energie. Dort verschmilzt dieser Prozess ständig Wasserstoffatomkerne zu Heliumatomkernen. Pro Sekunde verfeuert der Stern so 564 Mio. t Wasserstoff. Dabei wird so viel Energie frei, dass die Sonne wie ein gigantischer Feuerball im Weltraum steht, der mit einem winzigen Bruchteil dieser Energie das Leben auf der Erde am Laufen hält.

Lässt sich das Sonnenfeuer auch auf der Erde zünden?

Dass wie in der Sonne leichter Wasserstoff zu Helium fusioniert, lässt sich mit unseren heutigen technischen Mitteln nicht umsetzen. Allerdings gibt es von Wasserstoff drei unterschiedlich schwere Varianten, die als (leichter) Wasserstoff, Deuterium (schwerer Wasserstoff) und Tritium (überschwerer Wasserstoff) bezeichnet werden. Sollen bei der Fusion Deuterium und Tritium miteinander verschmolzen werden, stehen die Chancen einer technischen Umsetzung viel besser.

Wo liegen die Schwierigkeiten?

Im Inneren der Sonne herrschen 15 Mio. °C – die Kernfusion kommt aber nur in Gang, wenn man Deuterium und Tritium auf unfassbare 200 Mio. °C aufheizt. Auf dieser Temperatur müssen innerhalb eines Würfels mit Kanten von 1 cm Länge hunderttausend Milliarden Teilchen ohne Heizung von außen mindestens zwei Sekunden lang gehalten werden, damit die Fusion zündet. Bereits in den 1970er- und 1980er-Jahren zeigten Experimente, dass Turbulenzen die so eingeschlosse-

Im Swiss Plasma Center an der Eidgenössischen Technischen Hochschule in Lausanne wird mit einem Tokamak-Fusionsreaktor experimentiert (linkes Bild). Bei der Kernfusion entsteht aus den Wasserstoffisotopen Tritium und Deuterium Helium. Dabei werden Neutronen und sehr viel Energie freigesetzt.

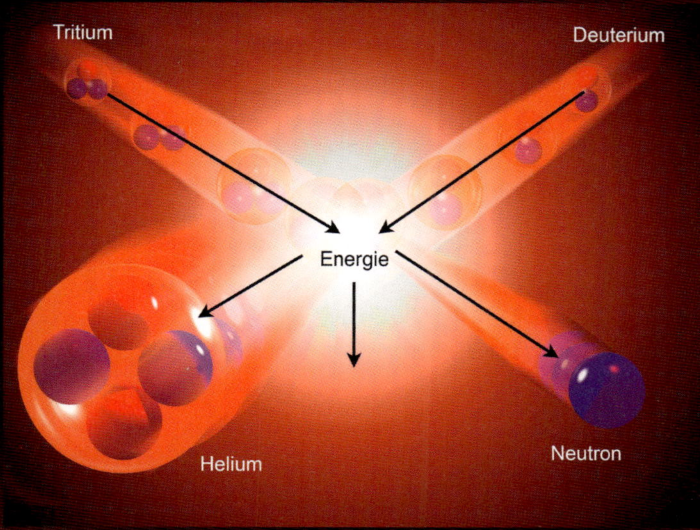

nen Teilchen ähnlich wie in einer beschädigten Thermoskanne viel schneller als erwartet abkühlen. Dieses Problem ist allerdings inzwischen gelöst.

Wozu braucht man bei der Kernfusion starke Magnetfelder?

Tatsächlich lag die Zündung bereits 1997 in Reichweite, als man die Teilchen immerhin eine Sekunde beieinander halten konnten. Bis dahin waren bereits einige grundlegender Probleme gelöst worden: So existiert kein Material, das 200 Mio. °C aushält, weshalb die Teilchen in Magnetfelder „eingesperrt" werden müssen. Dazu braucht man aber spiralförmige Magnetfelder, die mit zwei verschiedenen Methoden erzeugt werden können.

Bereits 1952 wurde in Russland der Tokamak entwickelt, in dem elektrischer Strom das Magnetfeld verdrillt. Der Tokamak funktioniert aber nur im gepulsten Betrieb, der Reaktor müsste also sozusagen immer wieder kurz ausgeschaltet und dann neu gezündet werden – was das Reaktormaterial sehr stark beansprucht. Trotzdem stützen sich die meisten Fusionsexperimente heute auf dieses Prinzip.

Das zweite Konzept heißt Stellerator. Dieser vermeidet das ständige Ein- und Ausschalten, indem die Magnetfeldspulen so verdrillt werden, dass sie das spiralförmige Magnetfeld direkt erzeugen. Allerdings ist die Anordnung der Spulen so kompliziert, dass erst vor wenigen Jahren Supercomputer einen Stellarator namens Wendelstein 7-X entwickeln konnten, an dem in Greifswald seit Ende 2015 die Möglichkeiten einer Kernfusion genauer untersucht werden.

Wie weit ist die Forschung für einen Kernfusionsreaktor?

Seit 2007 wird im südfranzösischen Forschungszentrum Caderache der Versuchsreaktor ITER von der Europäischen Union einschließlich Großbritannien und der Schweiz sowie von Russland, Indien, China, Südkorea, Japan und den USA gemeinsam gebaut. Ab 2025 sollen dort in einer Tokamak-Anlage die letzten großen Probleme auf dem Weg zu einem Fusionsreaktor gelöst werden. So gibt es zwar reichlich Deuterium auf der Erde. Tritium jedoch ist radioaktiv und muss erst erzeugt werden. Das soll im Reaktor selbst mithilfe der bei einer Kernfusion entstehenden Neutronen passieren. Deren Energie soll zum einen genutzt werden, um elektrischen Strom zu erzeugen. Neutronen können aber auch mit Lithium reagieren und erzeugen dabei Tritium. Diese Reaktion soll u. a. mithilfe von ITER erprobt werden.

Wie wichtig sind Fusionskraftwerke für die Energiewende?

Die Experimente am Versuchsreaktor ITER dürften erst Anfang bis Mitte der 2030er-Jahren beginnen. Erst dann könnte eine Kernfusionsanlage erstmals mehr Energie liefern als zur Zündung der Reaktion aufgewendet wurde. Anschließend soll, ab etwa 2050, der 750-MW-Demonstrationsreaktor DEMO den Betrieb aufnehmen. Realistisch betrachtet können kommerzielle Fusionsreaktoren frühestens in den 2070er-Jahren mit der Energieerzeugung beginnen. Bis dahin sollte die Energiewende aber längst geschafft sein.

Welche Materialien prägen die Technik?

Am Anfang der 2020er-Jahre stützte sich die Technik weitgehend auf Materialien wie Metalle, Zement, Kunststoffe und Halbleiter für die moderne Elektronik. Daran dürfte sich auch in Zukunft wenig ändern. Allerdings gibt es klare Tendenzen zu mehr Nachhaltigkeit und zu immer kleineren Strukturen bis hin in den Nanobereich.

WIE DRINGEN FORSCHER IN DIE WELT DER ATOME VOR?

Ein Wasserstoffatom misst gerade einmal 25–100 Pikometer – wobei ein Pikometer der milliardstel Teil eines Millimeters ist. Mit winzigen elektrischen Strömen in einem Rastertunnelmikroskop lassen sich Atomstrukturen dieser Größe auf einer Oberfläche sichtbar machen. Und mithilfe winziger Spannungsstöße aus ebenfalls superfeinen Metallspitzen können sogar einzelne Atome über eine Oberfläche geschubst werden. Spezielle Laserpinzetten sind in der Lage, winzige Zellen, Organellen, Moleküle und sogar Atome festzuhalten und gezielt zu bewegen.

Lässt sich mit Atomen Billard spielen?
Die nanometerfeinen Spitzen von modernen Mikroskopen können tatsächlich ähnlich wie ein Billardqueue genutzt werden. Eigentlich wurde das sogenannte Rasterkraftmikroskop dazu gebaut, um eine Oberfläche Atom für Atom abzutasten und aus den Signalen ein Bild zu erzeugen. Doch es eignet sich auch zum Verschieben von Atomen. Dabei wirkt ein Stromimpuls von der oft nur 5 Nanometer (millionstel Millimeter) schmalen Spitze des Mikroskops auf das Atom und bewegt es. Dahinter steckt die Abstoßungskraft zwischen den jeweils elektrisch negativ geladenen Elektronenhüllen der Atome in der Nanospitze und den untersuchten Atomen.

WIE ÄTZT MAN MIKROSTRUKTUREN?

Siliziumchips weisen heute Strukturen auf, die deutlich kleiner sind als 100 millionstel Millimeter (100 Nanometer). Ultraviolettes Licht aus einem Excimer-Laser und chemische Ätzprozesse bilden die

Die Strukturen auf Siliziumchips sind im Lauf der Zeit immer winziger geworden.

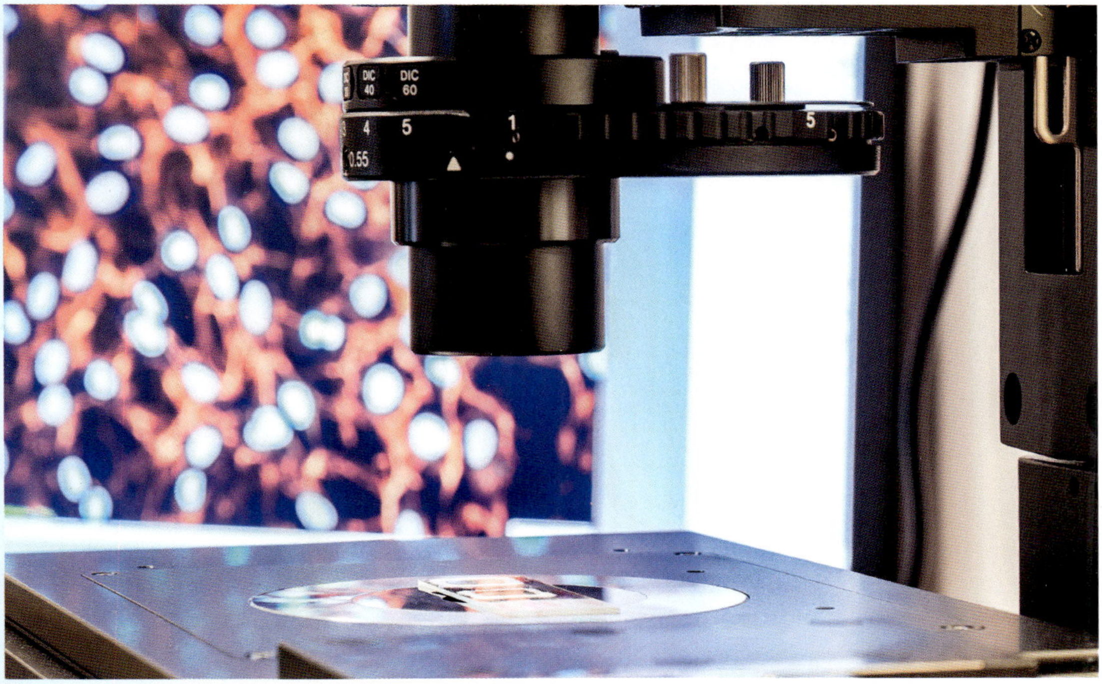

Mit einem Rasterkraftmikroskop, einer Weiterentwicklung des Rastertunnelmikroskops, lassen sich Oberflächen Atom für Atom abtasten.

Grundlagen für die zur Chipherstellung und für andere Nanostrukturen verwendete Fotolithografie. Wie ein Dia wirft eine Maske ein Abbild auf einen beschichteten Siliziumrohling, den sogenannten Wafer. Das ultraviolette Licht gelangt nur an den gewünschten Stellen auf eine lichtempfindliche Schicht. Nach einem Entwicklungsprozess werden diese Bereiche mit Chemikalien freigelegt. Genau hier ätzen Säuren das ungeschützte Silizium weg und Strukturen entstehen, die bis zu 22 Nanometer klein sein können.

WER SCHOSS DAS ERSTE BILD EINES EINZELNEN ATOMS?

Der Physiker Gerd Binnig entwickelte gemeinsam mit dem Schweizer Heinrich Rohrer im IBM-Forschungslabor in Rüschlikon am Zürichsee in der Schweiz das Rastertunnelmikroskop. Zwar hatten Forscher schon zuvor mit Elektronenmikroskopen erste regelmäßige, atomare Strukturen sichtbar gemacht, aber mit der neuen Technik wurden die Bilder von Atomen viel exakter. Erstmals ließen sich Oberflächen mit einer feinen Spitze ganz genau abtasten. Aus Schwankungen des sogenannten Tunnelstroms zwischen Spitze und Oberfläche konnten diese Geräte ein Bild der Oberfläche bis auf ein Atom genau rekonstruieren. 1986 erhielten Gerd Binnig und Heinrich Rohrer zusammen mit Ernst Ruska den Nobelpreis für Physik für dieses Werkzeug, das das Tor zur Nanotechnologie aufgestoßen hat.

WELCHE EIGENSCHAFTEN MACHEN NANOTEILCHEN SO BESONDERS?

Die meisten Atome eines Nanoteilchens befinden sich an der Oberfläche und nicht wie bei größeren Strukturen im Inneren. Da oft nur diese Oberfläche mit der Umwelt reagiert, sind solche Nanostrukturen viel effektiver als größere Einheiten. Nanoplatinteilchen katalysieren viele Reaktionen daher viel besser als größere Platinflächen.

Teer bzw. Pech aus Birkenrinde war nicht nur ein vielseitig einsetzbarer Steinzeitkunststoff, sondern auch eine Art Kaugummi – wie Gebissabdrücke auf einem Fundstück aus Finnland beweisen (unten).

WARUM SIND METALLE SO VIELSEITIG EINSETZBAR?

Vom Autoblech bis zum Nanodraht auf einem Computerchip: Ohne Metalle wäre die Welt von heute nicht vorstellbar. Aus flüssigen Schmelzen gegossen, zum Draht gezogen oder zum Blech gewalzt, lassen sie sich beliebig formen und sind trotzdem später hochstabil. Sie leiten Strom und Wärme besser als viele andere Werkstoffe und sind dennoch relativ preiswert in großen Mengen verfügbar.

Was ist an Edelstahl edel?

Das Ausgangsmaterial für Stahl ist immer Eisen. Legiert mit anderen Elementen wie Chrom, Nickel, Molybdän oder Mangan wird daraus ein Edelstahl, dessen Eigenschaften durch die Art und Menge der Zusatzstoffe entscheidend beeinflusst wird. So korrodiert Stahl kaum, ist verschleißfest und leitet elektrischen Strom. Daher ist er nicht nur im Maschinenbau, sondern z. B. auch für die Karosserie von Autos fast unverzichtbar.

SEIT WANN VERWENDET DIE MENSCHHEIT KUNSTSTOFFE?

Bereits die Neandertaler köchelten vor 200 000 Jahren die Rinde von Birken so lange im Feuer, bis daraus zunächst Teer und später Pech entstand. Bei dieser Pyrolyse bildet sich aus den Biomolekülen der Birkenrinde ein Urzeitkunststoff. Dieses Birkenpech war eine Art Alleskleber der Steinzeit: Damit heftete z. B. der Steinzeitmann Ötzi vor über 5000 Jahren in den Alpen Spitzen aus Feuerstein an seine Pfeilschäfte aus dem Holz des Wolligen Schneeballs. Mit diesem Pech machten die Steinzeitmenschen aber auch Boote wasserdicht. Diese Methode wurde viel später sogar in der biblischen Bauanleitung für die Arche Noah schriftlich festgehalten.

Beim Bau des Trabants kamen mit Naturfasern verstärkte Kunststoffe zum Einsatz.

WAS WAREN DIE ERSTEN TECHNISCHEN KUNSTSTOFFE?

Auch die ersten technischen Kunststoffe wurden aus nachwachsenden Rohstoffen produziert: Kampfer wurde aus dem Holz, den Zweigen und Blättern des Kampferbaums destilliert. Cellulosenitrat, das auch Schießbaumwolle genannt wird, entstand aus Baumwolle und einem Gemisch aus Salpeter- und Schwefelsäure. Mischte man Kampfer und Cellulosenitrat, erhielt man Zelluloid. Das wurde zunächst zu preiswerten Billardkugeln verarbeitet, die zuvor aus Elfenbein bestanden. Später wurden auch andere teure Naturprodukte wie Bernstein, Ebenholz oder Schildpatt durch erheblich preiswertere Massenprodukte aus Zelluloid ersetzt. Auch der durchsichtige Träger für Fotos und Filme bestand aus diesem Material.

In der DDR wurde die Karosserie des Trabants aus Phenolharzen hergestellt, die mit Baumwollfasern verstärkt wurden. Weil solche mit Naturfasern verstärkten Kunststoffe ähnlich wie Stahlblech mechanisch stark belastbar, aber deutlich leichter sind, hatte dieser „Plastikbomber" einen deutlich geringeren Energieverbrauch als seine Konkurrenz aus Stahl.

WORAUS STELLEN WIR IN ZUKUNFT KUNSTSTOFFE HER?

Zu Beginn des 21. Jh. wurden Kunststoffe meist aus Erdöl hergestellt. Diese Stoffe konnten jedoch kaum recycelt werden, wurden daher nach Gebrauch oft in Müllkraftwerken verbrannt und das dadurch entstehende Kohlendioxid heizte den Klimawandel an.

Aus diesem Grund geht die Entwicklung seit den 2010er-Jahren wieder stärker zu Kunststoffen aus nachwachsenden Rohstoffen, bei denen es sich meist um Nutzpflanzen handelt. Bereits 2016 basierten 13 % der Rohstoffe für die organisch-chemische Industrie nicht mehr auf Erdöl, Kohle oder Erdgas, sondern galten als nachwachsend. So lässt sich z. B. aus dem Zucker von Rüben auch der saugfähige Polyacrylat-Kunststoff für Windeln oder Damenbinden produzieren. Und 2018 drehten beim 24-Stunden-Rennen auf dem Nürburgring drei Porsche-Rennfahrzeuge sehr erfolgreich ihre Runden, deren Türen aus Flachsfaser-Gewebematten bestanden, die in Harz getränkt und ausgehärtet waren. Dieses Harz war zwar noch aus Erdöl hergestellt, lässt sich aber auch aus Sonnenblumen- oder Leinöl produzieren.

Gibt es ein neues Zeitalter der Infektionskrankheiten?

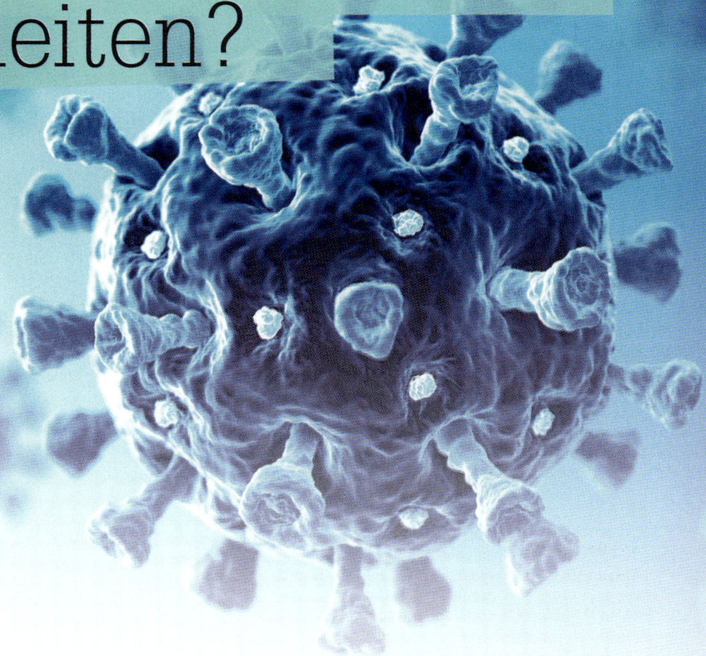

Infektionskrankheiten hatten bis zu den 1980er-Jahren ihre Schrecken vielerorts verloren: Zumindest in den wohlhabenden Ländern konnten gefährliche Bakterien mit Antibiotika behandelt werden, und vor vielen Viruserkrankungen wie Masern beugten Impfungen vor. Aber nicht nur in den ärmeren Regionen der Erde sterben auch heute noch viele Menschen an Infektionskrankheiten wie Malaria oder Masern. Zudem fordern neue weltweite Seuchen wie die Aids- oder die Covid-19-Pandemie sehr viele Todesopfer. Andererseits liefern moderne Verfahren wie die Gentechnik neue Möglichkeiten, auch diese Gefahren zumindest zum Teil in Schach zu halten.

WIE UNTERSCHEIDEN SICH BAKTERIEN VON VIREN?

Die meisten Bakterien lassen sich nur unter einem Mikroskop beobachten, sind zwischen einem und fünf tausendstel Millimeter lang und haben oft einen Durchmesser von einem tausendstel Millimeter. Viren sind sogar noch viel kleiner, lassen sich nicht einmal mit einem Lichtmikroskop betrachten und weisen einen gravierenden Unterschied zum gesamten Rest des Lebens einschließlich der Bakterien auf: Sie können sich aus eigener Kraft nicht vermehren, sondern zwingen einen Wirt dazu, ihren Nachwuchs zu produzieren.

WIE IST DAS AIDSVIRUS HIV ENTSTANDEN?

Am Anfang des 20. Jh. sprangen SIV genannte Viren von Schimpansen, Gorillas und anderen Affen in mehreren voneinander unabhängigen Fällen in West- und Zentralafrika auf Menschen über. Möglicherweise geschah das beim Zerlegen von Affen, die als Bushmeat noch heute in verschiedenen Regionen Afrikas verzehrt werden. In den rasch wachsenden Kolonialstädten, in denen extrem viele Prostituierte ihrem Gewerbe nachgingen und in denen Geschlechtskrankheiten wie Syphilis sehr häufig auftraten, konnten diese Viren leicht von einem Menschen zum nächsten weitergegeben werden. Mit der Zeit passten zufällige Mutationen diese Viren immer besser an Menschen an, bis schließlich HIV entstanden war. Die erste bewiesene HIV-Infektion trat 1959 im damaligen Belgisch-Kongo auf. Ungefähr 1967 könnte der Erreger aus Afrika nach Haiti gekommen sein, etwa 1971 hatte er die USA erreicht und sich von dort in den Rest der Welt verbreitet. Bis 2021 waren an der von HIV ausgelösten Immunschwächekrankheit Aids rund 39 Mio. Menschen gestorben.

WAS SIND ZOONOSEN?

Infektionskrankheiten, die wie HIV von Tieren auf Menschen (und umgekehrt) überspringen können, nennt man Zoonosen. Sie scheinen typisch für das Auftreten bisher unbekannter Infektionskrankheiten beim Menschen zu sein. Allein im 20. und 21. Jh. gibt es dafür mehr als ein Dutzend gut bekannter Beispiele; von AIDS und Rinderwahnsinn über West-Nil-, Zika- und Ebolavirus bis zur Vogelgrippe und Covid-19. Begünstigt wird dieses Überspringen durch zunehmend engere Kontakte einer weiter wachsenden Menschheit mit den Tieren in der Natur, aber auch durch schnelle Massenverkehrsmittel: Der Flugverkehr hat ab Anfang des Jahres 2020 den Covid-19-Erreger in nicht einmal einem Vierteljahr praktisch in alle Weltregionen getragen.

WIE KAMEN DIE MASERN ZUM MENSCHEN?

Das Masernvirus entstand vor bereits 2500 Jahren in Rindern, fanden Forscher vom Berliner Robert-Koch-Institut (RKI) im Jahr 2020 heraus. Kurze Zeit später sprang das Virus auf den Menschen über. Besonders gefährlich ist die extrem hohe Infektiosität: Masern können leicht durchs Schlüsselloch einer geschlossenen Tür übertragen werden, erklärte der Virologe Bernhard Fleckenstein von der Universität Erlangen. Ein einziger Infizierter steckt im Durchschnitt 12–18 Gesunde an, untermauert der Masernexperte Jürgen Schneider-Schaulies von der Universität Würzburg diese Aussage. Masern übertragen sich also erheblich leichter als Covid-19.

Am 1. Dezember, dem Welt-Aids-Tag, finden weltweit, wie z. B. hier in Nepal, zahlreiche Veranstaltungen statt, um vor den Gefahren der Krankheit zu warnen.

WAS HILFT GEGEN HOCHANSTECKENDE INFEKTIONSKRANKHEITEN?

Gegen hochinfektiöse Keime wie Masern helfen Kontaktbeschränkungen mit Mund-Nasen-Schutz, Abstand halten und Kontakte massiv reduzieren kaum. Tauchen solche Viren in einer Gemeinschaft auf, werden rasch alle infiziert, die nicht gegen die Krankheit immun sind, weil sie bereits früher an Masern erkrankt waren. Viel sicherer ist allerdings eine Impfung. Allein in den ersten beiden Jahrzehnten des 21. Jh. hat die Masern-Vakzine weltweit mehr als 20 Mio. Tote verhindert, während in dieser Zeit kein einziger Todesfall durch die Impfung selbst nachgewiesen wurde. Offensichtlich kann dieser Impfstoff einem gefährlichen Erreger und einer brutalen Geißel der Menschheit also den Schrecken nehmen.

WOHER KOMMT COVID-19?

Diese Infektionskrankheit wurde erstmals im Dezember 2019 in der chinesischen Millionenstadt Wuhan beschrieben. Der Erreger SARS-CoV-2 war ebenfalls von Tieren auf den Menschen übergesprungen und hatte sich rasch an seinen neuen Wirt angepasst.

Hauptübertragungsweg sind offensichtlich beim Sprechen ausgestoßene Tröpfchen und Aerosole, die viele Viren enthalten und vor allem in geschlossenen Räumen leicht andere Menschen anstecken können. Das Risiko einer solchen Infektion lässt sich durch Mund-Nasen-Schutz, Abstand halten und vor allem durch Vermeiden persönlicher Kontakte erheblich reduzieren.

Allerdings schützt weder eine überstandene Infektion noch eine Impfung dauerhaft vor einer neuen Infektion. Vor allem Impfungen reduzieren aber die Wahrscheinlichkeit eines schweren Krankheitsverlaufs sehr stark und verringern auch deutlich das Risiko, andere Menschen anzustecken.

Die Covid-19-Pandemie sorgte auch für die Entstehung neuer Formen der Begrüßung.

WAS IST EINE LEBEND-VAKZINE?

Lebend-Impfstoffe sind Viren, die sich in den Zellen ihres Wirts zwar noch vermehren können, deren krankmachende Eigenschaften aber deutlich abgeschwächt oder sogar gänzlich zerstört sind. Diese Abschwächung kann auf natürlichem Weg durch Mutationen passieren, aber auch mithilfe der Gentechnik. Das menschliche Immunsystem lernt dank des Impfstoffs das Virus sozusagen kennen und baut eine Art Schutzwall dagegen auf. Häufig angewendet werden Lebend-Impfstoffe gegen Masern, Mumps, Röteln, Gelbfieber, Tuberkulose, Typhus, Polio und Pocken. Impfungen mit solchen abgeschwächten Erregern schützen oft viele Jahre oder wie bei Masern sogar ein Leben lang vor einer Infektion.

Was ist eine Tot-Vakzine?

Werden Viren durch Chemikalien wie Formaldehyd, Alkohole oder Detergenzien degeneriert bzw. ihr Erbgut verändert, können sie sich nicht mehr vermehren. Das gilt auch für Viren, die mit organischen Lösungsmitteln aufgespalten werden. Werden solche Tot-Vakzine verabreicht, reagiert das Immunsystem auf diese Viruspartikel bzw. die nicht mehr vermehrungsfähigen Viren und baut ebenfalls einen Schutz auf. Allerdings lässt die Wirkung nach einiger Zeit nach. Bekannte Tot-Vakzine sind z. B. die Influenza-Impfstoffe gegen Grippe, mit denen jedes Jahr im Herbst neu geimpft werden sollte.

WAS IST EIN VEKTOR-IMPFSTOFF?

Vektor-Impfstoffe werden Viren genannt, die für den Menschen nicht krankmachend sind. Dabei handelt es sich häufig um Adenoviren, die nicht mehr vermehrt werden können. In ihr Erbgut wurde mit den Mitteln der Gentech-

Die Untersuchung auf eine mögliche Infektion wurde während der Covid-19-Pandemie fast schon alltäglich.

nologie die Erbinformation für Proteine von gefährlichen Erregern wie Ebolaviren oder HIV eingebaut, die von den Adenoviren in die Zellen des geimpften Menschen transportiert werden. Dort werden dann die Proteine der Viren hergestellt, die das Immunsystem für diese Erreger „trainieren".

WAS IST EIN MRNA-IMPFSTOFF?

Noch eine Stufe weiter gehen Impfstoffe, bei denen nur eine mit „mRNA" abgekürzte Ribonukleinsäure verabreicht wird. Dabei handelt es sich um eine Abschrift des Erbguts, die die Bauanleitung für ein Protein enthält. Als die Covid-19-Pandemie Anfang 2020 begann, verwendeten der Mediziner Ugur Sahin und seine Frau Özlem Türeci von der Universität Mainz und der von ihnen gegründeten Firma BioNTech die mRNA für das Spike-Protein auf der Oberfläche des Covid-19-Erregers als Impfstoff. Diese mRNA wird in Lipide „verpackt", die den Impfstoff in die Zellen des Impflings transportieren. Dort stellt die Zelle nach Vorlage der mRNA dann das Spike-Protein von der Oberfläche des Covid-19-Erregers her.

Das Immunsystem beginnt nun, diese fremde Substanz zu bekämpfen – ein gutes Training für den Ernstfall, wenn intakte Viren angreifen. Die BioNTech-Vakzine war der erste gegen SARS-CoV-2 zugelassene Impfstoff und wurde zur weltweit führenden Vakzine gegen Covid-19.

Gibt es bald mRNA-Impfstoffe gegen Krebs und Autoimmunkrankheiten?

Trotz aller Fortschritte der modernen Medizin gibt es für viele Krankheiten bis heute keine Behandlung, die das Leiden nicht nur lindert, sondern heilt. Dazu gehören verschiedene Formen von Krebs, aber auch Autoimmunkrankheiten wie Rheuma oder das Nervenleiden Multiple Sklerose. Diese Situation versucht die Mainzer Firma BioNTech seit den 1990er-Jahren mit mRNA-Impfstoffen zu ändern. Sie sollen z. B. Proteine produzieren, die individuell auf die Krebszellen eines Patienten zugeschnitten sind und so das Immunsystem des Körpers anleiten, sehr spezifisch gegen genau diese Tumorzellen vorzugehen, ohne anderes Körpergewebe in Mitleidenschaft zu ziehen. Bereits Anfang 2021 präsentierte BioNTech einen Ansatz für eine mRNA-Impfung, der Autoimmunkrankheiten wie Multiple Sklerose bekämpfen soll.

Was ist Bionik?

Bionik untersucht natürliche Prozesse und versucht, die so aufgeklärten Prinzipien in technischen Anwendungen zu nutzen.

Wer gilt als der Begründer der Bionik?

Einer der ersten Bioniker war wohl Leonardo da Vinci. Er beobachtete bereits am Anfang des 16. Jh. den Vogelflug und entwickelte danach erste Flugmaschinen und Hubschrauber.

Vielleicht waren Löwenzahnsamen die Inspiration für den Fallschirm.

Hat der Fallschirm auch ein Vorbild in der Natur?

Bereits in den 1470er-Jahren zeigt das Manuskript eines unbekannten italienischen Autors einen ersten einfachen Fallschirm. Vielleicht dadurch angeregt skizzierte Leonardo da Vinci um 1485 einen deutlich verbesserten Fallschirm. Möglicherweise haben die Erfinder sich dabei von Löwenzahnsamen inspirieren lassen, die sich mit einem Schirm aus sehr leichten Härchen Hunderte von Metern weit tragen lassen. Den ersten Absprung mit einem Fallschirm wagte dann 1783 der Franzose Louis-Sébastien Lenormand vom Turm des Observatoriums in Montpellier.

Wie hat Otto Lilienthal das Flugzeug entwickelt?

Der Deutsche Otto Lilienthal gilt ebenfalls als Bioniker. Er beobachtete fliegende Störche und entwickelte aus der Analyse des Vogelflugs funktionierende Flugapparate. Mit diesen Geräten gelangen ihm am Ende des 19. Jh. erfolgreiche Gleitflüge.

Wo ist der Klettverschluss abgeschaut?

Auch der Klettverschluss hat ein Vorbild in der Natur: Der Schweizer Wissenschaftler Georges de Mestral fragte sich Mitte des 20. Jh., wie Kletten so hervorragend an Stoffoberflächen haften können, dass sie nur schwer wieder zu entfernen sind. Daraufhin untersuchte er die Früchte unter dem Mikroskop und entwickelte einen vergleichbaren künstlichen Haltemechanismus.

Ist es möglich, beim Tauchen nicht nass zu werden?

Die Wasserjagdspinne schafft es tatsächlich, beim Tauchen trocken zu bleiben. Feine Borsten auf ihrer

Vorlage Spinnennetze: die Dachkonstruktion im Münchner Olympiapark

Körperoberfläche schließen unzählige Luftbläschen ein, sodass ihr ganzer Körper von einer Lufthülle geschützt wird. Dieses Prinzip versuchen Bioniker für technische Anwendungen wie etwa Beschichtungen für Schiffsrümpfe nutzbar zu machen.

Was können Architekten aus der Natur lernen?

Filigrane und dennoch stabile Bauten fordern heute Architekten heraus. Für elegante Dachkonstruktionen wie z. B. beim Olympiapark in München liefern Spinnen ein natürliches Vorbild. Ihre Netze werden durch hauchdünne Quer- und Längsfäden gespannt und halten so enormen Druck- und Zugkräften stand. Selbst die Spinnenseide, die sehr leicht und gleichzeitig extrem stabil und dehnbar ist, versucht man im Labor nachzubauen.

Funktioniert eine künstliche Fotosynthese?

Solarzellen wandeln Sonnenlicht erheblich effektiver in nutzbare Energie in Form von Elektrizität um als die Fotosynthese. Allerdings benötigen grüne Pflanzen mit Wasser aus dem Boden und Kohlendioxid aus der Luft noch weitere Zutaten, um mit Sonnenlicht Biomoleküle herzustellen. Sie können also das Kohlendioxid wieder aus der Luft holen, das die Menschheit beim Verbrennen von Kohle, Erdöl und Erdgas bereits freigesetzt hat. Allerdings ist das recht langwierig. Wissenschaftler vom Max-Planck-Institut für Terrestrische Mikrobiologie in Marburg stellten daher 2021 eine künstliche Fotosynthese vor, die mit verschiedenen Enzymen aus Bodenbakterien, Purpurbakterien, Gänserauken und der menschlichen Leber arbeitet. Dieses Verfahren könnte in Baustoffen Kohlendioxid aus der Luft holen und so den Klimawandel wieder zurückdrehen. Allerdings liegt die praktische Anwendung noch weit in der Zukunft. Für die Energiewende kommen solche Methoden daher zu spät.

Sind Geckofüße Vorbilder für neue Klebstoffe?

Dank winziger Härchen an ihren Füßen können sich Geckos sicher auf spiegelglatten Flächen bewegen. Dieses Prinzip hat Stanislav Gorb von der Universität Kiel mit 29 000 Mikrostrukturen auf 1 cm^2 einer Silikonfolie nachgebaut. Ganz ohne Klebstoff können mit dieser Folie sogar im Vakuum verschiedene Dinge fest miteinander verbunden werden.

Was kann die Technik vom Hai lernen?

Der Hai kann sehr weite Strecken mit geringem Energieaufwand zurücklegen. Ein Grund dafür liegt in seiner speziellen Haut, die nicht glatt ist, sondern viele feine Strukturen aufweist. Diese verringern durch Wirbel den Strömungswiderstand des Wassers. Heute gibt es bereits Schwimmanzüge, die ebenfalls solche Mikrostrukturen aufweisen. Und selbst bei Containerfrachtern wird mit ähnlichen Rumpfbeschichtungen experimentiert, um den Treibstoffverbrauch zu senken.

Gibt es einen schmutzabweisenden Anstrich?

Seit 1999 kann man die ersten Farben mit dem sogenannten Lotuseffekt kaufen. Der deutsche Botaniker Wilhelm Barthlott von der Universität Bonn entdeckte diesen Effekt bereits Mitte der 1970er-Jahre an der Lotospflanze. In der Natur gibt es auf der Oberfläche der Blätter winzig kleine Erhebungen, die dicht beieinanderstehen und von einer Schicht Pflanzenwachs bedeckt sind. Diese „Papillen“ verhindern einen Kontakt zwischen der eigentlichen, tiefer liegenden Blattoberfläche und einem Wassertropfen fast vollständig. Daher perlt Wasser rasch ab und spült dabei alle Schmutzpartikel weg. Diese Struktur ahmt die Lotusfarbe nach, mit der beispielsweise Hauswände gestrichen werden, die dann dauerhaft sauber bleiben.

F

G

H

I

J

K

Astrofoto 10–16/17, 18/19–22, 24–25, 26/27, 28/29, 31 u., 34–35, 37, 38, 41, 45, 54

imageBROKER.com 92 (Mara Brandl), 226/227 (KFS), 232 (Jochen Tack), 285 u. (Rupert Oberhäuser)

IMAGO 17, 50–53, 78 (UIG), 126 u. (Leemage), 140 (Olaf Döring), 153 (Gottfried Czepluch), 165 l. (Reiner Zensen), 171 (CTK Photo), 172 (Cover-Images), 174 (Westend61), 206 o. (Shotshop), 223 (Jochen Tack), 243 r. (Norbert Fellechner), 249 o. (United Archives), 277 o. (H. Tschanz-Hofmann)

iStock Cover (ipopba), 4 (PeopleImages), 6 M. (idal), 6 o. (bjdlzx), 6 u. (Andri_Priyadi), 7 o. (eric1513), 7 M. (TraceyAPhotos), 7 u. (kynny), 8/9 (bjdlzx), 23 (aryos), 26 u. (solarseven), 27 (adventtr), 30 (shaunl), 31 (Tokarsky), 32 (jimfeng), 33 (S_Bachstroem), 36 (RomoloTavani), 39 (tose), 40 (Cylonphoto), 42 (StephanHoerold), 43 (3DSculptor), 48 (johan63), 56/57 (idal), 58 (dennisvdw), 59 (Vilaiporn Chatchawal), 60 (kali9), 61 (Choreograph), 62 l. (bb-doll), 63 (LanaStock), 64 (Slavica), 66 (PeopleImages), 67 o. (Eva-Katalin), 67 u. (tpzijl), 68 (Ridofranz), 69 (ArtistGNDphotography), 70 (Ridofranz), 71 (nullplus), 72 o. (libre de droit), 72 u. (Rost-9D), 76 (catolla), 77 (querbeet), 82 (libre de droit), 84 (dcdp), 86 (dchadwick), 87 (jamesteohart), 88 (Luke Chan), 89 (fizkes), 90 (Kosamtu), 91 (Nikada), 93 l. (CanY71), 93 r. (Nikada), 94 (pixdeluxe), 95 (GavinD), 96 (Tomwang112), 97 (golero), 98 (AscentXmedia), 99 (Nikada), 100/101 (baona), 102/103 (Andri_Priyadi), 104/105 (borchee), 105 o. l. (CrisiS2000), 105 o. r. (membio), 106 o. (mansuang suttakarn), 106 u. (Pannonia), 107 (Muenz), 108 (emarys), 108/109 (solarseven), 109 (Allexxandar), 110 (CasarsaGuru), 110/111 (ipopba), 112 (cinoby), 113 (bogdanhoria), 114 (piola666), 115 o. (Martin Wahlborg), 115 u. (borchee), 116 u. (Iurii Garmash), 117 (Lanaufoto), 119 (Ondrej Prosicky), 120 (Givaga), 121 (Umkehrer), 122 (1001slide), 123 (jamesteohart), 124 (Antagain), 125 (StephanHoerold), 127 (vlad61), 129 (LuffyKun), 130 o. (Antagain), 130 u. (Valerii Evlakhov), 131 (BirdImages), 132 o. (lindsay_imagery), 132 u. (richcarey), 133 (Tran The Ngoc), 135 (lauriek), 136 o. (Photprint), 136 u. (JHVEPhoto), 137 (Christian Edelmann), 138 (TommyIX), 139 l. (frank600), 139 r. (Pee Tongsadayu), 140/141 (peterschreiber.media), 141 l. (Simplyphotos), 141 r. (altmodern), 142 (Csondy), 143 l. (JazzLove), 143 r. (Ryzhkov_Sergey), 144 (Freder), 145 Hintergrund (mbolina), 145 r. (Anagramm), 146 o. (drferry), 146 u. (Vladimir Vladimirov), 148 (Nachosuch), 149 o. (reptiles4all), 149 u. (manonvanos), 150/151 (eric1513), 152/153 (Rike), 154/155 (TomasSereda), 156 (blueringmedia), 156/157 (Andrew Peacock), 158 (xeni4ka), 158 Hintergrund (4FR), 160 (Ferdinand Imagi), 161 (Lucy Brown - loca4motion), 164/165 (SeppFriedhuber), 167 (Biletskiy_Evgeniy), 168 (marcwildschuetz), 170 (BeyondImages), 173 (RICARDO STUCKERT), 175 (PPAMPicture), 176/177 (Mlenny), 178/179 (Denis Linine), 181 (Ed-Ni-Photo), 182 (AlexLMX), 184/185 (Elen11), 185 (ansonmiao), 188 (Ajith Kumar), 189 (Jag_cz), 190 (1001nights), 190/191 (allanswart), 191 r. (uchar), 192/193 (Biletskiy_Evgeniy), 193 (Oleh_Slobodeniuk), 194 (Musat), 194/195 (Traveller_Martin), 197 (dmelnikau), 198 (Christa Boaz), 198/199 (komagym), 201 (Kemter), 202/203 (TraceyAPhotos), 204 (smileitsmccheeze), 205 (denizya), 206 u. (OxfordSquare), 207 (Inna Tarasenko), 208 (alvarez), 209 o. (burwellphotography), 209 u. (Peera_Sathawirawong), 210 (GMVozd), 211 (bonchan), 212 (Jasmina81), 213 o. (PeopleImages), 213 u. (Willowpix), 214 o. (Pinkybird), 214 u. (kimberrywood), 215 (RyanJLane), 216/217 (Lisovskaya), 217 l. (shironosov), 218 (Bill Oxford), 219 (Jirattawut), 220 o. (Kaca_Studio), 220 u. (florin1961), 221 (kreinick), 222 (DeanDrobot), 224 (Kate_Koreneva), 224/225 (Antagain), 225 (Marco_de_Benedictis), 226 (ArtisticCaptures), 228 (morrowlight), 229 (Toltek), 230 (elfinima), 231 (deepblue4you), 234/235 (valio84sl), 235 (ArtistGNDphotography), 236 (schulzie), 237 (Solovyova), 239 (simonkr), 240 (homydesign), 241 (sportpoint), 242/243 (EXTREME-PHOTOGRAPHER), 244 (Pornpak Khunatorn), 246/247 (Geber86), 247 (Michael Stifter), 248/249 (jerbarber), 250/251 (kynny), 252 (gorodenkoff), 254 (SimeonDonov), 255 u. (Wlad74), 261 o. (shapecharge), 261 u. (coddy), 263 (recep-bg), 264 (AsiaVision), 265 o. (monkeybusinessimages), 267 (sorn340), 268/269 (haydenbird), 269 r. (JohnnyGreig), 270 (crstrbrt), 271 (style-photography), 273 (Vaara), 275 (Mlenny), 276 (Markus Thoenen), 277 u. (Ruta Lipskija), 278/279 o. (DisobeyArt), 278/279 u. (yangphoto), 280 (ferrantraite), 280/281 (Lanski), 282 (Uwe Moser), 285 o. (Vesnaandjic), 286/287 (aryos), 290 l. (PinkBadger), 291 (huettenhoelscher), 292 (BlackJack3D), 294 (filadendron), 295 (RyanKing999), 296 (ihsanyildizli), 296/297 (Adisak Mitrprayoon), 297 (Meinzahn)

laif 73 (Le Figaro Magazine/Compoint)

mauritius images 26 o. (Alamy/Edwin Remsberg), 47 (Science Source), 49 (Alamy/NASA/Dembinsky Photo Associates), 62 r. (Alamy/frantic), 65 (Science Source), 74 (Westend61), 85 (Westend61), 92/93 (Alamy/Bildarchiv Monheim, 148/149 (Minden Pictures), 154 (Alamy/Shotshop), 169 (Alamy/Colin Waters), 177 (ClickAlps), 186 (Alamy/David Hutt), 191 l. (Alamy/The Picture Art Collection), 233 (Alamy/M-Production), 249 u. (Science Source), 253 (Alamy/Edwin Remsberg), 259 (Memento), 265 u. (Alamy/Tatiana Chekryzhova), 269 l. (Alamy/Dmitriy Shironosov), 283 (Alamy/Rupert Oberhäuser), 288 (Alamy/Judith Bergner), 289 (Alamy/Dominika Zarzycka), 293 (Alamy/SOPA Images Limited

NOAA 187

Okapia 111 l. (NAS/Scimat), 116 o. (Nils Reinhard), 128 (Andreas Hartl), 134 (Lighthouse/Francesco Tomasinelli), 166/167 (G&M Therin-Weise), 200 (Paulo de Oliveira), 217 r. (Jeffrey Telner), 245 (Joachim Moog), 287 r. (Science Source/Carol & Mike Werner

picture alliance 44 (RIA Nowosti), 46 (dpa/Andreas Arnold), 55 (ZUMAPRESS.com), 75 (dpa/Bodo Marks), 79 (ZB/Patrick Pleul), 80/81 (ZUMAPRESS.com/Nir Alon), 81 l. (dpa/Jens Büttner), 81 r. (Phanie/Burger), 83 (ANP/Koen van Weel), 101 (dpa/HPIC Pan), 111 r. (Sven Simon), 118 (blickwinkel/C. Lundqvist), 126 o. (blickwinkel/fotototo), 147 (Minden Pictures/Stefan Christmann), 159 (blickwinkel/imagesandstories), 160/161 (ZB/Jens Büttner), 162 (ZUMAPRESS.com/Jack Kurtz), 163 o. (dpa/Alfred-Wegener-Institut), 163 u. (ZUMAPRESS.com/Stefan Hendricks), 179 (Roberto Nistri), 180 (Zoonar/Birgit Seifert), 183 (dpa/Sputnik), 196 (AP Photo/Bullit Marquez), 238 (Keystone/Photopress Archiv/Str), 243 l. (Keystone/Manuel Lopez), 255 o. (dpa/EPA/Andreu Dalmau), 256 (dpa/Julian Stratenschulte), 257 o. (AP Photo/Maayan Harel), 257 u. (dpa/Sputnik/Alexandr Kryazhev), 258 (dpa/Yuri Smityuk), 260 (TopFoto), 262 (ZB/Robert Michael), 266 (Zoonar), 272 (ZB/Jens Kalaene), 274 (Rainer Jensen), 284 (Cover Images/Alakai Technologies), 287 l. (Keystone/Gaetan Bally), 290 r. (dpa/EPA/Derby University HO)

Anette Vogt 165 r.

Producing: red.sign GbR, Stuttgart
Redaktion: Olaf Rappold, Helin Dag
Grafik: Anette Vogt
Bildredaktion: Anja Schlatterer

Autoren: Dr. Roland Knauer, Kerstin Viering sowie Dr. Joachim Czichos, Cornelia Dick-Pfaff, Dr. Rainer Kayser, Jan Oliver Löfken, Dr. Doris Marszk, Dörte Saße, Marita Willemsen

Reader's Digest
Redaktion: Falko Spiller
Grafik und Prepress: Klaus Eitel
Bildredaktion: Sabine Schlumberger

Redaktionsdirektor: Michael Kallinger
Redaktionsleiterin Buch: Almuth Stiefvater
Art Director: Susanne Hauser

Produktion
Arvato Supply Chain Solutions SE, Thomas Kurz

Druck und Binden
Mohn Media Mohndruck, Gütersloh

Hinweis
Dieses Buch wurde nach aktuellem Wissensstand sorgfältig erarbeitet. Dennoch erfolgen alle Angaben ohne Gewähr. Verlag und Autoren haften nicht für eventuelle Nachteile oder Schäden, die aus den im Buch gegebenen Hinweisen und Ratschlägen resultieren.

Printed in Germany

ISBN 978-3-95619-479-5

Besuchen Sie uns im Internet
readersdigest-verlag.de | readersdigest-verlag.ch | readersdigest-verlag.at